作者简介

刘学敏，1963年11月生，山西省襄汾县人。先后在兰州大学获经济学学士学位（1984）和经济学硕士学位（1989）、中国社会科学院研究生院获经济学博士学位（2000）。现任北京师范大学资源学院、地表过程与资源生态国家重点实验室教授，博士生导师，中共北京师范大学资源学院党委书记，北京师范大学资源经济与政策研究中心主任。主要社会兼职：科技部“国家可持续发展实验区”（China National SustainableCommunities, CNSCs）专家委员会委员兼西南区域组组长、教育部“马克思主义理论研究和建设工程”高等学校哲学社会科学重点教材项目《人口·资源与环境经济学》教材建设首席专家、中国可持续发展研究会理事、中国区域科学协会理事、中国国外农业经济学会常务理事、北京市城市经济学会副会长、中国环境保护产业协会循环经济专业委员会委员、中国–芬兰“门头沟生态城”（Mentougou EcoCity）建设专家指导委员会中方委员、《普洱》杂志编委会副主任、《世界遗产》杂志专家委员会委员、《中国人口·资源与环境》杂志编委、贵州师范大学客座教授、北京市昌平区人民政府顾问、湖北省武汉市江岸区人民政府科技顾问、陕西省榆林市人民政府决策咨询委员会特邀顾问、黑龙江省牡丹江市阳明区经济顾问、山东省黄河三角洲可持续发展研究院特聘专家、北京市西城区可持续发展示范区专家顾问组成员、贵州省毕节市经济顾问、云南省临沧市国家可持续发展实验区专家咨询委员会委员等。

主要著作：

1. 蔡　捷、刘学敏等著：《中国社会主义若干经济问题研究》，中国经济出版社1999年版。
2. 刘学敏著：《中国价格管理研究：微观规制和宏观调控》，经济管理出版社2001年版。
3. 张卓元、胡家勇、刘学敏著：《论中国所有制改革》，江苏人民出版社2001年版。
4. 刘学敏著：《中国经济改革的经济学思考》，经济管理出版社2003年版。
5. 魏胤亭、史瑞杰、刘学敏著：《邓小平经济哲学思想初探》，天津人民出版社2003年版。
6. 刘学敏、史培军等编著：《科技进步推进城镇可持续发展研究——来自中国西部的调研与思考》，中国科学技术出版社2004年版。
7. 刘学敏著：《城市化与可持续发展研究》，中共中央党校出版社2004年版。
8. 刘学敏著：《论循环经济》，中国社会科学出版社2008年版。
9. 刘学敏、金建君、李咏涛编著：《资源经济学》，高等教育出版社2008年版。
10. 刘学敏著：《论区域可持续发展》，经济科学出版社2009年版。
11. 刘学敏、敖　华等编著：《榆林市区域经济跨越式发展研究》，北京师范大学出版集团、北京师范大学出版社2009年版。
12. 刘学敏等著：《首都区：实现区域可持续发展的战略构想》，科学出版社2010年版。
13. 刘学敏等编著：《国外典型区域开发模式的经验与借鉴》，经济科学出版社2010年版。
14. 刘学敏、李晓兵等编著：《论节约型农业和节约型城市》，北京师范大学出版集团、北京师范大学出版社2010年版。
15. 刘学敏著：《循环经济与低碳发展——中国的可持续发展之路》，中国出版集团·现代教育出版社2011年版。
16. 刘学敏、王玉海、李　强、程连升等编著：《资源开发地区转型与可持续发展——鹰手营子矿区、灵宝、靖边转型案例》，社会科学文献出版社2011年版。
17. 何革华、刘学敏主编：《国家可持续发展实验区建设管理与改革创新》，社会科学文献出版社2012年版。
18. 刘学敏等编著：《低碳社区技术推广应用机制研究》，社会科学文献出版社2013年版。

ZHUANXING LUSE DITAN

转型·绿色·低碳

可持续发展论集

刘学敏/著

KECHIXU FAZHAN LUNJI

经济科学出版社
Economic Science Press

自　　序

本书收录了近年来我发表的一些关于可持续发展领域研究的文章，定名为《转型·绿色·低碳——可持续发展论集》。

关于“转型”。2007 年，国务院出台了《关于促进资源型城市可持续发展的若干意见》，在国家发展和改革委员会的主持下，分三批确立了 69 个“资源枯竭城市”，试图通过建立健全资源开发补偿机制和衰退产业援助机制，使资源枯竭城市实现转型及经济社会步入可持续发展的轨道。在这个背景下，我主持了这 69 个资源枯竭城市中河北省承德市鹰手营子矿区和河南省灵宝市转型规划的编制工作。本文集中收录的论文就是在编制转型规划时，我的一些思考和心得。

关于“绿色”。近年来，我愈益关注“生态文明”和“绿色发展”问题，并就此作过一些思考，发表过一些文章。值得一提的是，2010 年，北京师范大学科学发展观与经济可持续发展研究基地、西南财经大学绿色经济和经济可持续发展研究基地、国家统计局中国经济景气监测中心决定联合研究中国的绿色发展问题，并于当年出版了《2010 年中国绿色发展指数年度报告》。此后，每年都编写并出版一份年度报告。我参与了课题研究和报告撰写，在每一份报告中我都贡献了我的思想。本论文集收录了我有关这方面研究的文章和年度报告中我撰写的章节。

关于“低碳”。2009 年，国家科技部开始筹划启动“十二五”科技支撑项目“城镇低碳发展关键技术集成研究与示范”（2011BAJ07B00），其目的是要基于我国城镇低碳建设面临的问题，开展低碳城镇建设规划、建筑碳排放计量标准及低碳设计、城镇水系统减碳、城镇生活垃圾处理系统、城镇碳汇保护和提升、低碳城镇总体能效提升、城镇碳排放监测评估与碳排放清单编制等的研究。我参加了项目前期论证和项目第七课题“城镇碳排放清单编制方法与决策支持系统研究、开发与示范”（2011BAJ07B07）的部分研究工作。本文集中收录了部分相关研究的论文。目前，研究工作还在继续。

此外，我还发表了一些关于区域可持续发展、循环经济的文章，因内容相近，也一并收入本文集中。

我认为，中国现在和未来发展的关键词就是“转型”、“绿色”、“低碳”，这是推进生态文明和美丽中国建设的必由之路。舍此，别无他途。当然，这里的“转型”远比资源枯竭城市转型富有更深刻的内涵。

感谢本书中我的各位合作者！感谢长期以来关心和帮助过我的人们！

刘学敏

2013 年 10 月 26 日

目　录

第一部分

第二部分

第三部分

第四部分

第一部分

关于资源型城市转型的几个问题

资源枯竭城市转型中的政府定位

走出资源枯竭城市转型的认识误区

应强化资源开发地区企业的社会责任

资源枯竭城市转型需要总体制度设计

资源枯竭类城市转型目标的不确定性

自然资源开发企业负外部性均衡及综合治理

政府主导下资源型城市转型的组织机理研究

政府主导资源型城市转型模式探析

资源型城市转型中禀赋条件约束与突破机制探析

资源型经济形成与转型路径

——基于最优生产选择模型的分析

附录一：依靠市场内生驱动力，实现资源型城市科学转型

——访北京师范大学资源学院刘学敏教授

附录二：资源型城市转型效果待时间检验

——访北京师范大学刘学敏教授

关于资源型城市转型的几个问题*

资源型城市是依托某种自然资源开发而兴起的城市，资源型产业在城市发展和区域经济中占有举足轻重的地位。在这里，一些城市随着资源的深度开采和资源枯竭面临着产业转型，可持续发展问题迫在眉睫；另一些城市虽还在资源开发的鼎盛时期，但或迟或早都会遭遇资源枯竭和转型。在我国有 118 个资源型城市，根据目前的境况，国家发改委批准了 44 个资源枯竭型城市（2008 年 3 月批准 12 个、2009 年 3 月批准 32 个）进行产业转型，国家给予相应的政策支持。在这 44 个资源型城市转型中，笔者主持了 2 个城市（河南省灵宝市和河北省承德市鹰手营子矿区）转型的规划编制工作。为此，进行了大量的调研工作，发现资源型城市的转型工作要复杂得多。

一、关于资源型城市的历史地位问题

对于资源型城市不能仅仅从现有的发展中来考察，必须把它放在一个大的历史尺度上来认识。否则，就会以偏概全，看不到历史的全貌。有研究者一味地指责资源型城市“产业单一，产业结构不合理，企业功能和城市功能高度重合”，却没有看到资源型城市所以出现这种情形，本身是历史的产物。

从发生学的视角看，资源型城市的产生本身就是依托于某一种自然资源而产生的，其产业结构单一是与生俱来的。由于资源开发，形成了高度依赖自然资源的产业，即使以后也发展起来一些其他的产业，也与资源产业高度关联，也是资源产业的延伸型和服务型产业。这可以从现有资源型城市的产业结构中明显地显现出来。所以，这种单一的产业结构具有必然性。我们当然不是把“凡是现实的就是合理的，凡是合理的就是现实的”（黑格尔语）奉为圭臬的存在主义者，存在即合理，虽有为现实辩解的一面，但这本身并不重要。重要的是，资源型城市的单一产业结构在城市发生和产业发生时就只能是这样，而不可能是别的情形。

从资源型城市发生的现实背景考察，新中国成立之初，百废待兴，在其后的几十年里，面临着异常复杂的国际国内形势，发展国际经济关系存在着很大的障

---

* 本文原载《宏观经济研究》2009 年第 10 期，中国人民大学复印报刊资料《区域与城市经济》2010 年第 2 期转载。

碍。在我国实行计划经济体制的背景下，为了获得支撑经济建设和发展的各种自然资源，国家不惜代价，动员了一切可能的力量，建设了一批资源型城市，包括在荒原上兴起的大庆和戈壁上兴起的克拉玛依。这些城市因发现资源，依托资源产业而形成城市，在“先生产，后生活”的指导思想下，先有企业而后有城市，且企业功能和城市功能高度重合，城市的运行需要完全依赖于资源企业的发展，城市发展完全依附于企业。即使在改革开放后的相当一段时期内，这种情形都没有从根本上得以改观，如城市国有大型企业的领导人同时就是城市的行政首脑（如市长)，城市的建设和各项公共事业完全依赖于企业。在许多情况下，企业的行政级别甚至高于城市的级别。

在计划经济下，一切物资都由国家统一调配，尤其是各种战略性资源，而资源型城市恰恰是国家关注的重点，一切以国家的建设为转移，一切服从国家建设和发展的需要。可以说，在共和国历史上，资源型城市做出了重要贡献，应该书写重重的一笔。譬如，在鹰手营子矿区，面积仅148平方公里，20世纪60年代初全区铜矿产量占到全国的1/4，国家“一五”时期被称为“共和国长子”的156个重点项目在这个“弹丸之地”布点的就有2个（寿王坟铜矿和兴隆煤田)。但另一方面，这些城市和企业又没有自主权，丧失了自我积累和自我发展的能力，虽然它们所需要的各种物资也是从全国各地调拨来的，但资源型城市的经济从总体上看是一种“输出型经济”。

时至今日，一些资源型城市“矿竭城衰”，面临着极大的困难：城市凋敝，资源产业衰落，下岗和再就业问题严峻，大片的棚户区改造任务艰巨，城乡居民收入难以迅速提高等。这不是资源型城市自身能够解决的问题，需要政府和全社会的共同关注。不能把它看作政府和社会的包袱，要历史地、客观公正地看待资源型城市及其历史地位和所做的贡献。所幸国家已经开始对此予以高度关注，如国家出台了促进资源型城市可持续发展的相关政策，以建立健全资源开发补偿机制和衰退产业援助机制，使资源型城市经济社会步入可持续发展轨道；通过设立针对资源枯竭城市的财力性转移支付，增强其基本公共服务保障能力。在社会主义市场经济下，仅有这些政策还是不够的，还要在方法上进行创新。要根据历史上的资源开发和贡献，结合市场经济的特点，对于资源型城市进行认真科学评估，通过设立可持续发展基金等，以市场的原则，动态化地支持城市和产业转型；同时，还要未雨绸缪，对于未来面临转型的资源型城市，也要进行监测和预警，使其避免出现“矿竭城衰”的结局，实现平稳转型。

二、关于资源型城市转型内容认识问题

对于资源型城市转型的内容认识上，一般都锁定在两个方面：一是产业转型和接续产业发展，既在原有资源产业的基础上延长产业链条，同时也要发展与原

有产业没有关联的产业，实现产业发展的多元化，优化原本单一的产业结构；二是实现城市转型，把与企业功能高度重合的城市功能剥离出来，重塑城市的公共服务职能，彻底转变城市形象。

事实上，一般而言，资源型城市转型中接续产业的发展非常重要，这是城市重新充满活力的基础，而城市转型则是要把原来的依附于企业的政府转变为发挥公共职能的政府。在许多资源型城市发展的历史上，由于采掘业的工作重体力而轻智力，所以从农村吸收了众多的劳动力（从农村招工），他们文化程度普遍偏低，主要从事体力劳动。工人们被安置在矿山附近的简易平房里。这些平房结构简单，通常外墙为红砖灰泥勾缝，内墙为麦秸泥抹灰，顶部为红瓦铺顶或拱顶结构。单身矿工家属探亲，为了一家人能够团聚，用石头、砖头、板皮、油毡依山就势搭建临时房，其子女又在平房外搭建小屋，世代居住。这就是长期难以解决的“棚户区”问题。由于在计划经济时期，矿工待遇较高，农村生活条件较差，许多家属不愿回乡，日久天长定居下来，后来逐渐得到企业和地方政府的默认，大部分家属进行农转非，矿工一人挣钱全家花。随着资源的枯竭，企业开采成本逐渐增加，矿山企业亏损，工人下岗失业，这时，一些职工家庭生活变得困难，他们的家属本想回乡务农，但这时老家已无地可以耕种。可见，资源型城市“因矿而兴”，聚集了大量的劳动力及其家属，使城市户籍人口迅速增加，造成了高度城市化的假象，这就加大了城市转型的成本和难度。

然而，在城市转型中，人们往往忽视了除了产业转型和城市转型外，还存在着体制的转型，而且体制变革和转型具有决定性意义。

在我国，经过30多年的经济体制改革，已经初步建立社会主义市场经济体制，作为经济活动当事人的企业已经经过转制和改造，成为独立的市场主体，独立从事经营活动，虽然在全国各地、在一些领域改革尚未完成，继续深化改革仍然是国家和政府面临的一项重要任务。但是，在资源型城市中，经济体制改革的任务则更加繁重。

诚如前所述，资源型城市一开始就是与计划经济紧密联系在一起的，许多城市本身就是计划经济时代的产物，虽然经过了改革开放和市场经济的洗礼，但处处仍能看到计划经济的印记。在笔者调研的许多资源型城市，可以看到，企业改制还在进行中，政府与企业之间的关系仍然需要进一步理顺。一方面，“大企业，小社会”的现象还很普遍，国有大型企业仍然承担着社会职能，造成企业负担过重；另一方面，“大企业，小政府”的现象仍然没有改观，国有企业的行政级别高于地方政府的行政级别，使地方政府在依法行政上仍然受到多方掣肘。即使是在思想观念上，资源型城市仍然缺乏市场竞争的意识，总是在计划体制中“打转转”，这从调研中在各个方面都明显地显露出来，这原本也无可厚非，因为这就像物理学中的惯性，即一旦进入某一路径就可能对这种路径产生依赖，走原来的路径所付出的成本更少，这是一种自我强化和锁定的效应。

由此看来，资源型城市的转型包含着产业转型、城市转型和体制转型三个方面的内容，三种转型交织在一起，使转型工作变得异常复杂。

诚然，资源型城市转型过程中，还面临着一项重要任务，这就是生态修复。资源开发造成了生态环境的破坏，许多资源型城市地质灾害频发、水体污染、耕地毁坏等，制约着城市和区域的可持续发展。因此，生态修复也是资源型城市转型题中的应有之义。

三、关于资源型城市转型的目标问题

资源型城市的转型是一个动态的过程。从理论上说，设 A 为资源型城市的原有产业形态或城市形态，B 为新的产业形态或城市形态，那么，转型不仅包含着支柱产业从 A 到 B 的转型，也包含着城市形态从 A 到 B 的转型，从而 B 就是资源型城市转型的目标。

然而，问题在于实践远比理论设计和模型要复杂得多。这不仅是因为目标本身是一个难以量化的东西，存在着很多主观的评价标准，还因为存在着一个转型的时间跨越问题，即用多长时间完成转型。

一般而言，对于资源型城市的转型在相对短的时期内，通过延长原有的产业链条，通过对于资源的深加工来增加附加值，通过发展循环经济，使原来废弃物再资源化利用，把过去未被利用的资源再综合利用和吃干榨尽，这在事实上可以延长原有矿山的服务年限。虽然这从实质上不是属于转型的范畴，但在这个过程中，不使产业跨度太大而造成城市和就业人员的不适应，也会为产业转型提供一定的积累并构建新产业形成的基础。与此同时，再发现新的商业和投资机会，通过资源型城市自身努力和国家支持，以催生新的产业。结果是，原有资源型产业仍然有一定发展，新产业同时也在成长，这就使整个产业结构发生变化，为最终实现转型奠定基础。这可以称为“小转型”。

“小转型”不是目标，它只是资源型城市转型过程中的一个中间环节或过渡阶段。真正的转型或者称为“大转型”，应该是资源型城市在发展过程中不再依靠当地的自然资源，形成多元化的产业结构并逐渐趋于合理。其中，非资源产业的快速发展是一个重要标志。按照国家发改委东北司对于资源型城市界定的主要依据：采掘业产值占工业总产值的比重在 10% 以上；采掘业产值规模，对县级市而言应超过 1 亿元，对地级市而言应超过 2 亿元；采掘业从业人员占全部从业人员的比重在 5% 以上；采掘业从业人员规模，对县级市而言应超过 1 万人，对地级市而言应超过 2 万人。只要在经济发展中把这四个指标降低到标准以下，就不再被称为资源型城市，从而实现了真正的转型或者“大转型”。

然而，资源型城市的转型切不可做出机械的理解。有一些资源型城市在未来发展中找到了其实现可持续发展的路径，虽然仍然依赖资源，但却改变了发展的约束条件，也可以被认为成功实现转型，或者至少提供了一条转型之路。譬如，笔者多次调研的克拉玛依是随着石油资源开发而发展起来的新型石油石化工业城市，已建成集石油天然气勘探开发、炼油化工、科研设计、机修制造、运输通讯、供电供水等门类比较齐全的石油和石化工业体系，是西北地区最大的石油和石化基地。克拉玛依因油而生、因油而困，作为典型的资源型城市，由于油田开发进入中年期，油田含水率逐年提高，开采难度和开采成本逐年加大，原油产量继续保持增长，需要勘探开发技术的突破。产业结构中，目前石油石化产业增加值占全市 GDP 的 89.6%，而石油开采业增加值占工业增加值的比重达 86%，第二产业占绝对优势。为此，克拉玛依的发展思路是要延长石油石化产业链和加快发展现代服务业，引进利用以哈萨克斯坦为中心的中亚油气资源，建成国家级石油化工基地，最终形成庞大的石油化工产业集群。而中亚油气资源丰富，运输便利，且已经有了良好的合作基础。若如此，克拉玛依就能突破现有的资源约束，实现可持续发展。再如，河南省灵宝市以黄金资源开发而著称，随着资源的枯竭，灵宝人开始把目光转向外部，充分利用自身开采金矿的经验和技术优势，向国内（甘肃、新疆、内蒙古等）外（吉尔吉斯斯坦、老挝等）延伸，克服了自身资源的约束，使“有黄金的地方就有灵宝人”，为产业延伸和城市转型探索了经验。

看来，资源型城市的转型本身是一个实践的过程，不能先验地“创造”一些理论和模型，以削足适履，束缚实践。

四、关于资源型城市转型的国际经验借鉴问题

在资源型城市转型的国际经验借鉴中，许多人把法国的洛林地区、德国的鲁尔地区、日本的北九州地区等作为转型的典范。笔者曾就此专门访问过鲁尔区和北九州地区。譬如鲁尔区，原本以生产煤和钢铁为主，20 世纪 60、70 年代，由于廉价石油的竞争，这里先后遭遇“煤炭危机”和“钢铁危机”，使经济受到重创，矿区以采煤、钢铁、煤化工、重型机械为主的重型工业经济结构日益显露弊端。主导产业衰落，失业率上升，大量人口外流，环境污染严重，社会负债增加等，使可持续发展受到严峻挑战。对此，政府积极采取措施，通过经济结构变化和产业转型，使经济再造辉煌。首先是制定总体规划，对矿区的发展做出全面规划和统筹安排。其次是积极培育新兴产业，包括健康工程和生物制药产业、物流产业、化学工业和文化产业等。尤其值得称道的是，旅游与文化产业是鲁尔区实现经济转型的主要特色之一。1998 年，鲁尔区制定了一条区域性旅游规划，被称为“工业文化之路”的旅游线路连接了 19 个工业旅游景点、6 个国家级博物馆和 12 个典型工业城镇。这如同一部反映煤矿、炼焦工业发展的“教科书”，带

领人们游历150年的工业发展历史。开发工业旅游在改善区域功能和形象上发挥了独特效应，成为鲁尔区经济转型的标志。这里最值得学习的经验就是始终把创新放在重要位置，正是由于创新尤其是观念创新，使鲁尔区以崭新的面貌向世人展现出来。

然而，中国的资源型城市的转型毕竟有别于国外，这主要是：

其一，发达国家资源型城市的转型是以市场经济为背景的，虽然在转型的过程中也面临着生态修复的任务，但它相对比较单一，这就是如何促成新产业的成长，使在新产业发展中，城市重新充满活力。对于中国的资源型城市而言要复杂得多，除了发达国家转型的全部内容外，还包含了体制自身的转型，即计划经济向市场经济的过渡。这样，在发达国家作为转型背景的经济体制，在中国也成了转型的内容。所以，在西方发达国家转型的一些成功经验，虽具有借鉴意义，但必须有所甄别。

其二，中国的资源型城市长期处于“双向失血”的状态，也就是说，在“资源无价，原料低价，产品高价”的认识下，一方面向外低价出售产品，另一方面又高价购置成品，导致了价值的双重流失，严重影响了城市和产业自身的积累。当资源处于枯竭状态、城市失去活力的时候，如果没有外力和一定量的注入，单纯依靠自身，其结果必然是矿竭而城衰。现在，一些资源型城市面临困境，政府应该积极想办法，不能推向社会，完全用市场的办法来解决。对此，设立国家可持续发展基金，进行一定的财政转移支付，这是必要的，是对于过去这些城市所作贡献的一种“补偿”行为。

看来，对于资源型城市转型的国际经验是应该看重的，但同时必须要从中国的实际出发来提出解决问题的办法。

资源枯竭城市转型中的政府定位*

资源型城市因资源而兴，也因资源而困。目前，我国已有多座资源型城市因资源枯竭而面临转型。凤凰涅槃，浴火重生。能否实现华丽转身，在转型中政府如何定位，为政府和学界高度关注。然而，笔者从参与一些转型规划的编制和阅读相关文献时发现，人们对于转型中政府扮演何种角色却存在着一些似是而非的认识。为此，有必要厘清政府在转型中的角色定位。

一、政府是资源枯竭城市转型的启动者和推动者

资源型城市在面临枯竭、出现诸多社会问题后，需要进行转型；即使在资源开发和资源产业上升阶段，就应该谋划转型。然而，通过何种力量促进转型，却非常重要。对于中国来说，政府包括中央政府和地方政府应该成为转型的启动者和推动者。

由于长期实施高度集中的计划经济体制，资源型城市为了推进中国的工业化和形成完整的国民经济体系作出了巨大的贡献和牺牲。中国资源型城市与西方市场经济国家不同，国外的资源型城市或地区在市场经济下，通过以原料为基础的贸易使那里的利益流失，而在中国却是通过计划经济下政府的无偿调拨和不合理的产品差价关系（即所谓的“资源无价、原料低价、产品高价”）使那里的利益流失。

从发展历史上看，这些资源型城市所经历的两个阶段都非常不利。第一阶段是“计划经济下的发展时期”，这时的城市和产业都处于上升时期，但计划经济体制使它们沦为仅仅是一个生产者的地位，没有也不可能有积累以支撑未来的转型，城市的一切都在国家的掌控之中，一切都不需要筹划；第二阶段却是“市场经济下的转型时期”，当可以发挥资源优势发展经济的时候，资源枯竭了，社会负担沉重，被迫进行转型。

基于这样的特殊情形，单纯依靠资源枯竭城市的自身力量实现转型是非常困难的，必须要有外部力量的介入和支持。为此，在资源枯竭城市的转型中，作为能够协调各方利益的中央政府，就应该义无反顾地主导转型，成为转型的启动者

---

* 本文原载《中国改革报》2010年7月26日第3版，《中国国土资源报》2010年8月27日第7版转载。

和推动者。

事实上，对于我国的中央政府而言，已经就此做了大量的工作，国务院颁发了《关于促进资源型城市可持续发展的若干意见》，国家发展和改革委员会基于此，先后于2008年公布了首批12座资源枯竭城市名单、于2009年公布了第二批32座资源枯竭城市名单。对于列入名单的城市（地区），中央财政给予财力性转移支付资金支持。这些政策是非常必要和及时的，也起到了一定的效果。然而，对于列入名单的城市和地区则仍然采取了一种类似于计划经济下无偿给予的方式，没有个案地根据每个城市资源枯竭的程度、资源类型、转型难度、转型环境以及历史贡献等进行测算和评估，没有引入市场经济的评价方法和机制，因而就不可避免地采取了整齐划一的“一刀切”的方式，这在一定程度上削弱了政府支持和推动转型的力度。

不仅如此，列入资源枯竭城市名单从而获得中央政府财政资金的支持，固然是由于资源枯竭、城市发展遇到障碍，但从目前国家对于资源枯竭城市名单的确定来看，在一定程度上也是地方政府游说中央政府的结果。

当然，地方政府同样也是转型的启动者和重要推动者。资源枯竭、矿山关闭、企业停工和转产、职工失业、贫富差距拉大，尤其是社会问题的出现，任何一个负责任的政府都不应该漠视之。地方政府积极推进转型，其目的是要解决各种社会问题，而只有城市的经济获得发展，才能为社会问题的解决提供必要的财力支撑。

二、政府是后资源型城市的规划者和设计者

资源枯竭城市的转型目标是突破资源约束，最终破解难题，实现城市和区域的可持续发展，走向后资源型城市。对此，政府应该成为后资源型城市的规划者和设计者。后资源型城市的设计和规划要本着产业高起点的原则，由于其他城市也面临着经济发展方式转型和产业升级，资源枯竭城市要充分发挥后发优势，把城市和产业转型作为发展的机遇，积极推进转型。

政府首先要基于未来城市的定位来规划和设计转型目标。要充分研究资源枯竭以后城市未来的走向，最终目标是实现城市和区域的可持续发展。在转型目标上，长期以来人们受着教条主义和本本主义的束缚。这就是，把现有的综合性城市作为转型目标，而没有考虑资源枯竭城市发展的实际。事实上，目前国家确定的44个资源枯竭城市情况各异，面临的问题千差万别。有些可以朝着综合性城市的方向发展，而有些根本就不具有发展成综合性城市的基本条件和环境。有些城市生态环境脆弱、水资源短缺，尤其是在西北干旱半干旱地区，按照既有的观念和理论，这些城市永远也无法转型。因此，转型目标的确立不存在一个固定模式，它要依据转型城市的实际来确定。

同时，政府要设计后资源型城市的产业体系，这是未来城市实现可持续发展的根基。然而，不幸的是，在笔者阅读文献和参与资源型城市转型规划编写过程中，一些政府的指导思想，对于城市产业的转型仍然存在先验的认识，即在未来的后资源型城市中，应有一个所谓“合理”的产业结构，并具体规划出三次产业各自的比重，要注重三次产业的协调。其实，一个国家可以考察产业结构的变化规律，它将沿着配第－克拉克定律来演进。该定律被表述为：随着经济的发展，人均国民收入水平的提高，第一产业国民收入和劳动力的相对比重逐渐下降；第二产业国民收入和劳动力的相对比重上升，经济进一步发展，第三产业国民收入和劳动力的相对比重也开始上升。但是，当把该定律应用到一个比较小的区域譬如一个县域经济或者更大一点的区域经济中，就会产生逻辑上的谬误，即对于整体是正确的结论，对于部分便是错误的。在一个比较小的区域内，要依自身的特色和实际来发展产业体系，安排自己的产业结构，而不是先验地规定一个所谓“合理”的产业结构。对于资源枯竭城市，转型中在政府的大力扶持和科学规划下，凭借自身的优势，选择具有前瞻效应（带动下游产业发展）、回顾效应（带动上游产业发展）和旁侧效应（带动地区相关产业发展）的主导产业，同时还要与所在的更大区域范围内实现产业分工和衔接，这是后资源型城市获得发展的根本，而不是一开始就设计所谓“合理”的产业结构。

同样，破解资源枯竭城市转型之谜，也不应该拘泥于既有的模式，要观念创新，大胆尝试。譬如，地处西北戈壁滩的克拉玛依市依石油而立，产业高度集中于石油化工及相关产业。按照转型为综合性城市的先验模式和构建一个所谓“合理”的产业结构，则永远也不可能转型，因为不存在转型的条件和外部环境。然而，克拉玛依市试图破解石油资源的约束，通过利用源源不断的国外（哈萨克斯坦、吉尔吉斯斯坦等）油气资源供给，通过中国北方石油化工基地的建设，来实现可持续发展和城市转型。这里，虽然还是单一的石油化工产业，依然依靠石油资源，城市也还是原来的油城，但却不再是传统意义上的资源型城市了。

附带地说，在资源枯竭城市辽宁省阜新市的转型中出现的“弃工从农”是依据阜新发展的实际而探索的一条道路，所谓“历史倒退”不过是书生之言。其实，在阜新模式中，还应该增加“弃工从生态”的内容，把原来的一部分下岗职工转到生态修复中。

三、切忌政府在转型中的过度参与

在资源枯竭型城市转型中，政府要作为启动者和推动者，要成为后资源型城市的规划者和设计者，要注重制度建设和发展的环境建设。但是，应该明确一个总的原则，这就是中国的经济是社会主义市场经济，市场机制在经济活动和配置资源中起基础性的调节作用，政府绝不能在转型中过度参与，甚至政府对于企业的活动越俎代庖。

政府的过度参与主要表现在，一些地方政府包揽了转型的所有事务，几乎完全排斥市场的作用。在转型过程中，一些政府主要领导者甚至提出违背可持续发展和国家产业政策的要求，如提出要允许污染型、高排放产业进入转型城市，国家的转型扶持应该是降低产业进入门槛等。

政府的过度参与会造成不良后果。因为在转型中政府虽然居于主导地位，但具体投资和项目的进入却要依据市场的原则。市场导向的作用就在于，它由市场主体来分散决策，从而风险也分散负担。如果政府决策，则就会使风险过于集中于政府。这不仅不符合市场经济的原则，而且一旦发生投资失误，就会造成政府债务，甚至导致政府“破产”。目前在我国，政府的软预算约束下，不存在政府“破产”之虞，但随着改革的深入、社会主义市场经济体制的进一步完善，将会使政府的预算约束硬化，债务的累积将会招致政府“破产”。政府的“破产”不同于企业破产，不是政府法人资格消灭、政府停止工作运转，当地方政府在无法偿付到期债务时就应当被视为破产，无力支付的地方政府可以通过债务重组、改组或重新筹集资金等方式解决债务问题，以寻找更有效的方式让政府摆脱财政危机。

在国外资源枯竭城市转型中，就出现过政府决策失误、债务过多的教训。在日本北海道的夕张市，煤炭资源枯竭后，为了减缓煤炭产业衰退造成的影响，通过政府举债的方式，大规模发展旅游业，结果因城市规模过小，消费能力不足，以及周边城市的竞争，使投资规模巨大的旅游设施难以发挥作用。譬如，夕张滑雪场预计年吸引游客150万人，但实际只有游客50万人，60%的生产能力闲置；动物园和游乐园无人问津。政府的巨额投资却没有获得预期的回报，反而背上巨额债务，超出政府的应债能力。

对于中国资源枯竭城市来说，转型必须先转观念。由于资源型城市通常是计划经济传统影响根深蒂固的地区，新体制生长的速度比较慢，与城市、产业转型问题同样严重的是体制转型任务也异常艰巨，因此，必须树立市场经济的观念，才能在转型中一开始体制就朝市场经济方向推进。

在转型中，还要处理好中央政府和地方政府的关系。无论是中央政府还是地方政府，其目标都在于推进转型，都在于致力创造转型的良好环境，但毕竟在转型中它们扮演的角色关系存在差别。中央政府除了要进行必要的财力支持、产业引导、项目布局外，还要进行转型的科技支持，因为，只有提高产业和产品的科技含量，新生长的产业才会有竞争力，才能有发展潜力和前途。地方政府则更要注重解决转型中出现的社会问题，化解社会矛盾。在转型中，由于从原有产业中分离出来的劳动者通常文化程度低，职业替代性强，劳动供给弹性大，因而在劳动市场关系中常常会出现劳动用工不规范的情形，劳动者权益容易受到侵犯，这就迫切需要法律援助。同时，基于再就业劳动者受教育程度低的实际情况，政府要投入资金大力发展职业教育，促进职业的流动性和对新产业的适应性，促进矿区人力资源向人力资本转化。

总的来说，对于资源枯竭城市的转型，无论是中央政府还是地方政府扮演何种角色，都需要认真研究。介入过少，不足以支持转型；介入过度，则会损害市场的机能。所以，必须准确定位转型中的政府职能，使转型成本最低，城市能够平稳转型。

走出资源枯竭城市转型的认识误区*

由于在整个中国城市体系中占有重要地位，资源枯竭城市的转型为政府和学界高度关注。然而，在转型问题上，存在许多认识上的误区，而要推进资源枯竭城市的成功转型，首先必须走出误区，正确地认识转型。

一、资源枯竭城市转型是产业转型

资源型城市因资源枯竭，原有主导产业衰退，呈现出矿竭城衰的衰败景象。如何使资源枯竭城市再次焕发生机，人们把注意力放在了选择新的主导产业上，更多地关注产业转型和接续产业发展。在笔者参与一些资源枯竭城市转型规划的编制和论证时发现，地方政府无一例外地把重点放在产业转型上。关注如何延长原有产业的链条，发展跟进产业；注重发展与原有产业不相干的产业，在原有产业体系中植入新的产业。应该说，资源枯竭城市的转型，首先是产业转型。非如此，不能支撑经济的发展和人民生活水平的提高，不能解决由此引发的许多社会问题。但是，仅仅有产业转型，不能涵盖转型的全部内容，也不足以解决资源枯竭城市面临的全部问题。

事实上，除了产业转型外，资源枯竭城市转型还包括：一是城市转型，把原来矿城合一的城市形态转变为功能综合的城市形态，使城市按照自身的发展规律演进；二是生态转型，把原来资源开发所造成的生态环境问题，通过生态修复和环境治理，实现可持续发展；三是体制转型，由于资源枯竭城市在形成和发展中，与计划经济体制高度相关，在市场化改革中进程相对迟缓，所以，必须包含从计划经济体制向社会主义市场经济体制的转型；四是经济发展方式的转型，从粗放型的“高投入、高消耗、高排放、低产出”的发展方式，向集约型、循环经济、低碳排放的发展方式转型，这种转型是目前中国所有城市和地区、所有行业都面临的任务，理所当然也是资源枯竭城市在转型中必须面对的任务。

由此看来，资源枯竭城市转型是一个复杂的系统工程，产业转型是核心内容，但不是转型的全部。这也就决定了转型不可能一蹴而就，它是一个长期的、非常艰巨的过程。中国的单一的经济体制转型就花费了三十余年，也才初步建立

---

* 本文原载《中国改革报》2010 年 10 月 25 日第 3 版。

了社会主义市场经济体制，还需要在继续深化改革中完善体制，何况资源枯竭城市这种复杂的综合转型。即使是国际上比较成功的转型案例如德国鲁尔工业区转型也经历了几十年的艰苦努力才实现了初步转型。因此，转型的最终成功，是一个长期的过程，必须要有长期转型的准备和打算。

二、资源枯竭城市转型要建立一个完整的产业体系

通常，资源枯竭城市依托于某一种或某几种资源而产生，城市产业单一是制约其发展的重要因素。从笔者参与和评审的转型规划看，各地方政府都试图构建一个完整的产业体系，试图建立一个“合理的”产业结构。

所谓产业结构是各产业的构成及各产业之间的联系和比例关系。决定产业结构的因素主要有需求结构（中间需求与最终需求的比例，消费水平和结构、消费和投资的比例、投资水平与结构等）、资源供给结构（劳动力和资本及其相对价格、资源禀赋）、科技因素（科技水平和科技创新发展能力、速度以及创新方向等）、国际经济关系的影响（进出口贸易、引进外国资本及技术）等。产业结构的演化即产业结构高级化，它是经济发展重点或产业结构重心由第一产业向第二产业和第三产业逐次转移的过程，标志着经济发展水平的高低和发展阶段、方向，这就是通常所说的配第－克拉克定理。

问题在于，这种所谓“合理的”产业结构和“配第－克拉克定理”对于一个国家来说是正确的，对于一个小的区域是否正确。这里存在一个逻辑错误：对于整体是正确的结论对于部分却是错误的（即分析谬误）；对于部分是正确的结论对于整体却是错误的（即合成谬误）。可见，对于资源枯竭城市接续产业发展，虽然客观存在一个结构问题，但不必拘泥于各产业的比重，要以可持续发展为目标，在考虑区域产业协调的基础上，依托自身优势（技术优势、文化优势、资源优势）而形成自己的产业结构，这就可能出现“一业独大”的问题，不必去刻意追求所谓“合理的”产业结构。

需要一提的是，从目前的情况看，许多资源枯竭城市的转型规划，在塑造未来接续产业发展时都无一例外地把旅游业甚至娱乐业作为重要产业，但是，无论这些产业表现出如何具有吸引力，资源枯竭城市产业转型成功必须要有实体经济的发展作为基础和支撑。

三、资源枯竭城市转型的动力源是政府

毫无疑问，由于大多数资源枯竭城市从发生到发展都与计划经济体制密切相关，而计划经济下的“资源无价、原料低价、产品高价”原则，使资源型城市缺乏必要的资本积累，可以说，造成资源枯竭而接续产业又无法跟进的原因在相当程度上是由于体制造成的，这就使政府尤其是中央政府理所当然地成为“责任

主体”。从实际情况看，资源枯竭城市单纯依靠自己的力量根本无法实现转型。况且，作为一个负责任的政府，当区域发展和人民生活面临困难的时候，也应该义无反顾地承担起自己的责任。因此，资源枯竭城市转型的推动者和动力源首先应该来自于政府（中央政府和地方政府）。从目前国家确定的44个资源枯竭城市的转型看，政府无疑都扮演了重要角色。

然而，在一个最终要建成社会主义市场经济体制的制度框架下，仅仅依靠政府的力量是不够的，还必须依靠市场的力量。因为在市场经济下，市场机制是配置资源的基础，决策分散，利益导向，市场决定了经济活动的走向。因此，对于资源枯竭城市的转型和接续产业成长，政府是外部重要的推动力量，而市场的力量才是内生驱动的。未来接续产业是政府选择的结果，更是市场选择的结果。只有经过市场的洗礼，选择的接续产业才是有生命力的。

从目前各地资源枯竭城市转型时的接续产业选择上，到处都能看到政府参与的影子和痕迹，政府官员到处跑项目、拉关系、“规划”产业，但恰恰忽视了市场在产业选择上的重要作用。从客观上看，由于资源型城市曾经是计划经济的重要领域，所有制结构单一，主体企业是大型国有企业，计划经济体制影响根深蒂固，体制改革与发达地区相比明显滞后，市场力量明显不足，这就决定了资源枯竭城市在转型时，体制改革的任务依然繁重。

四、资源枯竭城市干部职工观念落后思想保守

一些到过资源枯竭城市的领导和专家，在经过一段时期的调研和考察后，得出一个结论，这就是，资源枯竭城市创新动力不足，原有国有大型企业的干部职工思想保守，观念落后，缺乏创新和冒险意识，再加之客观上技术单一，使适应市场经济的能力较差。因此，要创新观念，树立市场经济的意识，推动转型。

其实，思想意识和观念是社会存在的反映，任何一种观念和意识的存在，是在一定约束条件下形成的。的确，由于长期的计划经济体制，且改革进程滞后，尤其是国有企业改革仍然是目前改革的重点领域，因此，在资源枯竭城市计划经济体制影响依然深远，反映到人们的思维中，自然就会表现出处处依赖政府、忽视市场作用来推动转型的想法。

曾几何时，人们把发展中国家农民贫困归因于愚昧和拒绝采用新技术，而美国发展经济学家、诺奖得主舒尔茨的研究发现，那里的农民虽然贫穷，但作出的资源配置却是有效的，即“贫困而有效率”，农民作为“理性”的生产者，在长期的试错改错过程中，配置其所拥有的传统生产要素时，具有很高的效率，符合理性经济人原理。他指出，只要给予适当的刺激，那里的农民就可以点石成金。他还用危地马拉的帕那加撒尔和印度的塞纳普尔两个实例对这一假说进行了初步检验。

看来，资源枯竭城市转型中所存在的问题，不是也不应该理解为思想保守和观念落后，而是一定制度约束下经济人的理性选择。所以，要改变这种状态，就必须进行制度变革，更多地引入市场机制，在新的制度约束下，人们就会有新的经济行为，创新的潜力才能迸发出来。

五、资源枯竭城市把劳动力转移到农业生产中是一种“倒退”

随着原有资源的枯竭，资源枯竭城市的主导产业处于衰退之中，譬如在甘肃省白银市，资源仅满足其冶炼能力的5%。由此为了推进转型，一些城市开始大力发展农业尤其是生态农业，从而使原来的采掘和冶炼工人转而从事农业生产，如辽宁省阜新市的转型等。对此，一些人认为这是从工业化向农业化的转型，是一种“倒退”，是资源枯竭城市的“逆转型”。

然而，对于这种现象，不应该从本本出发，而应该从资源枯竭城市发展的实际出发。从理论上看，产业发展的总趋势是从第一产业向第二产业、最后再向第三产业过渡，这是配第－克拉克定理所揭示的一般规律。但这种一般性或者共性是在特殊性中实现的，共性寓于个性之中，共性只能在个性中存在。任何共性只能大致地包括个性，而任何个性并不能完全被包括在共性之中。因此，这就不能排除在个别情况下第二产业也会向第一产业转化。这不是违背一般规律，而是规律的一种实现形式。

其实，从实际发展来看，农业生产发展是资源枯竭城市转型中的一个现实选择。因为在技能比较单一的情况下，原来的工人从事农业生产具有较大的适应性，而且发展现代农业如观光农业、生态农业、有机农业等投资相对较小，这是在原有主导产业衰退之后新产业选择中成本最低且可以迅速启动的产业，在转型中具有重要的意义。

同时，通常情况下，资源枯竭城市在资源开发的历史上，都不同程度地产生了许多可供开发的废弃地，煤炭开发则还有许多可以复垦的矸石山，此外还有大量的闲置厂房可以利用。所以，发展现代农业也是修复生态和环境治理的过程，它不是要复古传统农业，不能机械地理解为是“逆转型”，更不能理解为是历史的“倒退”。

应强化资源开发地区企业的社会责任*

资源开发地区曾经为新中国工业化的快速推进奠定了基础，也为改革开放后中国经济的快速成长提供了支撑。然而，当人们把快速发展的中国比喻成一艘豪华超级邮轮时，长三角、珠三角和京津地区是靓丽的甲板，而资源开发地区如山西、陕北、蒙西等则是为邮轮提供动力的锅炉房。可见，在中国经济中，发展与环境之间的矛盾已然非常突出，资源开发地区的可持续发展面临着严峻挑战。的确，在资源开发的过程中，许多企业（包括国有大型企业）只关注自身的利润，忽视社会责任，在资源开发地区造成了许多经济和环境问题，迫切需要在发展中予以解决。

在资源开发中造成的问题主要有：

一是资源开发中造成资源破坏和环境污染，主要是在石油开采中造成水资源的破坏和污染、煤炭资源开发中造成塌陷和耕地资源的毁坏等。按照国家相关规定，依据“谁破坏，谁恢复”的原则，除了修复土地外，还要补偿相关损失。然而，中国的自然资源归国家所有，而土地分国家所有和集体所有两种，企业尤其是国有企业在开发资源的过程中，毁坏了土地这种农民赖以生存的最基本的生产资料，尽管国家有一些补偿的相关规定，但在现实操作中补偿却难以实现。在笔者调研的某地，对于煤炭资源开发在20世纪80年代确定的补偿标准为吨煤0.2元，因农民嫌少，拒绝领取，致使这种补偿就延宕下来，迄今未能兑现，也就谈不上补偿。不仅如此，在分散的农户与国有大型企业进行谈判时，农户之间协调成本高，即使能够一致行动，也仍然处于弱势地位。在有些地区，地方政府出面协调农户与国有企业的关系，但因地方政府的行政级别远低于国企的行政级别，因而有时也表现得无能为力。

二是在资源开发地区，国有大型企业的植入，在地方原有的经济活动和经济结构中嵌入了工业化的因素。随着资源开发，资本、设备和先进技术的进入，使这些地方的经济发展充满了活力，一些原来的国家级贫困县，一跃而成为全国的百强县。按照一般的发展规律，工业化要求人口的聚居，形成聚集效应，通过城镇高收入的拉力和农业自身发展的推力，使从事第一产业的劳动力向第二产业转

* 本文原载《中国社会科学报》2010年12月2日第8版。

移，原来的农业生产者也进入城镇，开始享受现代城市文明。工业化带动城镇化，工业化是因，城镇化是果。但是，在资源开发地区，嵌入式的工业化却与当地的城镇化关联不大。导致的结果是，一方面是资源开发地区工业化程度很高，也有虚高的 GDP 和人均 GDP；另一方面却是广大农村依然贫困。譬如，在陕西省靖边县，伴随着油气资源的开发使工业经济尤其是资源经济快速发展，在经济结构中第二产业比重高达 84%，但另一方面城镇化率却只有 15%，远远落后于国家 46% 的平均水平。

三是在资源开发中，国家缺乏统筹规划。在许多地区，伴随着资源开发，地方经济发展呈现出一派生机；但当资源枯竭后，又呈现出一派凋敝的景象。这样，整个经济发展过程就又陷入目前国家高度关注的资源枯竭城市所走过的老路上，这就是，先是资源开发，接着是资源枯竭，最后是产业和城市的被迫转型。通常情况是，当资源价格飙升时，企业竭尽全力扩大生产能力，过度开采，甚至不惜竭泽而渔。笔者曾经调研过的陕北神木县某煤矿，设计能力为 118 年（储采比等于 118），但由于前几年煤炭价格上升，使企业过度开采，致使资源 20 年就会枯竭。甚至在一些地方，国家、集体、个人一起上，地方政府也乐意见得“有水快流”，致使资源过早枯竭。地方政府所以放任这种情形，主要是由于以 GDP 为核心的政绩观使然。而问题在于，随着资源的枯竭，当国有企业撤走以后，留下来的便是满目疮痍，接续产业没有获得发展，城市或城镇就会完全衰落，从而面临着转型的困境。

从目前的情况看，计划经济下的国有企业承担了过多的社会责任，企业办社会（医院、学校等），国有企业的目标除了为国家赚取利润、积累资本外，还包罗万象，承担许多社会任务，维护社会稳定。当国有企业在某一资源型地区开发资源后，就相应地担负起当地在经济和社会发展中的全部责任，许多资源型城市如大庆、克拉玛依、白银等就是依托于国有大型企业而形成的，当转入市场经济后，这些企业因负担过重而苦不堪言。所以，改革的任务之一就是，剥离企业的社会负担，把这些社会职能交还给地方政府，使国有企业在市场中更加具有竞争力，但迄今看来，在资源枯竭城市国有企业的改革仍然任重而道远。

但是，矫枉而过正，在向社会主义市场经济过渡的过程中，许多国有企业在新的开发资源地区却一切以利润为导向，漠视任何社会责任。不仅如此，在资源开发中因中央与地方政府的利益分摊问题而使中央企业与地方的矛盾尖锐，引发了许多社会问题，严重危害了和谐社会的建设。对此，在资源开发地区，尤其应强调企业承担社会责任。

企业社会责任（CSR）是指企业在创造利润、对股东承担法律责任的同时，还要承担对员工、消费者、所在地区和环境的责任。企业的社会责任要求企业必须超越把利润作为唯一目标的理念，强调要在生产过程中关注人的价值，强调对消费者、对环境、对社会的贡献。在企业生产的约束条件中，除了资本等传统生产要素外，保护生态和环境也要付出成本，从而成为重要的生产约束；而利润最大化也不再是唯一目标，代之以一个包含利润在内的长期稳定和可持续发展的目标集。

国有企业在资源开发地区承担社会责任不仅是必须的，而且也是可能的。在社会主义市场经济体制的框架下，国有企业在相当程度上垄断了国有资源的开发权，石油、天然气、煤炭和一些重要的矿产资源都是授权由国有企业开发，其他企业不能介入其中，由此国有企业获得了高额垄断收益，尽管一些企业常常公布出“亏损”的会计报表，以寻求国家更多的补贴。为此，国家要对这些国有企业的行为进行规制，要使其所获得的垄断收益中的一部分回馈社会、回馈地方，这是国有企业必须承担的社会责任。显然，这与计划经济时代，国有企业办社会的性质是完全不同的。

概而言之，国有企业在资源开发地区主要应承担以下的社会责任：

其一，要优先吸收资源开发地区的劳动力就业，在促进地方工业化的同时，带动当地的城镇化进程，进而解决资源开发地区城镇化与工业化严重脱节的问题。企业尤其是国有企业要科学安排和合理使用资源开发地区的劳动力，扩大就业门路，在增加企业收益的同时，也要使当地经济获得发展，人民生活水平得以提高。要坚决摒弃现在一些国有企业的做法，这就是，拒绝吸收本地的劳动力，彻底割断与地方的人脉联系。事实上，如前所述，由于国有企业仍然沿袭过去的行政级别，使一些国企的领导人在行政级别上远高于地方政府，这就使企业与地方的关系难以协调。

其二，企业要珍惜资源和保护环境，致力于推进地方的可持续发展。资源开发造成的污染和环境破坏是长期以来的痼疾，严重恶化了国有企业与地方及当地人民的关系。在笔者调研的地区，一些企业为了应付检查，只做表面文章和形象工程，本来在煤炭资源开发中造成严重的塌陷和耕地毁坏，却在道路两旁做出绿化和耕地恢复的示范点，而相关部门的检查也因官僚主义严重，只看表面，不重实际，致使资源开发中造成巨大破坏的企业，却反而成为生态修复和环境保护的典型。所以，国家要把企业在资源开发中的环境保护和生态修复作为重要的社会责任强制地实施和推进，减少开发资源对环境造成的污染和对生态的破坏，这是实现可持续发展的重要内容。

其三，国家要在制度设计上，使国有企业在资源开发中支持地方经济和社会发展，使资源开发中获取的一部分收益留给地方。国有大型企业可以集中资本优势、管理优势和人力资源优势进行资源开发，扩展生产和经营范围，为企业赚取利润和增加资本积累，为国家的发展提供支撑，同时又把部分资源开发收益用于支持地方经济发展。这样，未雨绸缪，当资源枯竭、国有企业撤走以后，地区经济仍然保持活力，就可以避免矿竭城衰的困境，当然也就可以避免城市转型和由此而支付的转型成本。另外，国有企业也可通过公益行为帮助资源开发地区发展教育、社会保障和医疗卫生事业，帮助地方逐步发展社会事业，而这又起到无与伦比的广告效应，提升国有企业的形象和消费者的认可程度，使企业自身也获得可持续发展。

资源枯竭城市转型需要总体制度设计*

资源开发城市因开发不可再生的自然资源而形成了严重依赖资源的产业体系。由于客观存在一个开发极限问题，当资源枯竭或当受资源开发技术约束和资源开发经济不合理时，就会造成产业衰退，依托于采掘工业而形成的城市可持续发展便受到严峻挑战，从而被迫进行转型。目前，在众多依资源开发而形成的城市中，国家已确定有44个城市因矿竭城衰而被迫转型，面临的形势严峻，矛盾尖锐，转型成本畸高。为此，这就需要对资源枯竭城市的转型和发展进行统筹规划，做好整体上的制度设计和安排。

从目前的情况看，各个历史时段对于资源开发地区和城市都没有做好整体上的制度设计和安排，从而国家的相关政策有“头痛医头、脚痛医脚”之虞。

在新中国成立以后实行计划经济的时期，为了支持国家的建设和发展，资源开发城市作出了巨大贡献和牺牲。没有补偿、没有积累，更没有可持续发展（这是在1987年才出现的概念）的思维和理念。对于国家来说，需要更多的资源和物质产品；对于个人来说，一切都由国家解决，没有后顾之忧。按照当时的理解，在社会主义条件下不存在商品货币关系，全社会按中央机关的统一计划来生产，把全社会看成是一个大车间。由此，对于资源开发城市的发展在全社会范围内计划安排，不必由自身积累来发展。

改革开放以后，国家逐渐推行市场经济体制，社会经济逐渐由计划经济向社会主义市场经济转型，原来支撑资源开发城市发展的国有企业面临重重困难，需要在改革中求生存、求发展。在经济转型时期，许多原来的资源开发城市资源已趋枯竭，而一些新的开发地区，也因市场利益驱动，民资活跃，再加之政府“有水快流”的指导思想，造成资源开发中环境污染、生态破坏，又有一些地区面临着资源枯竭和城市转型。从目前情况看，主要问题是：在地区层面上，许多地区和城市仍然没有注意到资源枯竭以后的转型问题，在发展的高峰时期转型成本最低，却没有转型的意识，不注重积累，而有些已经枯竭的城市和地区试图在寻求新的资源，仍然要以资源开发作为未来产业发展的支撑；在国家层面上，缺乏政

---

* 本文以《既要奉献，也要索取》为名发表于《能源评论》2011年第8期。

府的宏观规划和统筹安排，对于资源型地区和城市总体上的规模、每个区域的具体情况，心中无数，缺乏整体上的制度设计。

根据国际上资源枯竭城市成功转型的经验，转型的时间跨度有时甚至需要50～100年，因此，这就必须要有整体上的设计和规划。

首先，要对资源开发地区和城市的资源开发、产业体系、生态环境和城市发展情况有一个整体的了解，做到心中有数。目前，中国有因资源开发而形成的资源型城市100多座，但这些城市各自处于资源开发的哪个阶段，是初期、成长期、成熟期还是已经枯竭，却不甚了了。除此之外，还有许多因资源开发而形成的资源型城镇，则国家相关部门更是没有一个基本的数字。即使国家目前确定的44个资源枯竭城市的情况也各不相同。笔者主持了其中的河南省灵宝市和河北省承德市鹰手营子矿区转型规划的编制，也参与了黑龙江省伊春市和江西省萍乡市转型规划的讨论，同时实地考察了多个资源开发地区和资源枯竭城市，发现各地的情况千差万别，情况殊异，很难用统一的政策尺度加以测量。为此，为了推进转型，中央政府必须对于资源开发地区的整体发展有更多的了解，个案地解决问题，这是确定转型时机的基础，也是实现成功转型的前提。

其次，要对资源枯竭城市的生态环境建设予以统筹考虑。生态环境的破坏是资源枯竭城市的痼疾。客观地看，按照“谁破坏，谁修复”的原则，已无法追溯过去资源开发的责任。因为在计划经济时代的资源开发，国有企业没有相关积累，国家统收统支，由此遗留下来的环境问题，国有企业根本无力承担；同样，在经济转型时期曾经一度资源开发中的混乱状态，造成的生态环境问题也已无法追究，因为一些开发主体已不复存在。作为这些历史遗留下来问题，中央政府理所应当成为责任主体，负担起生态修复和环境保护的责任来。对此，要有专门的预算以用于资源枯竭城市的生态环境建设，按照市场运作的方式，通过专门的复垦公司对于历史上造成的塌陷和耕地毁坏进行治理。对于现实中资源开发造成的环境问题，则严格执行“谁破坏，谁修复”的原则，由企业主体进行治理；同时，还要在资源开发中提取可持续发展基金，通过市场化的方式，用于未来资源枯竭后城市的转型。

最后，政府既要做好资源枯竭城市转型的区域产业布局，还要有限参与产业的选择。目前，在资源枯竭城市和地区的接续产业发展上存在两个倾向：其一是试图构建一个完整的产业体系，把目光盯在了国家支持的重点产业如节能环保、新一代信息技术、生物、高端装备制造、新能源、新材料和新能源汽车等产业上，甚至完全不注意发挥所在地区和城市的文化、资源、技术等优势，结果可能形成的产业是没有竞争力的。其二是政府过度参与，甚至越俎代庖，政府规划产业，不注意发挥市场机制的作用。实际的情况是，政府之手强，市场之手弱，在产业转型和区域经济发展时无法打出有力的“组合拳”。殊不知，在市场经济下，产业的形成既是政府的选择，更是市场的选择。离开市场的力量，选择的任何产业都是没有生命力的。所以，正确的做法应该是，在国家宏观经济管理和区域产业布局之下，通过市场和政府的有机结合来选择接续产业，构建资源枯竭城市新的产业体系。

资源枯竭类城市转型目标的不确定性*

自2008年、2009年国家确立了两批共44个资源枯竭城市以来，对于资源枯竭城市转型的研究又掀起了一个新的高潮。学者们从不同角度对转型城市进行了多个视角的研究和探讨，不仅在转型思路和政策上进行了比较深入地研究，而且也从量上测度和研究转型的程度。然而，转型是一个“过程”，它有起点和终点，也有从起点到终点的过渡。在这里，最为重要的问题是要把这些资源枯竭城市转向何方，也就是转型的目标问题。诚然，每个研究者心目中都有自己的转型目标，但却都无一例外地都定格在“建设综合性城市”、“构建综合产业体系”上，似乎转型目标是已知的、单一的、普适的，而这恰恰是问题的症结。只有对这个问题有一个清晰的认识，才能真正理解转型，提出的政策才能对症下药而不致南辕北辙。

一、已知的还是未知的转型目标

资源枯竭城市转型的直接原因在于，因赖以支撑发展的自然资源枯竭、资源型产业衰落而使城市陷入困境，自然资源变为城市发展的约束条件，城市的可持续发展面临着严峻挑战，是以必须探寻另一种与既有发展完全不同的道路才能实现可持续发展。设资源枯竭城市的现状为A，未来的转型目标为B，则转型可以记为：A→B。

对于现状A，研究者多有描述，如产业结构单一、城市发展迟滞、环境污染严重、社会问题复杂等，而对于转型目标B的认识就理所当然地界定为产业多元综合、发展方式集约、城市环境宜居、社会发展和谐等。然而，问题在于，这种“理想化”的目标所描述不仅是资源枯竭城市的转型目标，它更是所有城市发展的目标。迄今为止，尚不能找到没有“弊端”的城市，因为所有城市都在进行着自身的“改进”。所以，这种说法并不足以说明资源枯竭城市的转型目标B。

为了说明这个问题，需要对资源枯竭城市A和B的关系进行厘清。

第一，B对A的完全替代。在这种情形之下，转型就是资源枯竭城市将被一

---

* 本文原载《城市问题》2011年第5期。

种全新的模式替代，被改造成与过去完全不同的城市形态。

第二，B对A的部分替代。在转型过程中，资源枯竭城市长期以来形成的优势产业仍然得以继承，使A与B之间存在一个交集A∩B。

第三，虽然B替代A，但因约束条件改变，使城市性质仍然属于资源型城市，主体部分依然依赖自然资源，但却可以实现可持续发展。

在第一种情况下，由于城市发展所依托的自然资源完全枯竭，所以只能走一种全新的道路，在转型中不断寻求城市发展的新增长点，这种情形如图1（a）所示。这将是一个长期艰苦的过程，从古至今，已有一些资源型城市完全衰落，就是因为没有找到新的发展契机。

在第二种情况下，一方面，虽然资源濒临枯竭，但仍然存在潜在资源，使原有产业能够在相当一段时期维持下去；另一方面，把原有废弃资源通过再利用，形成静脉产业，延长产业链，拓宽产业幅。这种情形如图1（b）所示。这也可以被称为“小转型”。

在第三种情况下，关键在于改变约束条件。资源枯竭城市发展的根本制约因素是“枯竭”的自然资源，而如果通过与外部世界进行物质能量交换、通过“注入”资源，就会改变自然资源“枯竭”状态，从而就可以彻底突破制约城市可持续发展的“瓶颈”，在原有的发展框架内实现转型。这种情形如图1（c）所示。这种模式的实质在于摆脱了原来的转型思路。

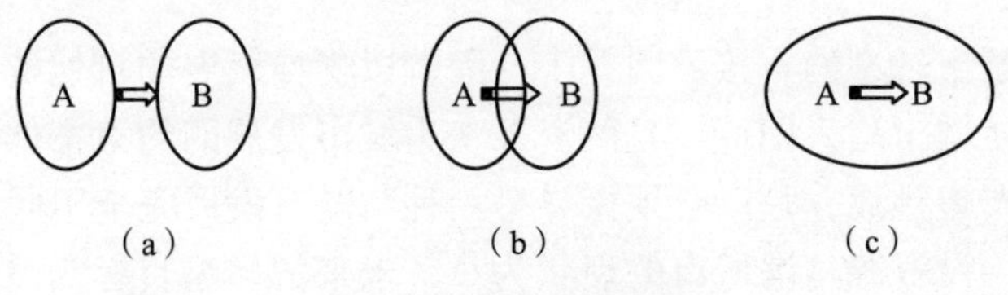

图1 三种转型示意图

对于第一和第二种情况，由于主体资源枯竭而使整个产业体系向下游延伸，从而使城市形态和社会结构发生变化；同时，随着静脉产业的发展使区域环境得以治理，最终使城市走向可持续发展。这种转型可以被称为“前向转型”，这也是资源枯竭城市最终实现转型的基本走向。

对于第三种情况，由于主体资源枯竭而被迫面临转型，但由于“注入”外部资源而突破约束条件。这样，产业体系依然延伸，城市形态和社会结构也在发生变化，环境污染也逐渐得到治理，但因“注入”资源而使资源产业仍然是产业的主体部分，以此来继续支撑城市和区域的可持续发展。这种转型可以被称为“综合转型”。

其实，这种“综合转型”已经有一些实践和探索。如克拉玛依是随着石油资源开发而发展起来的新型石油石化工业城市，已建成集石油天然气勘探开发、炼油化工、科研设计、机修制造、运输通讯、供电供水等门类比较齐全的石油和石化工业体系，未来的发展思路是要延长石油石化产业链和加快发展现代服务业，引进利用以哈萨克斯坦为中心的中亚油气资源，建成国家级石油化工基地，最终形成庞大的石油化工产业集群。而中亚油气资源丰富，运输便利，且已经有了良好的合作基础。若如此，克拉玛依就能突破现有的资源约束，成功实现转型。

这说明，从总体上看，资源枯竭城市转型目标是已知的，是要实现城市和区域的可持续发展，但就具体城市的转型目标却需要根据自身的特殊情况而定，充满着许多不确定因素。

二、单一的还是多重的转型目标

对于资源枯竭城市转型的认识，多“聚焦”在资源和资源产业上，从而产业转型便成为人们关注的重点。诚然，资源枯竭城市因资源而生，也因资源而困，产业发展是城市和区域发展的基础。产业萎缩，城市就会衰落。但是，由于中国经济发展的特殊性，使资源枯竭城市的转型更具复杂性。

由于许多资源型城市是“先矿后城”，再加之产生于计划经济时代这个特殊历史背景并长期忽视资源环境问题，使中国的资源枯竭城市转型就不可能是单一的转型目标，不能也不应该锁定在产业转型上，应该包含更加复杂的内容。就是说，资源枯竭城市的转型目标是多重的（如图 2 所示）。这种多重的转型目标，除了产业转型外，还应该包括：

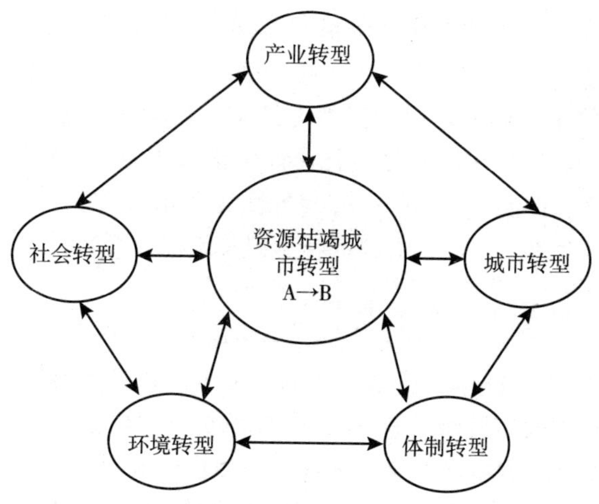

图 2 资源枯竭城市的多目标转型

一是城市转型。城市的出现是人类走向成熟和文明的标志，也是人类群居生活的高级形式。由于城市是在矿产资源开发的基础上建立起来的，作为其主要产业的采掘工业从空间上无法集中，由此带来的结果是生产分散而居住集中，城区内主要是居住、消费和商业聚集地，城区内的消费和市场状况几乎完全取决于周边矿区的生产经营状况。而且“先有企业，后有城市”的发展模式也使得城市整体服务功能薄弱而单调。所以，与产业转型相呼应的是城市转型。

二是环境转型。伴随着资源开发而造成了严重的环境污染，由于资源开发是人与自然作用的过程，空间分布广致使资源分散开发，从而污染面广而量大。它不像加工工业那样，可以向园区集中以便于解决工业发展所造成的环境问题。同时，由于长期不重视污染防治，使资源枯竭城市普遍都存在着严重的环境问题。因此，转型必须包含环境的转型。

三是社会转型。资源枯竭城市因“矿竭城衰”，面临着极大的困难：城市凋敝，资源产业衰落，下岗和再就业问题严峻，大片的棚户区改造任务艰巨，城乡居民收入难以迅速提高等。在转型中必须包含社会转型和社会建设，而社会建设涉及教育、卫生、公共安全、社会保障等领域。社会转型的重要任务就是要把历史欠账以某种方式得以补偿并建立一种长效机制。

四是体制转型。与西方市场经济国家不同，中国资源枯竭城市转型还包含着体制的变迁，这就是从计划经济体制向社会主义市场经济体制的转型。由于资源枯竭城市在形成和发展中，与计划经济体制高度相关，在市场化改革中进程相对迟缓，因此，资源枯竭城市的转型就应该甚至必须包括体制的转型，在转型中使市场经济体制得以确立并完善起来。

多重的转型目标，决定了中国资源枯竭城市的转型是全方位、立体型、全景式和整体性的，而不是个别方面的调整和改善，这也使转型更加复杂，任务更加艰巨。由此，对于转型程度的评价就不能仅仅局限在产业发展领域。有研究者试图构建转型的评价指标体系，但仅仅考虑经济、社会、环境等，应该说没有包含转型的全部内容。对于多重的转型目标，评价指标体系也应该包含经济（产业）、社会、城市、环境和体制诸方面的内容（如图 3 所示）。图 3 只是图 2 所示的多目标转型的具体化和延伸。当然，具体的转型评价指标体系尚需要深入研究。

三、普适的还是个案的转型目标

资源枯竭城市转型目标虽然是已知的、多重的目标，但这仅仅是一个大致的描述。这种描述虽然肯定转型是 A→B，但 B 的标准仅仅是通过转型而实现资源枯竭城市的可持续发展。从这个意义上来说，转型目标 B 具有普适性。但是，由于具体情况不同，面临的问题千差万别，致使每一个城市的转型都是“个案”，都必须依据自身的实际情况走自己的道路，很难概括出一个“普适”的转型目标和道路。

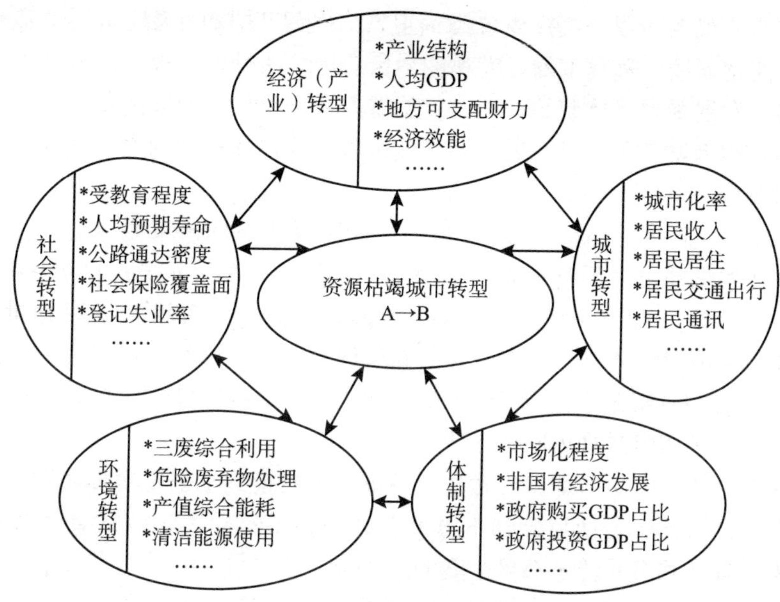

图 3 转型评价指标体系构建

在转型过程中，一些城市探索了比较好的转型经验，也取得了良好的效果，这些思路可以借鉴，但绝不可以照搬照抄。因为在某个城市的某个特殊时期采取的办法、取得的经验，移植到另一个地方，在不同的条件和环境下可能就会失败。曾几何时，德国鲁尔工业区把“工业旅游”作为实现转型后的主要支柱产业而大获成功，但并不是说其他城市也必然要把发展旅游产业作为转型的目标。日本北海道的夕张市就曾在煤炭资源枯竭后竭力发展旅游产业，政府举债，建设了机器人科学馆、博物馆、冒险家游乐场等，修建了冷水山滑雪度假村，但因城市规模小、消费能力不足，旅游业无法形成规模。其结果是：计划每年吸引 150 万游客的滑雪场实际只吸引了 50 万人；动物园经营困难，甚至没有一只动物，游乐场少人问津。

须知，作为鲁尔区转型成功的标志，把整个地区当成一部反映煤矿、炼焦工业发展的“教科书”，带领人们游历 150 年的工业发展历史，这是 30 多年艰苦探索的结果。其间也走过弯路，经历过失败。鲁尔区的成功是一个“个案”，是结合自身情况探索的道路，不具有普适性。

同样，在国内资源枯竭城市在转型时，往往规划把旅游产业作为未来产业转型的目标，据称发展旅游业有 24 个直接相关产业、124 个间接相关产业，可以使城市和区域发展重振辉煌。

然而，一个城市的辉煌必须有依靠自身工商业发展所奠定的经济基础，舍此，城市便失去实现可持续发展的支撑条件。城市经济学家科特金说过，“繁荣的城市不应该仅仅为漂泊族提供各类消遣”。况且，资源枯竭城市一般地理位置偏僻，远离交通线，远离工商业发达的地区，区位条件差，很多地方生态环境脆弱，旅游业发展受到严重制约；同时，旅游产业不仅仅有发展的优势，它自身也有发展的制约因素。所以，发展旅游产业可以作为产业转型的内容之一，转型还有更多的内容。

在国家确定的44个资源枯竭城市中，受国家发展和改革委员会委托，笔者主持了河北省承德市鹰手营子矿区转型规划的编制。鹰手营子矿区处于京、津、唐三角经济地带，北距承德100公里，西南距北京176公里，南距天津220公里，东南距唐山200公里，具有较好的区位优势。但当煤炭、铜等主体资源枯竭以后，“大树底下不长草”，背靠京津唐承却无法发展，根本没有旅游产业发展的空间，使未来转型道路的选择颇费思量。

在笔者看来，资源枯竭城市转型的目标，虽然最终都是要实现城市和区域的可持续发展，但具体转型目标却不具有普适性，不存在固定的或者“先验”的转型模式，每个城市的转型都是个案的。

参考文献：

[1] 刘学敏．关于资源型城市转型的几个问题［J］．宏观经济研究，2009（10）：18－20.

[2] 张雪梅．关于加快资源型城市转型的几点思考［J］．改革与战略，2010（6）：42－43.

[3] 余建辉，张文忠，王岱．中国资源枯竭城市转型的效果评价［J］．自然资源学报，2011（1）：11－21.

[4] 刘通，韩丽亚．日本夕张市政府破产对中国资源型城市经济转型的启示［J］．宏观经济研究，2007（1）：60－63.

[5] 乔尔·科特金（Joel Kotkin）．全球城市史［M］．社会科学文献出版社，2006：13.

自然资源开发企业负外部性均衡及综合治理*

一、资源开发企业负外部性与制度需求

环境治理往往体现在对企业污染、排放的控制和处罚上，尤其侧重在通过各种手段对污染“事中”和“事后”所带来的负外部性进行治理。在我国自然资源开发中，因从事开发企业的“国有”属性，其所带来的负外部性往往难以如实反应在市场价格中，这也是资源开发企业缺乏经济效率的重要原因之一。因而，如何运用现有政策手段对资源开发企业负外部性进行有效治理，便格外引人关注。

资源开发的产出既包括产出量和初级加工所带来的直接经济收益，也包括拉动地方就业以及地方相关产业发展所带来的间接经济效益。但是，矿产资源开采会造成尾矿堆积、矿井废弃、资源枯竭，也会造成严重的环境污染。因污染成本发生在市场交易之外，没有被纳入经济决策中，便会造成社会损失，即资源开发存在负外部性（如图1所示）。

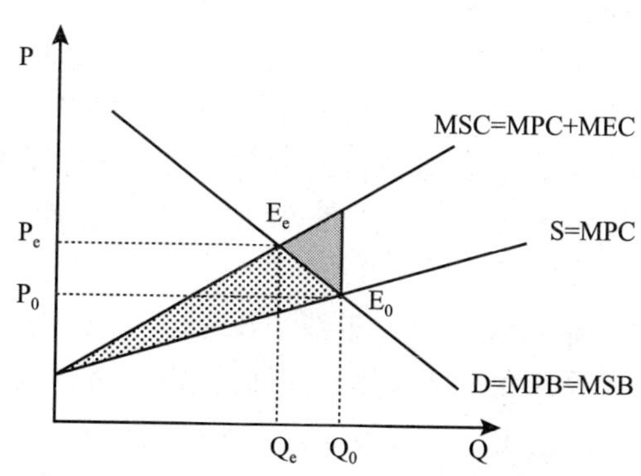

图1　资源开发型产业的外部性均衡模型

由于供给代表生产的边际成本，需求代表消费的边际收益，而两者都以内部决策为基础，因此在资源开发市场上，可以将供给函数定义为边际私人成本

---

* 本文原载《中国发展》2011年第11卷第4期，与曹斐、谷潇磊合作。

(MPC)，将需求函数定义为边际私人收益（MPB）。假设边际外部成本（MEC）的函数为 MEC = kQ，即斜率为 k 时，该产业污染的边际外部成本（MEC）是其产出的 k 倍（通常，k < 1）。因此，考虑到资源配置效率，通过在其边际私人成本（MPC）上增加边际外部成本（MEC）来导出边际社会成本（MSC）函数，即：MSC = MPC + MEC。

MSC 曲线由 MPC 和 MEC 垂直加总得到，MSC 和 MSB 的交点决定了效率均衡水平下的 P_e 和 Q_e。在不进行任何治理的情况下，资源开发企业的负外部性应为图 1 中点状阴影部分和灰色阴影部分之和，但因点状阴影部分所产生的社会损失已由企业负担，因此真正的社会福利净损失为灰色阴影部分。为了达到资源配置的效率均衡，均衡点必须由 E_0 转移到 E_e，而这个转移过程，承担资源开发功能的国有企业不会主动进行。

为了能够在整个社会实现公平的环境管理，应将对资源开发中的外部性补偿落实到制度建设上，通过由政府的制度安排和政策工具设计来避免社会福利被这类国有企业侵吞，同时减少社会福利的净损失。一般来说，治理环境的负外部性通常有强制性命令控制、可交易许可权和征收庇古税等三种政策工具，但因资源型产业在区域经济的独特地位和其开发企业的国有属性，导致某些常用的治理工具未必有效。

二、治理负外部性的政策工具解析

大多数国家和地区均会针对环境破坏建立合理的收费制度与治理模式，某些以政府计划、指令、管理为主要调控手段的国家和地区往往采用一些强制性手段，通过技术规制或设定排污标准来弥补市场失灵。如在捕鱼、狩猎等领域，一般采取强制性的技术限制，禁止通过炸药或氰化物来进行生物资源的获取，也往往禁止使用照明或声波仪器来吸引鱼群和兽群（思德纳，2005）。而在核工业、重化工业领域，政府也会通过制定某种水平的污染排放标准，若超过这一污染水平，企业就要面临经济或刑事处罚。

但对于资源开发企业来说，在大多数情况下，这种方法并不是很奏效：首先，对于规模不同的资源开发区域显然不能通过统一的污染标准或开采标准来约束，而若进行差异性标准设定，则政策制定者无法具体而准确地了解企业每项运营的污染水平和社会成本，并为其分别制定污染标准；其次，政府制定政策所依据的大量经济指标和数据需要经过数年统计才能完成，这种政策时滞使政府确定的治理目标往往偏离帕累托标准；最后，指令性控制只规定各个资源开发企业的最大开采水平，而没有将这种外部成本内部化，使这些国有产业成为制度的被动遵守者，其带来的约束效应也远高于激励效应。因此，从长期来看，对于资源开发企业而言，政府指令性控制的控制成本较高，灵活性不够，激励作用有限，并不是弥补市场失灵、治理负外部性的持续有效的方法。

另一种常用的治理方法是侧重于通过市场来解决环境问题，具体方法是明晰产权（Ronald Coase，1988）和建立可交易的许可证市场（John Dales，1968）。近年来，该方法在各国应用广泛，约翰·戴尔斯（John Dales）最早建议在加拿大的安大略省建立能够出售水体“污染权”的机构，由地方政府根据企业的污染需求和成本状况决定污染权的分配。从 20 世纪 70 年代开始，美国环保局也逐渐开始推行排污量交易计划并逐渐在企业中付诸实施。除此之外，智利对圣地亚哥工业点源中的特殊污染物质、荷兰对氮氧化物的排放、英国对碳排放等均先后运用可交易许可权进行负外部性治理。

通过建立交易许可证制度，政府对某个地区定出排污或消耗自然资源的最大限量，然后将污染权限以许可证的形式赋予企业或个人，同时允许相互之间进行交易，让市场决定其价格。在交易之前，企业或个人会对治污投入进行核算，使排污减少。在此基础之上，企业或个人可以将富余的“污染权”以高出治理投入的价格进行交易，从而获取经济效益，并起到激励生产者控制污染的作用。其治理的机制如图 2 所示。

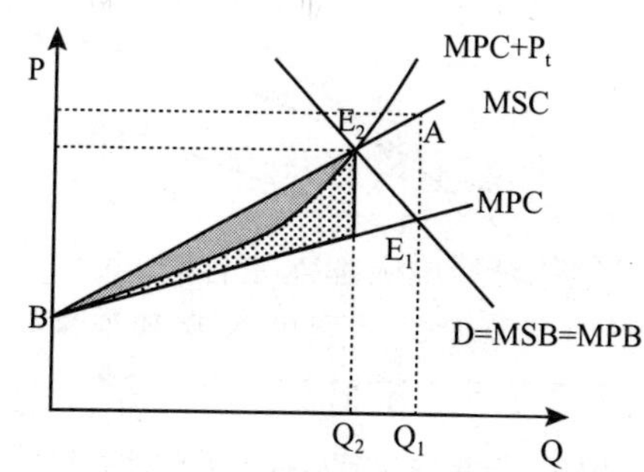

图 2　运用可交易许可证制度治理负外部性机制

在初始状态下，均衡点为 E_1，在此处边际社会成本（MSC）大于边际私人成本（MPC），此时的负外部性会导致社会净福利的损失（即图中黑色部分面积）。若政府设定一个排放标准，使得边际私人成本与许可证价格之和（MPC + P_t）、边际社会成本、边际收益三条曲线交于 E_2 点。在 E_2 点处，边际社会成本等于边际收益，社会处于最优状态。在该点，因资源开发而产生的负外部性为图中点状阴影部分加上灰色阴影部分，但企业所支付的成本为图中点状部分，因此可交易许可证制度并没有完全使负外部性内部化。

尽管许可证交易能够在一定程度上治理负外部性，但对治理我国资源开发企业却未必见效。首先，产权无法真正清晰界定，尤其是矿产、油田等资源开发污染的主要对象是海洋、土地、大气等，而没有任何企业或个人有权利去分配这些公有资源，当然也没有足够的激励机制去保护它。其次，与一般加工型企业不同，资源开发企业大多作为当地经济发展的重要驱动力，其所开发资源的供给和需求在短期内往往呈刚性，致使许可证对某些亟须通过资源开发而获得发展的地区，约束效果并不明显。以许可证交易为主的外部性治理模式更适合应用于一般的排污型企业（如化工厂、冶炼厂等）或者是常见的污染源（如废水排放、碳排放等）。

还有一种方法，就是征收庇古税。庇古认为，外部性导致社会资源不能达到最优配置，社会福利也就不能达到最大化，因此主张，针对负外部性对厂商征税或收费，使之降低产量，从而达到社会资源的最优配置和社会福利的最大化（庇古，2006）。

运用庇古税对外部性治理，实质是治理成本的承担问题，通过税费的收取，限制这些企业的产出，并将征收的税费应用于环境治理与生态补偿，其治理机制如图3所示。

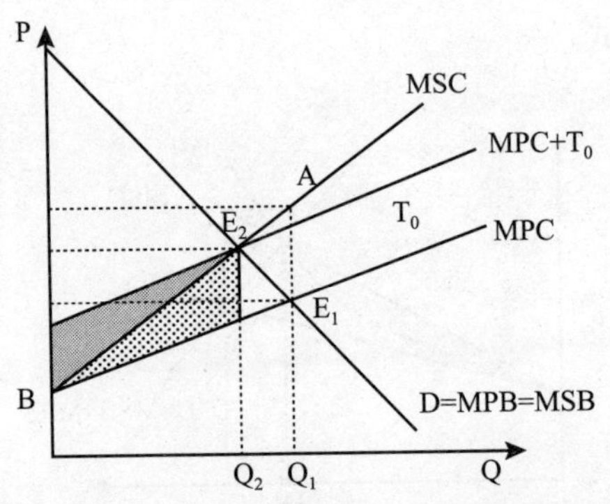

图3　运用庇古税治理负外部性机制

在政府征税之前，企业均衡点为 E_1。征税之后，企业均衡点由 E_1 变为 E_2。图中 AE_1E_2 所组成的三角形为在 E_1 均衡点处所导致的社会福利损失（此时边际社会成本大于边际收益，社会没有达到最优状态），在 E_2 点处，企业生产所产生的负外部性为图中点状部分，而企业由于产生负外部性而支付的成本为图中灰色部分加上点状部分（大于点状阴影部分），因此如果庇古税征收得当，则可以将企业产生的负外部性完全内部化。

庇古手段存在两个显著问题，一是政府获取企业外部性的信息成本问题，二是由征税而引起的抑制产出问题。由于资源开发企业本身的特殊性，使得政府在测定和了解这类国企的外部性时，所需的信息成本要远低于一般私人企业，由此在国企设定并征收庇古税时引起的交易成本较低。但另外，资源开发企业在国民经济中的独特地位和营运方式，使得在其对地区经济和社会发展的影响十分重要，如果按照一定的标准对所有资源开发企业征收庇古税，那么对于小型的矿山、油田而言，由征税而带来的抑制效应会使企业减少开采量甚至退出资源开发市场，这无疑不利于保护地方经济。

三、资源开发负外部性治理的制度设计

综上所述，由于资源开发型产业在资源占用、运营模式、社会地位等方面的独特原因，包括污染标准（指令性控制）、可交易许可证和庇古税在内的几种治理外部性的方法应用起来各有利弊。由于我国矿产资源和油气资源星罗棋布，为了能够有效地对因资源开发而带来的生态环境问题进行治理和补偿，同时在一定程度上避免那些在区域经济发展中发挥重要作用但负外部性成本较高的小型国有资源型企业（如那些功能单一、规模较小的稀有矿产资源或小型气田）因征收庇古税而制约区域经济发展，我们设想，可以对资源开发的负外部性治理机制进行设计，综合运用指令性控制与庇古税（见图 4）。对污染水平在污染标准之下的资源开发企业，考虑到区域发展因素而免征庇古税，通过国家补贴或征收资源权利金的方式尽量对资源开发进行补偿，而对污染水平在污染标准之上的企业，则依据其外部性成本征收庇古税，使开发企业自行把污染量减小到污染控制成本等于不控制污染所缴纳的排污税的水平，激励其采用先进的技术和设备进行资源开发。

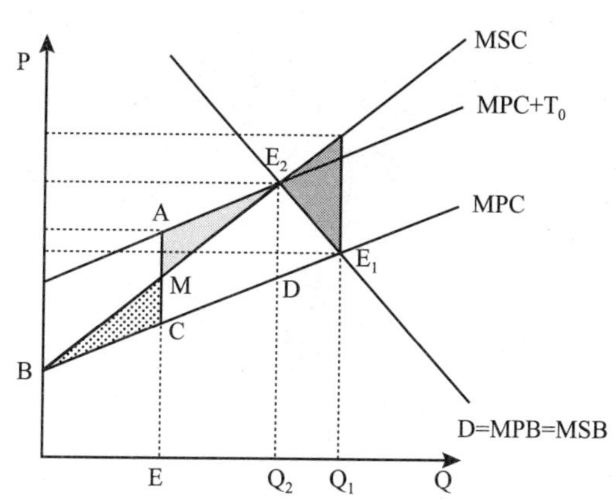

图 4　资源开发负外部性治理机制设计

庇古税结合排污标准的外部性内部化手段如图 4 所示：市场的均衡点从 E_1 移到 E_2 点。在 E_2 点，社会的福利水平达到最优。设定一个排污标准 E（这个标准使得图中 AME_2 部分的面积与 MBC 部分的面积相等），资源开发企业污染水平在这个标准之下不征收庇古税，而超过这个标准则开始征税。在这种情况下，资

源开发型企业所缴纳的庇古税税额（$ACDE_2$ 部分面积）刚好与由于其负外部性而造成的城市福利损失（BDE_2 面积）相等，从而使整个城市（社会）的福利水平实现帕累托标准，同时也有利于区域经济和资源型产业的良性互动发展。

参考文献：

[1] 平狄克，鲁宾菲尔德．微观经济学［M］．经济科学出版社，2004：561－572.

[2] 布鲁斯·米切尔．资源与环境管理［M］．商务印书馆，2005：534－553.

[3] 托马斯·思德纳．环境与自然资源管理的政策工具［M］．上海三联书店，2006：107－142.

[4] John Dales. Land，Water and Ownership［J］. Canadian Journal of Economics，1968，(1)：791－804.

[5] Ronald Coase. The Problem of Social Cost［J］. Journal of Law and Economics，1960，(3)：1－44.

[6] 阿瑟·庇古．福利经济学［M］．商务印书馆，2006：667－796.

政府主导下资源型城市转型的组织机理研究*

资源型城市大多依自然资源开发而兴起，其主导产业和支柱产业一般围绕资源开采、加工而生成。当因资源枯竭而使开采成本剧增，或因替代资源冲击时，城市便会出现较严重的经济衰退和失业增加。我国目前有资源枯竭城市 44 个。①这些城市经过多年的高强度开发，资源储备逐渐枯竭，生态严重失衡，资源采掘、加工行业衰落，下岗人员大幅增加，社会矛盾激化，城市竞争力明显削弱，经济和社会发展举步维艰。

一、国外资源型城市转型的政府参与模式

国外也存在大量的资源型城市，其中既有资源已经枯竭并实施转型的城市和地区，如德国的鲁尔工业区、日本的北九州和夕张工业区、英国的南威尔士和伯明翰工业区、法国的洛林、美国的休斯敦和匹兹堡、澳大利亚的墨尔本和珀斯等，也有正处于资源开发兴盛阶段或迟或早将要面临转型的城市和地区，如南非的比勒陀尼亚和金伯利、智利的圣地亚哥等。虽然各地根据自身的资源条件和产业发展都已采取或准备采取不同的转型策略，但不论属于何种经济制度的国家，其政府在整个转型过程中无一例外地扮演了非常重要的角色。②

但因各国的经济运行模式和制度安排不同，其政府在转型过程中的参与方式、程度也有所差异：美国、加拿大、澳大利亚等对资源型城市的态度基本依靠市场的选择，对区位较差的城市可能采取矿竭城废的策略，而区位较好的城市转型则往往通过基础设施的投入和建设引导新型产业的进入，但总体而言，政府参

---

* 本文原载《甘肃社会科学》2011 年第 2 期，与曹斐合作。

① 为落实《国务院关于促进资源型城市可持续发展的若干意见》，促进资源型城市可持续发展，2008 年 3 月，国家发改委确定了阜新、伊春等 12 个城市为首批资源枯竭型城市，2009 年 3 月，国家发改委又确定了枣庄、黄石等 32 个城市为第二批资源枯竭型城市。本文作者之一刘学敏主持了第二批 32 个资源枯竭城市中的河南省灵宝市、河北省承德市鹰手营子矿区转型规划的编制工作。

② 部分苏联治下的国家，政府曾对资源的开发利用采取了放任的态度，同样的情况也发生在一些非洲国家，但前者在转型过程中，政府采取了全面干预的策略，而后者也越来越认识到政府调控对资源型城市乃至国家经济发展、转型的重要性。

与度最低；西欧的大部分国家如德国、法国虽立足于市场经济和自由竞争，但在转型问题上更倾向于政府主导，但也极为注重转型成本—收益估算和选民意愿。中国与一些苏联和东欧国家不论在资源型城市的产生、管理模式上，还是在实施转型时的政府参与程度上，都颇为相似。苏东地区在实施私有化改革之前，国家对于转型采取完全干预和控制的手段，而中国在转型过程中中央和地方政府的指令干预和政策引导也极为重要。

然而，从转型的经验和案例来看，不论是市场主导政府辅助的美、加、澳式的转型，还是政府主导立足市场的德、法式转型，抑或是介于两者之间的日本北九州和夕张工业区的转型，都取得了成功。而苏东地区的政府完全主导式的转型成果却差强人意：乌克兰的煤城顿涅茨克煤炭枯竭后，在政府主导下未能针对资源型国有企业实施有效改革，导致城市转型期间城市 GDP 下降了 2/3，产业和劳动市场的多元化始终未能实现（钱勇，2005）；阿塞拜疆的油城巴库虽然建立起一定规模的油气产业群，但产业链条结构过于单一，在石油储量出现枯竭以后，城市发展便长期处于停滞状态（沈镭，2005）①。因此，在早期制度基础、城市结构都比较相近的前提下，中国的资源型城市转型是否会步苏东模式的后尘，以及如何有效避免城市转型的失败，值得关注与研究。

二、组织结构的差异与转型的内在机制

苏东各国和中国虽然都曾历经计划经济体制，其城市功能、产业布局、行政手段等也颇多相似，但在苏东各国的中央计划经济体制下，全国的经济组织是由专业化部门或职能部门（如采掘工业部、机械工业部、纺织工业部）整合“大工厂”中的生产活动，这一系统也被称作“条条”（branch organization）(A. Nove，1980)，中央决策者通过各个专业化部门或职能部门统筹全国各类资源型城市的发展和转型，并利用规模经济发展专业化分工，避免重复建设，这种组织结构十分类似于钱颖一、热若尔·罗兰和许成钢（1999）所描述的 U（unitary）型组织结构，即各个主管部门分别负责所辖资源类的城市转型，不论是针对何种类型的城市，其所进行的转型路径都是统一的，即只基于其所负责的资源系统，转型的反馈信息往往不在部委或城市间交流，而是汇总到中央决策机构，由其根据各类信息决定转型的路径或方案（见图 1）。

---

① 20 世纪 90 年代，阿塞拜疆脱离苏联独立后，巴库市逐渐与多个国家的石油财团签订石油开发协议，城市的发展逐渐出现转机，但仍未能摆脱重度依靠石油的状况。

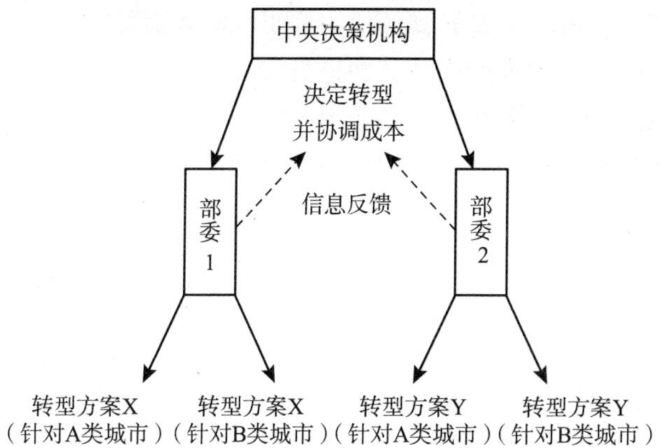

图 1　U 型组织结构下的转型决策机制

与苏东各国不同的是，中国以区域发展为主体，各省级单元分别负责一个完整的产业体系，决定各自所辖地区的经济发展、产业布局和城市转型，这种组织系统被称作“块块”（Granick. D，1990）。在这种组织结构下，虽然各省都争先发展“自己的”资源型产业，既对资源开发节制有限，又导致了基础设施和产业重复建设，同时也造成了严重的“地方保护主义”，但就地区转型而言，这种组织为不同地区有针对性的实施转型路径提供了灵活的实验性，转型失败的逆转成本也被巨大的学习收益所抵消。这种组织结构类似钱颖一等人（1993a，1993b，1999）的研究中所描述的 M（multi-division）型组织，即中央决策机构决定进行资源型城市转型后，由各个省市去协调转型成本，也有各个省市根据各自的情况去渐进地、试验性地开展转型，转型失败固然存在着逆转成本，但一旦转型成功，其他自然基础、产业机构、发展模式相近的资源型城市，则会以极低的学习成本去复制转型（见图 2）。

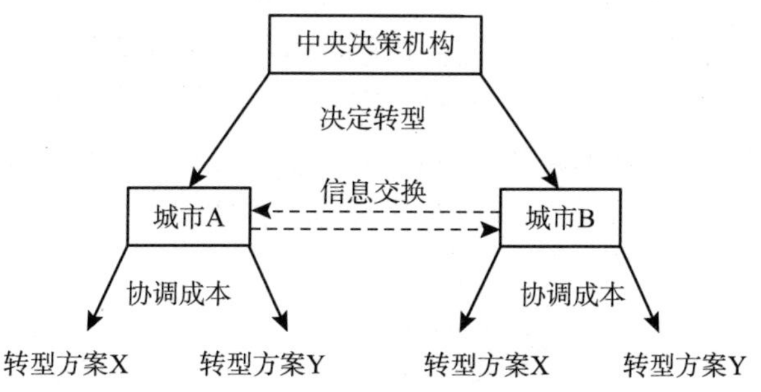

图 2　M 型组织结构下的转型决策机制

因此，当政府决定对资源枯竭城市进行转型时，设可能的转型路径有 X、Y

两种，对于任意一个城市实施转型的成本为1，成功的概率为P，当转型失败后，主管机构可以选择对转型进行逆转，即进行清算（获得清算收益L）并实施另一种转型方案，也可以选择对转型进行追加投入，那么，不论在U型还是M型组织结构下，都会存在着如图3所示的决策模型。

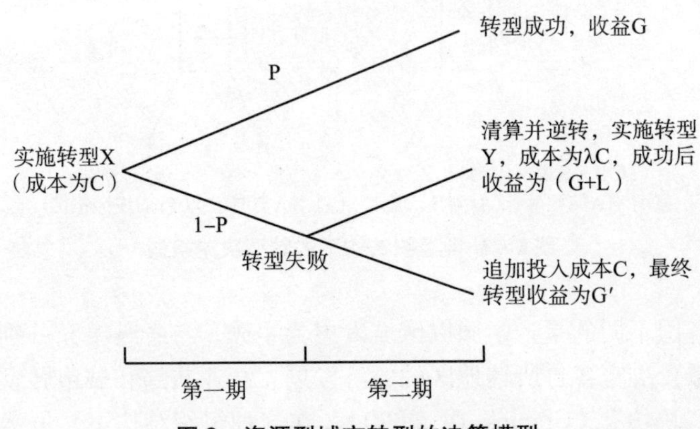

图3　资源型城市转型的决策模型

很显然，若转型成功（概率为P），净收益为（G－C），而转型X失败时（概率为1－P），逆转实施转型Y后的净收益为（G－C－λC），其中λ为逆转后学习其他城市转型的学习系数，而追加投资后的最终转型净收益为（G′－2C）。

相比而言，在U型组织结构下，由于信息通过各个专业化职能部门直接反馈到最高决策机构，繁杂的信息量使得中央政府并不能十分准确的预估各地的实际情况，因而转型的实施完全取决于资源主管部门的博弈，因此转型成功的概率P将远小于M型组织下对本地区十分了解的地方政府。从逆转后引入Y转型的成本λC来看，M型结构下灵活的实验性转型为多个城市的转型提供了良好的借鉴经验，因而二次转型的成本要低于U型结构下的成本，因此当某种转型方案失败时M型组织下的城市更会倾向于逆转并通过借鉴实施其他的转型方案。而对于U型组织来说，由专业部门主导的全国上下一个模式很可能会导致对转型失败的城市追加投入，而由于初始的路径发生错误，进而投入可能更多地被用于弥补转型的阵痛，或是成为部分主管机构、主管者的寻租收益，因此最终的收益G′极有可能会小于最终获得成功的（G＋L）。

三、最优转型顺序的抉择差异

事实上，在实际的资源型城市转型中，多项转型方案（如上文提及的X、Y）可能均会要求实施，因此转型的最优选择往往不是对转型方案的取舍，而是对多项转型最优顺序的抉择（见表1）。

表1 资源型城市转型顺序决策案例

	城市A （工业基础成熟的老工业基地）	城市B （资源趋于枯竭的伴矿而兴的矿区）	城市C （现有资源逐渐枯竭但仍有较多尚未探明储量资源的城市）
转型时最优的转型次序	1. 转型方案一 2. 转型方案三 3. 转型方案二	1. 转型方案二 2. 转型方案一 3. 转型方案三	1. 转型方案三 2. 转型方案二 3. 转型方案一
U型组织结构下可能的转型次序	1. 转型方案一 2. 转型方案三 3. 转型方案二	1. 转型方案一 2. 转型方案三 3. 转型方案二	1. 转型方案一 2. 转型方案三 3. 转型方案二
M型组织结构下可能的转型次序	1. 转型方案一 2. 转型方案三 3. 转型方案二	1. 转型方案二 2. 转型方案一 3. 转型方案三	1. 转型方案三 2. 转型方案二 3. 转型方案一
注：城市转型所实施的转型方案	方案一：对原有国有资源型企业进行关、改、并、转，引入新型产业 方案二：完善失业人员的社会保障服务体系，加强再就业培训教育 方案三：建立和发展资源型产业的配套产业与服务体系，延长产业链		

假设A、B、C为三个资源型城市，在现有资源趋于枯竭时都面临着转型：

A城市历史久远，人口和工业基础较好，在资源出现枯竭时，现有城市基础和产业体系能够支撑一定的转型阵痛，因此往往会更倾向于直接对国有采掘、初加工等资源型企业进行关闭、改制、合并、转型，并通过城市的财政投入，积极在原有产业基础上发展上下游的链条产业，或是直接引入新型产业，像德国的鲁尔、法国的洛林，以及我国东北的抚顺、本溪，河南的焦作、平顶山等，均是此种类型城市的代表。

B城市的形成完全是由于资源发现和开发而带来人口聚集，属于典型的因矿而建的城市，城市基础设施相对不足，产业链条单一，城市功能薄弱，因此，一旦出现资源枯竭而导致企业亏损和破产，将会导致严重的失业和社会问题，因此，在实施转型之初，便有必要对城市的社会保障服务体系进行建设和完善，并且通过多渠道加强对失业工业的培训和再教育，这种城市多出现于美、加、澳等国，而我国河北承德的鹰手营子矿区、重庆的万盛区等也属于此类。

C城市地处资源富集带，虽然在一定程度上出现了资源开采过量、资源储量锐减的情况，但随着技术水平升级，仍有大量未探明储量的资源可供未来相当长一段时间开发和利用，因此在实施城市转型时，可以采取相对缓和的策略，先逐步建立和发展资源型产业的配套和服务产业，拉伸产业链条，由初级加工向精深加工转变，为以后的整体转型打下产业基础，阿塞拜疆的巴库、我国新疆克拉玛依等属于此种城市类型。

因此可以看到，即便是决定对资源型城市进行转型，但因城市类型不同，其转型路径和改革方式也不尽相同。在U型组织结构下，各个地方政府可能会将最适宜自己转型的信息反馈给主管部门（专业化部门或职能部门），但因每个城市的产业、资源分属不同的部门管辖，因此最终的转型决策可能仍旧会按照职能部门的统一要求进行相同模式的转型①，这不仅可能会给职能部门的官员带来寻租的可能，也或许会给某些基础条件与转型路径不匹配的城市带来灾难性后果。而M型组织结构下，各级地方政府的灵活性和主动性就能发挥出来，他们不仅可以根据本地的信息实施适宜的转型方案，也可以在第一步转型失败后学习其他相似地区的经验进行重新转型，从而寻找到一条相对适宜的转型路径。

四、基本结论

基于以上的分析可以看出，在资源型城市转型时，U型组织下因大量信息反馈汇总到最高层的决策部门，而主导转型的职能部门对各地实际信息的掌握并不充分，致使其制定的转型方案对于不同基础的地区往往缺乏针对性，从而可能会导致部分城市转型的失败。而同样是由政府主导转型的M型组织结构下，各个负责转型的地方政府因对本地区信息的充分了解，可以在遵循最高决策转型思路的基础上，因地制宜地采取适合本地区转型的具体策略。一旦转型失败，可以以较低的学习成本来向其他地区的转型借鉴经验，以弥补转型逆转所造成的成本。

尽管中国M型组织下的城市转型相比苏东的U型组织更为有效，转型的风险也更低，但这并不意味着中国资源型城市的转型就会一帆风顺。一方面，“块块”经济下各地区的竞争不仅会导致严重的地方保护，阻碍市场充分发挥作用，同时也会导致各地攀比性的对基础设施重复建设，争相全面发展本地区的各项经济与产业，导致与周边产业的严重同构。另一方面，从目前来看，仍有部分资源如石油、天然气完全由中央企业垄断，对其所在地区实施的转型项目和改革方案可能会成效甚微，这些资源产业的组织结构事实上与U型组织颇为相似，对这些央企所控制的资源产业进行转型可能仍会遇到上文所述的种种问题。

参考文献：

[1] Qian Yingyi，Xu Chenggang. Why China’s Economic Reforms Differ：The M-Form Hierarchy and Entry/Expansion of the Non-State Sector [J]. Economics of Transition，1993：135－170.

[2] Qian Yingyi，Gérard Roland，Xu Chenggang. Why Is China Different from Eastern Europe? Perspectives from Organization Theory [J]. European Economic Review，1999：1085－1094.

---

① 在西方民主制度下的部分国家，尽管在组织结构上也接近于U型组织，但是当各地区的转型次序偏好出现分歧时，可以通过选民投票的方式进行二次选择，尽管最终的转型路径仍旧只是由职能部门所确定的唯一一条，但是却可能通过多数占优的投票原则而尽量减少转型的负面影响，同时也降低寻租的可能性。

[3] 热若尔·罗兰. 转型经济学 [M]. 北京大学出版社，2002：61 -73.

[4] 李新，刘军梅. 经济转型比较制度分析 [M]. 复旦大学出版社，2009：69 -78.

[5] 钱勇. 国外资源型城市产业转型的实践、理论与启示 [J]. 财经问题研究，2005 (12)：24 -29.

[6] 沈镭. 我国资源型城市转型的理论与案例研究 [D]. 中国科学院博士学位论文，2005：70 -71.

政府主导资源型城市转型模式探析*

资源型城市因资源而生，也因资源而困。当所依托的资源出现衰竭使开采成本剧增，城市就会出现较严重的经济衰退。由于长期的资源开采、加工而形成的相对单一的经济结构和严重的环境问题，导致这些资源型城市在转型上面临较多的问题和困难。我国目前现有资源型城市 118 个，其中资源枯竭型城市 44 个。经过多年的高强度开发，资源逐渐枯竭，城市竞争力严重削弱，资源采掘、加工行业的下岗人员大幅增加，城市经济和财政举步维艰。为此，如何实现产业和城市转型便备受关注。

一、国外资源型城市转型中的政府作用简析

资源型城市转型是一个国际性难题。国外也存在大量资源型城市或资源型地区，如美国的休斯敦、洛杉矶、匹兹堡，澳大利亚的珀斯，加拿大的萨德伯里，南非的比勒陀尼亚、约翰内斯堡，乌克兰的顿涅茨克，阿塞拜疆的巴库，德国的鲁尔工业区，日本的北九州工业区，英国的南威尔士工业区，法国的洛林，委内瑞拉的卡尔马斯等，这些城市或地区在资源枯竭、开采成本剧增或替代资源竞争时也遇到严峻的转型问题。虽然各个城市或地区根据自身的资源条件和资源战略也都采取了不同的转型策略，其转型道路和效果也各不相同，但从一些成功转型的案例中可以看到，不论何种经济制度的国家，其中央政府和地方政府无一例外地在整个转型过程中都扮演了非常重要的角色。

由于各国的经济运行模式和制度安排基础不同，其政府在转型过程中的参与方式、程度也有所差异：欧洲国家如德国、法国虽然立足于市场经济与自由竞争，但在转型问题上更倾向于政府主导，直接干预企业的运营；日本政府在处理城市或地区转型时，却倾向于政府不直接干预，而是通过一些产业政策引导、扶持企业的发展；美国、加拿大、澳大利亚对资源型城市的态度则完全依靠市场的选择，政府不进行任何干预，区位较差的城市可能被废弃，而区位较好的城市转型也完全由市场和企业自主推动，但对于后者，政府往往给予基础设施的投入和建设；一些苏联和东欧社会主义国家，在实施私有化改革之前，国家对于资源型

---

* 本文原载《中国流通经济》2011 年第 2 期，与曹斐合作。

城市采取完全干预和控制的手段，企业缺乏自主权，转型与否完全由政府决定。

因此，对这些国家在资源型城市转型中政府职能和作用进行研究，将对后发国家在资源枯竭型城市转型中政府在战略制定和政策实施上具有非常重要的借鉴意义。比较而言，欧洲立足于市场经济，政府主导转型的模式路径与我国的经济体制和转型方略现状更为接近，也更加值得关注与研究。

基于市场经济的政府主导式的转型模式，可以称之为“欧盟模式”①。欧洲各国经济运行模式的基本原则是竞争、秩序、社会发展与公平。其大多认为市场的灵魂是竞争，但竞争不能采取完全自由的形式，而是要公平竞争，注重社会保障和社会福利，强调国家对经济的宏观管理，但干预和导引的倾向点在于维护社会平衡（狄克特曼等，2001）。可以说，欧洲经济体制的核心虽是以私有制为基础、充分发挥市场机制作用的市场经济，但需要政府通过法律约束和经济调控来保证竞争秩序的规范有序并保持市场稳定，尤其体现在一些重要领域，如以煤炭、石油、电力等为代表的资源产业和基础产业领域。企业不仅承担着经济职能，而且还承担着行政的、社会的职能，政府虽然为企业提供良好的市场环境和经营管理的自主权，但同时也要求企业运作要考虑整体利益，从而对企业活动进行一定的监督和控制，因此，当资源型产业出现衰落而需要进行转型时，政府便无疑在其中起到了主导性的作用。

1951年确立的煤钢联营，即欧洲联盟的前身，其核心目的即是为了解决成员国以煤炭、钢铁等传统产业为主的区域萧条问题，欧盟各国政府也为了缓解资源型产业萧条所带来的严重的经济和社会问题，先后设定专门的机构负责制定政策和规划，干预领域从经济结构调整，到失业人员培训，再到环境综合治理，并通过税收减免、进口配额等政策，对资源型产业的转型进行财政和投资补贴，全方位主导转型，其中尤以德国的鲁尔工业区和法国的洛林地区为代表。

二、欧洲资源型城市转型中政府的主要干预方式——以德、法为例

德国鲁尔地区位于北威州西部，由埃森、多特蒙德和杜伊斯堡等城市组成的城市群，其经济发展源于第一次工业革命时期和第二次世界大战之后世界各国加快纺织业、冶金业、交通运输业发展而带来的对能源的巨大需求。据统计，鲁尔区的经济总量在最高峰时曾占全德GDP的1/3，煤炭产量占全德的80%以上，钢铁产量占全德70%以上（宋冬林，2009）。但随着石油、天然气等替代能源产业的发展，以煤炭、钢铁为支柱的鲁尔工业区出现危机，经济结构失衡的缺陷迅速由于主导产业的衰落而显现，经济增长缓慢，社会问题严峻。位于法国东北部的

① 所以将其称之为“欧盟模式”而不是“欧洲模式”，则是为了将英国的转型模式与之相区别，英国的制度基础与欧盟国家有所差异，其政府在转型中并不直接进行完全干预，其转型理念与美国类似，但政府的参与程度却高于美国，总体而言介于美国与欧盟之间。

洛林也是依靠开发矿产资源而发展起来的重要工业基地，其丰富的资源和发达的交通网络成为法国重要的经济支柱，素有法国“工业头巾”（écharpe industrielle）之称，全法90%的钢铁产于洛林地区（沈坚，1999），但与鲁尔地区一样，20世纪60年代能源革命的冲击也给洛林工业基地造成了严重打击，引发了一系列诸如经济滑坡、失业增加等问题。因此，为了走出困境，欧盟及德法政府在肯定市场竞争的同时，都利用行政手段进行指导、扶持和干预，以主导这些地区的经济和产业转型。

第一，设立专门机构制定地区发展规划，并主导产业结构调整。北威州政府和德国联邦政府一直将鲁尔地区的经济结构调整作为其工作的重要内容，负责制定具体规划及项目审批、财政资助等事宜，并早在1966年就编制了鲁尔区总体发展规划，并不断依据市场变化进行修改，使鲁尔区在传统的以开采和冶炼为主的工业基础上，拉伸产业链条，拓宽上下游领域，开辟新兴产业，形成了以煤—钢—电—化工—机械—轻工—服务为主的多元工业结构。法国政府也于1963年成立国土整治与地区行动领导办公室（DATAR），优先将洛林作为整治地区，1996年又成立了洛林工业促进与发展协会（APEILOR），专门负责领导区域规划和产业转型，采用资源告别式的转型战略，完全放弃采掘与冶炼工业，大力发展汽车、电子、塑料加工等新兴行业，使洛林地区重新焕发了生机。

第二，对转型行业和企业进行资金投入和财政补贴。充足的资金是实现转型的重要支撑，这些资金减轻了传统产业中企业巨额沉淀成本的负担，同时，通过税费减免、补贴等也有利于开拓新兴产业，引入高新技术企业。德国联邦政府和北威州政府通过设立专项政府资金，对鲁尔区给予高额财政补贴，对生产性基础设施进行投资补助，对高新技术职位予以收入补贴，对企业销售、企业改造和新企业偿还旧企业所欠债务等均给予补助。1966～1977年的10余年中，政府便拨款150亿马克资助鲁尔矿区进行集中改造（宋冬林，2009，第177页），促进经济转型。法国政府和欧盟更是通过对洛林地区的帮助，以使其摆脱传统产业的束缚，推动新兴产业的发展。法国政府每年用于产业转型的资金高达30亿法郎，欧盟也投入约20亿法郎（田霍卿，2000），法国政府通过签署“国家—地区经济发展合同”的方式，1984～1988年，按照合同规定项目总投资额达到40亿法郎，其中3/4由法国政府直接承担（袁朱，2004）。

第三，通过政府补贴促进就业，并出资对原资源型产业的职工进行新技术培训。欧盟各国对就业率的重视，既源于其崇尚竞争与社会公平并重、注重社会保障与社会福利的市场经济模式，也与欧盟国家力量强大的工会组织有关。因此，对于出现的严重失业问题，政府在采取提前退休、就业补偿等措施的同时，也加大了对职业技术培训的力度。德联邦政府和州政府对鲁尔区的企业实施每提供一个就业岗位便补贴5万马克、工人转岗培训费用100%由政府资助等优惠政策

（余际从、李凤，2004）。此外，联邦政府还组建了若干不同层次、类型、专业的培训中心，培训范围覆盖多个领域，分门别类地对传统产业从业人员进行培训，提高失业人员的职业技能。法国政府在洛林地区为了解决就业问题，扶持创办了100多个新兴企业，并规定每雇佣1个当地劳动力就可得到3万法郎的资助，同时创办了16个企业园圃，先后帮助了几万人创办企业，约占转型职工的13%，同时也成立了各类培训中心，对职工进行新兴产业的专业化培训，培训时间一般为2年，特殊岗位为3～5年，培训费由国家支付，工资由企业支付，经过培训后，培训中心为每个工人至少提供两种职业选择。时至今日，洛林地区75%的钢铁工人和89%的煤炭工人已成功完成转业。

第四，加强老工业区内部环境治理，并根据各自的资源战略创造适合其转型路径的外部环境。资源的大规模开采造成了环境严重破坏和污染，大量因衰落和转型所废弃的矿井和工厂成为重新振兴的障碍。因此，实施环境整治、加强基础设施建设是吸收外部投资、实施战略转型的先决条件。由于自然环境、基础设施均具有公共物品属性，因此政府在改善环境中更加扮演了重要的角色。德联邦政府在转型时期共投资50亿马克，成立环境保护机构，对以前污染严重的矿区进行治理改造，在鲁尔河上建100多个澄清池净化污水，制定营造“绿色空间”计划，把风景绿化和土地利用放在首位，进行大规模植树造林，改善交通网络和设备现代化，组成统一的运输系统，使鲁尔区成为欧洲产业区位条件最好的地区之一（刘力钢、罗元文，2006）。法国政府也投入巨资对洛林地区关闭的企业进行重新包装，以开辟新的用途，或作为新工厂的厂址，或建居民住宅、娱乐场所，或建公共绿地等，以创造良好的投资环境。

当然，鲁尔和洛林在转型路径上并不完全一致。鲁尔更强调在原有资源型产业链条延伸的基础上扶持新兴产业，实施“渐进式”转型方略，因此在创造外部环境上更注重于对大型国有企业的私有化和对中小企业的吸引，主要实施资金扶持与技术转让政策；洛林则实施的是较为“激进式”的资源型产业整体退出、完全引入新兴产业的转型方略，因而在创造外部环境上除了重视中小企业的培育外，还更加重视对外部投资的引进，主要通过地价优惠、投资补贴和税收减免来吸引新兴产业进入。

三、“欧盟模式”下转型的政治约束及启示

欧盟国家的资源型城市或地区与我国资源型城市颇多相似之处，大多开采历史久远，多数矿区或老工业区处于开发的成熟或衰退期，资源型城市发展已初具规模，无法像美国、加拿大那样轻易放弃，任由其衰亡。虽然欧洲和我国制度安排的基础有所差异，但在政府对资源型城市转型的主导作用却有许多共同之处，因此欧盟国家所采用的一些措施对我国有重要借鉴意义。

值得注意的是，欧洲各国政治制度和政治约束条件更多地由选民来决定，因此在决定资源型城市转型的过程中，要考虑到事前政治约束和事后政治约束两方面。假定政府决定转型，则对于民众所面对的转型收益的事前概率是 P，收益的净现值为 $G(G>0)$，而从改革中受到损失的概率为 $1-P$，收益的净现值是 $L(L<0)$。因不确定性完全针对民众个人，在总体民众数量足够大时，根据大数定理，则可以认为 P 也就是转型的事后收益者的百分比。因此在决定转型时，政府往往要衡量下面两个约束条件：

事前约束：$PG+(1-P)L>0$

事后约束：$P>1/2$

亦即在风险中性的情况下，若在转型之初民众预料到 $PG+(1-P)L<0$，则转型在事前就会被选民所否决，这种事前约束尤以法国对洛林地区实施的资源型产业全面退出的“激进式”转型更为明显。因为民众知道，这种转型意味着无法实施逆转，或逆转成本非常之高，甚至它可能远大于转型失败时的损失，即 $-L$。因此，在实施法国式的转型战略时，虽然政府在其中起到主导的推动作用，但仍要在事前仔细地考虑与计算转型成功的概率与收益，从而获得民众通过。而德国对鲁尔地区采取的“渐进式”转型策略，在政府进行转型决断时，则不仅要考虑和计算事前约束，还要考虑事后约束，即阶段性转型完成后，民众获益的百分比是否大于所有选民的1/2，从而获得选民的支持以继续进行下一阶段的转型。由于这种“渐进式”转型的逆转成本要小于“激进式”的，因此在转型之初即使 $PG+(1-P)L<0$，民众也可能不会立即要求停止转型，而是会等到第一阶段转型之后，衡量 P 是否大于 1/2，而若转型受益的比重较小，且逆转成本不会大于改革所带来的损失 $-L$，则可能会被要求进行逆转，而不采取继续实施转型的战略。

由于我国的政治体制与欧洲不同，在政府主导转型时或许事前和事后的约束都小于欧洲各国，因此则更需要政府在主导转型时不能盲目借鉴和实施改革。需要通过仔细研究城市或地区的前期资源基础、发展模式和未来发展方略，在转型之前尽量对转型的成本、投入、收益、损失等有清晰的认识和估计，结合国外转型中政府的作用与职能，以及制定政策的倾向性和有效性，选择一条适合个案城市或地区自身特点的转型之路。

参考文献：

[1] 迪特里希·狄克特曼，维克多·威尔佩特·皮尔，魏华. 德国社会市场经济：基础、功能、限制 [J] 德国研究，2001 (2)：49－54.

[2] 宋冬林. 东北老工业基地资源型城市发展接续产业问题研究 [M]. 经济科学出版社，2009：176.

[3] 沈坚. 近代法国工业化新论 [M]. 中国社会科学出版社，1999：60.

[4] 田霍卿. 资源型城市可持续发展的思考 [M]. 人民出版社，2000：77.

[5] 袁朱. 英国、法国老工业区经济转型的主要对策及启示 [J]. 经济研究参考，2004 (32)：11－17.

[6] 余际从、李凤. 国外矿产资源型城市转型过程中可供借鉴的做法经验和教训 [J]. 中国矿业，2004 (2)：15－18.

[7] 刘力钢、罗元文. 资源型城市可持续发展战略 [M]. 经济管理出版社，2006：150.

资源型城市转型中禀赋条件约束与突破机制探析*

一、引言

人类社会发展是文明发育、演替和不断进化的过程。不论在何种时代，人类的经济活动都不能离开对自然资源的利用。马克思（1975）说，不论生产的社会形式如何，劳动者和生产资料始终是生产的因素。这里的生产资料当然包含自然资源。随着经济的发展，对自然资源的依赖程度会更强、需求会更大。但是，因资源枯竭而引发的经济失衡、失业加剧、环境恶化等一系列问题在各国一些资源型城市相继出现，使转型迫在眉睫。为此，各国政府和学术界在推进转型过程中逐渐认识到，既往的发展忽视了自然资源的有限性和人类发展的可持续性。

所谓自然资源的有限性，是指自然资源开发地区，资源总量和可开采量在技术上或经济上客观地存在一个上限。从经验上来看，资源丰裕地区未必一定会因资源枯竭而导致城市衰败①，但对于绝大多数国家和地区而言，富集的自然资源会使那里在当期获得巨大的收益和发展，尽管“事后”可以评述资源开发政策有种种失当，但从帕累托趋优的角度来说，在资源产业兴盛时期，人们放弃其他产业而追求比较优势更为明显的资源产业则是一种更经济的行为。

因此，一旦走上依靠不可再生的自然资源的开发和应用进行区域发展之路，则总会有一天走到尽头。如何突破这种约束并尽早实施转型，以及如何选择合理的转型路径便需未雨绸缪。中国有资源型城市 118 座②（王青云，2003），典型的如石油城市大庆、玉门等，冶金城市铜陵、攀枝花、本溪等，煤炭城市大同、

---

* 本文原载《城市发展研究》2012 年第 19 卷第 2 期，与曹斐合作。

① R. 芬德莱和 M. 伦达尔（R. Findlay and M. Lundahl，1999）考察了 1870 ~ 1914 年间 15 个资源丰裕型国家的经济情况，并根据三要素经典模型（Three-factor Classical Model），探索这些国家的资源与经济相关性的本质，认为并非所有资源丰裕型国家或地区都会经历“资源诅咒”，出现问题的区域往往是错误的政策选择所致。

② 按照胡魁 2002 年编著的《中国矿业城市基础数据库》，全国共有矿业城市（镇）426 座，而按照中国矿业联合会的统计，国家建制市的矿业城市共有 178 座。本文采用王青云在 2003 年编著的《资源型城市经济转型研究》一书中的成果，将中国目前的资源型城市限定为 118 座，其中矿业城市 97 座，森工城市 21 座。

阜新、萍乡等，森工城市敦化、松原、伊春等。这些资源型城市经济社会变化对整个国家发展影响十分明显。但因早期历史、区位、政策和禀赋条件的差异，盲目学习和照搬国外成功转型经验或实施“一刀切”的转型政策未必能见成效。因此，能否认清自身资源禀赋条件的约束，并据此不断调整资源开发策略，以期突破约束条件，是资源型城市能否成功转型和实现可持续发展的关键。

二、资源可开采储量的条件约束与突破机制

资源型城市或地区长期发展的资源约束主要是：其一，基于目前的勘探、开采技术制约和经济的不合理性，形成区域资源可开采的储量约束；其二，资源存量的约束。

因资源可开采储量短期内不变，当资源型城市面临着是以资源开采为经济发展驱动力还是以其他产业为驱动力进行抉择时，面临着如图 1 所示的约束曲线和如图 2 所示的资源开发曲线。

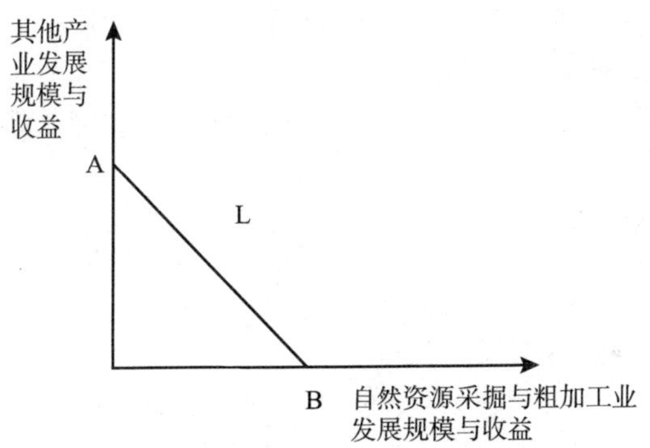

图 1　区域发展禀赋约束线

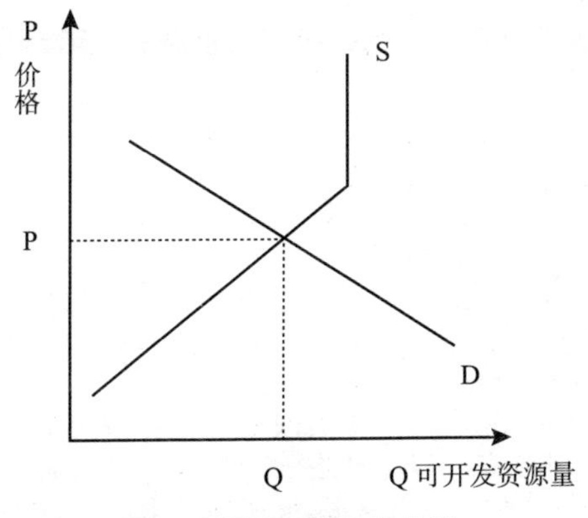

图 2　资源开发均衡曲线

曲线L为区域发展禀赋约束线，地方政府可根据该区域的禀赋条件和比较优势，选择重点发展产业。由于既定技术条件下已探明可开采储量，使完全依靠资源禀赋进行区域发展的规模与收益达到B点。事实上，由于与生产、生活相关产业的存在，最大发展点应该沿L向左上方移动，移动幅度取决于对资源的开发程度。如果考虑资源耗竭的使用者成本[①]和污染的社会成本，最大发展点还要外移。在图2中因资源可开采量固定，使供给曲线呈现先右升而后垂直的特性，需求曲线在接近枯竭点处与供给曲线相交。同样，考虑到使用者成本和外部性成本，真正的均衡还将右移。

有两种途径可以突破资源开采量约束。其一，加大勘探与开采技术的研发与投入。从世界范围来看，勘探技术与资源开采技术无时无刻不在革新。为避免政治风险和降低沉淀成本投入，世界各国都在通过技术创新来积极探索提升本土资源可开采量[②]。其二，当基于现有开采技术和开采成本无法进一步开采域内资源时，往往采取通过到域外有偿开采的方式，突破资源可开采量的约束。如河南省灵宝市[③]，因资源枯竭，开始把目光转向外部，充分利用自身开采金矿的经验和技术优势，向国内（甘肃、新疆、内蒙古等）外（吉尔吉斯斯坦、老挝等）延伸，有效地突破了自身资源的约束（刘学敏，2009）。这两种约束条件的突破途径均属于资源可开采储量约束的突破，其机理如图3和图4所示。

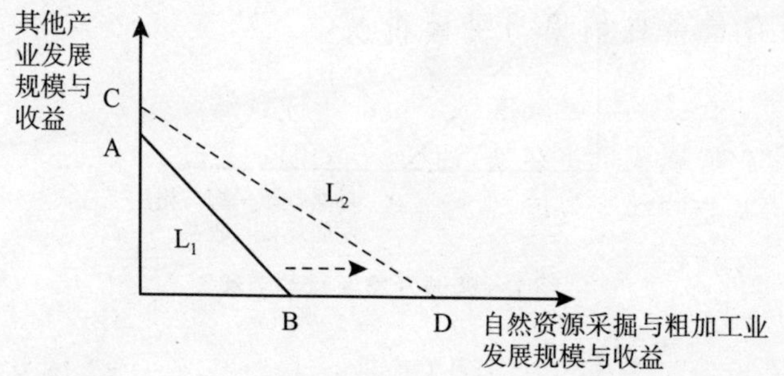

图3　突破资源可开采储量约束而导致区域发展禀赋约束线的移动

---

① 所谓“使用者成本”，可以看作资源在自然状态下的价值，即未被开采时价值的总估，当然也可以看作未来不能使用该资源的机会成本，原因是现在耗尽了资源，便没有将资源保持在自然的状态。在实际资源开发中，往往表现为资源矿地租金和权利金的缴纳。

② 据《2009中国国土资源公报》发布，我国自2005年以来，石油新增探明地质储量超10亿吨，天然气新增7234亿立方米，创历史新高，而随着稀土资源勘测，可开采储量也有望提升80%以上。

③ 河南省灵宝市是因黄金资源的开采而发展起来的资源型城市。随着黄金资源的逐渐枯竭，城市的经济、社会、环境等方面均出现严峻的问题。2009年3月，灵宝市被列为国家第二批资源枯竭型城市。

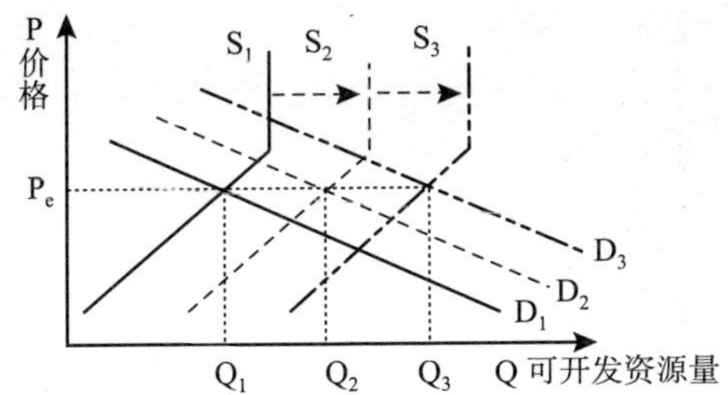

图 4　突破资源可开采储量约束而导致资源开发曲线的移动

随着可开采储量增加，图 3 中的区域发展禀赋约束线由 L_1 移至 L_2，这时能够实现更高的产业发展规模和收益。考虑到对于资源产业先期投入的沉淀成本和对资源开发的路径依赖，曲线 L_1 并不是平行移至 L_2，而是如图中显示的那样 BD > AC。图 4 中假设资源的均衡价格 P_e 由国际市场决定，随着可开采储量的增加，供给曲线不断由 S_1 移至 S_2 和 S_3，可开发资源量也不断由 Q_1 增至 Q_2 和 Q_3。这时，资源型城市虽然以转型为目的寻求了禀赋约束条件的突破，但转型的主要方略仍是以继续勘探并开采资源为主，辅以延长资源开发的产业链条，增加对以资源为主体的加工制造业投入。从当前实际情况看，我国大部分资源枯竭型城市仍是以此类的转型为主导思路。

三、资源存量条件约束与突破机制

资源型地区的另一约束是资源存量。许多种自然资源相对于人类的时间尺度是不可再生的，它或迟或早将在某个时点上枯竭。为此，仅仅探求可开采储量的突破仍然无益于长期可持续发展，必须探求突破存量约束之路，否则就会陷于许多资源开发地区的宿命——“矿竭城衰”①。

这时，转型的策略就不能仅仅局限于通过技术和产业升级继续开发资源，也不能依托于资源产业发展其上下游相关产业，而必须要通过资源开发租金或者政府财政补贴以培育新兴非资源类产业。这种转型方式虽然在短期内会造成增长减缓，但从长期来看，却更有效地突破资源存量约束，实现区域可持续发展。法国的洛林区②在资源枯竭后，便积极推进新兴产业的发展，通过政府每年 30 亿法郎的补贴（田霍卿，2000），突破了资源存量的约束，成功实现了产业转型。

资源存量约束突破的机理如图 5 所示。

---

① 在早期美国和加拿大等地的矿产开发中，对于区位和基础条件较好的城市，往往由政府投入基础设施，由市场和企业带动区域发展，成为现代化的弹性城市（resilient towns），而区位较差的城市在资源枯竭后可能被废弃，成为所谓的“鬼城”（ghost towns）。

② 洛林区位于法国东北部，是依靠矿产资源的开发而发展起来的重要工业基地，素有法国“工业头巾”（écharpe industrielle）之称，全法 90% 的钢铁曾产于该地区。

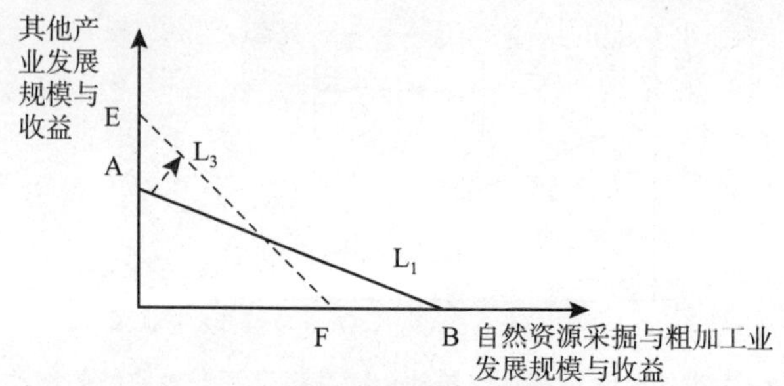

图5　突破资源总存量约束而导致区域发展禀赋约束线的移动

随着对非资源产业投入的增加，区域发展禀赋约束线向右发生了旋转，由 L_1 移至 L_3，即通过前期资源收益的积累或政府的财政补贴，在即期减少资源产业的发展规模，转而稳步地提升适合该区域发展的其他产业。基于资源存量约束突破而实施转型，按照城市或地区资源型产业发展是否有依托划分，其产业发展周期与转型机理如图6和图7所示。

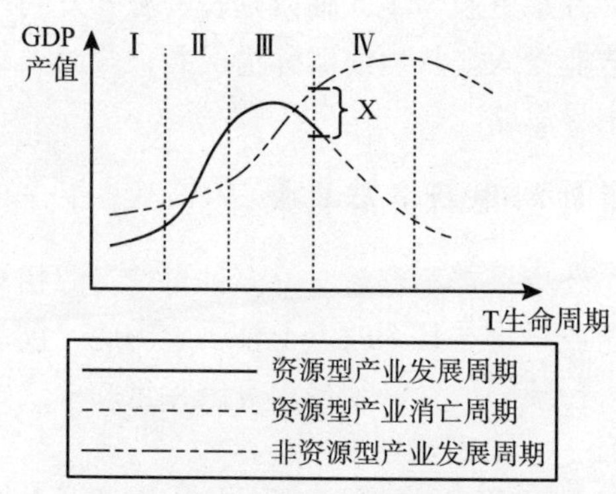

图6　有依托资源型城市产业周期与转型机理

图6可以说明有依托资源型城市的产业周期与转型机理。所谓有依托，即城市的建立早于资源开发，在资源产业发展的全过程中，城市仍有一定的非资源产业基础，如山西大同、河北邯郸等。在资源开发之前乃至资源产业的形成期（即图中的时期Ⅰ），原有产业仍属主导产业。进入资源型产业发展的成长期（时期Ⅱ），随着资源勘探的结束和先期资金的投入，大量资源被开采和粗加工，此时因资源产业所带来的巨大收益而使原主导产业受到抑制。进入资源开发的成熟期（时期Ⅲ）后便到了一个关键时期。若继续全力发展资源产业，便会失去早期的产业依托优势，城市会在资源开发的衰退期（时期Ⅳ）随着资源产业一同衰落；若在成熟期能够将一部分资源收益用于扶持和振兴城市原有产业，城市便无须在资源枯竭时被动地选择替代产业，而是依托于原有产业基础顺利实现产业的交

接，或是培育新兴产业。此时，在衰退期，非资源产业的发展会顺理成章地成为主导产业，可以通过积累的资金（即图中的X）解决资源产业衰败所带来的问题，也可以补贴新兴产业，使产业发展周期顺利过渡和产业成功转型。

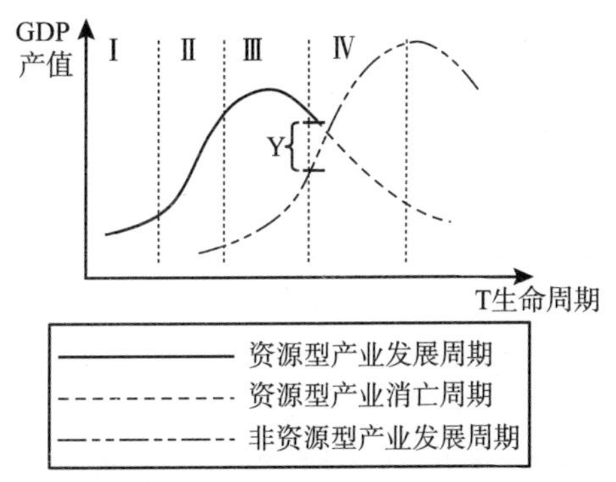

图7　无依托资源型城市产业周期与转型机理

图7可以说明无依托资源型城市的产业周期与转型机理。所谓无依托，是指城市因矿而兴，完全是因资源开发而兴建。这类城市早期没有任何产业基础，如黑龙江大庆、甘肃金昌等。在资源产业的形成期，这类城市大多是依靠资源开发人员和加工人员的移居而聚集起来，除了满足人们基本生存和生活需要外，没有其他产业。进入资源产业的成长期，随着城市人口的增加和人们收入的提高，逐渐由矿工家属、新移居人群和退休矿工开始发展农业、服务业等，但与兴盛发展的资源产业相比，简直微不足道。在资源开发的成熟期，即便是地方政府注意到产业的不均衡和未来发展的困境，也因缺乏产业基础而无法有效实施转型。此时，对于无依托资源型城市仍旧十分关键。若继续大规模地开发资源而不培育新兴产业，最终便会矿竭城“衰”（甚至“亡”），如加拿大的谢费维尔那样①；若通过资源收益积极补助与扶持其他非资源产业，那么虽然到资源开发的衰退期仍然会出现产业过渡的发展“缺口”（即图中的Y），这时可以通过申请政府的财政补贴来度过难关，最终完成城市的产业转型。

四、结论

自然资源的稀缺性和可耗竭性决定了资源型城市转型是历史的必然选择。在

① 谢费维尔是加拿大魁北克省的一个城镇，由于在当地发现大量的铁矿而于1954年由加拿大铁矿石公司（Iron Ore Company Of Canada）建立。由于大量冶炼铁矿石，一度被当地居民称为“燃烧的河”（Burnt Creek）。1982年，因资源枯竭和外部竞争而停止开采。1986年，城镇因被废弃而不复存在（Wikipedia，http：//en. wikipedia. org/wiki/Schefferville，_Quebec）。

决定转型路径和转型方略时，资源禀赋条件至关重要。对于可开采储量的约束，既要加大技术升级和科技创新的投入以继续勘测和开采新的资源，也要摆脱域内资源的限制，利用现有技术、人才和经验，到域外进行资源开发和加工。对于资源存量约束，则要及早制定接续产业战略，在资源产业发展进入衰退期之前，就要通过资源开发获得的收益培育和扶持接续产业、新兴产业的发展，以避免矿竭城衰，实现资源型城市顺利转型和可持续发展。

参考文献：

[1] Auty, R. M. Sustaining development in mineral economies: the resource curse thesis [M]. London: Routledge, 1993.

[2] Bradbury, J. H. Winding down in a Qubic town: a case study of Schefferville [J]. The Canadian Geographer, 1983, Vol. 2.

[3] Findlay, R. and M. Lundahl. Resource-led growth: a long-term perspective the relevance of the 1870 - 1914 experience for today's developing economies [M]. United Nations University, 1999.

[4] 胡魁. 中国矿业城市基础数据库 [J]. 资源产业，2002 (4).

[5] 卡尔·马克思. 资本论 [M]. 人民出版社，1975：44.

[6] 刘学敏. 关于资源型城市转型的几个问题 [J]. 宏观经济研究，2009 (10).

[7] 沈镭，程静. 论矿业城市经济发展中的优势转化战略 [J]. 经济地理，1998 (8).

[8] 田霍卿. 资源型城市可持续发展的思考 [M]. 人民出版社，2000.

[9] 王青云. 资源型城市经济转型研究 [M]. 中国经济出版社，2003.

[10] 张以诚. 但问路在何方——矿业城市理论与实践 [M]. 中国大地出版社，2005.

[11] 赵文祥等. 资源枯竭型城市劳动力转移规律与就业问题研究 [M]. 中国劳动社会保障出版社，2007.

资源型经济形成与转型路径*

——基于最优生产选择模型的分析

资源型经济是以自然资源，尤其是矿产资源开发为导向和发展基础的经济，在发展过程中，大多出现了经济增长乏力、经济结构失衡、生态环境恶化等一系列问题，因此，资源型经济转型成为政府关注和学术界研究的主要问题之一。

自然资源是生产过程的必要投入要素之一，丰富的资源储量可以为地区经济发展提供良好的条件，资源型地区初始发展阶段的路径选择具有必然性。但这种选择从长期中看是缺乏效率的，要实现转型发展就需要在其路径选择的基础上进行校正，并通过要素调整实现合理的经济发展模式。

一、资源型经济的发展路径

要素禀赋论认为，一国或地区应出口其具有比较优势的产品，也就是要密集使用其相对充裕并且便宜或容易获得的生产要素进行产品生产，而进口那些需要密集使用其相对稀缺且昂贵的生产要素生产的产品。基于此，资源型地区丰裕的自然资源必然成为其产业选择的起点。然而，自然资源这种“天赋食粮”很容易让资源型地区在发展过程中选择一条过度依赖资源的经济增长之路。

在一定技术条件下，若不加以约束，资源型地区在初期资源储量较丰富时，生产模式会趋向于过度的资源开发和利用，走粗放式的经济增长之路，而在自然资源接近枯竭时，资源约束同样会带来经济发展中的效率损失（如图 1 所示）。

设在既定技术条件下，资源型地区有固定资源储量 R_0，生产过程中使用自然资源、资本和劳动力三种要素，自然资源与其他要素可相互替代。图 1 中 R_0 为资源开采总量，OL 为产出扩展线，是在资源有效利用条件下生产的最优增长路径，沿着这条路径的经济增长最有效率。Q_1、Q_2、Q_3 表示不同时期的产出水平，随着经济增长的不断推进，$Q_3 > Q_2 > Q_1$，aa、bb、cc 分别为各个时期的社会总成本约束线，如果不考虑自然资源的影响，E_1、E_2、E_3 分别为各个时期对应的最优生产组合点。

---

* 本文原载《城市问题》2013 年第 7 期，与赵辉合作。

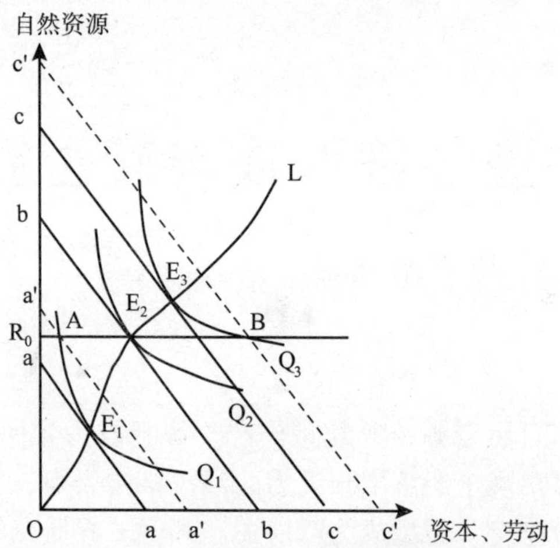

图1 资源型地区经济模式选择行为特征

如果考虑自然资源的影响，资源型地区经济的生产选择就会发生一些变化。在早期，可实现的最优产出为 Q_1，实现这一产出水平需要投入的最低成本由 aa 总成本约束线反映，这时最优生产方式下应投入的自然资源数量、资本和劳动的数量由 E_1 点对应表示。但此时，由于经济发展初期经济中存在着资本和劳动（尤其是资本）的制约，自然资源相对丰裕，相对于资本和劳动更容易获得，人们会趋向于用自然资源来替代其他生产要素实现 Q_1 的生产规模，因此，这一时期资源型经济在 A 点实现 Q_1 的产出。这种生产模式下，实际投入的社会总成本用过 A 点的虚线 a′a′表示，社会总成本高于 aa 线，产生了社会福利损失。这种情况多是资源型地区早期发展选择的路径，由于自然资源的相对丰裕，造成“自然资源可以无限、低成本获得”的错觉，从而过度依赖“资源优势”，最终导致对资源的无效率滥用。

如果资源型地区追求 Q_3 所代表的产出，就短期而言，在不存在生产要素制约的情况下，实现 Q_3 产出需要投入的社会最低总成本用 cc 总成本约束线表示，此时最优生产方式下应投入的自然资源数量、资本和劳动的数量由 E_3 点对应表示。但因自然资源不可再生，总量的约束使得实现 Q_3 的总产出需要支付 c′c′的社会总成本，这同样会带来社会总体的效率损失。

E_2 点为自然资源储量为 R_0 时经济发展的最优选择点。但是，由于人口的不断增长，必然要求日益增加的经济产出，如果依赖既定的经济增长路径，在资源约束下，势必同样会陷入 Q_3 产量所面临的资源约束问题，出现效率损失。

这就是说，在既定的可利用自然资源总量条件下，短期的经济选择都是无效率的。其主要原因在于人类的生产行为因为客观（如资本积累速度、人口增长水平等制约）或主观（追求过快经济增长、过度重视当代利益等短视行为等）原因，没有对自然资源总量进行跨期最优配置，从而导致经济效率损失。在资源储量一定时，如果资源型经济沿着既有的依赖自然资源的路径发展，势必会从资源滥用走向资源约束，从而影响长期的经济增长。

二、资源型经济的转型

由于资源型地区增长模式选择的必然性，经济转型也就成为其发展过程中的应有之意。对于资源型地区转型，很多研究做过明确界定。但需要强调的是，所谓的资源型经济转型，并不意味着完全摒弃对资源的开发和利用。资源型经济转型的具体目标存在着不确定性，设将资源型地区的现状记为 A，转型的具体目标记为 B，则转型可以有不同的实现方式：一是 B 对 A 的完全替代，转型就是建立一种全新的产业内容和模式；二是 B 对 A 的部分替代，优势产业继续传承，A 和 B 之间存在交集；三是虽然 B 替代 A，但因约束条件改变，资源型地区仍然依赖自然资源，但却可以实现可持续发展（刘学敏，2011）。无论是实现三种表现形式中的哪一种，转型的路径均在于自然资源对地区经济发展约束程度的调整。从这个角度分析，转型可以界定为两种，一是突破资源约束的经济转型路径，二是在资源约束下的经济转型路径。

（一）突破资源约束的资源型经济转型

根据资源型经济发展路径选择的分析（如图 1 所示），在资源储量一定时，资源型经济必然会因自然资源总量约束而支付过高的社会总成本（即在 B 点实现生产，而非 E_3 点），面临社会总体效率损失。那么，如果能够突破本地的资源储量限制，从域外引入资源进行转化、利用，使可利用的资源总量从 R_0 增加至 R_1，则可以避免 B 的无效率生产状态，在 E_4 点实现最优生产状态，产出水平不断提高（如图 2 所示）。随着域外资源的持续输入，突破了自身资源储量限制的资源型

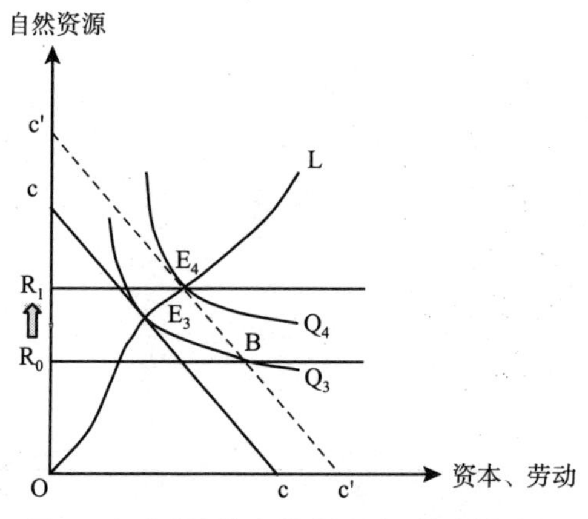

图 2　突破资源约束的资源型经济发展路径

地区通过资源有效利用实现持续的经济发展。这种资源型经济转型模式，是针对资源产业基础条件比较好，能够通过深化资源产业链、发展配套产业实现资源产业集群化发展资源型地区。例如，新疆克拉玛依利用哈萨克斯坦乃至中亚地区的石油天然气资源，通过不断建设石油化工产业链、天然气化工产业链、油田轻烯深加工产业链，突破自身资源限制，逐步向资源型经济良性运行路径发展。突破资源约束的资源型地区，转型后的经济形式是延长资源产业链条或建设高效的资源产业集群，带动地区相关产业的发展，实现要素的优化配置，在地区产业结构中，资源产业仍占有重要地位，或资源产业与其他产业并存的状态。

这种突破本地资源储量限制的经济转型发展路径必须有一个重要前提，就是要有不断增长的良好物质资本和人力资本相匹配。如果资源型地区能够引入域外资源，但仍然过度依赖对资源的低水平利用的话，其生产选择依然会落入无效率的经济增长状态，如图1中的A点。可见，通过引入区域外资源并不意味着资源型地区就能够走上可持续的经济发展路径，支撑其良性运行的关键因素还在于实现对物质资本和人力资本的优化利用。

（二）资源约束下的资源型经济转型

如果资源型地区资源产业基础一般，不能引入域外资源，则其必然要受到本地资源储量的约束，经济发展路径必须作出调整。如图3所示，在资源约束的情况下，按照原有的发展路径（L_1）以及资源和资本、劳动投入模式（社会总成本线c′c′），资源型地区在经济增长进程中，要面临B点的无效率状态。如果能够改变资源和资本、劳动投入模式，使社会总成本约束线变为dd′，通过利用更多的资本和劳动来替代自然资源，B点的生产便可以避免效率损失，成为社会最优生产选择点，资源型地区的经济发展路径，突破原来的L_1生产扩展线，转向依托资本和劳动的经济发展路径L_2。

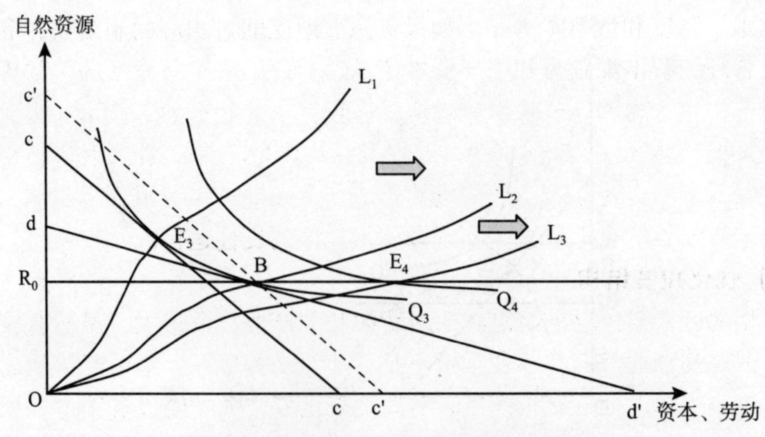

图3 资源约束下资源型经济转型路径

这种资源约束下的资源型经济转型路径是在不断调整的，在路径 L_2 下，如果按照dd′的资源和资本、劳动的配比模式进行生产（即一条与dd′斜率相同、外移的社会总成本线），则又会面临类似B点的无效率状态，这就需要进一步用资本和劳动来替代资源（即一条斜率小于dd′的社会总成本线，在 E_4 点与 Q_4 总产出线相切，实现最优生产选择），经济发展路径向 L_3 转变。我国大多数资源型地区面临的转型路径属于这一类，随着转型的推进，资源产业逐步退出，代之以新的主导产业、支柱产业带动地区经济的可持续发展。

资源约束下的资源型经济转型是一种动态调整的过程，不断用资本和劳动来替代对自然资源的依赖，逐步实现自然资源退出在地区经济中的主导地位，最终实现依托物质资本和人力资本的良性经济运行状态。可见，这类资源型地区实现经济转型的关键同样是对物质资本的优化利用和人力资本的储备升级。

对于资源型地区而言，无论是何种经济转型路径，转型成功都需要有良好的物质资本、人力资本等生产要素的支撑。因此，实现转型发展必须要解决影响要素优化配置的外部环境，调整对生产要素的利用方式、提高利用效率，改变原有过度依赖资源的发展模式。也就是说，转型的关键是根据资源型地区的具体情况对其发展路径作出的过程性调整，而不仅仅在于具体目标的点对点的转变，最终实现资源型地区资源配置过程的优化，建立一种长效的经济、社会建设机制。

三、资源型经济转型中的要素配置与支撑措施

（一）资源型经济转型中的要素配置

资源型经济由于要素配置结构性失衡或总量约束而产生了效率损失，要推动经济的良性运行，则必然需要通过相关政策引导和调整要素使用结构。在市场经济条件下，推动经济良性发展的根本要素，是那些能开发和合理利用资源的因素，如技术、制度和创新能力等。如果资源型地区通过相应的制度安排和政策导向，建立合理的资本配置方式引导资本流动，通过引入经济发展的欠缺因素，弱化以资源开发作动力的原有要素依赖模式，强化依靠制造业、技术、人力资本等要素的经济发展路径（如图4所示），将资源带来的丰厚的资源财富转变为工业化合理发展的资本，建立可持续的资本形成能力和递进的资本形成机制，实现资源与其他生产要素的合理配置，实现资源型地区的良性运行。

（二）优化投资结构

资源型地区要素流动的特点在于对资源相关产业投资过大，虽然有较高的资本形成，但对制造业等其他产业投资不足，产业结构单一，地区经济缺乏持续动力。要解决非资源产业等短板问题，需要建设良好、通畅的投资渠道，积极引导储蓄资金向投资转化，促进资本形成。可以通过政策优惠，如税收减免、退税等

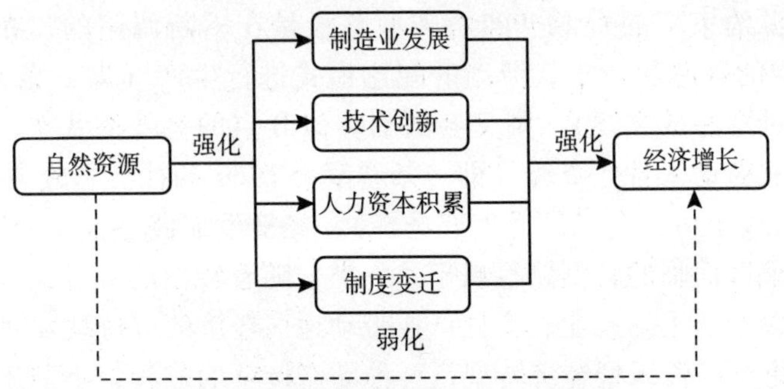

图4　资源型地区经济转型中的要素变化

形式，积极鼓励投资于制造业、高新技术产业等，推动附加值产业向高加工、高附加值产业转移和递进，促进地区产业体系的多元化。

投资结构是影响投资效率的重要因素，也是影响资源型地区未来产业体系的直接因素。地方政府应积极引导资金投向，通过相关政策引导企业资金和个人储蓄投资于接续产业或替代产业，促进产业多元化和产业结构升级。在市场经济下，政府不能直接投资于产业建设或直接移植新的产业进入本地区，因此政府储蓄主要用于实施公共产品的投资，如交通、通讯、环境等基础设施，或教育、卫生、医疗等方面，为企业和个人投资创造良好的投资环境，促进资本积累和资本形成。

（三）提供金融支持

金融作为现代经济运行核心，在资本形成和可持续发展过程中有非常重要的作用。只有构建良好的金融环境，提供高质量的金融服务，提供融资便利，才能有效推动储蓄向投资转化，支持资源型地区的技术进步和产业体系升级。

优化投资结构需要良好金融环境的支持。政府部门要积极提供吸引资金的软环境，充分发挥其信息揭示、高效审批、积极的政策沟通与咨询等职能，指导金融机构相互协作，整合金融资源，发挥政府部门的服务职能。金融中介服务是金融环境的重要构成部分。应积极鼓励在资源型地区设立合格的信用评级公司、项目咨询公司、会计师事务所等金融中介公司，完善信用资质评级、资产评估、财务顾问、法律咨询等相关服务，支持资源型地区的金融水平深化。

由于资源型经济金融环境的运行特征，统一的金融调控政策可能难以发挥其应有的效果，反而出现与政策目标相偏离的情况。因此，在制定金融调控政策时，需要在统一政策目标的前提下，针对资源型地区的现状，在信贷政策、财政融资方面实施差别化的金融政策。

（四）人力资本培育与创新能力建设

人力资本和创新能力建设的递进机制在于，通过人力资本培育、搭建创新平台，提供创新环境为资源产业和非资源产业提供人力资本和创新条件。

1. 加大教育和研发投入。资源型地区应将资源开发过程中获得的高收益，更多地投入到教育领域，提高教育投资比例，改善教育投资结构。配合资源产业链延伸和制造业发展，教育投资应加大职业技术教育的投入比重，注重人才的实践操作能力和专业技能水平，建立职业技术学校与企业相联合的人才共同培养机制，建立学校向企业的人才输送模式，通过校企合作促进人才培养。同时，设立新技术发展基金，用于技术创新和成果转化，积极扶持带有共性的技术引进、吸收项目，引导、激励企业加大研究性投入，鼓励企业研发。

此外，还须加快人才市场的规范化建设，积极吸引外部人才，增加人才数量，提高人才素质。主要措施有：实施开放的人才政策，大力引进国内外优秀人才为高科技产业和支柱产业的发展服务；制定人才智力投资、技术入股等市场化运作的政策；制定鼓励优秀大学生就业的政策；等等。

2. 积极建设区域创新平台。创新能力培养需要良好的环境和平台。除加大人力资本投资外，还需要有公共组织和信息平台，将企业与研究机构联系起来，将技术研究和实际生产相结合，促使研究成果转化为现实的生产力。技术外溢和信息流动是推动创新升级的直接力量，要打破资源型地区投资方向的惯性，需要建设信息化平台，汇集项目、技术、创新、人才等方面的信息，加强技术信息交流和互动。信息化平台的内容主要包括：各类政策、项目、产品、技术、人才等基础数据库；提供技术合作项目和新产品设计开发的在线交易服务；开发在线培训和远程培训服务系统；为企业和个人提供教育培训服务等。地方政府应积极与其他地区的创新机构合作，加强与外区域之间的沟通和联系，为企业寻求更多的机会，鼓励企业加入创新网络平台，共享创新资源。

3. 创新扶持政策。创新能力建设离不开政府的政策支持。企业创新的动力来源于企业对利润的追求，只有企业从技术创新中获得的收益能够得到有效保护，才会更好地激励企业不断增加研发投入，因此，政府要进一步完善知识产权保护制度，最大限度地保护企业的创新成果。在金融税收方面，地方政府应该引导金融机构健全风险投资机制，拓宽企业融资渠道，使企业能有足够的资金进行技术创新，并为企业制定一定的税收优惠政策或补贴政策，例如对企业技术创新投入的所得税税前抵扣或对研发投入实行部分补贴，高新技术企业减免所得税等。

参考文献：

［1］谢双喜，李峻．资源约束下的经济增长效率分析［J］．经济问题探索，2009（11）：15－20.

［2］刘学敏．资源枯竭类城市转型的不确定性［J］．城市问题，2011（5）：9－11.

[3] 张亮亮，张晖明．比较优势和“资源诅咒”悖论与资源富集地区经济增长路径选择[J]．当代财经，2009 (1)：81 –87.

[4] 陆建明，李宏．资源约束与经济增长：一个开放条件下的新孤古典模型 [J]．2009 (6)：18 –29.

附录一：

依靠市场内生驱动力，实现资源型城市科学转型

——访北京师范大学资源学院教授刘学敏*

《中国城乡金融报》记者　李　静

李静：刘教授您好！我是中国城乡金融报的记者李静，十分感谢您能接受采访。近期，我们报纸拟关注“资源型城市如何转型”的话题。资源型城市因资源而立、因资源而兴，目前，资源型城市占全国城市总数的18%。长期以来，由于过分依赖资源，不少资源型城市支柱产业单一、产业结构不合理、单位GDP能耗较高、经济粗放型特点明显、环境污染较为严重。目前，我国确认了69座资源枯竭城市，转型发展迫在眉睫。

对此，我们想向您请教几个问题：

请问我国资源型城市实现科学转型需要具备哪些条件？

刘学敏：资源型城市因资源而生，也因资源而困。现在，许多资源型城市被迫转型。如何实现华丽转身，为政府部门和社会各界高度关注。

资源型城市的发展一般经历开发期、成长期、成熟期、衰退期等几个阶段。要实现科学转型，重要的是要未雨绸缪，在成熟期、经济情况最好的时候就要考虑将来的转型。当然，现在说这种话，有一种“马后炮”的感觉。因为我国目前认定的69座资源枯竭城市都是处于衰退期，很多城市在其成熟期时，正处于计划经济时代或生产资料市场没有放开的改革开放前期，城市和企业都没有积累，利税全部上缴国家；那时，给人们灌输的理念是，一切有党、有国家、有政府，根本不用考虑以后的发展问题。所以说，这些被迫转型的城市在很大程度上可以说是坐失了科学转型的良机。

但是，这并不是说，这些资源枯竭城市就无法实现转型了。其实，我觉得，这些资源枯竭城市实现科学转型的条件还很多，如要明确转型的方向（就是城市未来的走向）、选准未来的支柱产业（通过政府与市场的结合）、国家资本和社会资本的注入（因为很多城市依靠自身力量已无法实现转型）等。当然，还需

---

* 本文原载《中国城乡金融报》2012年6月8日B1版。

要编制一个经过充分论证的实事求是的转型规划，它能够充分认识到转型的有利条件、制约因素、未来发展目标、指导思想、规划重点和保障措施，我本人就主持完成了国家发改委确定的第二批转型城市河北省承德市鹰手营子矿区和河南省灵宝市转型规划的编制工作。

李静：目前资源型城市转型通常采取哪几种模式？

刘学敏：对于资源枯竭城市，国际上有两种基本的态度或模式：一种是完全依靠市场的选择，政府不进行任何干预，区位较差的城市可能被废弃（矿竭城废），而区位较好的城市转型也完全由市场和企业自主推动，但对于后者，政府往往给予基础设施的投入和建设；另一种是虽然立足于市场经济与自由竞争，但在转型问题上更倾向于政府主导。

在中国，资源型城市转型的推动者和动力源首先应该来自政府（中央政府和地方政府），从目前的实际情况看，政府都扮演了重要角色。然而，在一个最终要建成社会主义市场经济体制的制度框架下，仅仅依靠政府的力量是不够的，还必须依靠市场的力量。因为在市场经济下，市场机制是配置资源的基础，决策分散，利益导向，市场决定了经济活动的走向。

因此，对于资源枯竭城市的转型和接续产业成长，政府是外部重要的推动力量，而市场的力量才是内生驱动的。未来接续产业是政府选择的结果，更是市场选择的结果。只有经过市场的洗礼，选择的接续产业才是有生命力的。

李静：资源优势是资源型城市的传统优势，有哪些路径能够使资源性城市在转型之后创造出新的优势？

刘学敏：目前，很多资源枯竭城市经济凋敝、社会矛盾尖锐、资源枯竭、生态环境破坏严重，真是困难重重。资源优势曾经是这里的传统优势，但当这种优势因资源枯竭而丧失以后，必须要发现或者寻找新的优势。其实，许多资源型城市在所开采矿产资源领域具有相对甚至是绝对的技术优势，这将会有巨大的溢出效应；原来的矿山废弃物，为发展循环经济提供了现实基础。此外，在新中国建设中各地矿山人独有的吃苦耐劳精神，将成为支撑资源枯竭城市转型的重要支持力量。一些曾经到过资源枯竭城市的领导和专家，在经过一段时期的调研和考察后，认为资源枯竭城市创新动力不足，原有国有大型企业的干部职工思想保守，观念落后，缺乏创新和冒险意识。这是一种误解。从经济学意义上说，这种现象是一定制度约束下“经济人”的理性选择。要改变这种状态，必须进行制度变革，更多地引入市场机制，在新的制度约束下，人们就会有新的经济行为，创新的潜力就会最终迸发出来。

李静：谢谢您！

附录二：

资源型城市转型效果待时间检验

——访北京师范大学教授刘学敏*

《中国城乡金融报》记者 李 静

李静：刘教授您好！我是中国城乡金融报的记者李静，十分感谢您能再次接受我的采访。

我报“资源型城市转型”系列报道将进行最后一期，关注的是甘肃省白银市的转型之路。白银市贮藏着丰富的金、银、铜等矿物，经过50多年的开发开采，有色矿产资源锐减。然而，白银市通过不断完善协调推进机制、发展多元支柱产业以及招商引资，探索出了一条资源枯竭型城市经济转型的新路子，被业界称为“白银模式”。对此想向您请教一下几个问题：

对于像白银市这样的矿产资源城市，其转型的关键是什么？

刘学敏：作为一个典型的资源枯竭城市，白银市在转型过程中取得了很大成绩。我曾经考察过白银市的转型，也在兰州大学与相关专家共同组织过关于资源枯竭城市转型的研讨会。我以为，白银市在转型中紧紧抓住了“三个结合”：

一是注重政府与市场的结合。白银市在转型中强调市场的作用，根据市场的需要和前景来引导资源枯竭后新产业的生成，通过市场导向使从单一的资源产业走向产业多元化；同时，白银市强调政府在转型中的作用，在改善发展环境、强化基础设施建设方面做了大量的工作，致力于打造“服务型政府”，使政府成为新型多元产业结构形成的重要推手。

二是注重资源产业和新兴产业的结合。一方面，白银市不断延伸传统产业链的长度并拓展其深度，继续在“矿”产业上做文章，通过引进利用新技术、新设备、新工艺，开展尾矿、冶炼渣、粉煤灰的资源化和再利用，发展循环经济，在加大找矿力度、增加后续储备资源、提升冶炼技术和装备水平的同时，延伸产业链条，重点开发有色金属合金系列产品、高精度有色金属材料等；另一方面，在“非矿”产业上做文章，在产业体系中植入高新技术产业，如发展精细化工一体化产业群、新能源和洁净能源产业、非金属矿产资源制品产业、农畜产品深

---

* 本文原载《中国城乡金融报》2012年8月17日B1版。

加工产业等。

三是在产业转型的同时，注重环境治理和生态建设。白银市是典型的计划经济时代“先生产，后生活”思想指导下形成的城市，城市建设欠账多，再加上矿产资源开发造成的环境破坏，使得这里曾经是甘肃省大气污染、水污染和重金属污染最为严重的城市，因矿山开采造成的塌陷、耕地毁坏、尾矿库等成为主要的环境问题。所以，白银市在产业转型的同时，也注重环境治理和生态环境建设，重新塑造城市功能、拓展城市发展空间、提升城市品位，使经济发展与生态建设形成良性互动之势。

李静：您认为“白银模式”能否成为其他资源型城市转型的示范样本？为什么？

刘学敏：所谓“模式”，是把解决某类问题的方法总结归纳到理论高度。在理论上，模式是一种指导，它在一个良好的指导下，有助于任务的完成，有助于选择出优良的设计方案，从而达到事半功倍的效果。模式的特征就在于可以重复、可以复制和推广。

从一般意义上说，白银市在转型中所做的工作，其他资源枯竭城市都可以做。如果说白银市在这方面做了些工作、取得了一些成绩，其他的资源枯竭城市可以学习这种精神、学习这些做法。但我认为，资源型城市转型是一个非常复杂的事情，每个城市都有自己的实际情况，每个城市转型都是个案，一般的规律是没有的。何况，真正的转型道路需要走几十年，而转型的成功与否是几十年以后才能评判的。

李静：在资源型城市转型的过程中，金融机构可以有何作为？

刘学敏：在资源型城市转型中，金融机构可以有很大的作为。除了要在资源枯竭城市创造良好的金融发展环境、精心打造政府—金融机构—企业对接的金融平台、支持新产业的生成和发展外，还可以学习国外的一些成功做法，如设立资源枯竭城市转型的“特别基金”，广泛吸纳社会资金参与转型。同时，考虑到资源型城市政府财力普遍不足的问题，也可以考虑允许资源枯竭城市发行经济振兴债券，票面利率可以高于同期银行储蓄利率，请中央财政贴息，地方政府还本等。

李静：谢谢您在百忙之中抽出时间接受我的采访！

第二部分

产业发展轻型化*

——对北京产业演进走向的理性思考

对于北京市产业演进的分析中，“做大三产、做强二产、优化一产”似已成为共识。作为产业结构优化升级的突破口，新一代信息技术、生物医药、新能源、节能环保、新能源汽车、新材料、高端装备制造和航空航天八大战略性新兴产业已经成为北京市“十二五”期间发展的重点，基本勾勒了北京制造业发展的框架。目标鼓舞人心，蓝图催人奋进。然而，对于北京市产业未来发展，还应该有更深刻的思考，这将是大有裨益的。

一、北京产业的历史演进和走向

中国的经济被称为“社会主义市场经济”。这表明，虽然改革的目标是要建立市场经济体制，但因它脱胎于原来高度集中的计划经济体制，使得政府在经济活动中仍然起着至关重要的作用。在中国的经济和政治体制中，虽然一般而言，区域内产业的生成和发展是由市场这只“看不见的手”和政府这只“灵巧的手”（也是一只“闲不住的手”）共同作用的，但在这个“社会主义市场经济”的语境下，最终仍然是由政府推动的。北京市产业演进的历史和现实都明白无误地证明了这一点。

新中国成立之初，北京完全是一个“消费型城市”。为了彻底改变这种局面，基于当时迫切实现工业化的愿望①，要把北京建设成为国家的工业基地和“工业城市”；同时，由于不久前第二次世界大战期间的“斯大林格勒保卫战”中，德军围城后原先的拖拉机厂变为坦克厂迅速开往前线的经验，使必须时刻准备战争的需要②。在这种指导思想下，北京市进行了大规模的工业建设，至20世纪70年代末期基本形成了门类比较齐全的工业体系。1978年改革开放之时，工

---

* 本文原载《城市问题》2012年第6期。本文为2011年10月23日在北京市社会科学院主办的“创新驱动与北京城市发展论坛——科技创新与文化创新推动北京城市发展”研讨会上的演讲稿。

① 按照梁思成先生的回忆，新中国成立之初，北京市市长在天安门城楼上告诉他，中央一位领导人曾说，将来从这里望过去，要看到处处都是烟囱。参见林姝：《国宝梁思成》，《今晚报》1996年7月8日。

② 据笔者一位参加过北京新中国成立初产业发展规划的“忘年交”朋友回忆：当时，“二战”刚刚结束，战争的阴影仍然笼罩，尤其是“斯大林格勒保卫战”的经验，使北京发展工业体系确实有备战的考虑。

业增加值在整个经济体系中所占比重超过70%，成为全国名副其实的重要的重工业基地。可以说，这样的产业发展格局是政府“一手”推动和造就的。

改革开放以后，北京开始调整以往的产业体系，注重发展服务业。特别是进入20世纪90年代以后，随着以联想、北大方正等高科技企业的崛起，高新技术产业开始占有一席之地并获得快速发展；同时，以房地产、信息服务为代表的现代服务业迅速成长。但是，北京的产业体系中，传统产业中冶金、化工、建材等仍然占有重要地位。对此，政府出以“重拳”，以推进北京产业的变化。具有标志性的事件主要有：

第一，发展现代制造业。2002年后，随着中共北京市委、北京市人民政府出台的《关于振兴北京现代制造业的意见》，北京的现代制造业便初露峥嵘。北京“现代汽车”快速形成规模生产能力，并迅速在全国同类产品中占有了5%的市场份额，而且在北京市场上“击溃”天津大发（“黄面的”）和夏利[①]，即是这种政府行为的直接结果。

第二，首钢搬迁。首钢距市中心天安门只有17公里，在石景山地区集中了焦化、烧结、炼铁、炼钢和轧钢等高耗能、耗水及高排放的生产工序。2005年2月，国务院原则同意首钢实施压产、搬迁、结构调整和环境治理的方案。至2010年底，首钢石景山厂区炉火全部熄灭。

第三，关闭煤矿。为保障首都的安全生产、保护生态环境，北京市从1998年起便开始大规模集中整顿关闭小煤矿。经过多年努力，到2010年6月底，全面完成了房山区18座小煤矿、门头沟6座小煤矿的关闭工作，彻底结束了北京小煤矿的采矿史。

截至“十一五”末，北京市的第三产业比重在75.5%以上。面对新的形势，作为北京产业结构优化升级的突破口，“十二五”时期，前述的八大战略性新兴产业成为发展的重点。譬如，推进京药品牌建设，在化学制药、中药、生物制药和医疗器械等领域塑造“北京药”的区域整体品牌形象；又如，亦庄国家级经济技术开发区推动新能源产业发展，已布局北汽新能源汽车、京东方光电、京运通硅材料、LG化学、三洋太阳能电池等重点项目，而其中的京运通是世界上销售数量最大的光伏产业设备制造商。近年来，做大第一产业，做强第二产业，优化第一产业，成为政府强力推进产业发展的重要目标。可以想见，政府的政策将对北京的产业未来演进带来深远的影响，决定了产业未来的走向。

---

① 2001年，北京获得了2008年奥运会的举办权。为响应“绿色奥运、人文奥运、科技奥运”的口号，北京市公布了欧Ⅲ标准。规定新上路的出租车“长度不小于4.5米，排量不小于1.8升”。2006年，7000辆夏利车被强制淘汰出北京出租车市场。

二、北京产业演进中潜伏的危机

犹如新中国成立初期政府强力推进北京重化工业体系建设、在当初被看作“再合理不过”、而在后来花费很大精力耗费巨额成本来被迫“转型”一样，政府现在推进的产业体系在今天看来是合理的和必须的，但是否将来有一天随着人们认识水平的改变也会被迫面临“转型”呢?

事实上，北京的产业走向是潜伏着危机的，其中最主要的原因是资源与环境的强约束，而恰恰是这一点最容易被忽视。

对于北京产业演进最大的约束是水资源。北京是高度缺水地区，多年来，水资源供应量严重不足，人均水资源仅210立方米，大大低于国际公认的年人均1000立方米的缺水标准下限（范英英等，2005），即使一直采取压缩工农业用水，保证城市和生活用水的节水方针，用水仍然有很大缺口。2008年9月，南水北调工程开始向北京供水，但即使考虑南水北调因素，随着北京城市的发展、经济总量的扩充和人口规模的扩大，水资源缺口仍然很大。这就决定了重化学工业和高耗水型工业不适宜在北京发展，甚至对于一般的制造业发展布局也要相当慎重。然而，在北京的产业发展规划和调整中，制造业仍然成为重点。更有甚者，近年来，还引进高耗水企业进入北京，如红牛维他命饮料有限公司北京基地、北京啤酒朝日有限公司等，尽管这些企业把节水工作落到实处，从生产用水到生活用水，层层把关，步步控制，严格杜绝水资源的浪费，但这些企业落户北京本身就应该受到质疑。

其次，能源生产和消费存在巨大缺口，也约束了高耗能产业的发展。北京的能源供给极为有限，所需的石油、天然气资源全部都来自域外，有限的煤炭停止开采后，也要全部依赖于调入。“西气东输”、“西煤东运”、“西电东送”对于北京的发展具有至关重要的意义。这种禀赋资源条件，使北京只能发展低耗能的产业。然而，现状却是北京拥有相当大规模的能源加工转换工业，高耗能的产业如造纸、纺织、化工、印染、水泥、电镀等行业仍然占有一定的比重，而且，即使是所谓现代制造业对于能源耗费也是比较高的。为此，北京市把发展新能源产业作为高技术产业发展的重点领域。在太阳能和风电领域，已拥有包括京运通、京仪世纪、华锐风电、金风科创等企业。中材叶片、中锦阳等新能源企业也已入驻延庆新能源基地和平谷绿色能源产业基地，产业集聚效应已经初步显现。但总体而言，北京对于能源的需求仍然依赖于域外。

最后，产业发展还必须考虑环境容量。北京的空气质量一直为人们所诟病。2011年11月的一段时间，北京一连多天被雾霾笼罩，美国驻华使馆的监测站显示北京空气污染已达到“危险”水平。至此，PM2.5进入公众视野①。PM2.5是

① 2011年12月4日19：00，美国大使馆发布的监测数据显示，PM2.5浓度为522，超过了污染最严重的等级——最高污染指数500，健康提示为“Beyond Index（指数以外）”。

直径≤2.5微米的颗粒物，能负载大量有害物质穿过鼻腔，直接进入肺部，甚至渗进血液，因此又被称作可入肺颗粒物，与肺癌、哮喘等疾病密切相关，可导致黑肺。PM2.5的产生，主要来源于煤炭燃烧、石油燃烧和大规模基础设施建设污染。在北京PM2.5的构成中，除了扬尘以及工业加工中的排放外，主要是能源排放，其中，机动车排放和燃煤的排放是主体部分。为此，从2012年开始，提升空气质量成为市政府的重点工作，采取包括淘汰老旧汽车、提高汽车燃油的排放标准、提高油品、治理扬尘、锅炉煤改气等，特别是提出要加大工业尤其是挥发性工业的结构调整，来治理PM2.5。

不仅如此，北京世界城市建设的目标，要求走以低能耗、低物耗、低排放、低污染为特征的经济发展道路，建立新的产业结构和能源结构，以最少的温室气体排放获得最大的经济产出。

由此看来，北京现有的产业发展仍然没有充分考虑资源与环境约束。即使提出构建新的能源结构和产业结构，这也需要一个长期的过程，不可能一蹴而就，且要付出昂贵的代价。

三、北京既有产业形成客观基础和认识误区

北京既有产业格局的形成，既有客观的因素，也存在着认识上的误区。

从客观上看，北京既有产业格局是区域之间竞争的结果。在中国，各个行政区之间首先是一种竞争关系，在既有的财政分税体制下，各个行政区域都在推进自身的经济发展。行政区划是政治地理学关注的基本命题，也是国家区域治理的基本手段，中国现行的行政区划是几千年历史演进、多民族文化交融及自然地理环境等众多因素作用的结果，也是国家行政管理实践和修正的结果。虽然它的存在有一定的合理性和可操作性，但现存的行政区划和行政管辖确实导致了地方保护主义盛行，区域发展只顾眼前和局部利益等，造成了资源的无序配置等一系列发展问题。结果是，行政区划刚性约束，发展过程中诸多区域性矛盾和问题都与此有关。

基于此，北京在发展产业的过程中，往往忽视区域之间的合作，缺乏与相关区域的协调。在京津冀的关系中，一直是“共识不少，呼声挺高，进展不快”，常常是“天津抱怨北京，河北抱怨京津”。譬如，由于一批优势企业的集聚发展，北京新能源产业已初具规模，且已成为高技术产业发展的重点领域。但当这些企业落户北京官厅风电场时，是否考虑到条件更好、仅有一步之遥的河北怀来？北京科研力量和条件国内一流，但是否一定要发展成为具有制造品牌的“北京药”？北京严重缺水，是否还要引进高耗水产业？如此等等。其实，北京虽然土地面积狭小，但只要与周边合作，实则有非常广阔的腹地，完全可以形成区域合理的产业分工和布局。

从主观上看，还存在两个认识上的误区。

其一是对产业结构的认识误区。产业结构指各产业的构成及各产业之间的联系和比例关系。决定产业结构的因素主要是需求结构、资源供给结构、科学技术因素以及国际经济关系（如进出口贸易、引进外国资本及技术等）。产业结构的演进是指经济发展重点或产业结构重心由第一产业向第二产业和第三产业逐次转移的过程，它标志着经济发展水平的高低和发展阶段、方向，这就是通常所说的配第－克拉克定理。其理论基础是发展经济学关于利用产业结构变化指标来研究产业发展阶段的演进状态，以此揭示一个国家不同阶段收入水平与产业结构变化的内在关系。问题在于，对于一个国家总体经济结构演进的分析，放在一个特定区域是否正确？是否存在“分析谬误”？其实，从逻辑上说，总体上是正确的结论，在部分上是错误的，即是“分析谬误”；在部分上是正确的结论，对于整体却是错误的，即是“合成谬误”。对于产业结构的分析往往就会犯这种“分析谬误”，把对于一个国家产业的演进，移植到一个狭小区域和城市，因而像北京这样的狭小区域也在讲产业结构升级、也在讲产业结构优化，因而也就不可避免地陷入“机械论”。所以，对于一个面积仅有1.64万平方公里且山地占了62%的北京市产业的发展，则必须有所超越，必须突破“三次产业演进”分析方法的窠臼，否则，就不能正确认识北京市的产业演进走向。其实，一个城市的产业依托自身优势（技术优势、文化优势、资源优势）而形成，虽然客观存在一个结构问题，但不必拘泥于各产业的比重，因而有可能存在“一业独大”问题，但只要充分考虑区域间的产业协调，以可持续发展为目标，就是一个“合理的”产业体系。

其二是对产业自身的理解误区。按照传统的划分方法，把现有的各个产业分别归属于第一、第二、第三产业，因而各地在产业发展中也就有了其各自产业发展的重点。然而，世界发展之快，新的行业和领域如雨后春笋不断涌现，以至于我们很难把某些产业归置到三次产业中的某一种产业之中。譬如，“神州数码”是在做制造还是服务？是属于第二产业还是第三产业？神州数码业务领域覆盖了中国市场从个人消费者到大型行业客户的全面IT服务，为成千上万的公司、政府、企业、学校及个人提供最先进的IT产品、方案及服务，用户遍及金融、电信、制造等行业及政府机构和教育机构。“中国联通”和“中国移动”的一些新产品，锁定的一些商务模式，捆绑着手机服务，使所属第二产业和第三产业完全无法分开。又如，“六次产业化”（崔振东，2010）问题，它是指可以通过第一、二、三次产业的相互融合，提升农产品附加值，其核心是一体化和融合。因为1+2+3=6、1×2×3=6，故称“六次产业化”，它让农户更多分享二、三产业利润。目前，北京的农业逐步向二产、三产延伸，根据北京的城市特点，因地制宜地发展设施农业、精品农业、加工农业、籽种农业、观光农业、出口农业，以此来提高农业的综合生产能力和经济效益，很难把农业的发展与第二产业和第三产业剥离开来。由此看来，原有的产业分类，仅仅是为了统计的便利，它存在一些武断的规定，切不可以此束缚人们的手脚和思路。

四、北京产业发展的走向应该是轻型化

基于资源与环境强约束一级科技、人才、智力资源优势，北京的产业应该也只能是资源效率高、耗水耗电少、污染少的产业，应该是科技含量高、附加值大的产业。也就是说，北京产业发展的基本走向应该是走“轻型化”的道路，即“产业发展轻型化”，或称为“轻经济”（吴殿廷等，2010），它是构建一种由旅游、文化、创意等产业为主体的经济发展模式，指出了北京产业发展的方向。

所谓产业发展轻型化，虽然暂时还不能给出一个严格的定义和标准，但却可以大致地把它描述出来。这类产业聚集度高、资源消耗少、对于环境的扰动小、对外辐射力强，它主要依靠的是智力资源，而人的智力资源可以看作取之不尽、用之不竭、具有无限创造力的资源。对于北京来说，恰恰富集智力资源，这里聚集了中国境内社会科学与自然科学领域最优秀的学者和思想者，可以在相当程度上替代物质资源，弥补北京物质资源的不足。

现在，北京的发展中，出现了许多每年税收超过亿元的楼宇，由于这些楼宇聚集了许多世界顶尖级企业的派出机构，它们以北京为中心，辐射全国，统领着该企业在全国的经营。这对于企业来说，属于“总部经济”；对于城市来说，属于“楼宇经济”。它主要集中在中关村科技园区、北京商务中心区、金融街、北京经济技术开发区、临空经济区和奥林匹克中心区等六大高端产业功能区。在2008年末的第二次全国经济普查中，仅总部设在北京的金融业，资产就高达42.7万亿元。

对于北京来说，要成为真正实现可持续发展的区域，建设成为宜居城市，就必须要有更高的定位和起点，要发展资源消耗少、环境污染小、知识含量高的产业，尤其是把创意产业放在重要位置。创意产业包含着极其宽泛的内容，如广告、建筑设计、艺术创作、时装设计、电影与录像、动漫设计、互动休闲软件、音乐、表演艺术、出版、电视与广播等，它把个人创造力、技能和才华，通过知识产权而发挥出功效，创造出财富和就业岗位。在国外，巴黎的时装、化妆品、香包引领世界潮流，行销世界的欧莱雅（L'Oréal）、兰蔻（Lancôme）、雅诗·兰黛（Estée Lauder）和路易·威登（Louis Vuitton）成为巴黎的重要标志，带动巴黎和法国经济的成长；伦敦的金融后台处理、金融外包是世界经济的重要支撑力量，英国的全部创意型总出口更是超过了钢铁产业；东京的创意产业全球首屈一指，一部《哆啦A梦》（《机器猫》）动漫片，自1980年以来，30多年经久不衰，单个作品全球发行超过173亿张，营业额超过了230亿美元。基于此，北京

未来产业的发展，不是也不应该是制造业，而应该是以知识和智力为支撑、依靠知识产品而行销文化的产业。

对于北京产业的发展，许多人仍然偏爱于制造业，总是基于对北京的判断“工业化阶段的后期，正在向后工业化过渡”，认为强调服务业的发展可能会陷于“经济服务化陷阱”，应该在稳固第二产业本体经济活动的前提下发展第三产业（王玺，2010）。其实，这仍然是把北京放在一个封闭的经济中，忽视北京与整个区域经济发展的联系。

当然，在整个区域经济发展中，北京与周边的河北、天津之间的合理分工还需要改革和制度的创新，还需要探索新的区域合作模式。北京不发展或少发展制造业，不是要把污染转移到周边地区，更不是以邻为壑，而是整个区域经济合作发展的结果。但是，也应该清醒地看到，截至2011年，北京的制造业在整个经济中仍然占有23%，且“做强二产”仍然被看作结构调整中的重中之重。可以想见，要实现北京产业发展的轻型化，不仅存量调整困难重重，还存在着思想障碍，还有非常长的路要走。

参考文献：

［1］范英英，等．北京市水资源政策对水资源承载力的影响研究［J］．资源科学，2005，27（5）：113－119.

［2］崔振东．日本农业的六次产业化及启示［J］．农业经济，2010（12）：6－8.

［3］吴殿廷等．区域发展战略规划：理论、方法与实践［M］．中国农业大学出版社，2010：158.

［4］王玺．国际城市产业结构变动比较及其对北京的启示［J］．北京农学院学报，2010，25（1）：53－56.

北京低碳城市建设与区域协调发展*

由于温室气体排放的累积量已影响到整个气候的变化，为了实现可持续发展，经济和社会活动的低碳化已经成为一股世界潮流。北京要发展成为世界城市，就必须成为低碳发展的引领者。然而，如何引领整个世界潮流，必须清醒地认识到北京发展的外部环境，深刻理解北京与外部世界的物质能量交换，才能有助于世界城市和低碳城市的建设。

一、北京低碳城市建设的缺失

关于北京建设低碳城市，论者多从产业结构调整、发展方式转变、居住环境改善，以及传统产业发展方向和工业布局、能源结构、交通体系的转变，甚至城市规划和布局的变化诸方面来考察。

的确，由于历史的原因①，北京的产业结构从新中国成立前的消费城市，一跃成为工业门类齐全的重化工业基地。改革开放以来，经过几轮的调整和搬迁，北京的产业结构明显呈现轻型化的趋势，以现代服务业为主要内容的第三产业比重已经与发达国家持平，2009 年超过 75%。《北京市“十一五”时期产业发展与空间布局调整规划》中，针对资源环境约束突出的问题，明确提出要退出高能耗、高物耗、高污染、低附加值以及破坏人文生态环境的行业；实施污染扰民企业搬迁政策，实行“升级、淘汰”相结合，促进污染严重的产业调整搬迁，优化疏解城市功能。对此，按照这一规划的要求进行了产业筛选评价，相应地做了首钢、东方石化、焦化厂等企业的搬迁调整工作，也加大了力度促进房山、门头沟煤矿关闭后的产业转型等。

不仅如此，北京的公共交通事业也获得了长足发展，初步建成了全国最好的公共交通体系，尽管北京的城市交通拥塞常为人所诟病。在能源消费结构上，大

---

* 本文原载《北京社会主义学院学报》2010 年第 2 期，与王珊珊合作。本文为北京市社会科学界联合会、北京市科学技术协会联合主办的“北京市自然科学界和社会科学界联席会议 2010 年高峰论坛——低碳城市与世界城市建设”会议论文。

① 据笔者接触到的相关老同志回忆，20 世纪 50 年代初，战争的阴影仍然笼罩，斯大林格勒保卫战的场景仍然历历在目。当时有一种认识：斯大林格勒保卫战的经验就是，由拖拉机厂转产坦克，工人驾驶开赴前线，为保卫战的胜利奠定了基础，北京也应该对此有所准备，发展重工业，同时也可以使产业工人的地位在首都得到体现。

力推行天然气，减少煤炭消耗，目前已有陕京一线、二线保证天然气供应，陕京三线已经开建，气源主要在长庆油田和土库曼斯坦、哈萨克斯坦等地区。与其他省份不同，北京市天然气主要是民用。公交是第一用油大户，目前已在4000辆公交车上推行了天然气燃料，全年消耗30多万吨。此外，《北京城市总体规划(2004～2020)》的修编，正确认识到北京城市发展在我国重要战略机遇期中的地位和作用，深入分析城市发展的重要条件，尤其是资源环境的承载能力，科学地确定了北京的城市性质、目标与规模，为有效配置城市发展资源、合理规划城乡发展空间、促进北京经济社会和环境的协调发展奠定了基础。

可以说，北京低碳城市的建设已经具备了良好的条件。

然而，对于北京低碳城市的建设仍然存在着认识上的误区，即使是现有的产业和规划也还存在缺失。

首先，北京的发展充分注重开放性，注意到与周边尤其是天津和河北的区域协调问题，注意到北京产业结构优化涉及整个区域分工、区域经济发展、区域间产业联动等多个方面，它是围绕区域优势建立起来的相互关联的有机整体。北京已经充分意识到，合理的区域产业结构能够提高结构效益，实现整个区域经济的稳步和协调增长。这些认识无疑是正确的。但是，北京在发展的过程中，提出要立足“环渤海经济圈”，重新思考北京的产业结构优化问题，要树立“立足环渤海，服务全国，融入世界”的整体思想，注重结构优化，促进区域经济发展等却是一个“伪命题”。对此，笔者已多次论及。所谓“环渤海经济圈”把辽东半岛和山东半岛也纳入京津冀的发展体中，实际上是一个地理上的“错觉”①。因为辽东半岛是整个东北经济发展的“出口”，面临的任务是东北老工业基地的振兴；山东半岛却在发展海洋经济（渤海、黄海）、海岸经济（沿渤海、沿黄海）和大陆经济。它们与京津冀分属于三个相对独立的经济体。

其次，北京在产业结构调整时，已经充分注意到产业自身对于环境的影响，注重发展循环经济。譬如，地处怀柔区的红牛维他命饮料有限公司北京基地，作为一个耗水型企业，从完善管理制度入手，把节水工作落到实处，从生产用水到生活用水，层层把关，步步控制，严格杜绝水资源的浪费；通过冷却水循环工程、空罐清洗水循环利用等，为建立循环经济做出了表率。以“建设充分考虑地球、区域与人的协调关系的环保型工厂”为指导思想的北京啤酒朝日有限公司，发展循环经济，向“能耗最低”挑战，为保护地球能源做贡献。然而，这里存在一个“悖论”：一方面，北京是严重缺水的地区，需要从其他区域调水②，在

---

① 参见刘学敏等著．首都区：实现区域可持续发展的战略构想．科学出版社，2010.

② 南水北调中线的京石（石家庄—北京）段工程为保证北京供水安全优先安排、率先建成，担负向北京应急供水任务。2010年5月25日上午9时，石家庄市黄壁庄水库的水流经南水北调中线京石段应急供水工程总干渠，6月4日到达北京市团城湖。

高峰时段，应急供水日供水量占北京城区自来水供应总量的65%左右，以此缓解北京的水资源短缺状况，提高北京供水安全保障水平。同时，调水进京也可以减少地下水的开采，有利于水土保持和防止地面沉降，使北京城区水质得到改善。另一方面，北京却也在发展着耗水型企业，向外部供应着水资源。

看来，北京建设低碳城市必须高度关注这些深层次的问题。

二、北京低碳城市建设与外部世界的物质能量交换

当今的世界是一个开放的世界，一个城市甚至一个国家都不能离开相关区域而单独获得发展。考察北京不能离开它所在的区域，不能割断它与外部世界的物质能量交换。北京建设低碳城市也确实注重与外部世界的联系，尤其是要构建所谓“环渤海经济圈”，把辽宁省、山东省也纳入区域发展中。但如前分析，这实际上是把三个板块硬拉扯在一起，因此出台的政策也就常常南辕北辙。

京津冀本属于一个区域，明清时期的河北由中央政府直辖，曰直隶，经济和政治生活上有着天然的联系。在现实经济活动中，京津冀本属一个经济体，尽管行政区域的分割使其因各自的利益关系最大化而相互抵牾，它们之间存在着激烈的竞争，常常是天津抱怨北京，河北抱怨京津，但随着区域经济体的形成，共同利益会大于各自的利益。

基于历史①和现实的分析，与京津冀区域经济发展联系密切的不是辽宁省和山东省，而是山西省的中北部地区、内蒙古的西部地区和陕西省的北部地区（以下简称晋陕蒙），这些地区是北京发展的广阔腹地，同时也是北京发展的能源保障和生态屏障②。离开了与晋陕蒙的物质能量交换，北京市建设低碳城市是不可想象的。

首先，作为能源供应基地，北京的发展一刻也不能离开晋陕蒙，晋煤、蒙电、陕气为北京的发展提供了强劲动力。自2005年始，作为北京的煤炭主产地，素有“北京一盆火”之称的门头沟区开始关闭煤窑矿山，调整产业结构，全区的254个煤窑、28家石灰土窑、39个砂石场关闭。2010年5月，门头沟区最边远的清水镇内的最后6家煤窑关闭。至此，北京市区域内近千年的采煤历史彻底画上了句号。分析表明，北京市的电力、石油和天然气、煤炭基本依赖外部供应③。为此，北京要建设低碳城市，不仅要调整自身的产业结构和能源消费结构，还要处理好与周边的河北、天津以及晋陕蒙的关系，这是实现区域可持续发展的现实要求。

---

① 参见龚关著．近代天津金融业研究（1881～1936）．天津人民出版社，2007：27.

② 参见刘学敏．互补与互动——对京津冀与晋陕蒙经济和生态联系的初步研究．开发研究，2008（6）：1－6.

③ 参见张生玲，林永生．北京市能源供求分析与对策．城市问题，2009（9）：91－95.

其次，晋陕蒙是北京的生态屏障。北京要建设低碳城市，实现可持续发展，不仅承受着晋陕蒙的能源输入，受其“正”向影响，也忍受着“负”向的影响。北京市所在的海河流域，上游在晋蒙地区，这就决定了京津不可能各自独立地解决自身的水资源和水环境问题，必须与地处上游的河北、山西和内蒙古联合行动。否则，将徒劳无功。当然，京津的水资源还受到南水北调工程的影响，这里存而不论。不仅如此，在京津冀的上风口，腾格里沙漠、毛乌素沙地、库布其沙漠、浑善达克沙地、巴丹吉林沙漠、科尔沁沙地一字排开，严重影响着北京的生态安全①，而其主要分布在陕蒙地区。尽管北京也在规划市域内西部和北部的生态带建设，但只有把其与河北及晋陕蒙的生态建设结合起来，才会形成生态效益。显然，如果首都市民都不能享有洁净的空气、清洁的水的时候，遑论低碳城市的建设?!

最后，北京低碳城市建设不能绕开贫困问题。建设低碳城市，乍一看是一个环境问题，但更深层次却是一个可持续发展问题，它涉及经济、社会、人口、资源和环境诸方面。在北京周边的张家口和承德地区，还存在着大量的贫困人口，区域内人均 GDP 远低于京津，也低于河北省的平均水平②。在北京上风口的晋陕蒙地区，分布着多个国家级贫困县。它们肩负着国家资源开发和能源保障的任务，而资源开发引发的生态破坏问题异常严峻，由于在资源开发中获得的回报和份额较少，贫困问题严重。贫困问题是一个发展问题，只有通过发展才能摆脱贫困。环境问题也是一个发展问题，它既是与人类文明的出现和人类的发展相伴产生的，同时又需要通过可持续发展来解决，最终实现人与自然的和谐相处。不能在发展和保护生态环境的同时，以牺牲一部分人的利益为代价，使这里的贫困得以延续。问题的严重性还在于，按照市场经济规律，人口会向高报酬地区流动，这就使原来区际之间的贫困问题向区内转化。城市贫困问题日益突出会带来社会危机等诸多隐患，容易导致暴力冲突和犯罪蔓延等社会问题，对社会的稳定和和谐造成巨大压力。

由此看来，北京要发展低碳城市，不应该虚妄地去关注所谓“环渤海经济圈”，而应该客观地、现实地做好京津冀与晋陕蒙关系的文章。

三、北京低碳城市建设的政策建议

北京低碳城市的建设是与可持续发展密切联系的，或者说，北京低碳城市的建设最终目标是实现可持续发展。既然北京的可持续发展不能仅仅局限在北京市域范围内，它与周边的天津和河北甚至晋陕蒙构成一个生态单元，那么，就应以

① 笔者曾在库布其沙漠所在的内蒙古自治区鄂尔多斯调研时，看到那里的宣传材料宣称，北京沙尘暴中的沙粒，每 6 粒中就有 1 粒来自库布其沙漠。

② 参见张彬，刘学敏，王双．京津张承的经济与生态合作．城市问题，2010（3）：16－20.

此为基础提出相关的政策建议。

首先，在城市规划时，必须突破就城市论城市、就行政区域论行政区域的思维定式，必须以大的视野来规划城市未来的发展。因为真正的城市规划是区域规划，是区域的可持续发展规划，而只有区域内各个部分的联动，才能实现整个区域的可持续发展。现在的问题在于区域内的各个部分都有自己的利益，都在自己的地域范围内关起门来做规划。这个规划在小范围内或许是正确的，但放在一个更大的区域内就可能造成错误的结果。而且一个规划一旦开始实施，其错误就会固化，出现“锁定效应”，陷于“水多加面，面多加水”的恶性循环中，形成路径依赖，使城市只能沿着高消耗、高污染和浪费的路径不断走下去，而且在未来的修补中会造成很大的浪费，就会给低碳城市的建设造成很大麻烦。所以，在区域内联合规划是发展低碳城市所必须的，应该进行尝试。

其次，在制定产业政策时，区域内要严禁耗水型企业的进入。基于利益关系，区域内各个部分为了自身的发展都在招商引资，都在不遗余力地扩大自身的GDP和可支配财力，由此形成了激烈的竞争。这种竞争不仅表现在北京、天津、河北以及晋陕蒙相互之间，也表现在区域内部的各个单元，在北京就表现为各区县之间的竞争。由于存在竞争，就有可能降低门槛，就可能丧失底线。事实上，北京多个耗水型企业的进入就是这种竞争的结果。尽管这些企业自身实现了资源节约和环境友好，本身是循环型的，但政府为了保护这些水资源或者引入这些水资源却付出了高昂的代价，个别企业的低碳发展是以社会的高碳发展为代价的，形式上的节约和循环掩饰了实质上的高碳。因此，北京要建设低碳城市，区域产业政策的制定，必须充分考虑到北京的优势，也要充分顾及北京发展的瓶颈和软肋。

再次，在区内和区际的发展中，既要重视生态，也要关注贫困，而只有“生态建设产业化，产业发展生态化”①，把生态建设和产业发展融为一体，在进行生态建设的同时，产业获得发展，人民得到更多收入和实惠，才算真正实现可持续发展。既然生态问题和贫困问题都与发展有关，就应该在发展中创新思路，用发展的办法解决前进中的问题。在区域内，要利用北京的智力资源优势，使产业结构轻型化。要充分认识到，与物质资源不同的是，只有智力资源才是无穷无尽的。同时，要发展生态产业，而生态产业则兼具生态和产业双重功能，可以实现产业发展对于生态环境的最小扰动。在区际间，要把生态产业向区外延伸，要大力支持河北、晋陕蒙生态产业的发展，使其能成为北京的后花园。届时，北京将是最大受益者。

最后，所谓发展低碳城市，就是要降低碳强度，使万元GDP的碳排放量不

---

① 参见史培军，刘学敏．生态建设产业化，产业发展生态化．求是，2003（4）：32－34.

断下降。就目前的发展情况看，北京由于高排放产业的搬迁和外移，产业结构已经开始轻型化。借助于强势的科技发展和现代服务业，借助于发展总部经济，使北京的碳强度在国内最低。然而，不能回避的是，北京发展中的低碳是与相关地域的高碳对应的，是以相关区域的高碳发展为依托和支撑的。由于环境问题的不可分割性，使一个地域不能脱离相关地域的发展而独立存在，这也就是为什么在气候和环境问题上发达国家对于中国及其他发展中国家步步紧逼的原因所在。正因为这样，单独地考察北京的低碳发展，孤立地建设北京的低碳城市，其意义就会大打折扣。这里只是想说，北京建设低碳城市是相对的，但不是说北京建设低碳城市没有意义。事实上，只要协调好与相关区域的关系，只要在建筑、交通、消费以及产业发展上等降低碳排放强度，就是在推进低碳城市建设，就是在为国家的低碳发展做贡献。

河北张承地区与京津地区经济

——生态合作初步研究*

在中国经济版图上，珠江三角洲和长江三角洲的聚集和扩散效应常为人所称道。与此相对应，以京津为“双核”的京津地区经济快速发展的同时，区域内却呈现出高度的非均衡性，在京津西部和北部存在一个与其在生态属于一体但经济发展又严重滞后的张家口和承德地区，其境内国家级贫困县约占整个河北省国家级贫困县的一半。这里，如何协调好经济发展与生态保护的关系，对于整个区域可持续发展具有重要意义。

一、张承地区的经济发展

张承地区位于N39°18′~N42°37′，E115°50′~119°15′之间，北与内蒙古、辽宁接壤，西与山西为邻，南与北京、天津及河北的保定、唐山相连，东西长356公里，南北宽338公里。该地区处于华北平原与内蒙古高原的过渡带、半干旱半湿润气候过渡带、西北牧业经济和华北农业经济区过渡带，是一个特殊的自然地理和经济区域。区内共计28县7区（张家口市17县4区，承德市11县3区），区域土地面积为76650平方公里。截至2007年底，辖区人口为759万人，人口密度为99人/平方公里。

（一）区域经济发展现状

1. 区域内部经济发展差距大。从经济发展总量上来看，2007年，张承地区GDP为1119.86亿元，占河北省当年GDP的8.17%。区域人均GDP为14754元，远低于北京和天津水平，同时也低于河北省的平均水平。该地区人均财政收入为885元，不到北京市的8%，仅占天津市的8.2%。从收入水平上来看，承德市的城镇居民人均可支配收入为10395元，张家口市为10051元，不到北京市的1/2，仅为天津市的2/3；农村人均纯收入承德市为3285元，张家口市为2854元，不到北京市的1/3，仅为天津市的1/2（见图1）。

---

* 本文原载《城市问题》2010年第3期，与张彬、王双合作。

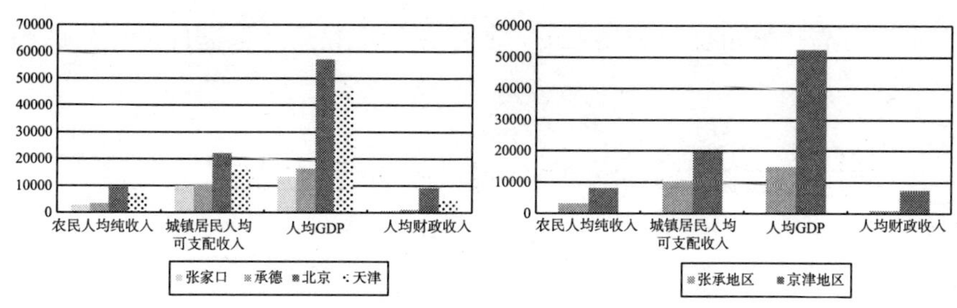

图1　2007 年京津张承地区经济发展状况图

2. 区域内部经济联系较弱。通过引力与场强公式，可以得出张承地区与京津地区经济联系状况。计算公式如下：

$$Y_{ij} = \frac{\sqrt{P_i E_i} \times \sqrt{P_j E_j}}{Ed_{ij}^2} \quad \text{（引力模型）} \tag{1}$$

$$C = \frac{\sqrt{P_K E_K}}{Ed_{iK}^2} \quad \text{（场强模型）} \tag{2}$$

其中，

$$Ed = \beta \times \alpha \times D \tag{3}$$

式中，Ed 为经济距离，D 为两地间的铁路距离，α、β 为修正权数。

根据高汝熹等人的方法，经济距离以铁路距离为主，通过两次修正而得到。公式中，α 为通勤距离修正权数，其取值由城市间的交通运输状况决定，由于考察地区与京津均有铁道和公路联结，因此在计算时均取 $\alpha = 0.7$。β 为经济落差修正权数，其取值由被考察地区与京津两市的人均 GDP 比值决定。当比值不小于 0.7 时，取 $\beta = 0.8$；当比值小于 0.45 时，取 $\beta = 1.2$；当比值介于 0.45 与 0.7 之间的时候，取 $\beta = 1$。计算结果如图 2 所示。

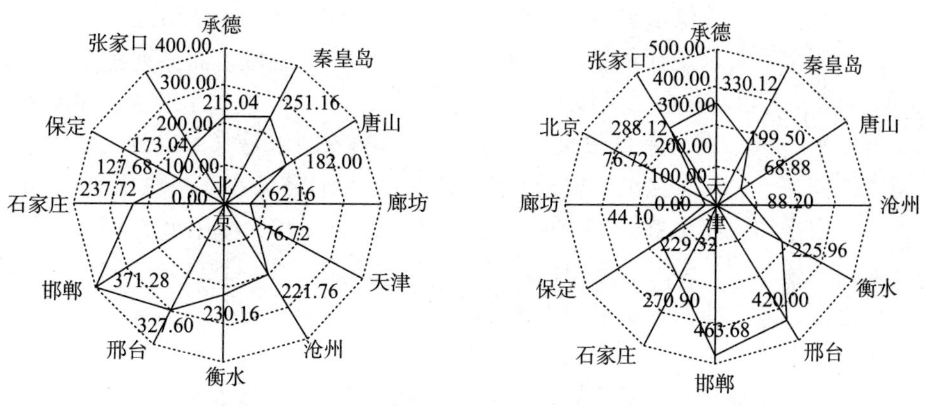

图2　京津与河北各市经济距离示意图

将京津对周边城市引力和场强的计算结果标准化后，依据标准化后的数据做出图形（见图3）。

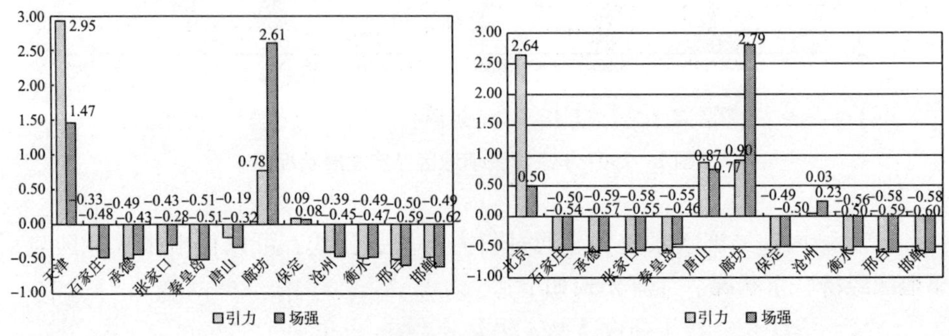

图3 京津引力与场强示意图

从北京对周边城市引力计算结果来看，张承两市在河北省 11 个市中分别排第七和第八；从北京对周边城市场强计算结果来看，张承两市在河北省 11 个市中分别排第四和第五。这说明北京在张承两市的经济联系场强还是很强的，但因张承两市自身经济发展较为落后，导致北京对该地区的引力较弱。分析天津对周边城市引力和场强计算结果亦是如此。

总的来看，张承地区经济发展落后，且与京津地区经济联系较弱。

（二）生态联系紧密

张承地区与京津在生态环境上有着极其紧密的联系。张承地区所处地理位置十分重要，距京津两大城市均不到 100 公里，处于京津上风上水，属京津的生态屏障。既是京津城市供水水源地，也是“京津风沙源”重点治理区。

潮白河水系及永定河水系（洋河和桑干河）贯通全域，而滦河水系则通过“引滦入津”工程而流向了天津。在北京，官厅水库和密云水库是两大重要的水源。官厅水库 96% 的水来自张家口，密云水库 46% 的水是张家口的水源。承德市境内的潮河、白河直接汇入密云水库，平均每年向密云水库提供水量 4. 75 亿立方米，占平均入库水量的 39. 5% 。北京用水的 83% 和天津用水的 94% 均来自本区域内的桑干河、洋河、潮白河以及滦河四条河流。张承地区位于这四条河流的上游地区，是京津两地重要的水源涵养区，其生态环境好坏直接关系到京津的水源生态安全。

另外，因该地区常年盛行的是东南风和西北风，而侵袭北京的风沙主要是由冬春两季来自西北的大风造成的。风沙入侵京津的路径主要有三条，分为北路、西北路和西路。无论西路还是西北路，风沙均是通过张承地区进入京津的。张承地区既是影响京津的主要沙源地之一，也是风沙经由内蒙古入侵京津的主要通道。在近地面层，由于受地形影响，冬春两季的西北风主要通过三条通道从张家口和承德进入北京市域。

二、区域可持续发展面临的问题

（一）张承地区经济发展落后

张承地区经济发展较为落后，区内 17 个国家级贫困县（区）的发展水平“与我国最贫困的‘三西’地区（定西、陇西、西海固）处于同一发展水平”，“是我国东部沿海地区贫困程度最严重的地区之一”。

将张承地区 GDP 占整个京津张承地区 GDP 比重做出图形（见图 4），可以看出，1995 ~2007 年，张承地区占整个区域 GDP 的比重始终未能超过 10%，处于区域经济发展的外围地区，有边缘化倾向。

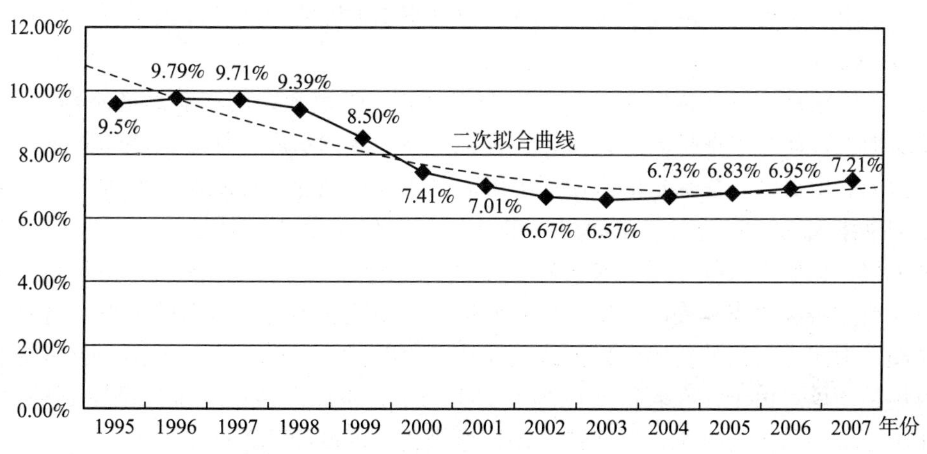

图 4　张承地区 GDP 比重变化示意图

从对张承地区 GDP 比重二次拟合曲线上看，其比重呈现出下降的趋势，这表明张承地区在经济发展过程中有可能越来越被边缘化。

（二）生态问题影响区域可持续发展

在生态系统上，张承地区生态环境好坏直接影响着京津两地的生态环境。张承地区面临的生态保护与经济发展的矛盾也是整个区域面临的矛盾。因此，能否实现兼顾张承地区经济增长和生态环境保护的发展直接影响整个京津区域的可持续发展。

王卫等采用农业收益还原法和人力资本法，通过选取降尘和淤积两项指标测算张承地区生态破坏造成的域外损失，即水土流失造成的官厅、密云两大水库泥沙淤积和风蚀沙化导致的降尘造成北京的经济损失（见表1）。

表1　张、承地区环境破坏对首都的域外损失测算（1997年）

地区	降尘对首都的域外损失（万元）	淤积对首都的域外损失（万元）	域外损失合计（万元）	域外损失占GDP的比例（%）
张家口市	29307	20386	49693	2.29
承德市	5095	2812	7907	0.56
张承地区	34402	23198	57600	1.61

可见，张承地区的生态环境问题，不仅仅是自身的问题，它已经影响到了整个区域的可持续发展。

（三）传统解决方法存在缺陷

对此，传统的解决办法是在京津处于政治和经济强势下，以行政方式等强制性手段限制张承地区的经济发展，从而改善张承地区的生态环境以达到改善整个区域生态环境的目的。

为了给京津发展提供充足和干净的水资源，张承地区的水源标准不断提高。自从加大京津水源保护力度以来，为保证京津用水的水质，处于上游的张承地区大量工业项目因环境保护的限制而纷纷下马，大批企业因环境保护而被关停。为保护京津大气环境，在“京津风沙源治理区”实施退耕还林还草工程和封山育林工程，也使得这些地区的农牧业遭受到了巨大的损失。大范围的封山育林，最终导致了畜牧业成本提高，农民增收所依赖的畜牧业出现了严重的滑坡。这些损失却因为非市场化的资源配置方式而无法获得补偿。即使有一些补偿，也多是临时性的动议。由于存在着行政位势上的不公平，不仅没能使贫困问题得到解决，缩小区域间的贫富差距，反而使贫困问题固化，区域间差距逐步加大。

在这个过程中，张承地区处于被动地位，因生态环境保护而使经济发展受到限制，而实施的生态补偿又沿用非市场化手段，补偿标准往往低于实际损失，从而使张承地区自主实现生态环境保护的意愿不断弱化。结果是，外部强加的环境保护要求与内部自发的经济发展需求不断发生冲突，使得生态环境陷于“局部改善，整体恶化”的悖论中。

三、解决途径：经济—生态合作

要彻底解决张承地区存在的生态和贫困问题，实现区域可持续发展，就需要重新审视张承地区与京津的经济—生态联系。

（一）基于生态联系下的经济联系

张承地区经济落后，导致了该地区没有财力去保护生态环境；相反，为了加快经济发展，导致了对生态环境的加速破坏，而这又影响到京津的发展。因而，生态问题和经济问题成为一枚硬币的两面。张承地区生态环境的持续改善必须以经济发展为前提，京津地区要获得可持续发展离不开张承地区的生态环境改善和经济发展，二者存在生态一体性基础上的经济联系（见图5）。

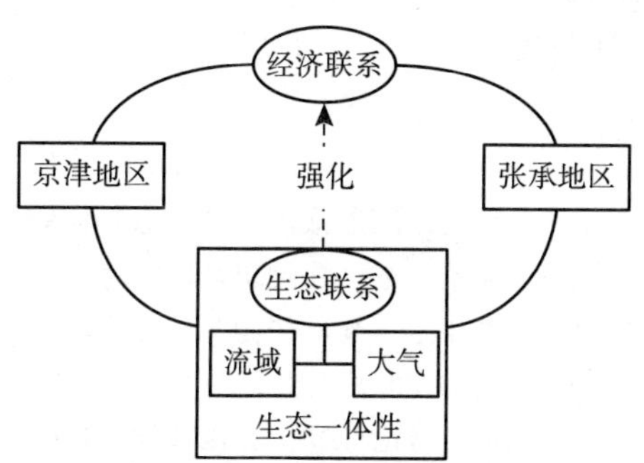

图5 基于生态联系下的经济联系

（二）对策分析

基于此，解决张承地区的贫困和生态环境问题，不能把经济和生态环境割裂开来，应将生态与经济结合起来，实现区域间的经济—生态合作。

1. 正确认识区域经济—生态合作的重要性。要实现京津张承地区的经济—生态合作，必须要认识到合作的重要性。在生态环境被破坏超过临界点之前，治理成本远远小于被破坏后再恢复的成本。因此，应尽快采取措施，加快实现区域经济—生态合作。要用市场机制取代行政命令，统筹各方利益，建立一套公平合理的经济—生态合作机制。要认识到京津张承地区是区域发展的一个整体，各自单独发展虽能短期实现增长，但却不能实现区域的可持续发展。

2. 突破行政藩篱，实现体制创新。由于行政体系的藩篱，使得张承地区与京津在现实中演进成一种上下级的、不对等的关系，张承地区在强势的京津地区面前是被动的、不平等的，而要改变这种局面，必须有能“凌驾”于各个行政单元之上的组织协调机构，它直接隶属中央管辖，在此之下，促进地区间的横向联系，以便于实现京津张承地区经济—生态合作。

3. 加强京津合作，建立合理的生态补偿机制。京津两市作为该地区经济增长的双极，在处理与张承地区的关系时，京津应加强合作，共同推动张承地区实现生态环境的保护。由京津以各自发展水平（GDP 或人均 GDP）为比例，共同出资建立环境保护基金，对张承地区因生态保护而损失的经济增长进行补偿，从而使张承地区有效持续保护生态环境。

4. 实现“输血型”补偿和“造血型”补偿的结合。“输血型”补偿是政府或补偿者将筹集起来的补偿资金定期转移给被补偿方；“造血型”补偿是政府或补偿者运用“项目支持”或“项目奖励”的形式，将补偿资金转化为技术项目安排到被补偿方（地区）。要实现京津张承地区的经济—生态合作，产业发展是基础，没有产业和经济发展，生态保护就缺乏内在动力。因此，应实现生态建设产业化，经济发展生态化，将生态建设融入产业发展中，将经济发展加入生态环境保护中，实现经济发展与生态保护双赢的目标。

参考文献：

[1] 北京市统计局，国家统计局北京调查总队．北京统计年鉴［M］．中国统计出版社．

[2] 天津市统计局．天津统计年鉴［M］．中国统计出版社．

[3] 河北省人民政府．河北经济年鉴［M］．中国统计出版社．

[4] 杨开忠，李国平等．持续首都：北京新世纪发展战略［M］．广东教育出版社，2000.

[5] 高汝熹，罗明义．城市圈域经济论［M］．云南大学出版社，1998.

[6] 搜狐财经．首届奥运经济与城市发展合作论坛实录［DB/OL］．http：//business. sohu. com/20041107/n222870728. shtml. 2004 – 11 – 7.

[7] 河北广电网．承德市年均向密云水库提供“绿色水源”4. 75 亿立方米［DB/OL］．http：//www. hbgd. net/html/200807/12/120943224. htm. 2008 – 7 – 12.

[8] 刘桂环，张惠远，王金南．环京津贫困带的生态补偿机制探索［J］．中国环境科学学会 2006 年学术年会优秀论文集（上卷），中国环境科学出版社，2006：1048 – 1051.

[9] 张志刚，高庆先，矫梅艳，毕宝贵，延浩，赵琳娜．影响北京沙尘天气的源地和传输路径分析［J］．“灾害性天气系统的活动及其预报技术”分会场论文集．2006.

[10] 康德铭，丁国栋，刘永兵．北京风沙问题与防治［A］．中国治沙暨沙产业研究——庆贺中国治沙暨沙业学会成立 10 周年（1993 ~ 2003）学术论文集［C］，2003.

[11] 中国科学院寒区旱区环境与工程研究所．中国沙漠与沙漠化图［M］．中国地图出版社，2005.

[12] 毛其智．京津冀区域协调发展的回顾与前瞻［J］．北京规划建设，2004（4）：53 – 54.

[13] 王卫，王丽萍，高伟明等．首都生态圈可持续发展透视［M］．河北人民出版社，2001.

从国外首都区都市圈发展历程看我国首都区的建设*

国外都市圈包括以首都城市为中心的都市圈或都市区的发展已经有200多年历史，发展得比较成熟。国际公认的世界级都市圈包括：纽约区、东京区、伦敦区、巴黎区、北美五大湖大都市区和长江三角洲都市区，这其中四个为首都区都市圈。在中国，首都区涉及北京、天津、河北省、山西省、陕西省北部及内蒙古自治区中西部地区，以京津为发展龙头，依赖晋陕蒙的能源资源供给，属于国家级都市圈，对经济和社会的发展起着举足轻重的作用，研究国际首都区的经验对首都区的建设和发展具有借鉴意义。

一、国外关于都市圈的界定和主要首都区都市圈

20世纪50年代，法国地理学家简·戈特曼在对美国东北沿海城市密集地区做研究时，提出了“都市圈”的概念，指出都市圈或都市带主要是指由在地域上集中分布的若干大城市和特大城市集聚而成的庞大的、多核心的、多层次的城市群，连在一起形成巨型化和一体化的居住、经济活动的群集地带。他认为都市圈应以2500万人口规模和250人/平方公里的人口密度为下限。都市圈的产生是技术进步和经济发展引起的资源、产业和人力等要素在空间聚集与扩散的结果，交通运输和信息技术的发达进一步推动了其发展。都市圈是城市群发展到成熟阶段的最高空间组织形式，其规模是国家级甚至国际级的。据国外研究表明，百万人口以上的城市其本身创造的价值，如果按所占面积相比，最小的比例是1∶50，即其1平方公里面积上所创造的财富，至少是没有聚集成城市同等面积上所创造财富的50倍，规模效益非常突出。尽管欧、美、日国情不同，但其在经济发展和城市化过程中都出现了都市经济圈这种空间经济形态，而且首都都市经济圈的发展在国民经济中都占有及其重要的战略地位。

欧洲是世界城市化历史最为悠久的地区，也是最先出现都市经济圈的地区。1800年，英国伦敦就形成了由中心城市和城市郊区所组成的都市经济圈，其圈域半径约13公里，总面积约200多平方公里，总人口达260万人；发展到1971

---

* 本文原载《城市问题》2010年第7期，与王玉婧合作。

年形成了由内伦敦、大伦敦、标准大城市劳务区和伦敦大都市经济圈四个圈层构成的圈域半径约65公里、总面积1.1万平方公里、总人口1200多万的都市经济圈，是英国的经济核心地区。1990年，法国巴黎都市经济圈面积已经扩展到942平方公里，人口832万；如果把巴黎市和7个郊县看作巴黎大都市经济圈，则巴黎大都市经济圈占法国国土面积的2.2%，容纳了法国全国人口的18.8%，聚集了法国GPD的28%、就业人口的21.6%和对外贸易额的25%。

美国是继欧洲工业革命开始后迅速推进工业化和城市化的国家，形成了以纽约、洛杉矶、芝加哥为代表的三大都市经济圈。纽约大都市经济圈是以曼哈顿岛为中心，覆盖1万多平方公里，囊括1800多万人口的大都会地区，是美国甚至世界的经济中心之一。截至1990年，洛杉矶大都市经济圈覆盖范围内人口已经达到1300多万，其中心城市美国第二大城市洛杉矶人口达到310万，是美国重要的军工基地和文化娱乐中心。美国第三大城市芝加哥也拥有298万市区人口，芝加哥大都市经济圈人口810多万，是美国内地重要的金融、贸易、文化和重化工基地。

日本明治维新以后加速了工业化和城市化进程，形成了以东京、大阪、名古屋为代表的三大都市经济圈。日本东京大都市经济圈是由内核区、中层区、外层区组成的半径100公里、面积3.7万平方公里的城市化地区，2000年时聚集了4130万人，占日本全国人口的32%左右，是日本金融、贸易、制造业最集中的地区。大阪大都市经济圈圈域面积2.7万平方公里，占日本国土面积的7.2%；人口2000多万，占日本总人口的16.5%，是日本第二大工业基地和西日本经济中心。名古屋大都市经济圈是以名古屋市为中心，包括岐阜市、丰田市以及四日市等环状城市带共同构成为一体的半径达50～70公里的城市化地区。

二、世界主要首都区都市圈规划的共同点

（一）规划体系建设特点

首先，以制度为先导，制定首都区都市圈规划。欧、美、日各国一般都成立了专门的机构实行统一的区域规划，从区域整体利益出发，综合考虑各地人口、环境、经济的发展和资源利用，通过调整行政管理体制，适应空间规划编制与实施的需要，如大伦敦机构、美国区域规划协会、日本首都圈建设委员会等。国外首都区的规划主要由两种规划文件组成：一是战略研究，描述了首都区域多重发展目标和空间战略规划；二是具体实质规划，设置空间目标的区域土地利用规划，旨在进一步发展聚集体系、基础设施建设、保护环境和产业空间以及解决其他具体问题。如1996年，美国区域规划协会制定的纽约—新泽西—康涅狄格都市区第三次区域规中，以3E为发展目标，即经济（economy）、环境（environment）、平等（equity），通过绿化、市中心更新、增强流动性、提高劳动力技能

水平和政府管理促进区域的经济和社会的可持续发展。

其次，以首都为中心，促进周边城市（城镇）的协调共同发展。国外首都区都市圈区域规划的重要作用是使区域内各个城市由相互竞争的关系转变为战略联盟的一个重要途径，规划协调的主要内容涉及交通基础设施建设、空间布局、废水和排放物管理以及经济发展等方面，由于各方参与规划编制，使得区域规划成为各城市方共同谋略追求共同利益、区域协调发展、化解矛盾和追求共生的平台与手段。同时，通过制定新城建设的规划，防止外来人口进一步向中心城市聚集，分散中心城市的一部分职能，防止中心城市的衰落。

（二）规划战略特点

1. 规划内容与模式。国际大都市圈的战略规划基本上包含了以下主要内容：

- 都市圈经济社会整体发展策略。主要是避免区域内部的恶性竞争，有利于增强区域整体的竞争力。
- 都市圈空间组织。如区域中心与外围地区之间的功能互补等问题。
- 产业发展与就业。
- 基础设施建设。综合考虑交通需求、交通设施自身的需要，从科学、经济等角度需要区域统筹安排给排水和污水处理以及固废处理。
- 土地利用与区域空间管治。如都市圈内部各地区的住房和土地政策是相互影响的。
- 生态建设与环境保护。如公园和开敞空间布局，从区域整体共同改善空气质量。
- 区域协调措施与政策建议。

目前都市圈规划有两种主要模式：一种是团体和战略规划模式（Corporate and Strategic Planning Model）；另一种是环境和社会规划模式（Environmental and Social Planning Model）。前者强调都市圈的竞争战略，核心是通过提升竞争力使区域在全球竞争中处于强势地位，如美国纽约大都市区规划；后者强调社会凝聚力、历史文化以及区域差异性的保持，核心是适宜居住性（Livability），即营造优美宜人的环境，如巴黎大区和加拿大温哥华地区规划是这种模式的代表。每个都市圈规划最终选择的模式与都市圈及所在国家的历史文化传统相关，但无论采取哪一种形式，大都市区规划必须从区域规划的角度解决都市区发展面临的经济、社会和环境问题。

2. 按照不同阶段，规划目标有不同的重点。一般而言，国际大都市圈的发展经过初期—成长期—成熟期三个阶段。初期的都市圈规划重点是依靠政府用行政手段培育都市圈成长的基础设施和基本要素，因为此时的大型区域基础设施投资、基础教育以及基础产业的发展目的不是获得利润，主要是为都市圈的成长奠定良好的基础环境，因此需要政府通过政策倾斜、资金支持来进行培育，重点扶持。在成长期，规划重点是发展。此时，政府让位于市场，发展动力是市场导向，通过在都市圈建立市场机制，形成一体化的资本市场、产品市场、技术市场、劳动力市场以及服务业市场等，打破区域壁垒，推进各种要素的自由流动。在成熟期，都市圈的规划主要注重区域空间的协调、环境保护、城乡之间基础设施协调等，实现大都市圈的整合与长期协调发展。

3. 紧凑型城市与开敞空间共生的格局。大都市圈的战略规划中空间布局都要做到既要维持并促进不同城市、城镇之间的合理成长，又要体现地区的发展活力并维护良好的生态和人文环境，因此，无论是大伦敦规划战略、悉尼大都市区发展规划等都采用中心—走廊—绿地为主要特征的空间结构方式。中心地带为都市中心区，走廊主要是密集的交通网络、产业分布以及一些新城，绿地则为都市圈中的开敞空间。

4. 中心区的规划与建设适应全球竞争的战略目标。全球化的趋势要求大都市区的中心城市必须通过不断加强自身的综合实力以确定新的竞争优势。几乎所有的大都市区的战略规划与建设都将提升核心城市或中心城市的竞争力和核心地位作为重点目标，因为中心城市是整个区域的经济、金融和管理中心，具有区域经济政治引擎的功能和作用；另外，城市的经济能力取决于它所关联的区域的生产力，所关联的区域生产力越高，城市的经济能力就越强。如伦敦是传统的金融贸易区，商务办公主要集中在西区，20 世纪 90 年代，伦敦兴建了 Canary 商务区，成为全球著名的金融和商务机构的总部聚集地。21 世纪，为了应对全球化和城市自身发展的双重需求，伦敦提出了“中央活动区”（Central Activity Zone）的概念，对传统的城市中心在功能和空间内涵上进行了进一步的扩展，不仅要发展原先的金融和商务功能，更要注重旅游、文化、休闲等的发展，通过中央活动区的建设来实现对伦敦的城市中心体系的整合。这种中心城市的发展模式，使伦敦的每一次发展都进一步稳固和增强了伦敦作为全球城市的主导地位，并使其成为伦敦作为全球城市的核心功能区。

三、国外首都区建设和发展的共同特点

（一）首都区都市圈空间结构与产业布局

伦敦、巴黎、纽约和东京等首都区半径约为 50 ~ 100 公里，从其人口结构变动轨迹可以看出，一般都经过了城市化—郊区化—逆城市化—再城市化几个阶段。城市化阶段中，首都城市人口集聚效应明显，人口增加；由于人口密集度大，城市人口开始迁移，因此郊区化阶段，首都地区人口数量呈下降趋势，而周围城市和卫星城人口迅速增加；逆城市化阶段中，无论是首都还是周边城市人口均减少；最后，人口数量和产业重新增加，形成再城市化阶段。主要首都区都市区圈空间结构变化见表 1。

表1 世界主要首都都市圈空间结构变化

	伦敦区	巴黎区	纽约区	东京区
面积或半径	半径100公里	面积1.2万平方公里	面积3.3万平方公里	半径100～150公里
区域组成	伦敦城、中心伦敦、内伦敦、外伦敦、东南英格兰	巴黎市、内郊区、外郊区	核心区、内圈、中间圈、外圈	东京都、神奈川县、崎玉县、千叶县
城市化阶段	工业革命至19世纪末	19世纪中叶到20世纪初	20世纪50年代前	
郊区化阶段	20世纪初到50年代（不包括东南英格兰）	20世纪初至今	20世纪50～70年代	20世纪50年代后期
逆城市化阶段	20世纪50年代后（不包括东南英格兰）		20世纪70年代后	
再城市化阶段			20世纪90年代以来	

资料来源：李国平等．首都圈——结构、分工与营建战略．中国城市出版社，2004.

在开发与产业布局上，世界主要首都区城市规划思路不断发展，产业地区分工明确。伦敦区自20世纪60年代中期开始沿着三条主要交通干线向外拓展，90年代中期以来沿泰晤士河构建30英里长的多中心发展轴线，解决伦敦及周边地区经济、人口、环境的均衡问题。巴黎自20世纪60年代开始，将企业向郊区转移，在近郊形成工业小区，并在塞纳河两边建立卫星城，形成远郊5座新城。在巴黎区建设中，已经形成以第二和第三产业为主的产业结构，科技、教育、金融产业不断壮大。纽约区内金融业和房地产业集中在曼哈顿地区，内圈以服务业为主，外圈制造业发达。1997年东京区都市圈内第三产业占GDP比重超过2/3，制造业占全国GDP的65%，形成了以东京为中心以周边城市为次核心城市的不同产业布局的大东京区域。

（二）首都区都市圈发展具有阶段性

一般第一阶段是核心阶段。核心城市，如纽约、伦敦、巴黎或者东京，其产业结构、人口和经济规模对都市圈的发展具有带动作用。第二阶段为外溢扩展阶段。如果核心城市规模过大，尤其是人口压力，将产生城市垃圾过多、环境污染、交通拥挤、不动产价格飞涨等规模不经济现象，由此产生了扩展的压力，出现城市郊区化、建立卫星城或者新城，首都区开始扩展。第三阶段为形成网络阶段。在此阶段，郊区或周边小城不再是中心城市的附属，而是首都区经济圈中不可或缺的重要功能区，因此建立一体化的基础设施网络，如轨道交通、高速公路、海陆空交通枢纽、能源供应或污染物处理联网等成为这个阶段的特点。第四阶段为整合阶段。在20世纪80年代以来的环境保护和可持续发展的背景下，如何增强首都区都市圈的竞争力，实现可持续发展成为首都区发展的战略目标。因此必须整合首都区经济圈的功能，如资源整合、产业整合、管理整合等，在此阶段，欧美充分发挥非政府组织的作用，实现整合；而日本则采取政府规划和引导的整合手段和发展模式。

（三）首都区形成具有强大竞争力的主导产业

国外首都区的发展大都是利用自身区位优势，建立遍及周边的立体基础网络设施，通过中心城市产生聚集效应，然后发挥扩散效应，中心城市以第二产业为基础，完善制造业布局，通过发展科技和服务业，实现产业结构升级，发展金融业和商业；制造业向郊区和周边卫星城市转移，从而实现产业结构的定位和优化，建立产业链，增强竞争力。如伦敦都市圈的金融保险业、制造业；巴黎都市圈的现代制造业、服装业；东京和纽约都市圈的金融服务业等，其中纽约、伦敦和东京作为世界金融中心，对全球经济有着举足轻重的作用和影响。

四、对我国首都区都市圈规划和建设的借鉴与启示

（一）政府宏观调控区域协调发展

政府可通过立法为区域协调发展提供坚实的法律基础和制度保障，使首都都市区的发展规划具有连续性和稳定性。对于都市区的管制，应解决一些关键问题，包括大都市区的治理形式、行之有效的合作框架以及保证战略目标可行的执行机制，协调处理城市核心区和边缘区的社会分化现象以及环境、贫困等社会问题。对于区域内产业发展，可采取控制、激励等差别政策，以便在不同地区实现第二、第三产业的协调发展。

（二）建立联合空间规划，实现城市功能优势互补

首都区包含多个行政区域界限，如果实行以往的以行政区域为界限的区域规划，则难以科学地反映和规划区域经济的协调发展。借鉴国外大都市区战略规划，可以考虑制定跨区域的协调规划，这种联合空间规划应强化区域中专门的大型发展规划，如信息网络基础设施综合规划、环境综合整治规划、综合交通规划以及供排水规划等，并落实到空间地域上。这样有利于综合协调解决首都区核心区功能定位、空间优化、资源合理利用与保护、基础设施建设布局、交通和环境整治等问题。同时首都区内各城市要立足于自身特点，进行战略定位，实现中心城市和周边城市间功能互补，发挥协同效应。加快首都区区内各种生产要素的流动和重组，推动产业整合，深化各层次和各环节的专业分工与合作，造就大型企业，构筑产业集群，实现首都区的协同发展。

（三）调整产业布局重心，建立合理分工的多级城市体系

我国的首都区都市圈建设中，可充分利用天津滨海新区的港口和多年发展制

造业的基础优势，吸引跨国公司R&D总部的转移，建立先进的研发和制造业中心，建成具有世界水平的国际贸易口岸和物流基地中心。首都北京除政治中心的作用外，凭借中关村的科技优势，发展以科技为主导的现代服务业，带动京津周边城市的发展。晋陕蒙的资源利用在环境保护和可持续发展的基础上，为京津提供良好的支撑。首都区的发展应以中心城市为核心，成为经济、管理、流通、金融和文化的中枢，发挥带动和辐射作用，循序渐进开发周边中小城市，形成功能和产业互补。

（四）融入可持续发展理念，创建生态首都区

在规划和建设首都都市圈时，应做到经济运行良好，基础设施配备齐全，城市布局合理，人居环境优美舒适，生态循环健康协调，城市具有可持续发展能力。对于首都区的环境质量，在规划中针对污染严重地区可以法令的形式颁布污水排放、污染物排放以及噪音标准分类。同时增加绿化带建设项目，维护都市区中的敞开空间，建立城乡之间的绿化网，把城市绿化空间和郊区的农业区、林业区连接起来，并设立自然保护区，保持生态平衡，这样体现了建设生态都市圈的理念，有利于促进首都区都市圈的协调发展。

五、结论

国际大都市区发展规划和建设经验表明，都市圈建设成功与否的关键在于能否选择合理的城市空间扩展方式，能否有机整合城市关系。因此，在制定我国首都区都市圈战略规划时，必须注意都市区内部城市与区域之间、区域与区域之间的空间结构和产业布局的区别。在都市区各级中心、次中心的规划布局方面，制定产业在大都市区内部地域空间上的合理配置规划，以中心城市为核心，成为经济、管理、流通、金融和文化的中枢，发挥带动和辐射作用，循序渐进开发周边中小城市，形成功能和产业互补。

参考文献：

[1] 郭熙保，黄国庆．试论都市圈概念及其界定标准［J］．当代财经，2006（6）：79-84.

[2] 宁越敏．国外大都市区规划体系评述［J］．世界地理研究，2006（3）：36-43.

[3] Robert Yaro，Tony Hiss. A Region at Risk：A Summary of the Third Regional Plan for the New York，Jersey-Connecticut Metropolitan Area［M］. Island Press，Washington DC，1996，38.

[4] 顾朝林等．城市群规划的理论与方法［J］．城市规划，2007（10）：40-43.

[5] Bromley R. Metropolitan Regional Planning：Enigmatic History，Global Future［J］. Planning Practice & Research，2001（16）：233-245.

[6] 陈小卉．都市圈发展阶段及其规划重点探讨［J］．城市规划，2003（6）：55-58.

[7] 约翰·弗里德曼．世界城市的未来：亚太地区城市和区域政策的作用［J］．国外城市规划，2005（5）：11-20.

[8] 宋迎昌．国外都市经济圈发展的启示和借鉴［J］．前线，2008（11）：5-7.

西北地区能源—环境—经济可持续发展预警研究*

——以陕西省为例

一、引言

区域经济协调发展可看作区域内能源—环境—经济复合系统（3E 系统，即 Energy-Environment-Economy）之间的协调与发展。其中能源子系统是 3E 系统可持续发展的重要保障，环境子系统为 3E 系统可持续发展提供了基础条件，经济子系统是 3E 系统可持续发展的重要组成部分。作为我国 21 世纪重要的能源接续地，陕西省蕴含着丰富的资源储量，据陕西国土资源公报（2010），截至 2010 年末，全省煤、石油、天然气保有储量分别达 1683.4 亿吨、2.25 亿吨和 5502.5 亿立方米，分别居全国第 4 位、第 6 位和第 4 位，因此，对其进行可持续发展预警研究具有一定的现实意义。陕西也正以转变能源发展方式为主线，坚持能源、环境和经济紧密结合的可持续发展战略，在能源持续开发利用、生态环境保护和经济发展方面取得了巨大成效。于是，本文以陕西为例进行能源—环境—经济可持续发展预警实证分析。

国内外众多学者对资源经济预警问题从不同视角进行了研究。国外关于预测方法和预警模型的研究主要表现在：Regional Economic Research Inc 的 J. S. 麦克梅纳明、F. A. 蒙福帝（McMenamin，J. S.，Monforte，F. A）等人运用人工智能及计算机辅助分析进行能源策略仿真分析；V. Gevorgian 等通过对动力系统模拟的研究，对不确定能源供给条件下能源的分配及消费进行短期预测；Shiying Dong 认为能源系统是混沌的、非线性的，利用一种确定的动力系统模型对能源消费进行预测；Gurkan Swlcuk Kumbaro Glu 提出了基于一般均衡理论的 CGE 模型用于分析经济参数与能源生产和消费之间的关系；Joost Siteur 以工程技术模型为出发点对能源消费进行预测及环境影响分析。就国内研究而言，学者刘洪涛等人基于能源投入占用产出关系分析投资带来陕西 GDP 增长、单位 GDP 能耗和就业等影响效应，研究结果表明陕西能源行业的投资带动效应远低于全国平均水平，

---

* 本文原载《中国人口·资源与环境》2012 年第 22 卷第 5 期，与宋敏合作。

且增大了陕西单位 GDP 能耗。宋敏以陕西榆林能源产业为例，在所构建评估指标体系的基础上，应用 Matlab7.1 计算程序对其未来发展趋势进行预测研究，结果表明榆林资源型产业集群可持续发展趋势良好。

综上所述，如何针对陕西能源经济发展现状，对陕西 3E 系统的可持续发展进行预警研究，正是本文的研究内容。本文将构建 3E 系统可持续发展预警指标体系和预警模型，统计出陕西省 2000～2009 年指标数据，运用 BP 人工神经网络预警方法和 AHP 法，计算出 2000～2014 年间陕西 3E 系统“可持续发展度”，得出 2000～2014 年间警情图和预警曲线图。

二、预警模型的构建

（一）预警界限及预警警情描述

本文运用“可持续发展度”来描述 3E 系统可持续发展状况，它介于 0～1 之间。警限划分，就是确定 3E 系统可持续发展程度变化的范围，本文采用 3E 系统可持续发展度作为警限划分临界值，确定区间划分标准，相应地将警情划分为“无警、轻警、中警、重警、巨警”5 个等级。经咨询 3 名专家，本文设定：3E 系统可持续发展度在 0.8 以上可定为无警；3E 系统可持续发展度超过 0.6 而小于 0.8 时被确定为轻警；当情况进一步恶化，即 3E 系统可持续发展度小于 0.6 超过 0.4 时被视为中警；当可持续发展度超过 0.2 以上却小于 0.4 时被视为重警；若可持续发展度低于 0.2 以下，说明实际情况已严重偏离预期目标，这种情况被视为巨警。根据此规定可得到 3E 系统可持续发展的警限范围，如图 1 所示。

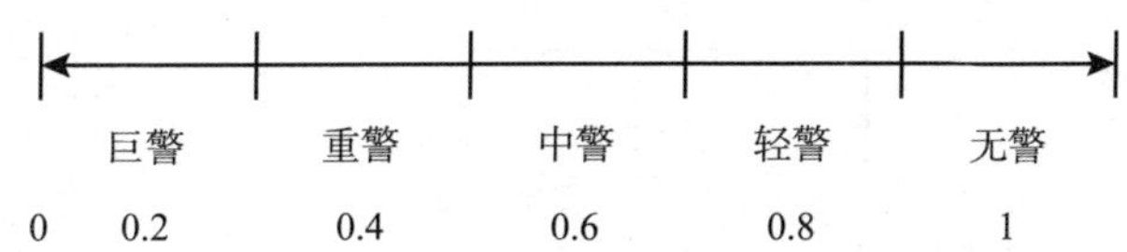

图 1　3E 系统可持续发展预警警限的划分

（二）模型构建

3E 系统可持续发展是一个非线形、复杂和开放的系统，传统计量经济学无法解决其发展过程中存在的非线形问题。而人工神经网络方法是在现代神经科学研究成果的基础上，依据人脑基本功能特征，模仿生物神经系统的功能与结构而发展起来的一种信息处理系统或计算运行体系，具有非线性、适应性、容错性等特点，可以通过“输入”和“输出”，掌握不同时段的社会、经济、能源和环境子系统发展的指标参数，有效进行 3E 系统可持续发展的预警。目前使用最为广泛的是一种反向传播多层前馈式网络，即 BP（Back Propagation）人工神经网络，其核心是 BP 算法，即一种对多子系统构成的大系统进行计算的有效方法，可用来进行语言综合、识别和自适应控制等，是一种典型的误差修正方法，适合解决复合系统预警问题的需要。其一般的结构模型如图 2 所示。

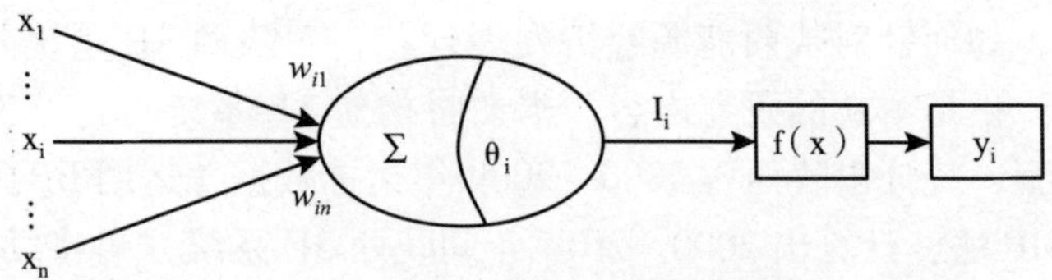

图 2　BP 人工神经网络预警模型

图 2 中 x 是输入的样本信号，w 为神经元之间的连接权重，f(x) 为连接函数。输入的样本信号通过每一层的权重加权作用后，最后产生输出结果 y。输出信号 y 与实际值相比较，产生误差。通过对学习系统的各层权系数进行修改，直到误差满足给定精度的要求，此时，实际输出值和期望输出值 y 之间的误差符合要求，预警过程即告结束。

三、预警指标体系的构建与数据搜集

（一）预警指标体系的构建

本文认为，3E 系统可持续发展预警指标体系是一个综合性、系统性的指标体系，涉及能源、生态环境和经济等各个方面。本文结合陕西实际情况，构建了一个 3 阶层指标体系，如图 3 所示。

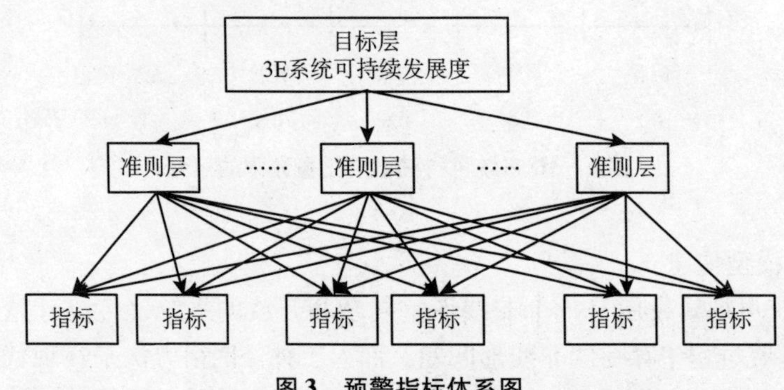

图 3　预警指标体系图

（1）一级指标（A）。一级指标为 3E 系统可持续发展度。

（2）二级指标（B）。分别是：能源子目标、环境子目标和经济发展子目标。

（3）三级指标（C）。三级指标共有如下 14 项。其中能源子目标预警指标为平均每万人原煤生产量/吨（X_1）、平均每万人原油生产量/吨（X_2）、平均每万人天然气生产量/万立方米（X_3）、电力/万千瓦时（X_4）。生态环境子目标的预警指标为：工业废水排放量（万吨）（X_5）、工业废水排放达标量（万吨）（X_6）、工业废气排放总量/万标立方米（X_7）、烟尘排放量/吨（X_8）、烟尘去除量/万吨（X_9）。经济发展子目标的预警指标为GDP/亿元（X_{10}）、地方财政收入/万元（X_{11}）、人口自然增长变动情况/‰（X_{12}）、从业人员数/万人（X_{13}）、公路里程长度/公里（X_{14}）。

（二）数据的搜集

本文选取2000～2009年间陕西统计年鉴中有关指标数据作为分析基础，并整理成表1。

表1　　陕西3E系统中14项指标体系数值统计

指标 \ 年份	2000	2001	2002	2003	2004	2005	2006	2007	2008	2009
X_1	10359	13369	15949	22498	35272	41468	43403	48861	64498	78502
X_2	1553	1882	2176	3400	4124	4780	5325	6046	6549	7147
X_3	58	94	109	140	201	217	215	294	382	502
X_4	777	844	930	1153	1253	1493	1697	2155	2287	2411
X_5	30903	28634	30386	33526	36833	42819	40479	48524	48119	49899
X_6	19749	22892	25393	29138	33737	39704	36118	46650	46824	48176
X_7	23791106	28580556	34238049	38607096	43743128	49164330	55350777	64691844	93215476	110319024
X_8	371908	294634	262539	277290	286345	292469	269837	5815403	4397434	150864
X_9	247.78	323.49	369.22	365.54	431.86	374.08	752.74	25.69	14.68	779.9
X_{10}	1660	1844	2101	2398	2883	3675	4523	5465	6851	8170
X_{11}	187	135	150	177	415	529	696	893	1104	1391
X_{12}	6.13	4.16	4.12	4.29	4.26	4.01	4.04	4.05	4.08	4
X_{13}	1813	1785	1874	1912	1941	1976	2011	2041	2069	2094
X_{14}	44225	45273	46564	50019	52720	54492	113303	121297	131038	144109

四、预警程序的设计及指标预测结果

（一）预警程序的设计

Matlab集计算、绘图、建模和程序语言设计于一体，其编程效率、可读性与可移植性要远远高于其他软件，主要用于矩阵运算及科学计算、控制系统设计与分析、数学信号处理、系统仿真等领域的分析与设计。人工神经网络工具箱是Matlab提供的一种演算式的编程语言，包括大多数的神经网络算法，通过这种编程语言，用户可以用类似数学公式的方式来编写算法，为神经网络的仿真分析提供极大便利。本文以 Matlab7. 1 中的人工神经网络工具箱编制如下程序，但受篇幅所限，本文省去程序中的部分内容。

```
for pp =1:1:1
net = newff([50 3000;5 50;0.1 5;
    0 5;20 1000;2 200;
    800 10000;15 60;3 10;
    50 150;100 500;50 130;5 70;
    0.1 0.9;6 10;1 30;
    1 10;0.5 10;0.5 10;0.4 10;
    1 80;15 40;300 1000;2000 5000;10 30;1000 15000;
    net. trainParam. show =1000
    etc
```

（二）指标预测结果

本文把 2000 ~2009 年的数据作为预警基数，将 2010 ~2014 年的数据作为预测结果，训练过程为：应用上述所编制的程序，将 2000 ~2009 年的 14 项指标的数据作为网络的输入端，再把 2001 ~2010 年的 14 项指标的数据作为网络输出端，组成训练集对网络进行训练，就得到了 2010 年的数据，依次类推。就得到了 2011 年、2012 年、2013 年和 2014 年的预测值，最终绘制出的各项指标预测曲线图（仅列出其中 2 项指标的预测图，如图 4、图 5 所示）。其中，实线部分是各项指标在 2000 ~2009 年区间采集的实际数据绘制而成的曲线，虚线表示利用人工神经网络预测得到的曲线。

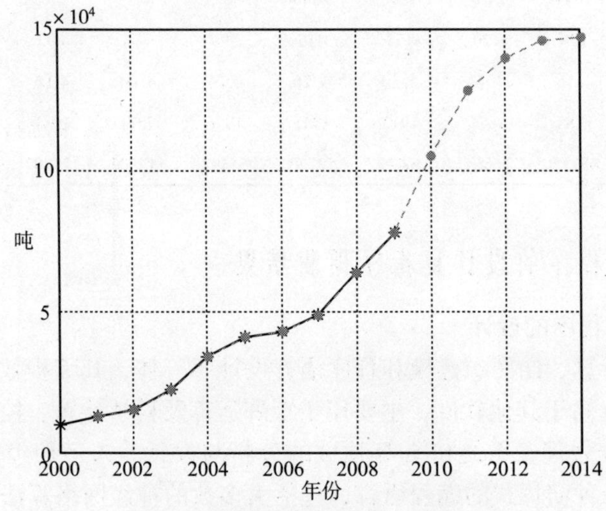

图 4　平均每万人原煤生产量预测图

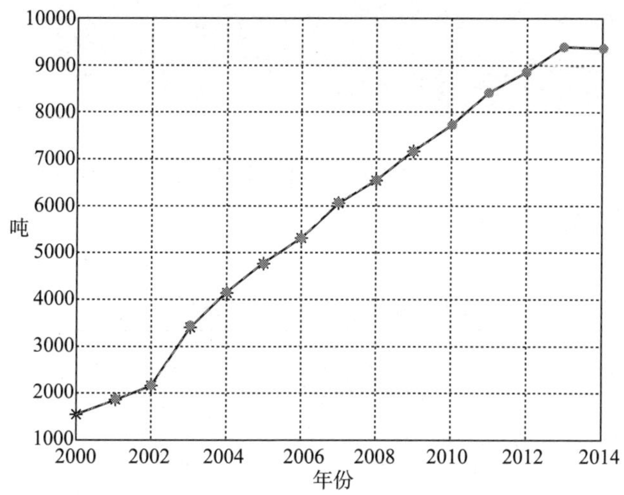

图5　平均每万人原油生产量预测图

五、预警权重与分数的确定

（一）预警指标权重的确定

在构建出 3E 系统可持续发展预警指标体系后，本文将采用层次分析法（AHP），根据 3 名专家打分对同一子目标中两两因素之间的相对重要性进行比较，并用 1 ~ 9 比例标度将定性的比较转化为定量的比较矩阵，表示为 $A = (a_{ij})_{n \times n}$，从而确定出各项预警指标的权重。其子目标中两两要素之间比较的评价准则如表 2 所示。

表 2　子目标中两两要素之间比较的评价准则

判断尺度	要素比较准则	判断尺度	要素比较准则
1	两元素比较后具有同等的重要性	7	两元素比较前者比后者强烈重要
3	两元素比较后，前者比后者稍微重要	9	两元素比较后前者比后者绝对重要
5	两元素比较后前者比后者明显重要	倒数	若元素 i 与元素 j 的重要性之比为 a_{ij}，那么元素 j 与元素 i 的重要性之比为 $1/a_{ij}$

根据对 3 名专家的咨询，均认为：能源子系统和环境子系统是该复合系统的次重要组成部分，而经济子系统是该系统的重要组成部分，故在二级指标层中，建议前二者的指标权重分别确定为 0.3，而后者的指标权重确定为 0.4。该系统中各项预警指标权重的计算公式如下：

$$W_i = \frac{\left(\prod_{j=1}^{n} a_{ij}\right)^{\frac{1}{n}}}{\sum_{i=1}^{n}\left(\prod_{j=1}^{n} a_{ij}\right)^{\frac{1}{n}}} \tag{1}$$

根据式（1），经过对3名专家所打分数进行整理后，3E系统可持续发展预警指标权重计算结果见表3。

表3　各项预警指标的权重的计算矩阵

能源子目标 X_1 ~ X_4	X_1	X_2	X_3	X_4	
指标权重 index weight	0.5205	0.2010	0.2010	0.0775	
环境子目标 X_5 ~ X_9	X_5	X_6	X_7	X_8	X_9
指标权重 index weight	0.3276	0.1530	0.1382	0.1906	0.1906
经济子目标 X_{10} ~ X_{14}	X_{10}	X_{11}	X_{12}	X_{13}	X_{14}
指标权重 index weight	0.4192	0.2168	0.1122	0.1396	0.1122

（二）预警指标分数的确定

关于各项预警指标分数的确定，本文参照叶正波在《可持续发展预警系统理论及实践》一书中给出的公式进行计算，指标分数的区间范围在［0，1］之间。

对越小越好的指标称为逆向指标，逆向指标分数的计算公式为：

逆向指标分数＝(当前值－最大值)/(最小值－最大值)　　(2)

对越大越好的指标称为正向指标，正向指标分数的计算公式为：

正向指标分数＝(当前值－最小值)/(最大值－最小值)　　(3)

根据式（2）和式（3），可以确定出2000～2009年陕西3E系统可持续发展预警指标分数，如表4所示。

表4　2000～2009年间各项指标分数

指标＼年份	2000	2001	2002	2003	2004	2005	2006	2007	2008	2009
X_1	0.0000	0.0442	0.0820	0.1781	0.3656	0.4565	0.4849	0.5650	0.7945	1.0000
X_2	0.0000	0.0588	0.1114	0.3302	0.4596	0.5769	0.6743	0.8032	0.8931	1.0000
X_3	0.0000	0.0811	0.1149	0.1847	0.3221	0.3581	0.3536	0.5315	0.7297	1.0000
X_4	0.0000	0.0410	0.0936	0.2301	0.2913	0.4382	0.5630	0.8433	0.9241	1.0000
X_5	0.8933	1.0000	0.9176	0.7700	0.6144	0.3329	0.4430	0.0647	0.0837	0.0000

续表

指标＼年份	2000	2001	2002	2003	2004	2005	2006	2007	2008	2009
X_6	0.0000	0.1106	0.1985	0.3303	0.4921	0.7020	0.5758	0.9463	0.9524	1.0000
X_7	1.0000	0.9446	0.8793	0.8288	0.7694	0.7068	0.6353	0.5273	0.1977	0.0000
X_8	0.9610	0.9746	0.9803	0.9777	0.9761	0.9750	0.9790	0.0000	0.2503	1.0000
X_9	0.3046	0.4036	0.4633	0.4585	0.5452	0.4697	0.9645	0.0144	0.0000	1.0000
X_{10}	0.0000	0.0283	0.0677	0.1134	0.1879	0.3095	0.4398	0.5845	0.7974	1.0000
X_{11}	0.0414	0.0000	0.0119	0.0334	0.2229	0.3137	0.4467	0.6035	0.7715	1.0000
X_{12}	0.0000	0.9249	0.9438	0.8638	0.8779	0.9953	0.9812	0.9765	0.9624	1.0000
X_{13}	0.0906	0.0000	0.2880	0.4110	0.5049	0.6181	0.7314	0.8285	0.9191	1.0000
X_{14}	0.0000	0.0105	0.0234	0.0580	0.0850	0.1028	0.6916	0.7716	0.8691	1.0000

六、预警结果

在得出各项预警指标的权重与分数后，根据式（4）（子目标可持续发展度的计算公式）可相应地计算出能源子目标、环境子目标和经济子目标等三个子目标的可持续发展度，再根据式（5）得出陕西2000～2014年间3E系统的可持续发展度，其计算结果及警情描述如表5所示。

$$\text{各子目标可持续发展度} = \sum \text{指标分数} \times \text{指标权重} \tag{4}$$

$$\text{总目标可持续发展度} = \sum \text{子目标分数} \times \text{子目标权重} \tag{5}$$

表5　2000～2014年间陕西3E系统可持续发展度警情

年份	3E可持续发展度	警情	年份	3E可持续发展度	警情
2000	0.2030	重警	2008	0.4995	中警
2001	0.2586	重警	2009	0.6305	轻警
2002	0.2864	重警	2010	0.6759	轻警
2003	0.3135	重警	2011	0.7431	轻警
2004	0.3624	重警	2012	0.8100	无警
2005	0.3979	重警	2013	0.8564	无警
2006	0.4559	中警	2014	0.8429	无警
2007	0.4244	中警			

在得出陕西各年份的可持续发展度后，绘制出陕西3E系统可持续发展曲线图（见图6）。

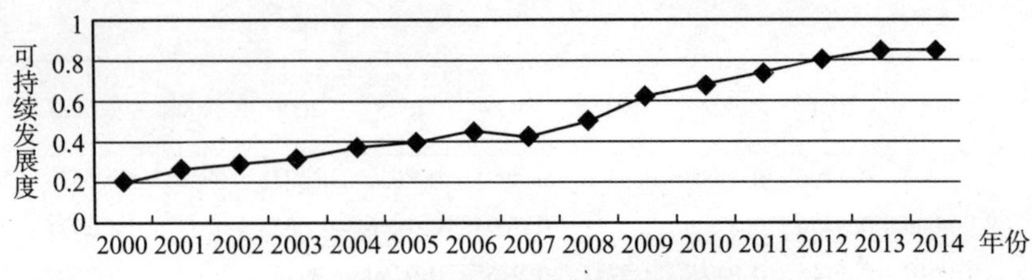

图 6 陕西 3E 系统可持续发展预警曲线图

从图 6 中可以看出，在 2000～2006 年这 7 年间陕西 3E 系统可持续发展一直处于上升状态，但上升速度较缓慢；在 2007 年可持续发展状况较差，可持续发展度为 0.4244；2008 年逐渐恢复，2013 年的可持续发展程度将达到历史最好值，可持续发展度预计为 0.8564。上述计算结果基本符合陕西能源经济发展现状。

本文应用 BP 人工神经网络的预警原理，设计出 Matlab7.1 的计算运行程序，依据 2000～2009 年统计数据对各项指标进行预警研究，最后得出陕西 3E 系统可持续发展预警曲线图。从图 6 中可以看出：陕西 3E 系统可持续发展趋势是向良好的方向发展；基于 BP 人工神经网络的预警方法具有较强的仿真能力，能处理复杂系统的非线性关系，且在 3E 系统可持续发展预警研究中具有一定的应用价值。

参考文献：

[1] 宋敏，李世平，王韶辉．基于 AHP 的陕西能源产业可持续发展评估研究［J］. 统计与信息论坛，2009（7）.

[2] McMenamin, J. S., Monforte. F. A. Short term energy forecasting with neural networks. Energy Journal. 1998（4）.

[3] Gevorgian. Kaiser, M. Fuel distribution and consumption simulation in the Republic of Armenin. Simulation. 1998.

[4] Shiying Dong. Energy demand projections based on an uncertain dynamic system modeling approach. Energy Sources. 2000（7）: 443－451.

[5] Gurkan Selcuk Kumbaro Glu. Environmental Taxation and Economic Effects: a Computable General Equilibrium Analysis for Turkey. Journal of Policy Modeling. 2003, 25（8）: 795－810.

[6] Barry Naughten. Economic Assessment of Combined Cycle Gas Turbines in Australia Some Effects of Microeconomic Reform and Technological Change. Energy Policy, 2003, 31（3）: 225－245.

[7] 刘洪涛，郭菊娥，席西民．基于陕西投资效应分析的西部能源开发策略研究［J］. 科技进步与对策，2009（8）: 41－44.

[8] 宋敏．榆林资源型产业集群可持续发展评估指标预测研究［J］. 统计与信息论坛，2011（1）: 23－27.

[9] 叶正波．可持续发展预警系统理论及实践［M］. 经济科学出版社，2002.

“三江并流”及相邻地区：现状、问题和对策*

受地质构造运动的影响，整个横断山脉同青藏高原一起迅速隆起，构成中国西南四山夹三江的“三江并流”地貌，即自西向东分别排列着南北纵贯的高黎贡山、怒江、怒山（梅里雪山、碧罗雪山）、澜沧江、云岭、金沙江和玉龙雪山。这里地域相连，处于相同的自然地理单元；同时，经济结构同质，经济发展阶段一致，资源优势相同。本文以“三江并流”流域所在的23个县域行政单元为研究区域，其中，核心区14个，包括西藏的察隅、左贡、芒康3县；四川的得荣、巴塘、乡城3县；云南的泸水、兰坪、福贡、贡山、香格里拉、维西、德钦、玉龙8县。扩展区9个，包括四川的稻城、木里2县；云南的宁蒗、丽江古城、云龙、永平、隆阳、施甸、龙陵7个县（区）。本文除了特别标注的参考文献外，所用数据均为实际调研所得。

一、“三江并流”及相邻地区发展现状

（一）经济发展程度低，社会事业发展落后

该地区是中国最不发达的地区之一。

在经济发展方面，2010年，该地区仅有保山隆阳区GDP过百亿元，达到107.33亿元，大部分县域不超过20亿元，最小的察隅县仅为2.58亿元。2010年，中国人均GDP为29992元，云南为15749元，四川为17319元，而该地区没有一个县达到全国平均水平，仅有香格里拉县最高，为29179元，最小的福贡县仅为5600元，大部分县不及全国的一半。区域内财政普遍困难，大部分县财政收支入不敷出，多靠国家拨款维持，增加物质投入和扩大再生产的能力很弱，依靠自身财力的增长根本无法满足当地基础设施建设。

在社会发展方面，区域内劳动力受教育程度总体低于6.66年，仅达到小学毕业程度，最低的福贡仅3.71年，察隅、左贡、芒康的文盲率分别为64.00%、79.24%和78.21%，分别是全国文盲率的15.69倍、19.42倍和19.17倍。每万人拥有的医生数也很低，全国万人医生数为587.60人，云南省为12.6人。泸

---

* 本文原载《全球化》2013年第3期，与宋敏合作。

水、兰坪、福贡、宁蒗、永平、施甸和龙陵的万人医生数占全国比例都低于1%，极度偏低；仅有施甸县和龙陵县的万人医生数高于云南省的平均水平。

（二）生物资源富集，耕地资源匮乏

该地区是中国资源最富集的地区之一。

首先是林业资源。该地区云南境内森林覆盖率平均达68.6%，高于全省约26.7个百分点，高于全国约53.8个百分点。其中，贡山县最高，达到78.4%，怒江州4个县为73.2%。保山市施甸县最低，但也达44.8%。该区域云南部分国土面积占全省的10.38%，活立木蓄积占全省的24.63%；国土面积仅占全国的0.41%，活立木蓄积却占全国的2.83%。总经济林面积达21531公顷。

其次是生物多样性资源。由于其独特的地理位置，第四纪冰期时曾是欧亚大陆生物区系的主要避难所之一。该地区是南北交错、东西汇合、地理成分多样、特有成分突出的横断山区生物区系的典型代表和核心地带，是中国生物多样性最丰富的地区之一，名列中国生物多样性保护17个“关键地区”的第一位。

最后是水资源和水能资源。由于每年印度洋的暖湿气流与青藏高原的冷空气在这里交汇并带来丰沛的降水，又因地处中国地势第一阶梯向第二阶梯过渡的地带，河床比降大，使该地区水能资源异常丰富。怒江州水资源总量达894.15亿立方米，水能理论蕴藏量达2000万千瓦，占云南省总蕴藏量的11.6%，可开发的水能资源装机容量为1774万千瓦。迪庆州水资源总量为119.73亿立方米，可利用量95.7亿立方米，可开发利用水能资源在1370万千瓦以上。甘孜州水资源总量为1397.83亿立方米，其中可利用水资源总量为881.8亿立方米，占四川省河川径流量地表水资源总量的1/3以上，水能理论蕴藏量3729万千瓦，占四川省的27%。昌都地区水资源总量达771.1亿立方米，天然水能总蕴藏量达3104.7万千瓦，占西藏的30%，目前已开发的水能资源仅占河流天然水能理论蕴藏量的0.06%。

但是，该地区耕地资源匮乏，且多为坡地。泸水、兰坪、福贡、贡山、香格里拉、维西、德钦、玉龙、宁蒗、隆阳和施甸的耕地面积分别为27.75万、47.36万、17.62万、5.35万、18.50万、22.90万、14.13万、35.58万、40.11万、65.35万和35.11万亩；其中坡度超过25°的耕地面积分别为22.20万、8.42万、15.76万、3.31万、2.38万、22.46万、3.51万、9.85万、15.74万、1.94万和3.23万亩；坡度超过25°的耕地面积占耕地面积总面积的比例分别为80%、17.80%、89.47%、61.87%、13%、47.55%、48.75%、27.68%、39.24%、2.97%和9.20%。

二、“三江并流”及相邻地区面临的问题

（一）经济落后，贫困幅面大

首先，区域自然条件恶劣，经济基础薄弱，基础设施建设严重滞后。该地区

地处横断山区，境内山峦起伏，江河切割作用明显，山高谷深、起伏陡峻。地表平衡结构一旦受到干扰，极易发生土壤侵蚀、滑坡、泥石流，进而导致地表岩石裸露或沙化，植物生长环境和条件随之逆转，生态环境系统的自我修复功能也随之减弱或丧失。同时，区内大部分地区地处高海拔地区，气候严寒、年温较低，导致生物生长缓慢，原生生态系统一旦受到破坏，则恢复相当缓慢。区域内大部分地州的经济规模普遍很小，GDP 占各自省份的比重低，财政自给率低，产业结构基本上还处于第一产业占优势比重的阶段，农业人口的比重偏高，因而在生产经营过程中，投入的劳动与初级资源比重大，资本与技术的比重小，造成经济的粗放型增长。同时，基础设施建设严重滞后。该区域地处边疆民族地区，历史上就是经济发展的边缘区，位置偏僻，经济区位差。从地州首府到各自省会城市的距离看，最远的昌都县至拉萨的距离达 1121 公里，较近的康定至成都距离也有 322 公里。区域内运输设施以公路为主，运输成本居高不下；公路等级低，路况差，如香格里拉到昌都和康定都是三级公路；再就是断头路、回头路多，如德钦县与贡山县山水相连，但若从德钦到贡山则要绕行 700 多公里。

其次，林业产业发展呈现出"大资源、小产业"特征。区域内林业产业仍以种植业和初级加工产品为主，产业链短，高附加值林产品不多，社会化服务水平不高，资源综合利用率低。以怒江州森林资源为例，总量较大，但产业化发展层次低，林地生产力没有得到充分发挥；林业科技创新和推广投入不足，体系不健全，科技支撑不强，林业创新技术实用推广滞后，良种基地建设数量不足，良种供应能力比较低；林业龙头企业规模普遍偏小，高素质科技和管理人才不足，市场竞争力不强，企业融资渠道不广，企业发展动力不足；交易市场要素培育滞后，林产业集散市场分散、规模小，林权交易平台建设滞后。

再次，贫困幅面大、程度深，生态移民难度大。因地处偏僻，区内地形破碎而峻陡，生态景观丰富但脆弱，耕地稀缺而分散，山地灾害多样而频发，使该地区成为贫困面大和贫困程度高的典型的边疆（远）少数民族贫困地区。在怒江州，4 个县均为国家扶贫开发重点扶持县。全州贫困人口发生率约为 35%，高出全省 20 个百分点，高出全国 30 个百分点。2010 年末农民年人均纯收入 2005 元，仅相当于当年全国平均水平的 33.33%。全州还有人均纯收入低于 1196 元的贫困人口 14.07 万（785 元以下深度贫困人口 5.89 万），占农村人口的 33.8%。按照人均纯收入 2300 元的新贫困标准，全州绝大部分群众处于贫困线以下。其中，90% 以上的傈僳族、96% 以上的独龙族、90% 以上的怒族、89% 以上的普米族农村群众和白族支系的勒墨人、拉玛人以及景颇族支系的茶山人还处于整体贫困之中，扶贫攻坚形势依然非常严峻。目前，全州还有 61% 的农业人口尚未解决安全用水问题，32% 的自然村未通电，还有 8.57 万人需易地开发解决生存和发展问题，有 2.5 万户贫困农户还居住在茅草房、杈杈房内。在迪庆州，1988 个自然村中461个不通电，1027个不通公路，全州35万人口中，失去生存条件的接近10%。德钦县生活在海拔3000米以上的有90个村民小组11568人，占全县总人口的19%；生活在2800～3000米的有223个村民小组40913人，占全县总人口的64%。多数人居住在半山甚至高山区域，土地贫瘠，绝对贫困和低收入人口比例远远高于云南省平均水平。

（二）区域生态环境脆弱，生物多样性稳定性差，森林资源锐减

首先，生态环境脆弱度高，自然与人为破坏严重。由于缺少耕地，当地居民为了生存不得不以毁林开荒、陡坡垦殖等方式扩大耕地面积，靠广种薄收来满足基本生存需要，有的甚至在离河谷近千米、坡度在60°以上的地方垦殖。在怒江两岸随处可以看到，陡峭山坡上一块块大小不等的耕地仿佛镶嵌在成片的山林植被中，形成“大字报田”。而新开垦土地由于土层浅薄、肥力低下，氮、磷、钾等肥力要素含量较低，一遇大雨极易产生水土流失和泥石流，植被一旦遭到破坏，水土流失加剧，生态环境迅速破坏，恢复起来很难。又因陡坡耕作，屡屡发生人畜坠落事故。由于过度垦殖导致山林植被破坏程度越来越大，河流输沙量与日俱增，滑坡、泥石流等地质灾害时有发生。由于南北纵列的高山深峡，地壳上升强烈，地形切深速率大等原因，造成区域内地形坡度大，岩石破碎，土层较薄。在地形、岩石、土壤、气候等因素的综合影响下，再加上地质灾害频发，使得区内生境带幅较窄、破碎、稳定性差，较小的扰动就可能造成极大的环境灾难，而且很多一旦破坏就难以恢复。据统计，丽江水土流失面积达5479平方公里，占全市国土总面积的26.7%，且大多数区域至今未得到综合治理，局部区域生态功能十分脆弱。怒江州海拔1500～2000米之间的植被破坏严重，水土流失面积达3933平方公里，占全州总面积的26.75%，土壤侵蚀面积超过25%，全州现有657个滑坡、泥石流点，有4万多人因安全隐患急需搬迁。由于人类活动频繁，河谷生态恶化区已经成为生态环境最恶劣的地区，这些区域水土流失仍十分严重，局部地方生态环境仍有进一步恶化的趋势。

其次，生物多样性稳定性差、敏感性强，森林防火任务繁重。该区域整体地形破碎，部分区域海拔高，气候冷凉，植被恢复和演替过程非常缓慢，生态系统层次丰富、结构复杂，但系统空间一般都很小，抗干扰能力较弱，境内分布的野生动物、植物物种数多，但每种的种群数量及个体数量较少，表现面积都不大，使得区域内生物种群的可适应性范围小、抗干扰能力十分脆弱，对自然和人为扰动敏感。一旦栖息地遭到毁坏或者遭到过度采集，一些极小种群的特有物种将不知不觉地灭绝。近年来，在野生生物资源的采集过程中，人们在利益的驱使下出现了过度采集、竭泽而渔的行为，致使珍稀生物资源的种群数量下降。例如，迪庆州近年来冬虫夏草、羊肚菌等高经济价值的野生生物产量均呈下降趋势。贡山县原先记录的兰科植物有76属265种，但近几年来由于受经济利益驱使，当地村民滥挖乱采及外来商贩大量收购野生兰花致使野生兰科植物面临枯竭。据香格里拉高山植物园提供资料显示，雪莲花中的绵头雪莲是一次性结实后死亡的菊科草本植物，是传统的藏医中草药用植物。以往的采集利用主要局限于当地人群，对资源的消耗不大。但是自从大力发展旅游产业以来，随着国内外游客的日益增加，市场需要量急剧升高，资源破坏严重，使其濒于灭绝。

最后，薪柴消耗量大，森林资源锐减。该地区各少数民族仍以传统的农业生产方式和高消耗、重污染、低产出的粗放型工业生产方式为主。由于居民多居于山区，村落分散，交通不便，煤源缺乏，办电困难，家家户户饮煮、取暖、照明均离不开柴火，建筑用的大部分材料也取之于木柴。他们在脆弱生态区砍伐森林、毁林开荒、陡坡垦殖、刀耕火种等传统生产生活方式对森林、土地、植被造成了毁灭性破坏。怒江州仅农村生活用柴量就达每年 300 万立方米，年消耗量占全部用材总量的 65.94%。目前，海拔 1500 米以下的地区，原生森林植被已经荡然无存，1500～2000 米之间的植被也破坏严重。香格里拉县城原始云杉林也已不复存在，即使在远处石卡雪山上有森林的地方，茂密程度已不如从前。

（三）保护区管理体制不顺，政策体系不健全

首先，保护区的设立重叠交叉。保护区是对生态系统和生物多样性划定的区域予以保护。目前，该区域内的世界遗产地、风景名胜区、自然保护区、文化遗址、森林公园等相互重叠，有的区域既被划定为世界遗产地、自然保护区，又被确定为风景名胜区，管理机构交叉重叠较多，这给资源管理和生态保护带来不便。重叠的保护区由于受若干机构管理，实行不同的管理体制，权限不明导致利益面前争先恐后、责任面前相互推诿，各管理部门间未能有效发挥管理者职能。此外，保护区重叠进一步割裂了当地社区、居民与自然资源的固有联系。在同一区域中，不同类型保护区的设立目的不同，依据的法律法规不同，当地社区居民因此享有的权利义务亦有所差别。对自然资源利用不同限制的叠加使当地居民的权利空间大大缩小，他们愈来愈被隔离在赖以生存的自然资源之外，进一步加深了贫困程度。

其次，保护区设立一定程度上限制了当地经济发展。保护区的保护与周边居民的生计之间矛盾突出，形成对资源的竞争，竞争的结果往往是出现了很多破坏生态环境的事件。该区域的部分特有少数民族属"直过民族"（从原始社会末期或奴隶社会直接过渡到社会主义社会），尽管新中国成立以来，经济社会发生了很大变化，但生产方式仍是传统农业方式，生产力水平低下，他们"靠山吃山、靠水吃水"，生产生活对自然资源的依赖性很大。在保护区设立之后，他们或者被禁止从事以前赖以为生的生产，如狩猎、放牧、耕种等；或者在进行生产时受到一定的限制，如放牧区域限制农药化肥施用等；或以薪柴为主要生活燃料与自用材采伐指标受限，严重影响到当地居民生产生活，其经济利益受到了一定程度的损失，而得到的补偿却十分有限。除此以外，林业收入也是当地农民增收的一个主要来源。天然林禁伐以前，他们能通过砍伐林木、装卸和运输木材、修建和养护林区公路获得劳务收入，维持家庭的正常开支。天保工程实施后，当地居民的人均纯收入大大减少，尤其是林区农民，甚至出现了返贫现象。这种强制性保护措施导致当地社区居民的不满情绪不断增长，与管理者之间的矛盾冲突加剧。

（四）人口素质偏低，人力资源开发机制不健全

该区域人口受教育程度和整体文化素质依然偏低，长期制约着技术进步和经济发展方式的转变。

同时，人力资源的配置机制尚不健全、不完善。在劳动力市场建设方面，除了州级劳动力市场较为规范，区内县、乡两级劳动力市场发育尚不充分；人力资源流动性往往还是通过传统的人际关系传递信息进行流动与配置，与劳动力市场相关的服务体系不健全，往往只有劳务市场，人力市场没有得到重视，劳动力市场的结构与层次单一。

在劳动力利用方面，地方政府与企业在制度创新和扩大就业方面的能力不强，难以形成“人尽其才”的社会环境；很多企业还没有建立与市场经济相适应的现代企业制度，劳动能力、岗位与劳动报酬之间的关联度不强，劳动力正常的培训、晋升、加薪机制不健全；劳动者自身的经济主体意识弱，自主创业、自主择业的意识与能力差，难以维护自身合法权益。由此导致区域目前人才闲置与流失现象较为突出。据调查，较高层次的人才多数集中在州级、县级单位等经济相对繁荣的地区，这些人才往往因经费不足、待遇差、项目少等原因，造成工作任务不饱和而闲置，不能充分发挥其作用；部分人才虽然政治思想较好、业务素质高、管理能力强，却只能坐等得不到提拔任用，造成闲置；很多州市的人才外流现象较为突出，许多专业技术骨干纷纷到州外经济发达地区寻找发展机会。

三、“三江并流”及相邻地区发展的对策

（一）“三江并流”区域发展亟待上升为国家战略

“三江并流”及相邻地区是东南亚国家和中国南方大部分省区的“水塔”，是世界物种和遗传基因宝库，也是我国重要的生态安全屏障，生态区位极为重要，生态功能地位突出。加强该地区发展与建设，不仅关乎云南、四川和西藏自身的可持续发展，对我国长江流域广大地区乃至东南亚地区都将产生重要作用。

从目前的情况看，该地区目前仍处在国家层面规划关注之外。这里承担着生态安全、国防安全、巩固边疆、民族团结等重任，默默地为国家做着重要贡献，却长期处于政策边缘地带。由于生态环境极其脆弱，经济发展较差，在贡献的同时失去了一些发展机会却没有得到应有的补偿，从而造成目前发展能力较差、发展后劲不足的局面。如果不将其发展迅速上升为国家战略，就难以缩小与周边省

份以及发达地区的差距，这里就会成为一个名副其实的"政策塌陷区"，就会彻底掉入"后发劣势"的陷阱中。

为此，这既需要云南、四川、西藏三省区自身的不懈努力，更需要国家从实施区域发展总体战略和主体功能区战略的高度给予全面的指导和支持。

（二）加快推进实施生态移民工程，探索生态富民互动模式

生态移民解决该地区发展问题的重要举措，也是解决生态环境保护与居民脱贫矛盾有效手段。对具备一定发展条件的，通过整村推进、整乡推进切实加快脱贫步伐；对就地难以发展的，实行易地搬迁，采取相对集中和分散安置相结合的方式，加快移民搬迁步伐。

进行生态移民必须要坚持尊重百姓自愿选择权，真正实现"迁得出"；完善移民配套设施，让移民能"稳得住"；加强对移民的技能培训，让移民"富起来"；重点完善移民区内基础设施建设，打造良好的人居环境和生态家园。在生态移民迁出问题上，必须尊重当地移民的民族习俗、生活习惯、思想观念等，在制定多种可行性方案的基础上，充分调查老百姓"搬到哪、怎么搬"的意愿。搬迁对象集中在以下三类群体：一是对山区内常年在乡镇、县城务工、经商或有一技之长，且收入来源相对稳定，有条件且自愿在城镇定居的人口；二是居住分散、交通困难、信息闭塞、现代文明难以进入、生态环境恶劣，缺乏生存发展环境，难以形成主导产业，没有稳定收入来源，不易就地脱贫，具备一定劳动能力的贫困人口；三是在地质灾害隐患区、存在严重威胁人身财产安全隐患的村户。

搬迁方式可因地制宜，选择就近集中安置、集镇及集镇周边安置和县城安置等多种方式。迁入地范围可根据山区自然地理条件和经济社会现状，围绕"住房、设施、产业、生态、发展"五个重点，按照"板块开发、整村推进、城乡统筹、科学发展"的思路整体推进，搬迁迁入地可以是：县城及县城附近、城乡结合区域；集镇及其周边地区；沿干、支线公路以及基础设施条件相对好的中心村；有开发条件的国营、集体林场区。

（三）组建"国土守护员"队伍，实现"强边、兴边、稳边"目标

在该地区如何来保护承担守边建边任务的边境沿线居民的利益是必须要考虑的首要问题，也是当地群众最关心、最直接和最现实的根本利益问题。由于该地区的经济社会发展相对滞后，各族群众生产生活水平较低，在生产资料拥有、生活质量水平方面，与其他区域农牧民差距较大，至今仍有很多居民祖祖辈辈生活在边境地区，有些居民点至今不通路，不通电，点油灯，交通工具靠牲畜，信息传递靠人，但为了祖国守边的大仁大义，他们甘守清贫、寂寞，不计个人得失，心甘情愿、无怨无悔地付出，不畏艰险、寸土必争、忠于职守，为确保国防安全做出了重要贡献。

由于地处边疆，许多边民世世代代守护国土，他们是不穿军装的护边员。

“一个居民，就是一个流动的哨兵；一家农户，就是一个固定的哨所。”当地居民世世代代生活在边关，对辖区的情况了如指掌，地形熟、人员熟、情况熟、语言通，能及时掌握第一手边情信息。他们虽然不穿军装，却与共和国千千万万的边防军人一样，用满腔赤诚甚至鲜血和生命，守卫着祖国的边境沿线。怒江州的边境线长达449公里，拥有省级口岸和20多条通道，地处云南通往缅甸及东南亚的重要地带，是云南连接太平洋、印度洋、东南亚的重要枢纽。随着边境地区改革开放的不断深入，一些曾经的边防禁区成为双方经贸往来、共同开发的热点地区，边境旅游、探险等活动日趋频繁，出入境人员、车辆逐年递增，非法采挖药材、走私贩毒事件时有发生，边境管控难度随之加大，依靠传统的护边员队伍建设模式已难以适应形势发展的需要。因而，如何发挥当地居民的积极性、打造永不换防的哨兵，进一步凝聚军警民力量，构筑军警民大联动铸造的铜墙铁壁，在当前新形势下显得更加重要。

事实上，该区域的各级党委政府也进行了积极有益的探索，他们坚持以“一个支部就是一个战斗堡垒、一个党员就是一面旗帜、一个边民就是一个哨兵”为目标，发动边民主动加入守防的行列，一面面鲜红的国旗、党旗飘扬在家家户户的屋顶，格外引人注目。所以，只有增强居民国土观念和责任意识，才能在边疆线上构筑起一道军民联防的铜墙铁壁。

为此，中央政府应结合边境地区实际，给予他们更多的关注和关怀，组建起一支由当地群众组成的“国土守护员”队伍，中央财政应像对待边防军人一样，从人力、财力、物力上加大资金投入力度，发挥他们熟悉地方情况的优势，协助公安边防派出所践行护边卫国的神圣使命，改善他们的生产生活条件，使他们安心守边，进一步筑牢维护祖国边境安宁和国家安全的群众基础。

（四）加大财政转移支付力度，完善基础设施建设

加大区域内道路交通设施、水电通讯等基础设施建设的投入力度，改善区域基础设施条件，有利于区域生产要素及产品的跨地区及跨国流动，打破封闭式发展环境，加快与外界的物质与信息交流，实现经济资源与要素的优化配置。同时，基础设施建设投入具有很强的乘数效应，能够拉动国民经济相关产业的发展，进而带动区域经济快速发展。完善的基础设施是一个地区经济和社会发展的前提条件，基础设施的薄弱表明这些地区的投资环境和条件差，弱化了这些地区市场发育程度和外部区域经济增长对这些地区的辐射作用，使之失去很多发展机会，阻碍与外部环境的交流和沟通。以怒江州为例，据统计，建州以来国家和省对怒江州的基本建设投入约为36亿元，仅占云南省同期投入的1%左右。在水电、矿产两大优势资源因环保原因而开发困难时，亟须大力发展的旅游产业却受到以交通为代表的基础设施建设滞后的制约。全州境内无机场、铁路、航运、国道，道路等级低，通达能力差，城市垃圾处理、污水处理等市政基础设施建设滞后。

因此，应加大财政转移支付力度，完善该地区的交通网络。在公路、机场、通信等基础设施建设中，加大主要运输通道、运输枢纽建设力度，努力形成以公路运输为主体，以空运为辅的综合应急输送保障网络，在维护边疆安全、社会治安、防汛抗旱、森林消防、矿山救护、医疗救护等方面发挥重要作用。

（五）促进生态农业快速发展

农业是目前该区域的支柱产业，要从根本上化解农业生产与环境保护这对矛盾，就必须改变整体思路，同时也要政府发挥财税政策的引导作用，发展集经济效益、社会效益和环境效益于一体的生态农业。生态农业通过物质循环和能量多层次综合利用和系列化深加工，实现经济增值，实行废弃物资源化利用，降低农业成本，提高生态系统稳定性和持续性，保护农民从事农业的积极性，为农村大量剩余劳动力创造内部就业机会。这既符合生态环境保护目标，又能使当地农民受益，可以极大地缓解自然保护区与周边居民之间的矛盾。

围绕增强农产品竞争力，加快优势农产品向优势区域集中，发展壮大一批对农业主导产业发展和农民增收带动力强的龙头企业，鼓励龙头企业发展订单农业并与农民结成利益共同体，构建政府—产业协会—龙头企业—专业农民等“四位一体”的产业化经营体系，采取“公司+协会+农户”的形式，形成原料、加工、销售连接优化的产业链，重点发展芸豆、马铃薯、中药材、蔬菜、花卉等优势产业，构筑农特产品生产的工业生态链。

（六）做大做强旅游产业，打造世界知名生态旅游品牌

生态旅游是一种能够保证生态环境可持续利用与发展，有效提高旅游业发展能力和居民福利水平并使其承担相应责任及义务的旅游方式，是一种共赢、共享、可持续的旅游发展模式。只有从战略高度认识旅游地的生态问题，运用生态学的思想和可持续发展的理论来规划和开发旅游地，做到旅游区的生态效益、社会效益和经济效益相结合，才可能使旅游业真正成为“无污染产业”，成为区域产业链中至关重要的一个环节。该区域发展生态旅游业要按照“整体、协调、循环、再生”的原则，对生态旅游的各个环节全面规划，综合开发，实现旅游资源的再生循环，达到生态和经济的良性循环，实现经济、环境和社会效益统一。

首先，加大旅游资源保护力度。由于该地区旅游资源丰富、品位和级别高，开发利用旅游资源势在必行，但生态环境极其脆弱，在开发利用与保护矛盾相冲突时应以保护优先，坚持“分级保护”、“分区保护”和“分类及要素保护”的多类别保护，树立整体保护的思想，保护其自然景观的完整性、人文景观的独特性以及自然与人文景观的和谐统一性。

其次，开发民族文化风情游，发展生态旅游。不同的民族文化民族风情，给该区域带来了丰富的文化资源。在充分发掘民族文化的前提下，积极开发民族文化风情游，把旅游业作为带动第三产业发展的主导产业来培育建设，围绕原生态旅游目的地要求，加快推进世界知名生态旅游品牌建设进程，把旅游业与民族文化有机结合起来，形成“政府主导、企业主体、市场运作”的旅游发展机制。

最后，改革分散的管理体制，为打造世界知名旅游品牌提供保障。针对目前保护区内所形成的横向分部门管理、纵向分级管理的管理体制格局，生态系统各要素的关联性被管理部门界限、行政区界限等人为因素割裂开来。分部门、分级别的管理体制，决定了保护区管理事权划分的格局，也进而决定了资金分配的格局和方式是割裂的、缺乏统筹安排的。因此，为了打造世界知名旅游品牌，需要建立相对独立的社会性管制机构。该机构既可以排除地方政府受地方利益的驱动而片面追求本区利益而采取的政府意志干扰，也可以避免多个行政管理部门共同执法、职权不明、执法尺度不一、重复执法的突出问题，同时维护了执法的专业性、独立性，提高执法效果。

参考文献：

[1] 王德强，廖乐焕．香格里拉区域经济发展方式转变研究．人民出版社，2011.

[2] 何忠俊，王立东，郭琳娜等．三江并流区土壤发生特性与系统分类．土壤学报，2011，48（1）：10－20.

[3] 王金亮．高黎贡山自然保护区北段森林土壤垂直分异规律初探．云南师范大学学报，1993，13（1）：83－90.

[4] 张万儒．青藏高原东南部边缘地区的森林土壤．土壤学报，1962（2）：107－144.

[5] 王晶，何忠俊，王立东等．“三江并流区”不同类型土壤腐殖质特性的研究．云南农业大学学报，2010，25（5）：559－663.

[6] 王金亮，角媛梅，马剑，郝维人．滇西北三江并流区森林景观多样性变化分析．林业资源管理，2000（4）：42－46.

[7] 刘伦辉，余有德，张建华．横断山自然植被垂直带的划分．云南植物研究，1984，6（2）：205－216.

[8] 陈矼，曹礼昆，陆树刚．三江并流的世界自然遗产价值——生物多样性．中国园林，2004（2）：40－43.

[9] 郭立群．云南三江并流区森林地理分区．西部林业科学，2004，33（2）：10－15.

[10] 朱振华，毋其爱，杨礼攀，高黎贡山自然保护区野生动植物资源现状及保护．林业科技，2003，28（6）：63－65.

“三江并流”及相邻地区绿色贫困问题研究*

一、引言

受地质构造运动尤其是喜马拉雅造山运动的影响，整个横断山脉同青藏高原一起迅速隆起，构成四山夹三江的“三江并流”地貌。“三江并流”（金沙江、澜沧江、怒江）流域范围内山脉连绵，江河纵横，高山峡谷相间，零星分布着高原台地和宽谷草场，形成了“三江并流”及相邻地区内各行政区域共同的、独有的地貌特征和特殊的经济社会现象，具有典型性和唯一性。因此，将“三江并流”及相邻地区作为一个独立的自然地理单元和经济区域来进行研究，探索其实现自然生态保护，区域性贫困问题得以解决的途径，对确保我国西部生态安全，实现横断山区扶贫开发，维护边疆安宁和民族团结具有重要意义。

二、“三江并流”及相邻地区绿色贫困问题的提出

（一）绿色贫困基本内涵

我国自然地理特点和长期二元经济，使一些地区“贫困”、“生态环境特殊”、“具有重要功能价值”三位一体。这类特殊敏感的地区，大部分位于我国重要生态功能区，同时大部分是我国的老少边穷地区，呈现出一种特殊的贫困现象即“绿色贫困”。具体而言，绿色贫困是指那些因为缺乏经济发展所需的绿色资源（如沙漠化地区）基本要素而陷入贫困状态，或拥有丰富的绿色资源但因开发条件限制而尚未得到开发利用，使得当地发展受限而陷入经济上的贫困状态。根据绿色资源的丰歉程度作为贫困根源的主导因素，绿色贫困可划分为两种类型：一类是因缺乏绿色植被和生态屏障保护而陷入贫困；另一类是拥有丰富的绿色资源，因交通不便，地理区位差，限制了资源的开发，陷入贫困，即富有中的贫困。

（二）“三江并流”及相邻地区范围

“三江并流”及相邻地区位于云南省、四川省和西藏自治区的交界地区，是

---

* 本文原载《生态经济》2013年第5期，与邹波、宋敏、朱婧合作。

我国长江中下游和东南亚陆地国家重要水源涵养区和生态屏障，维系着区域性、国际性的生态安全。由于特殊的自然地理环境，这一区域长期处于绿色资源富集、自然生态封闭和经济发展落后的状态。“捧着金碗讨饭吃”的困难局面，困扰着当地政府和群众，资源开发与生态保护的矛盾极为突出。

本研究在参考相关资料的基础上，以“三江并流”核心平行部分为中心，以三江河流实际有限发散标志处为界；在流域自然范围的基础上，结合流域所在的县域行政单元，确定23个县（区）作为研究范围（表1），总面积约16.93万平方公里（图1）。

表1　“三江并流”及相邻地区包括的范围

省区	州（市）	县
云南	怒江	泸水、兰坪、福贡、贡山
	迪庆	香格里拉、维西、德钦
	丽江	玉龙、宁蒗
	大理	云龙、永平
	保山	隆阳、施甸、龙陵
四川	甘孜	得荣、巴塘、乡城、稻城
	凉山	木里
西藏	昌都	左贡、昌都、芒康
	林芝	察隅

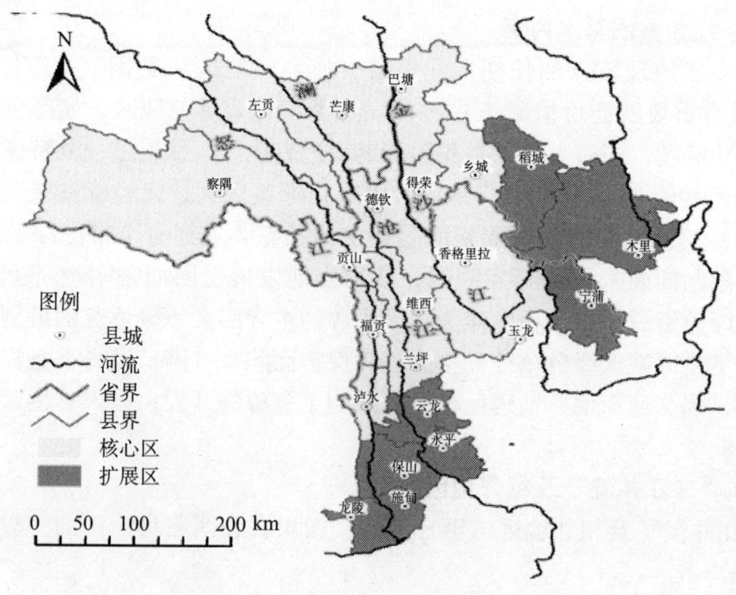

图1　“三江并流”及相邻地区范围

三、"三江并流"及相邻地区自然生态价值和区域性贫困

(一)重要的自然生态价值

第一,该地区具有重要的生态价值。这里是世界上地形最复杂的独立气候区,它以独特的地理位置,拦截西南气流带来的大量水汽而形成充沛的降水,直接影响我国天气、气候的形成与变化,对我国和东南亚的大气环流都有极大影响。金沙江在该区域有1200公里,流域面积占区域国土面积的70%,金沙江水系总径流量占长江总径流量的14.45%;澜沧江在该区域有1000公里,流域面积占区域国土面积的18%;怒江在该区域长800公里,流域面积占区域国土面积的10%左右。该地区保留了大面积的原始森林,生态系统较为完善,因长江中上游防护林体系建设、天然林保护、退耕还林(还草)等工程的实施进一步保护了生态资源。据《云南省森林生态系统服务功能价值评估》报告,2010年迪庆州森林生态系统服务功能价值为1187.23亿元、怒江为1120.83亿元、大理为1049.57亿元、保山为1004.80亿元。随着森林碳汇在应对全球气候变化及温室效应等问题中作用越来越明显,这一地区的森林固碳将为我国实现减排和在国际碳排放交易市场上竞争优势发挥产生巨大作用。

第二,森林资源丰富,生物多样性得到很好保护。2011年,该地区23个县森林总面积为10599033公顷,占该区国土总面积的60.6%,远远高于全国和本省平均水平,其中贡山县森林覆盖率最高,达到78.36%;18个县在50%以上(表2)。涉及的3个省区中,云南省森林覆盖率最高,5个州(市)的14个县平均达68.6%,高于云南省约20个百分点,高于全国48.2个百分点。云南西部横断山区的森林面积占全省有林地总面积的61%左右,森林蓄积量占全省的77.4%,集中分布的迪庆、怒江、丽江三个州,占全省的34%,森林覆盖率为32.7%。2011年,怒江州4个县的平均森林覆盖率为73.2%,其中贡山县最高,达到78.4%;施甸县的森林覆盖率最低也达44.8%。云南省在该区域的国土面积占全省的10.38%,而活立木蓄积占全省的24.63%;国土面积仅占全国的0.41%,活立木蓄积却占全国的2.83%。甘孜州是四川省重要的牧区,纳入该地区的4个县除了保存大量天然草地和人工草地以外,森林覆盖率也较高,其中乡城县达到52.23%,最低的得荣县是全国三大石漠化县之一,也达到21.9%。西藏自治区4个县,森林覆盖率也均远远高于全国和本省平均水平。

表 2　　2011 年“三江并流”区内各县森林资源

州市	县名称	国土总面积（公顷）	森林面积（公顷）	森林覆盖率（%）	活立木蓄积量（10^4 立方米）
迪庆	德钦县	727301	521966.4	71.77	7008.2
	维西县	447664	334975.3	74.83	4599.4
	香格里拉县	1141739	856205.4	74.99	12522.1
丽江	玉龙县	620029	448044.8	72.26	4580.0
	宁蒗县	602500	421750.0	70.00	—
怒江	福贡县	274600	210338.4	76.60	3432.6
	贡山县	437579	342907.4	78.36	6378.3
	泸水县	321148	229730.5	71.53	3656.0
	兰坪县	437238	289959.6	66.32	3148.4
大理	云龙县	437300	283328.3	64.79	2378.2
	永平县	279024	197026.5	70.61	1057.8
保山	隆阳区	485551	269151.9	55.43	2102.1
	腾冲县	570088	403195.3	70.73	4872.0
	施甸县	195314	87493.9	44.80	565.5
	龙陵县	279579	189693.2	67.85	1296.0
甘孜	稻城县	732300	339700.0	47.80	2439.9
	乡城县	501600	321600.0	52.23	1994
	得荣县	291366	63900.0	21.90	865
	巴塘县	785200	353100.0	28.10	2668.06
凉山	木里县	1325200	893000.0	67.30	11700
林芝	察隅县	3165900	1899540.0	60.00	23000
昌都	左贡县	1170000	525000.0	44.87	—
	昌都县	1100000	530000.0	48.18	—
	芒康县	1163220	587426.1	50.50	—

注：表中数据为课题组实际调查所得。

该地区是横断山区生物区系的典型代表和核心地带，是中国生物多样性最丰富的地区之一，名列中国生物多样性保护 17 个“关键地区”的第一位。贡嘎山、三江并流核心区、中甸—木里地区、金沙江山沟高山峡谷区、怒江—澜沧江高山峡谷区等都被列入长江上游森林生态区内的生物多样性保护优先区。

（二）区域性贫困问题

第一，经济基础薄弱，产业发展落后。“三江并流”及相邻地区大部分县域经济规模较小，产业结构单一，第一产业占优势比重较大，初级产品较多，低价值的劳动投入多，产品商业化程度低，尤其是高新技术产业和服务业在经济增长中所占比重极低。因此，各县 GDP 小，产业结构发育不完善，经济仍处于粗放型增长阶段。

调查资料显示，2010 年该地区 23 个县，仅有隆阳区的 GDP 过百亿元，达到 107.33 亿元，其余近 70% 的县 GDP 不超过 20 亿元；四川的 5 个县和西藏的 4 个县 GDP 均不超过 15 亿元；四川省得荣县 GDP 总量仅为 3 亿元，西藏自治区察隅县 GDP 也仅为 2.9 亿元（图 2）。

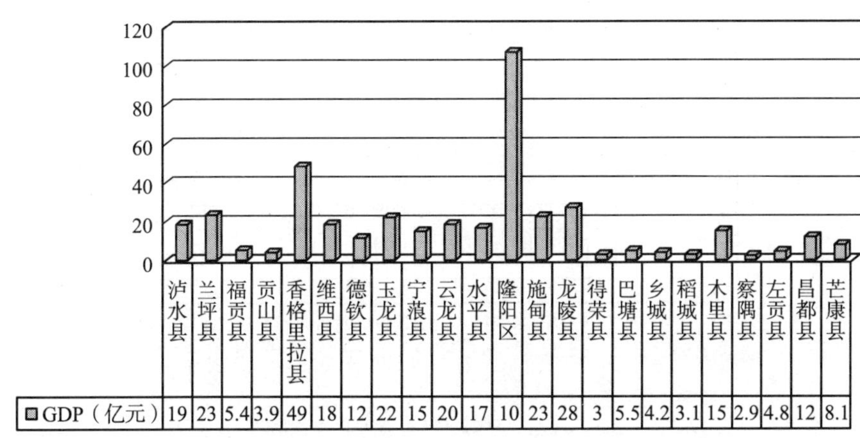

图 2 2010 年"三江并流"及相邻地区各县地区生产总值

2010 年，我国人均 GDP 为 29992 元，云南省为 15749 元，四川省为 17319 元，但该地区各县人均 GDP 均未超过我国平均水平，其中人均 GDP 最高的香格里拉县也仅为 29179 元，最低的是福贡县为 5600 元（图 3）。大部分县人均 GDP 仅达到全国平均水平的 35% ~40%。

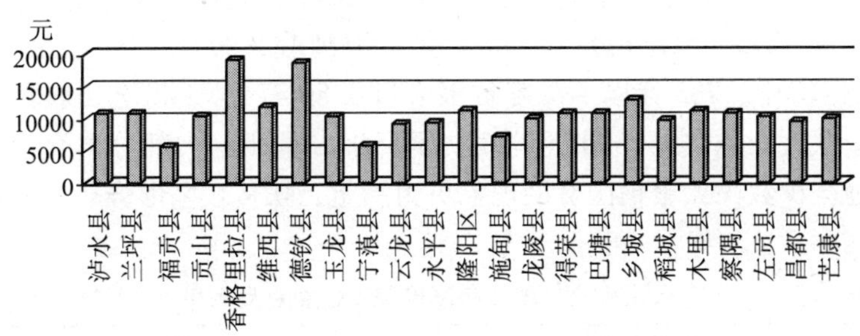

图 3 2010 年"三江并流"及相邻地区各县人均生产总值

第二，地方政府财力有限，地方性扶持力度小。该地区社会经济落后，财政自给率较低，发展所需的资金、技术主要依靠中央和兄弟省市的帮助和扶持。20 世纪 70 年代中期以来，该地区内各地州不同程度地把木材采运业作为地区经济发展的支柱产业，形成所谓的“木头财政”。国家实施生态保护工程以后，给予的补助和生态补偿资金杯水车薪，地方财政陷入困境。

该地区经济发展的积贫积弱致使当地政府财政自给率非常低，财政收支严重失衡，入不敷出，区域内各县之间财政收入差异性较大（图4）。从课题组调查收集的资料汇总来看，2010年该地区的23个县中，只有隆阳区的财政收入最高为7.48亿元，泸水、福贡等16个县财政收入不足2亿元，其中福贡、贡山、得荣、察隅和左贡的财政收入分别是0.27、0.26、0.25、0.13和0.12亿元。

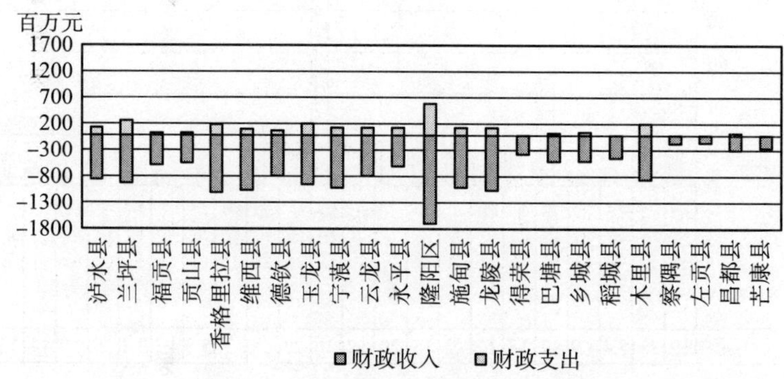

图4 “三江并流”及相邻地区各县2010年财政收支

第三，贫困面广、程度深，人民增收困难。该地区贫困县所占比重较大，有13个县列入2012年调整后的国家扶贫工作重点县名单，加上西藏全区都实行特殊扶贫政策，因此，该地区23个县中有17个县被明确为国家层面的重点扶贫对象（表3）。其中，怒江州的4个县均为国家扶贫开发重点扶持县，课题组调查资料显示，2010年全州贫困人口发生率约为35%，高出云南全省21.4个百分点，高出全国32.2个百分点，全州还有人均纯收入低于1196元的贫困人口14.07万人（其中，785元以下深度贫困人口5.89万人），占全州农村总人口的33.8%；按照人均纯收入2300元的新贫困标准，全州绝大部分群众处于贫困线以下。该地区少数民族聚集区贫困现象更为严重，扶贫攻坚形势非常严峻。

表3 “三江并流”地区国家扶贫工作重点县名单

地区	国家扶贫工作重点县	地区	国家扶贫工作重点县
怒江	泸水县、福贡县、贡山县、兰坪县	丽江	宁蒗县
大理	云龙县、永平县	保山	施甸县、龙陵县
迪庆	香格里拉县、德钦县、维西县	昌都	左贡县、昌都县、芒康县
凉山	木里县	林芝	察隅县

"三江并流"及相邻地区农牧民人口比重大，城乡居民收入水平低。2010年全国城镇居民人均可支配收入为19109元、云南为16064元、四川为15461元、西藏为14980元。但该地区城镇化率低，城镇经济收入来源单一，大部分城镇收入水平远远落后于全国和本省平均水平。通过调查组对该地区18个县2010年城镇居民人均可支配收入统计数据的汇总分析看出，只有香格里拉县超过全国平均水平，而云龙县最低，仅为7995元，是云南省的49.77%；其中，云南省的13个县也只有德钦、香格里拉等2县超过本省平均水平；四川省4个县，均未达到全省平均水平；昌都县城镇居民人均可支配收入也仅为西藏全区的86.25%（图5）。

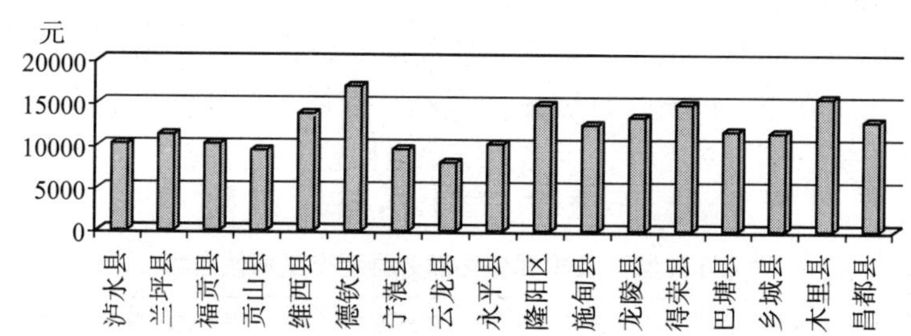

注：稻城、玉龙、察隅、左贡、芒康等县城镇人口较少，缺少这一项统计。

图5　2010年"三江并流"及相邻地区各县城镇居民人均可支配收入

表4　"三江并流"及相邻地区2010年农民人均纯收入

县	农牧民人均纯收入（元）	占本省比例（%）	县	农牧民人均纯收入（元）	占本省比例（%）
泸水县	2214	56.02	施甸县	3116	86.29
兰坪县	2250	56.93	龙陵县	3376	85.43
福贡县	1460	36.94	得荣县	2498	49.12
贡山县	1733	43.85	巴塘县	2066	40.62
香格里拉	4078	103.19	乡城县	2100	41.29
维西县	3269	82.72	稻城县	2266	43.69
德钦县	3372	85.32	木里县	3456	56.39
玉龙县	4413	111.66	察隅县	3531	85.33
宁蒗县	2387	60.40	左贡县	3590	86.76
云龙县	2378	60.17	昌都县	4101	99.11
永平县	3060	77.43	芒康县	3655	88.33
隆阳区	4090	103.49			

注：稻城县为2009年数据，木里县为2011年数据。

该地区农牧民所占比重较大，四川甘孜部分县90%以上的人口都为农牧民。

各县的农民人均纯收入明显偏低，远远低于全国、西部同地区和本省平均水平。2010 年全国农民人均纯收入为 5919 元，调查数据显示，该地区 23 个县没有一个达到全国平均水平，云南省只有香格里拉县、玉龙县、隆阳区达到全省平均水平，而福贡县和贡山县仅达到 1460 元和 1733 元，占本省水平的 36.94% 和 43.85%，不到全国平均水平的 30%（表 4）。当地农牧民为了生存对自然资源长期依赖性，同时“贫困幅面大、程度深”的现状在一定程度上加剧了生态环境的破坏。

四、“三江并流”及相邻地区绿色贫困问题的分析

（一）自然环境恶劣，生态脆弱

该地区山地、高原、山谷、盆地等各类地形组合千差万别。由于山高坡陡、水系密布、岩石裸露，植被一旦破坏，将难以恢复，而且极易造成山崩、滑坡、泥石流和水土流失等自然灾害，生态系统稳定性差。

表 5　“三江并流”及相邻地区部分县生态脆弱性指标

	区域	生态敏感度指数	生态弹性度指数	生态压力指数	生态脆弱度指数	生态脆弱度分级
怒江州	福贡	76.92	71.09	81.96	73.30	高度脆弱区
	泸水	77.88	69.99	66.59	68.94	高度脆弱区
	贡山	75.14	69.93	65.79	65.61	高度脆弱区
	兰坪	65.64	65.14	52.72	53.11	中度脆弱区
迪庆州	香格里拉	71.43	50.23	43.63	66.24	高度脆弱区
	德钦	44.73	51.32	64.86	44.37	中度脆弱区
	维西	71.57	67.76	65.47	63.02	高度脆弱区
甘孜州	德荣	76.67	40.84	54.59	83.00	极度脆弱区
	巴塘	62.40	37.83	49.43	67.15	高度脆弱区
	乡城	60.61	43.35	43.27	58.85	中度脆弱区

资料来源：乔青．川滇农牧交错带景观格局与生态脆弱性评价［D］．北京林业大学博士学位论文，2007.

相关专家从生态敏感度、生态弹性度、生态压力、生态脆弱度等对该地区部分县生态脆弱度分级开展了研究。研究表明，怒江、迪庆、甘孜等 3 个州的 10 个县中，有 2 个县处于中度脆弱区等级，1 个县为极度脆弱区，剩余的 7 个县均为高度脆弱区（表 5）。在这种脆弱、敏感的生态环境下，人类活动极易破坏生态环境的平衡，引发生态环境退化。三江并流区天然林可持续发展评价表明云龙县、宁蒗县属于不可持续状态，德钦县、维西县属于中等偏弱可持续状态，香格里拉、福贡、贡山、泸水、兰坪、永平等县属于弱可持续状态。由于严酷而封闭的自然环境，人口的生产活动对自然生态环境形成强烈依赖关系，只有通过过量

消耗生态系统才能维持生存。香格里拉县是该地区的核心，但相关研究表明2002～2004年这一地区属于生态较安全期，2005～2007年进入生态稍不安全期，从2008年起生态盈余成为生态赤字进入较不安全期。

（二）生态移民难度较大，生产生活方式难以转变

"三江并流"及相邻地区人口总量虽少，但境内群山峻拔、峡谷深邃、平坝地少，人口居住较为分散。当地农牧民为了生存，伐木取火、毁林开荒、陡坡垦植，人地矛盾突出。因此，为改善农牧民生产生活条件，减少对自然生态的破坏，实施生态移民迫在眉睫。

由于地方财力单薄，加上需要实施生态移民的人口数量多，迁入地安置能力有限，以及移民后续产业发展受限，给生态移民工程实施带来巨大困难。例如，得荣县地处横断山区中部，是全国三个石漠化县之一，植被稀少、水土流失严重。调查发现，得荣县国土面积中平坝面积不足4%，有70%的农牧民分散居住在半高山和高山地带，2010年全县返贫率为12%，2.6万总人口中有近2万需要实施生态移民；2011年，全县地区生产总值为3.6969亿元，地方财政收入仅为0.2504亿元，经济发展水平和财政收入都较低，面对如此规模的生态移民工程，地方困难较多。同时，由于少数民族人口长期处于传统的农业生产方式，不能很快适应种植和畜牧圈养，文化程度低，对现代生产生活方式接受程度低，因此造成移民移不出、安不稳、致富路少，回迁现象时有发生。

（三）经济发展的政策和制度性障碍较多

第一，自然保护区面积大，开发区域有限。该地区的自然保护区面积达1571205公顷，占这一区域国土总面积的9.29%（表6）。其中，高黎贡山国家级自然保护区面积占福贡县、贡山、泸水和隆阳等4个县区国土总面积的26.68%；白马雪山国家级自然保护区占德钦县国土总面积的29.78%；稻城县和得荣县的各级自然保护区面积分别占国土面积的25.95%和18.43%；自然保护区面积占国土面积15%以上的还有兰坪县、隆阳区、腾冲县、维西县和芒康县。

表6　"三江并流"及相邻地区的自然保护区保护区

保护区	所在地	面积（公顷）	级别	保护区	所在地	面积（公顷）	级别
龙陵小黑山	龙陵县	6293	省级	约巴	昌都县	37	县级
拉市海高原湿地	玉龙县	6523	省级	多拉	芒康县	45	县级
玉龙雪山	玉龙县	26000	省级	滇金丝猴	芒康县	185300	国家
泸沽湖	宁蒗县	8133	省级	莽措湖	芒康县	242	县级
云龙天池	云龙县	6630	省级	尼果寺	芒康县	162	县级
博南山	永平县	18000	市级	察隅慈巴沟	察隅县	101400	国家

续表

保护区	所在地	面积（公顷）	级别	保护区	所在地	面积（公顷）	级别
金光寺	永平县	9583	省级	措普沟	巴塘县	57874	市级
永国寺	永平县	672	市级	竹巴笼	巴塘县	14240	省级
高黎贡山	福贡县 贡山县 隆阳区 泸水县	405200	国家	佛珠峡	乡城县	9620	县级
翠坪山	兰坪县	8600	县级	热打尼丁	乡城县	1960	县级
云岭	兰坪县	75894	省级	马乌	稻城县	27700	县级
碧塔海	香格里拉县	14133	省级	所冲	稻城县	16600	县级
哈马雪山	香格里拉县	21908	省级	亚丁	稻城县	145750	国家
纳帕海	香格里拉乡	2400	省级	嘎金雪山	得荣县	30000	市级
白马雪山	德钦县	276400	国家	下拥	得荣县	23693	省级
柴维	昌都县	28	县级	巴丁拉姆	木里县	21086	市级
嘎玛	昌都县	18	县级	木里鸭嘴	木里县	10000	省级
若巴	昌都县	5	县级	掐郎多吉	木里县	39076	市级
合计				1571205 公顷			

注：资料来源于中华人民共和国环境保护部数据中心网站，自然保护区统计截止时间是 2009 年底。

该地区仍有很多农牧民过着“靠山吃山、靠水吃水”的生活，对自然资源的依赖性很大，保护区的保护与人口生计形成对资源的竞争。保护区通常位于农业生产水平落后、市场化程度较低、被社会边缘化的偏远地区，落后的生产和生活方式决定了周边的居民对自然资源有强大的依赖性，而立法却限制或禁止对区内自然资源的获取，割断了居民与自然资源的直接联系，他们丧失了赖以生计的食物燃料及其他经济收入，在没有其他缓解措施介入的情况下，直接导致了当地贫困的增加。自然保护区基本上属于禁止开发或限制开发区域，国家规定“保护区外围地带的建设项目不得损害保护区内的环境质量”，这给当地的发展计划和项目选择造成很大限制，很多道路、灌溉、电力等建设项目因此要绕过保护区，从而增加了许多建设成本，当地得到的补偿却十分有限。

第二，林业生态工程支助力度不够、配套政策不完善。该地区陡坡地比较多，水热分布不均，尤其是石山区，土壤较为缺乏，林苗存活率低、树木成林成材生长周期长，造林难度大，生态建设任务依然十分繁重。自 1999 年国家启动退耕还林工程试点，多年来补助标准一直不变，随着物价不断上涨，加之近年来国家实施种粮补贴，致使退耕还林得到的补助远远低于种植粮食收入，特别是一些退耕大户，收入受到较大影响，给生活带来一定困难。退耕还林工程建设周期长、见效慢、管理等工作程序繁杂，工程管理任务繁重，基层管理成本开支较大，地方财政负担较重。国家和地方政府缺少对这一地区实施配套林产业开发、农民增收致富的匹配项目和政策，基层政府和人民收入水平低，致富道路狭窄。

（四）林业产业化发展滞后，耕地资源缺乏

该地区仍以种植业和初级加工产品为主，而林业产业链短，高附加值林产品不多。同时，林业科技创新和推广投入不足，林业龙头企业规模普遍偏小，林权交易平台建设滞后。因此，造成林业资源综合利用率低，其发展呈现出"大资源、小产业"的状况。山区面积大，农牧民人口比重大、平地少是该地区人地矛盾的关键。由于缺少耕地，当地居民为了生存不得不毁林开荒、陡坡垦殖。怒江峡谷的贡山、福贡、泸水三县98%以上的土地为坡地，人均耕地面积贡山县为1.426亩、福贡县为1.12亩、泸水县为1.16亩，大多为梯地、牛犁地、手挖地、轮歇地和火烧地，粮食平均亩产不足150公斤。退耕还林后，25°以上的土地全部成为林地，一些原本水热土条件较好的坡耕地失去收益。因此，现有的有效耕地面积无法满足群众的生存和发展要求，加上基础设施建设占地，后续产业发展所需耕地资源非常有限。

（五）区位条件较差，交通通勤能力低

该地区历史上就是经济发展的边缘区，和外界之间进行物资和信息交流较为困难，经济区位差。因远离区域行政、经济核心区和交通干线，位居于各省、区的边远地带，形成封闭的自然生态环境、闭塞的经济社会和落后的人口素质。

表7　"三江并流"及相邻地区部分县距离州府和省城距离

县名称	州府/省城	距离（公里）
察隅县	拉萨市	934
	林芝地区	537
昌都县	拉萨市	1121
得荣县	甘孜州府	643
	成都市	1024
德钦县	昆明市	900
	迪庆州府	190
香格里拉县	迪庆州府	320
	昆明市	729
贡山县	怒江州府	250
	昆明市	800

通过对该地区部分县的县城所在地与州府和省会城市的距离统计来看（表7），昌都县至拉萨的距离达1121公里；察隅县距离拉萨市接近1000公里，距离林芝超过500公里；得荣县距离甘孜州府超过600公里，距离成都市超过900公

里；德钦县、香格里拉县、贡山县距离当地州府也在200~300公里，距离昆明也在800~1000公里左右。该地区各县与地区经济、行政中心之间不仅路途遥远，同时大部分线路是山路，路况较差，需要翻越高山和峡谷，部分地区高寒缺氧，因此通勤能力极低。一般来说，距离区域中心城市越远，受中心城市的辐射与带动作用就越弱。

五、绿色贫困问题解决的对策

（一）增设该地区为全国集中连片特殊困难地区

2011年，国家划定了11集中连片特殊困难地区，涉及该地区的有滇西边境山区、四省藏区，而国家也在西藏自治区实行特殊扶贫政策。其中，滇西边境山区总数是56个县、四省藏区总数是77个县，西藏自治区总数是74个县。该地区所属西部欠发达地区，总体来说各地区经济实力薄弱，贫困面广、贫困程度深、扶贫开发任务较重。因此，如果按照目前划定的区域来实施扶贫，势必给各省扶贫规划、建设和管理带来较大难度，相关政策也不能满足各区县需求。全国集中连片特殊困难地区中，该地区所包括的23个县（区），分属于三个不同的片区，其中有17个县是国家扶贫开发工作重点县（见表8）。

表8　该地区各县在“全国集中连片特殊困难地区”中分布

所属片区	所在州（市）地	县名称
滇西边境山区	保山市	隆阳区、施甸县、龙陵县
	丽江市	玉龙县、宁蒗县
	大理市	云龙县、永平县
	怒江州	泸水县、福贡县、贡山县、兰坪县
西藏自治区	昌都地区	昌都县、左贡县、芒康县
	林芝地区	察隅县
四省藏区	甘孜州	巴塘县、乡城县、稻城县、得荣县
	凉山州	木里县
	迪庆州	香格里拉县、德钦县、维西县

注：甘孜州4县，保山市隆阳区、丽江市玉龙县不在2012年国家扶贫开发工作重点县名单之列。

该地区具有同等自然生态价值和保护任务，地域相邻、自然地带以及经济社会发展特征相似。1956年，罗开富主编的《中国自然区划草案》按照自然地理特征，将该地区中四川、西藏部分和云南省统称为“康滇地区”。因此，将已经纳入“滇西边境山区”、四省藏区集中连片特困区和西藏自治区中的县剥离出来，一起合并组成“三江并流”及相邻地区集中连片特殊困难地区，作为全国第12个集中连片特殊困难地区，进行区域性专项扶贫开发。从历史、现实、自然地理等主要依据进行综合考虑，具有可行性。同时，对这一区域实现生态资源保护、区域扶贫开发和维护边疆安定以及民族团结具有十分重要的意义。

（二）制定统一的生态保护与区域性开发规划

云南省在该地区的县份大多属于农业县，主要以农业种植为主；而四川和西藏的县份主要是以畜牧业为主，少部分县兼有种植。在该地区中农业县、畜牧业县制定和实施统一的生态建设规划。制定区域环境保护专项规划，实施流域治理，建设城乡环境基础设施，实现跨境流域治理，切实加强该地区环境保护。突出生态性、特色性和可持续性，加强区域经济协作，以区域环境资源优势为依托，以产业结构优化调整为载体，开发绿色资源、培育生态产业，转变输血式扶贫、提升这一区域的整体造血功能。最终实现区域经济发展方式从粗放型、原料输出型向集约型、深加工增值型转变。

（三）进一步加大生态工程资助力度

该地区先后实施了长江中上游防护林体系建设工程、天然林保护工程、退耕还林（还草）工程和生态移民工程。这些生态工程实施多年来，极大地保护了当地自然生态，一定程度上改变了当地贫困落后的面貌。目前，这些生态工程建设已深入人心，为下一步实现当地脱贫致富奠定了生态基础、资源基础、政策基础和社会基础。

由于该地区分属于三个不同的省区，各地在执行生态工程建设过程中受到财力影响，实施了不同的支助政策，加上特殊的自然地理环境和落后于内地经济社会发展水平以及少数民族加上边疆区位因素影响，如果和全国实施同等的政策，势必会给生态工程巩固带来较大难度。因此，需要在这些地区实施一些具有倾斜性的政策，如加大财政转移和财政对生态补偿力度，探索特殊的生态移民政策和产业发展政策，继续延长生态工程实施的年限，并辅助实施一些生态产业发展和民生工程项目。

（四）开发区域优势资源，培育特色产业

该地区的水能、旅游、能源矿产、动植物和医药等资源都具有明显优势。受印度洋的暖湿气流与青藏高原的冷空气交汇影响带来丰沛的降水；同时，又地处我国地势第一阶梯向第二阶梯过渡的地带，河床比降大，水能资源异常丰富。其中，怒江州水资源总量达 894. 15 亿立方米，水能理论蕴藏量达 2000 万千瓦，占云南省总蕴藏量的 11. 6%，可开发的水能资源装机容量为 1774 万千瓦；迪庆州水资源总量为 119. 73 亿立方米，可开发利用水能资源在 1370 万千瓦以上；甘孜州水资源总量为 1397. 83 亿立方米，占四川省河川径流量地表水资源总量的 1/3 以上，水能理论蕴藏量 3729 万千瓦，占四川全省的 27%；昌都地区水资源总量达 771. 1 亿立方米，天然水能总蕴藏量达 3104. 7 万千瓦，占西藏自治区的 30%。

该地区是世界上为数不多、迄今还保持着大面积原始生态，具有典型的生物多样性和民族文化最为丰富的区域，也是我国高品位的旅游资源最为丰富的区域。《关于共建“中国香格里拉生态旅游区”核心区的报告》已获得国家批准，四川省甘孜州、凉山州，云南省迪庆州、大理州、怒江州、丽江市以及西藏自治区昌都地区、林芝地区均在核心区范围。通过进行生态修复与建设，这一区域完全具备建立国际性旅游景区的条件。

该地区复杂多样的自然地理环境，孕育了多样的生态类型和丰富的物种资源，在仅占国土面积3%左右的地域分布了北半球从热带到寒带的生物类型，被人们称为“生物基因库”。该区域具备建立我国最大的野生生物资源保护与产业开发基地的条件，可建成我国最大的野生花卉和野生药物植物栽培基地，并逐步开展野生药用植物的提纯加工，形成生物产业链。该区域内畜牧业资源丰富，牦牛、藏绵羊、藏山羊等高原特有畜种在产业开发中具有形成垄断经营的条件，极易获得竞争优势，还具有经济价值高、开发潜力大的特点。构建青藏高原特色畜产品生产及加工基地，通过草场建设和改良畜种，培育高原特色畜牧业。

参考文献：

[1] 邹波，徐霖，崔剑．走出绿色贫困［N］．学习时报，2011－10－31（07）．

[2] 邹波，刘学敏，王沁．关注绿色贫困：贫困问题研究新视角［J］．中国发展，2012，12（4）：7－11．

[3] 王德强，廖乐焕．香格里拉区域经济发展方式转变研究［M］．人民出版社，2011．

[4] 罗民波，杨雪清，杨良．三江并流地区经济活动对生态环境的影响及天然林的保护对策［J］．云南大学人文社会科学学报，2001，27（6）：72－76．

[5] 吴波，朱春全，李迪强等．长江上游森林生态区生物多样性保护优先区确定——基于生态区保护方法［J］．生物多样性，2006，14（2）：87－97．

[6] 乔青．川滇农牧交错带景观格局与生态脆弱性评价［D］．北京林业大学博士学位论文，2007．

[7] 李思广，司马永康，马惠芬等．三江并流区天然林可持续发展标准与指标［J］．西部林业科学，2007，36（3）：103－106．

[8] 李晖，范宇，李志英等．基于生态足迹的香格里拉县生态安全趋势预测［J］．长江流域资源与环境．2011，20（Z1）：144－149．

[9] 孙智明．三江并流地区的区域发展与贫困问题［J］．现代物业，2010，9（8）：6－9．

[10] 王嘉学，夏淑莲，李培英．三江并流世界自然遗产保护中的怒江峡谷脱贫问题探讨［J］．生态经济．2006（1）：31－34．

[11] 迪庆州着力提高水资源利用率．［2011－07－25］．http：//www. shangri-lanews. com/xwzx/2011－07－25/content_53563. htm；对西藏东部经济区发展有关问题的思考．［2008－03－24］http：//bbs. news. 163. com/bbs/shishi/67154774，1. html.

构建“三江并流”生态建设综合配套改革试验区的思路*

一、研究范围

“三江并流”及相邻地区是指金沙江、澜沧江和怒江这三条发源于青藏高原的大江自北向南流经川藏滇崇山峻岭之间，形成世界上罕见的“江水并流而不交汇”的奇特自然景观。本文所研究的范围涵盖云南省的怒江州、迪庆州、丽江市、大理市和保山市，四川省甘孜藏族自治州和西藏自治区昌都地区、林芝地区等滇川藏结合部，见表1。

表1　“三江并流”及相邻地区所辖范围的界定

	地州	隶属省份	所辖县域	备注
“三江并流”及相邻地区	怒江州	云南	泸水县、兰坪县、福贡县、贡山县	15县
	迪庆州		香格里拉县、维西县、德钦县	
	丽江市		玉龙县、宁蒗县、古城区	
	大理州		云龙县、永平县	
	保山市		隆阳区、施甸县、龙陵县	
	甘孜州	四川	得荣县、巴塘县、乡城县、稻城县	5县
	凉山州		木里县	
	昌都地区	西藏	左贡县、芒康县	3县
	林芝地区		察隅县	

本文将分属于3省区9地州作为相对独立的经济区域进行考察，理由是：(1) 区内各地州处于相同的自然地理单元。该区域山脉连绵、江河纵横、高山峡谷相间、岭谷起伏，零星分布着高原台地和宽谷草场，构成了“三江并流”区域共同的地貌特征。(2) 区内各地州资源优势的共同性。由于区内各地州共处同一自然地理单元，诸如矿产、畜牧业、生物和旅游等资源的种类、结构与丰缺程度呈现出极强的同构性。(3) 区内各地州经济结构的同质性。区内经济结

* 本文原载《经济问题探索》2013年第5期，与宋敏合作。

构高度相似，第一产业在 GDP 构成中所占比例较高，农业人口占总人口的比例偏大；采掘业、原材料初加工等初级制品在工业结构中所占比例较高；以旅游业为主导的第三产业在各地州的生产总值中的比重增长速度较快。(4) 区内各地州经济发展阶段的一致性。从经济发展水平看，区内各地州人均收入水平低、人均消费支出极其有限、人均财政收入低，地方经济依靠上级政府的财政补拨来推动，自我积累、自我发展能力弱。(5) 生态保护建设制约因素的相似性。这些因素包括：区域经济基础薄弱，基础设施建设滞后，社会贫困幅面大，生物多样性稳定性差，管理体制不顺与政策体系不健全，阻碍生态保护建设进程，区域人口素质偏低等。

二、重要意义

近年来，“三江并流”及相邻地区在生态文明建设、经济社会发展、边疆安宁稳定和民族团结和睦等方面取得了很大成就，但总体上说，该区域是“资源富集、生态脆弱、经济贫困”的特殊区域，加之特殊的自然环境和气候、气象条件的制约，以及生态保护资金缺乏，区域内生态环境保护工作仍然面临着严峻形势。本文建议设立国家级“三江并流”生态建设综合配套改革试验区，在当前具有重要的战略意义。

（一）是贯彻西部大开发战略、贯彻生态文明建设的必然要求

生态兴则文明兴，生态衰则文明衰，辉煌的中华文明与长江、黄河流域的生态状况息息相关。设立“三江并流”生态建设综合配套改革试验区，要坚持以可持续发展为基本原则，处理好生态环境保护、资源开发利用与经济发展之间的关系，促进人与自然的和谐共生，这完全符合贯彻落实科学发展观和构建社会主义和谐社会的总体要求，是落实十八大报告中关于生态文明建设、实施西部大开发战略，让当地居民享受发展红利的必然要求，也是缩短区域发展差距、发挥自身比较优势、加快经济增长方式转变的必然要求。

（二）是保护生态系统、增加碳汇和构建生态屏障的最好途径

“三江并流”及相邻地区是国内外多条河流重要的水土保持和生态保护区，搞好生态保护建设有利于为国内外多条重要河流提供重要的生态屏障。作为我国物种中心生物基因库，该区域孕育着多样化的动植物及微生物物种等丰富的生物资源，堪称“地球物种基因库”。其面积占中国国土面积不到 0.4%，却拥有全国 20% 以上的高等植物，具有巨大的生态价值。其生态保护与建设将直接关系到整个流域的水源涵养，对于云南、我国乃至东南亚国家的生态保护有着极其重要的意义。同时，生态保护与建设既可以防风固沙、增加土壤蓄水能力、控制水土流失、减轻自然灾害的危害，具有强大的碳汇功能，可产生较大的经济效益，促进当地经济的可持续发展。这是应对气候变暖、保护生态系统、降低生态环境

成本和增加碳汇效果的最好办法。通过设立国家级“三江并流”生态建设综合配套改革试验区，在“三江并流”及相邻地区继续实施植树造林、森林管理、植被恢复等措施，利用植物的光合作用吸收大气中的二氧化碳，将其固定在植被或土壤中，发挥森林对二氧化碳的收汇、贮存功能，减少温室气体在大气中浓度。

（三）可将其作为我国政府发展低碳、增加碳汇最重要的生态牌，争取我国在全球生态保护中的地位和话语权

作为重要的产流区、水源涵养区和补给区，“三江并流”及相邻地区是西南乃至全国经济社会和生态环境保育极其敏感和至关重要的前沿阵地，在涵养和补给水源、调节气候、保持水土、维护生物多样性方面具有重要的特殊功能和生态地位。其完整的生态系统，不仅是我国高原生态安全屏障，而且是国家生态安全体系的重要组成部分。该区域一旦生态环境恶化，生态危机必然会通过江河的生态链传导到整个流域，影响到该流域人民的生存和生活质量。因此，该区域的生态保护与建设不仅关系到我国西南地区各族人民群众的生存和发展，而且关系到我国乃至整个东南亚地区的生态安全。同时，在国际交往中，生态外交逐步成为国家外交的重要内容，通过设立国家级“三江并流”生态建设综合配套改革试验区，把“三江并流”及相邻地区生态保护与建设作为我国政府发展低碳、增加碳汇最重要的生态牌，争取我国在全球生态保护中的地位和话语权，确立我国在发展低碳经济和增加碳汇的全球任务中负责任大国的形象。

三、构建“三江并流”生态建设综合配套改革试验区的总体思路

尽管“三江并流”及相邻地区在我国西南发展战略中有着无可置疑的重要性，承担着国家西南地区生态安全、国防安全、巩固边疆、民族团结等重任，但由于生态环境极其脆弱，经济发展较差，新中国成立以来一直在做贡献，失去了一些发展机会却没有得到应有补偿，从而造成目前发展能力较差、发展后劲不足的局面，并且这种生态发展潜力很大的区域却长期处于政策边缘，无缘国家战略层面的规划。因此，本文建议，“三江并流”及相邻地区生态保护与建设理应上升到国家战略层面，应尽快建立国家级“三江并流”生态建设综合配套改革试验区。

（一）构建依据

目前，我国的区域发展规划在空间上基本上呈现东、中、西整体布局与个性化布局相结合的特征，形成了三种类型区域的国家战略格局：第一种类型是深圳、珠海、厦门、汕头、海南等城市特区。第二种类型是国家综合配套改革试验区（见表2），包括两种：一种是全面性的，如上海浦东新区、天津滨海新区；另一种是专题性的，如重庆、成渝的城乡统筹，武汉都市圈和长株潭城市群的两

型社会，沈阳经济区的新型工业化，山西省的资源经济转型。第三种类型是区域性发展规划，包括西部大开发、东北等老工业基地振兴和中部地区崛起。现有国家层面的规划在东部沿海已经基本实现全覆盖，局部区域甚至同时纳入2~3个国家战略规划的覆盖范围，中西部多数核心区域也被纳入国家规划，但仍有部分发展潜力很大的区域尚未被纳入关注范畴。并且，目前国家批准的综合改革试验区尚缺少国家级生态建设综合配套改革试验区，而我国经济社会最突出的矛盾和问题之一，就是生态环境的恶化，解决这个痼疾，需要进行多方面改革和政策调整，也急需成功的经验和做法。

表2 国家战略层面所规划的国家综合配套改革试验区

类别	序号	名称	批准时间	备注
国家综合配套改革试验区	1	上海浦东新区	2005-06	探索完善社会主义市场经济体制
	2	天津滨海新区	2006-05	探索新城市发展模式
	3	成都试验区	2007-06	统筹城乡发展综合改革试验区
	4	重庆试验区	2007-06	统筹城乡发展综合改革试验区
	5	武汉城市圈	2007-12	“两型社会”建设综合配套试验区
	6	长株潭城市群	2007-12	“两型社会”建设综合配套试验区
	7	深圳试验区	2009-05	特区中的新特区
	8	沈阳经济区	2010-04	国家新型工业化综合配套改革试验区
	9	山西试验区	2010-12	国家资源型经济转型试验区
	10	厦门试验区	2011-12	促进两岸关系和平发展

“三江并流”及相邻地区具有相对独立的区位空间、脆弱的生态环境、密不可分的经济协作、丰富的矿产资源、相同的历史渊源、大体相当的发展阶段，是最有条件、也最应该成为这样的试验区，可以在全国起到示范性和独特性。这是因为“三江并流”及相邻地区是全国经济发展的一张“生态品牌”。作为生态试验区，会率先遇到各种挑战和问题，探索解决这些问题和矛盾的思路与经验，会为全国其他类似区域经济增长方式转变积累经验并起到示范作用。同时，“三江并流”及相邻地区在我国乃至世界上都具有独特的地位，其发展效果对世界范围都有巨大影响。因此，为切实加强“三江并流”及相邻地区生态环境支撑能力建设，提高生态功能和服务质量，增强生态屏障和生态服务作用，应尽快将“三江并流”及相邻地区的生态保护与建设上升为国家战略，建议成立国家级“三江并流”生态建设综合配套改革试验区。

（二）功能定位

“三江并流”及相邻地区是生物性最集中的自然保护区之一，生态保护与建设工作将对原始森林、珍稀野生生物、高寒灌丛、人文景观和区内生态环境的保护产生重要作用。该区域独特的战略地位决定了在全国生态主体功能区中，必然是禁止开发区和限制开发区。结合该区域主体功能区的定位，本研究确定“三江并流”区核心区 14 个县。具体来说，包括西藏昌都的察隅、左贡、芒康等 3 县；四川的得荣、巴塘、乡城等 3 县；云南的泸水、兰坪、福贡、贡山、香格里拉、维西、德钦、玉龙等 8 县。扩展区 8 个县，包括四川的稻城、木里 2 县；云南的宁蒗、古城区、云龙、永平、隆阳区、施甸、龙陵等 7 个县。位于北纬 24°～30.6°，东经 95.5°～101.7°之间，全区包括 22 个县市，面积达 15.7 万平方公里，其中西藏自治区面积 54980.48 平方公里，四川省面积 35672.82 平方公里，云南省面积 66727.14 平方公里。

在功能区内始终坚持生态保护与建设发展战略，将其打造成国家级的“三江并流”区域生态建设综合配套改革试验区，该区域的经济功能定位主要体现在：

1. 建成我国长江中上游重要的水土保持和生态保护区。该区域特殊的生态地理区位以及丰富多样的生物资源，使其在我国生态环境保护工作中所占有的地位十分凸显。加强对该区域的生态保护与建设工作，既是该区域社会、经济与生态协调发展的要求，又是我国经济最发达的长江流域社会、经济与生态协调发展的客观要求。

2. 该区域具备建成国际性旅游景区的资源条件和基础。该区域是世界上为数不多、迄今还保持着大面积原始生态的区域，也是全球生态类型、生物多样性和民族文化最丰富的区域，又是我国高品位的旅游资源最为丰富的区域。通过设立“三江并流”生态建设综合配套改革试验区，构建由迪庆香格里拉至昌都的滇藏旅游热线、由迪庆香格里拉至甘孜康定的滇川康巴风情旅游热线、由迪庆香格里拉经怒江贡山县沿怒江峡谷至保山或大理的滇西北旅游大环线，以及由甘孜康定至昌都的康藏旅游热线，最终打造成世界级精品生态旅游区和国际旅游胜地。

3. 建立我国最大的野生生物资源保护基地。该区域复杂多样的自然地理环境，孕育着多样的生态类型和丰富的物种资源，分布着北半球从热带到寒带的生物类型，还在野生物种的驯养、栽培以及加工等方面取得了一定成效。根据已有的物种资源和自然条件，该区域要以区内丰富的野生动植物资源为依托，以虫草、松茸开发为起点，依靠科技进步，逐步建立具有较高经济价值的野生花卉、野生植物栽培基地和野生动物人工训练基地，并逐步开展野生药用植物的提纯加工，形成生物产业链，提高产业附加值。

4. 建立青藏高原特色畜牧业和畜产品加工基地。该区域内畜牧业资源丰富，所特有的牦牛、藏绵羊、藏山羊等特有的青藏高原特有畜种在产业开发中具有经济价值高、开发潜力大、竞争优势强的优势，因此，具备了建立青藏高原特色畜牧业基地的资源条件和优势。通过草场建设和改良畜种，大力发展以牦牛为主的青藏高原特色畜牧业，形成一定产业规模，积极开拓国内外市场，组建区域性的畜牧业产业经营组织，逐步实现对传统畜牧业的改造、整合与深度开发。

（三）重点工作

1. 全力推进生态保护工程。通过动员全社会大力开展植树造林，提高州、县、乡政府所在地绿化率；继续实施天保工程和退耕还林工程，做好生态脆弱地区的地质灾害防治；治理整顿开矿、采石行为，开展重点流域矿山环境综合治理，实施饮用水源地保护工程；充分发挥林业优势，大力培育、扶持、引进林业龙头企业，重点实施好中低产林改造、农特产品综合加工、畜产品综合加工等项目建设，推进生物产业原料基地建设。

2. 加强生态保护建设动态监测。"三江并流"及相邻地区生态类型较多、变化较快，外部各种自然和人为胁迫都会给脆弱的生态环境带来巨大影响，建立一个区域性的脆弱信息数据库和基于信息、经济、环境等综合协调信息数据库，以便持续观测外部环境压力、人为活动对脆弱生态环境的影响及各影响因素之间的关系，研究脆弱生态环境的变迁和演替规律，探讨各种修复措施对消除生态环境脆弱和提高土地生产力的有效性。

3. 组建国土守护员队伍。该区域是一个集边疆、民族、山区、贫困为一体的国家级贫困地区，长期以来，仍有很多居民世居于此，生存条件差、生活贫困，有些居民点至今不通路、不通电，交通工具靠牲畜，信息传递靠人，他们用青春热血守护着祖国的边疆和辖区，不畏艰险、寸土必争、忠于职守，为确保国防安全做出了重要贡献，被誉为"千里眼"、"顺风耳"，却甘守清贫、寂寞，不计个人得失，心甘情愿、无怨无悔地付出。应结合边境地区实际，给予他们更多的关注和关怀，组建起一支由当地群众组成的国土守护员队伍，中央财政应像对待边防军人一样，从人力、财力、物力上加大资金投入力度，发挥他们熟悉地方情况的优势，协助公安边防派出所践行护边卫国的神圣使命，改善他们的生产生活条件，使他们安心守边，进一步筑牢维护祖国边境安宁和国家安全的群众基础。

4. 加强区域经济协作。加强区域经济协作，对"三江并流"区域经济发展更显重要，打破政区界限，积极探索建立符合规模经济原则的跨政区的经济组织形式，建议：一是组建滇、川、藏结合部行业经济协作组织，配合和协助当地政府规划区域产业布局，指导制定区域产业政策，协商解决区域经济协作与发展事宜；二是组建跨政区的大型企业集团，通过实现统一品牌、统一定价、统一经营，有效地变区域资源优势为经济优势，形成区域整体竞争优势。

参考文献：

[1] 刘学敏．论循环经济［M］．中国社会科学出版社，2008.

[2] 刘学敏．我国推进可持续发展实验区面临的挑战［J］．科技成果纵横，2009（5）：

11－13.

［3］王晶，何忠俊，王立东等．“三江并流区”不同类型土壤腐殖质特性的研究［J］．云南农业大学学报，2010（5）：559－663.

［4］何忠俊，王立东，郭琳娜等．三江并流区土壤发生特性与系统分类［J］．土壤学报，2011（1）：10－20.

［5］王德强，廖乐焕．香格里拉区域经济发展方式转变研究［M］．人民出版社，2011.

［6］秦尊文．“两型”社会建设综合配套改革进程［M］．湖北人民出版社，2012.

［7］宋敏．“三江并流”地区生态环境保护的对策建议［J］．商情，2012（45）：98－99.

［8］宋敏．“三江并流”地区生态保护修复亟待上升为国家战略［J］．现代营销，2012（10）：180.

区域创新方法的评价指标及应用*

一、构建区域技术创新方法评估体系的必要性

创新能力是决定一个国家或地区经济发展的重要因素。美国、西欧和日本的经济强势与其技术创新能力密切相关。中国政府充分意识到技术创新的意义，积极制定了一系列主题计划，如国家的“863”计划（国家高技术研究发展计划）、“973”计划（国家重点基础研究发展计划）及发展高新技术产业的火炬计划等，还设立了53个国家级的高新技术开发区以吸引外资并支持高新科技企业的发展，以期达到利用技术创新拉动经济增长实现国家产业结构升级的目的。

TRIZ是发明问题解决理论，其拼写是由“发明问题的解决理论”（Theory of Inventive Problem Solving）俄语含义的单词首字母（Teoriya Resheniya Izobretatelskikh Zadatch）组成，它是由苏联发明家G. S. 阿利赫舒列尔（G. S. Altshuller）在1946年创立的。阿氏认为当人们进行发明创造、解决技术难题时，是有可遵循的科学方法和法则的，利用这些法则能迅速地实现新的发明创造或解决技术难题，任何领域的产品改进、技术变革和创新与生物系统一样，都存在产生、生长、成熟、衰老、灭亡的规律。掌握了这些规律，就能能动地进行产品设计并能预测产品的未来趋势。以后数十年中，苏联的研究机构、大学、企业组成了TRIZ研究团体，分析了世界近250万份高水平的发明专利，总结出各种技术发展进化遵循的规律模式，以及解决各种技术矛盾和物理矛盾的创新原理和法则，建立一个由解决技术、实现创新开发的各种方法算法组成的综合理论体系，并综合多学科领域的原理和法则，建立起TRIZ理论体系。

相对于传统创新方法，TRIZ具有鲜明的特点和优势。在我国开始重视研究和应用推广TRIZ时，首先应该结合中国企业技术创新的实际，改进和完善TRIZ的基础理论和方法工具，从而真正提高企业的自主创新能力和国家的科技竞争力。

要想实现区域技术创新方法的中国化，对试点省份根据自身情况推广科技创

---

* 本文原载吴学梯、周元主编：《方法·创新·转变》，高等教育出版社2011年版。与胡海峰、胡吉亚、蒯鹏州、代松合作。本文为2010年12月10日创新方法研究会在北京举办的以“方法·创新·转变”为主题的“2012创新方法高层论坛”上的演讲稿。

新方法的成效评估进行评价就显得尤为重要。这是因为，越是符合本地实际情况其成效也越好，反之，如果没有将区域技术创新方法进行本地化调整，那么推广成效就会大打折扣。通过促进各试点省份总结区域技术创新方法本地化的经验，来寻找出区域技术创新方法中国化的一般规律和需要特别对待之处，对进一步在全国范围内推广极为重要。

另外，在推广区域技术创新方法的过程中，如何提高效率、减少浪费、用最少的投入获得最好的推广效果，也是构建区域技术创新方法评估体系的考虑因素之一。只有定量地分析区域技术创新方法体系的有效性，才能科学评价推广技术创新方法各项措施的效果，从而适时调整各项政策，不断地完善各地促进区域技术创新方法的各种措施。

二、构建区域技术创新方法成效评估指标体系

（一）指标体系的构建原则

指标体系中指标的选取、权重的设定、一级指标、二级指标和三级指标的确定都将影响区域技术创新方法成效评估的结果。学界目前尚无科学规范的区域技术创新方法成效评估的指标体系，国际上普遍认可的与之相关的指标设计由两个部分组成：投入指标和产出指标。其中，二级指标设定非常简单：投入指标包含R&D人员和R&D经费，产出指标为专利。显然，这样的指标设定过于简单和粗糙。本文将在遵循指标体系设定基本原则的基础上，全面权衡区域技术创新成效的各项评估指标，建立起一套全面、科学和实用的评估指标体系。

一般来说，区域技术创新成效评估指标的设定应该遵循以下原则：

1. 科学性。指标稳健有效，能够对成效的评估起到支持作用，数据的来源权威可信，指标本身与评估对象关联度大、敏感性强，指标体系的层次清晰。

2. 系统性。区域技术创新方法是一个体系，体系中各个环节紧密相连，在构建指标体系的同时要充分考虑各个环节和要素的层次关系，从整体上把握全局。

3. 易操作性。指标的数据获取相对比较容易，数据可以从相关的统计部门获得，或者相对比较容易查找，在信息表达尽量充分的前提下，应选取较少的指标，避免相同或含义相近的变量重复出现。指标体系划分过细，指标选取过多，会使评价结构过于复杂而失去应用价值。

4. 动态性。指标并不局限于测度某个时点的区域技术创新成效结果，而是具有与时俱进的特点，能够追踪评估对象的变化做出相应的调整。

5. 创新性。指标选取的创新性是指该指标不遵循古板的套路思维，能够体现具体情况、具体环境，符合当前的需要。

（二）指标体系的构建

借鉴相关文献资料，根据上述指标体系创建的原则，将区域技术创新方法

成效评估指标体系确定为一个包含一级指标（3 个）、二级指标（11 个）和三级指标（71 个）的体系。三个一级指标为：投入指标 A、产出指标 B、环境指标 C。

以上设定的指标体系可以直观地总结为表 1。

表 1　　区域技术创新方法成效评估指标体系

一级指标	二级指标	三级指标
投入指标 A	政府投入 A_1	用于技术创新的财政拨款（百万元）A_{11}
		区域创新部门工作人员数量（人次）A_{12}
		完成技术咨询合同（个）A_{13}
		政府对科技创新型企业减税或返还税额（百万元）A_{14}
		表彰奖励科技工作者（人次）A_{15}
		对创新产品的政府采购额（百万元）A_{16}
		科普教育基地（示范基地）（个）A_{17}
	科研机构投入 A_2	科技活动人员数量（人次）A_{21}
		科技活动人员中科学家和工程师的人数（人次）A_{22}
		R&D 基础研究经费支出（百万元）A_{23}
		R&D 应用研究经费支出（百万元）A_{24}
		R&D 实验发展经费支出（百万元）A_{25}
	企业投入 A_3	有 R&D 活动的企业（个）A_{31}
		企业用于 R&D 的自筹资金（百万元）A_{32}
		国有及国有控股企业年项目数（个）A_{33}
		国有及国有控股企业 R&D 全时人员（人次）A_{34}
		国有及国有控股企业 R&D 经费（百万元）A_{35}
		内资私企年项目数（个）A_{36}
		内资私企 R&D 全时人员（人次）A_{37}
		内资私企 R&D 经费（百万元）A_{38}
		港澳台及外商投资企业年项目数（个）A_{39}
		港澳台及外商投资企业 R&D 全时人员（人次）A_{310}
		港澳台及外商投资企业 R&D 经费（百万元）A_{311}
	中介投入 A_4	省级科协数量（个）A_{41}
		省级科协从业人员数量（人次）A_{42}
		省级科协年经费筹集总额（百万元）A_{43}
		省内举办学术交流活动（次）A_{44}
		推广新技术、新品种（项）A_{45}
		主办科技期刊报纸（种）A_{46}
		省内举办科普讲座（次）A_{47}

续表

一级指标	二级指标	三级指标
产出指标 B	科研产出 B_1	年度科技成果登记数（件）B_{11}
		国家技术发明奖（项）B_{12}
		国家科学技术进步奖（项）B_{13}
		专利申请受理量（件）B_{14}
		专利申请授权量（件）B_{15}
		国外论文期刊上发表科技论文的数量（篇）B_{16}
		国内论文期刊上发表科技论文的数量（篇）B_{17}
	技术产出 B_2	高新企业的增量（个）B_{21}
		科技创新成果数量（件）B_{22}
		科技创新成果推广率（%）B_{23}
		科技成果转让情况（件）B_{24}
		技术市场成交额（百万元）B_{25}
	效益产出 B_3	科技创新成果实现产值（百万元）B_{31}
		科技创新成果实现利税（百万元）B_{32}
		科技创新成果创汇额（百万元）B_{33}
		科技创新成果节汇额（百万元）B_{34}
		高新产业增加值占 GDP 比重（%）B_{35}
		GDP 增长速度（%）B_{36}
环境指标 C	基础设施水平 C_1	平均每万人的货物运输量（t/万人）C_{11}
		平均每万人旅客周转量（km/万人）C_{12}
		平均每万人拥有的通车里程（km/万人）C_{13}
		平均每百人移动电话用户（户/百人）C_{14}
		平均每百人国际互联网用户（户/百人）C_{15}
		平均每万人邮电业务量（万元/万人）C_{16}
		公用图书馆的数量（个）C_{17}
	政策法律环境 C_2	经济政策对自主创新的支持力度 C_{21}
		地方法规对自主创新的支持力度 C_{22}
		知识产权的保护程度 C_{23}
		政府决策透明度 C_{24}
		法律法规执行力度 C_{25}
	社会文化环境 C_3	地方政府对教育的支出占 GDP 的比重（%）C_{31}
		人均受教育年限（年）C_{32}
		每万人科技活动人员数（人）C_{33}
		专业技术人员的增长情况（%）C_{34}
		自主创新活动人才密度 C_{35}

续表

一级指标	二级指标	三级指标
环境指标 C	宏观经济环境 C_4	地区生产总值（百万元）C_{41}
		地方财政收入（百万元）C_{42}
		规模以上工业增加值（百万元）C_{43}
		城市居民可支配收入（元）C_{44}
		城镇固定资产投资额（百万元）C_{45}
		社会消费品零售额（百万元）C_{46}

（三）适用于评估黑龙江省区域技术创新方法的指标体系

考虑到黑龙江省在技术创新方法推广工作中的具体做法和数据的可获得性，对原先设计的评价指标体系进行了一系列调整：首先，鉴于目前技术创新方法推广工作的投入主体是政府及相关机构，在投入指标中加大了政府投入相关指标的比重，删减了一些的反映科研机构、企业和中介机构投入的相关指标；其次，根据黑龙江的技术创新方法推广策略，在产出指标中加入了反映试点部门产出的相关指标，并减少了反映省际全貌的产出指标；再次，因微观企业的产出效率与省域的宏观环境关联度较低，减少了环境支撑相关指标的数量；最后，在反映政府投入的相关指标中，增加了反映培训教育相关指标的数量。

据此，在兼顾数据可获得性的基础上，构建了包括政府投入、非政府投入、产出效益及环境支撑等四个维度的评价指标体系（见表2）。

表2　　黑龙江技术创新方法评价指标体系

维度	指标名称
A 政府投入	A_1 中央政府专项资金投入（万元）
	A_2 地方政府用于技术创新方法的资金投入（万元）
	A_3 举办培训班期数（期）
	A_4 国外专家培训班期数（期）
B 非政府投入	B_1 企业参训人员数量（人）
	B_2 试点企业数量（个）
	B_3 参与的科研机构数量（个）
C 产出效益	C_1 试点企业专利申报数量（个）
	C_2 受理专利数量（个）
	C_3 发表科技论文数量（篇）
	C_4 技术市场成交额（亿元）
D 环境支撑	D_1 地区生产总值（亿元）
	D_2 公共教育支出占 GDP 比（%）
	D_3 科技活动人员数量（人）
	D_4 科学家、工程师数量（人）

受数据可获得性的局限，一些维度的指标选取可能存在一定的偏在性。例如：维度A中还应包括政府专职人员数量、技术创新方法培训师数量和省政府资助的技术创新方法相关项目数量，但因数据不可获得，最后不得不放弃。另外，参与技术创新方法培训是职称评定的硬性指标等制度变量因样本仅为黑龙江省而失去了比较意义，故也未能在指标体系中有所体现。

三、黑龙江省技术创新方法推广工作评价

（一）数据的获取和解释

在充分了解黑龙江省技术创新方法推广工作实施状况的基础上，根据实际工作情况，设计了相关的访谈提纲。在访谈的基础上，搜集了相关数据，并进行了整理。各指标的具体数据如表3所示。

表3　　黑龙江省技术创新方法推广工作指标原始值

指标＼年份	2007	2008	2009	2010
A_1	400	250	0	250
A_2	260	100	0	0
A_3	4	22	7	2
A_4	2	6	1	0
B_1	191	1976	1458	325
B_2	0	61	61	61
B_3	6	18	18	18
C_1	55	77	13	N/A
C_2	7242	8351	N/A	N/A
C_3	25444	28081	N/A	N/A
C_4	35.02	41.75	N/A	N/A
D_1	6201.4	7065	8310	N/A
D_2	2.15	2.83	3.09	N/A
D_3	92706	71194	95011	N/A
D_4	65011	68590	64700	N/A

注：（1）2010年的250万元中央资金投入仍正在申请中。

（2）由于环境对技术创新方法推广工作的支撑作用具有滞后性，往往上一年的环境支撑状况会在下一年对政府投入、非政府投入及产出效益产生影响。故表中，各年的环境支撑相关指标得分均来自上一年。

根据表3，可得到如下基本结论：

第一，政府投入方面，政府在技术创新方法推广工作投入的高峰期出现在2007年和2008年，但2009年以后，政府几乎没有后续的相关投入，其中，尤以

资金投入最为明显。

第二，非政府投入方面，各项指标增速最快的是在2008年，但2008年以后各项指标反映出来的信息显示，非政府投入几乎没有出现增长，其中，企业参训人员数量还出现了下降情况。

第三，效益产出方面，省域范围内的技术创新效益产出增幅较为明显，直接与黑龙江省技术创新方法推广工作相关的试点区域效益产出指标 C_1 在2007年和2008年都保持了较高水平和增速，且相较于2006年有极大的提高，但该指标2009年的数据则大幅下滑。

第四，环境支持方面，黑龙江省的经济及科教环境近年来一直保持着改善的趋势，这给技术创新方法的推广工作带来了越来越多的便利。

根据上述分析，黑龙江省的技术创新方法推广工作及其效果随着时间的变化存在着一定波动，这在2009年表现得最为明显。对此，黑龙江省技术创新方法推广的相关工作人员在访谈过程中普遍认为，他们在2009年以后也做了很多的工作，但就是在数据上表现不出来。

（二）进一步的处理和评估

上述指标原始值的特征在一定程度上反映了黑龙江省在技术创新方法推广工作各个层面的一些基本信息。但仍需要根据上文的指标体系测算黑龙江省在技术创新方法推广工作各个层面的得分以进行总体定量评价。

为了测算各维度的得分，需对各指标值进行标准化处理。因各指标的量纲有所不同，需对指标进行无量纲化处理。

由于样本数量过少，这里选择阈值法进行数据无量纲化处理。计算公式为：

$$x'_{ij} = (x_{ij} - \min x_j)/(\max x_j - \min x_j)$$

其中，x_{ij}和x'_{ij}分别代表黑龙江省第i个年份在第j项指标上的原始值和标准化的后值；$\max x_j$ 和 $\min x_j$ 分别代表黑龙江省各年份在第j项指标的最大值和最小值。

标准化处理的基础上，要确定各指标的权重。由于此次调研和评估对象仅为黑龙江省，且数据相对较少，数据结构无法支持统计分析。故选择了主观赋权法进行指标权重的确定。

在各维度指标方面，从短期来看，技术创新方法的推广工作仍然主要依靠政府、学校、科研机构及中介机构的投入和参与，而产出则仍需要一段时间才能反映过来，经济和科教环境对于技术创新方法的推广则具有一定的辅助支撑作用。本研究分别给投入相关的政府投入维度和非政府投入维度赋予25%的权重（即赋予投入相关指标50%的权重）；给产出效益维度和环境支撑维度分别赋予25%的权重。

据此，对2006~2009年黑龙江省技术创新方法推广工作的相关数据进行了无量纲化处理，并按照确定的权重计算了其得分（见表4）。

表4　黑龙江省技术创新方法推广工作的各维度得分和综合评价值

指标及权重＼年份	2007	2008	2009	2010
A 政府投入（1/4）	0.68	0.68	0.08	0.19
A_1（3/10）	1.00	0.63	0.00	0.63
A_2（3/10）	1.00	0.38	0.00	0.00
A_3（1/5）	0.09	0.91	0.23	0.00
A_4（1/5）	0.33	1.00	0.17	0.00
B 非政府投入（1/4）	0.00	0.87	0.77	0.57
B_1（7/20）	0.00	0.90	0.64	0.07
B_2（7/20）	0.00	1.00	1.00	1.00
B_3（3/10）	0.00	0.67	0.67	0.67
C 产出效益（1/4）	0.27	0.48	N/A	N/A
C_1（1/2）	0.55	0.83	0.00	N/A
C_2（1/6）	0.00	0.13	N/A	N/A
C_3（1/6）	0.00	0.09	N/A	N/A
C_4（1/6）	0.00	0.16	N/A	N/A
D 环境支撑（1/4）	0.04	0.12	0.23	N/A
D_1（1/3）	0.00	0.10	0.25	N/A
D_2（1/3）	0.00	0.22	0.30	N/A
D_3（1/6）	0.23	0.00	0.25	N/A
D_4（1/6）	0.00	0.06	0.00	N/A
综合评价值	0.34	0.81	N/A	N/A

表4较为全面地说明了黑龙江省2007年和2008年在技术创新方法推广工作中的相关信息。根据表3，2008年黑龙江省的技术创新方法推广工作综合评价值要高于2007年。在这两年里，政府投入的规模和力度并没有发生大的变化，所不同的是非政府部门的投入出现了大幅增长，B维度的得分从2007年的0分上升到2008年的0.87分。这与黑龙江省所对技术创新方法的重视密不可分。另外，政府投入维度，资金投入的力度有所下降，但培训教育的规模和力度则出现了较大的增加，这说明，前期的资金投入落到了实处。受此影响，产出效益维度的得分也得到了很大提高。

由于相关统计数据尚未更新，无法对黑龙江省2009年的技术创新方法推广工作进行评估。但根据已经获取的相关信息，黑龙江省2009年在技术创新方法推广工作方面所做的工作要差于2007年和2008年。从投入上看，政府投入维度得分从2007年和2008年的0.68下降到了0.08，而且各项指标均出现了较大降幅。非政府投入虽然降幅有限，但B_2和B_3指标属于非减指标，即由于不存在撤销试点资质的问题，两个指标最低也会维持上一年度水平，故该维度得分不能上升便已经是个较为严重的问题。基于此，从投入上看，2009年黑龙江省的技术创新方法推广工作要落后于2007年和2008年。与此同时，以试点企业专利申报数量为代表的试点单位和企业产出效益的降幅极为明显，而环境支持方面的得分则一直保持着增长态势。基于此，我们认为黑龙江省2009年的技术创新方法推广工作要弱于2007年和2008年。

由于调研时间为2010年6~7月，2010年的相关数据并不能反映2010年工作的全貌。因此，无法根据上述数据对黑龙江省2010年技术创新方法推广工作进行评估。

在调研中，访谈对象均提及了黑龙江省技术创新方法推广工作在2009年出现的波动。他们认为，科技系统的改革和人员调动在一定程度上对技术创新方法的推广工作产生了影响。

课题组在调研中发现，黑龙江省在技术创新方法推广工作中，投入了较大的精力。但由于不注意相关数据收集等问题，很多成绩无法在上述指标中得以显示，如每年资助了约20项与技术创新方法相关的课题，但却未能整理出较为准确的数据，导致相关指标无法在本评估中得到体现。

四、黑龙江省推广TRIZ理论时存在的主要问题

（一）对技术创新方法研究的投入不足

对于技术创新方法的研究投入，无论是从国家层面还是企业层面都显不足：在国家和地方科研项目的设置上，缺乏直接经费支持，导致长期以来不仅经费出现不足，而且研究人员和师资力量都出现不同程度的紧缺。就企业而言，黑龙江省的创新型企业和中小企业的数量都较少，新引入的TRIZ理论又不容易和企业、行业原有的创新体系结合，这就导致了企业自发性的研究和学习的动力不足，减少了企业对于研究TRIZ理论的积极性。目前黑龙江省的TRIZ理论推广依然是“政府—科研机构—企业”这种“自上而下”的模式。

该模式也使TRIZ方法的推广过于依赖财政拨款和相关领导的支持。一旦财政支持力度减弱，或者得不到行政主导部门的大力支持，就会使后续推广工作面临极大困难。由于缺乏长期推广规划和稳定的财政支持保障，使推广TRIZ方法时长期规划底气不足。TRIZ方法从学习、理解、领会到应用，需要一个长期的过程。需要培训师首先进行理论培训，一线技术工人在学习了该创新方法后至少需要一定的时间在生产实践中领会和思考，才有可能进行技术创新，这是一个中长期的过程。在这个过程中最好还能和TRIZ理论专家进行交流讨论和互动。因

此，若采取以政府为主导的方式推广 TRIZ 理论、指导技术创新、获得经济效益，在做中长期规划的同时，也应该建立财政保障机制。

（二）TRIZ 方法推广方式过于单一

在推广 TRIZ 理论的工作中偏移了工作重心，略显急功近利，把推广工作狭义地理解为立项越多越成功，出的成果越多越能显示工作量，过多重视工作的数量而忽视了技术创新方法推广的初衷。同时，为了考核需要，科研人员往往选择时间周期短、容易出成果的科研题目，而对于难度大、周期长的思维性、方法性和工具性科研课题往往回避。

因此，本研究认为，首先，技术创新的主体是企业，而一线技术工人或工程师是企业技术创新的主力，可以肯定，在参与 TRIZ 理论培训之前，他们中的绝大多数对该理论不了解，甚至从未听说过。因此，让一线技术人员和工程师由陌生到了解，再到自觉应用进行技术创新，是 TRIZ 理论推广能否成功的关键。其次，因为 TRIZ 理论自成体系，理论性较强，所以对培训师的专业素养要求较高。可以说，培训师的自身素养高低是 TRIZ 理论推广成败的决定因素之一。最后，还应该考虑的是如何让培训师和在生产实践第一线的工程师相互信任，相互配合，从而形成良性互动，这直接影响 TRIZ 理论是否能够产生社会效益和经济效益，这也需要花大力气来解决。

然而，在调研中发现，理论培训师往往专注于对基本理论、基本方法的教学，而自己却没有深入生产一线实地调研，进行有针对性地培训。这使得技术工人和工程师在培训时往往感到枯燥无味的理论与自己从事的行业关联性不大，自己也很难找到 TRIZ 理论应用于所从事工作的切入点，更无从谈及利用 TRIZ 理论进行技术创新了。而且，现在的培训工作也仅仅停留在授课式的理论培训阶段，对于培训师深入生产一线与工人和工程师进行现场交流讨论，则限于财力和人力的因素而无法落实。

（三）TRIZ 理论应用软件费用过高

在黑龙江省进行实地调研的过程中，发现关于 TRIZ 理论推广的各个当事方都对应用软件进行了自主开发或准备着手进行自主研发。针对课题组的疑问，所有走访单位均表示，之所以自主研发应用软件，是因为现有软件购买费用过高，购买后使用受限制过多所致。经过课题组的进一步调研发现，一套由某公司提供的 TRIZ 应用软件需要几万元，而且使用起来在使用人数和使用地点上又存在诸多限制，对教学和应用带来很多不便。所以，推广 TRIZ 理论的各个主体都组织自己的研发人员对 TRIZ 理论应用软件进行了自主开发。这些软件的基本功能与该公司商品化的 TRIZ 软件功能界面大同小异，且都能不受使用地点和使用人数的限制，适于大规模培训时使用。但这些软件在数据库内的专利数量上与专业软件都有较大差距，不适于工程技术人员利用这些软件进行技术创新活动。换句话说，在实际应用价值上，这些自主开发软件与某公司商业化的TRIZ专业软件还有相当大的差距。

对TRIZ专业软件进行自主研发虽然可以解决培训时的问题，但由于缺乏专业的数据库，会将TRIZ应用的实际效果大打折扣。若集中精力来根据自己的需求自主开发软件，则会分散每个课题组本来就有限的资金，造成资源的浪费。因此，降低TRIZ理论专业软件的价格，放宽其使用限制，也是更快推广TRIZ理论的方法之一。

五、黑龙江省推广TRIZ理论的政策建议

（一）注重TRIZ理论的中国化，鼓励企业学习应用

TRIZ理论具有很强的宏观性，在最初引入时还没有考虑到中国的特殊情况，因此，为了更好地推广TRIZ理论，必须与中国的实际相结合，使之中国化。并且，应该深入各个行业和企业进行推广，结合实际的案例，针对各行业的特点分类别进行专项的培训，积极选派TRIZ理论研究骨干深入企业，建立长期的合作关系。

激励企业成为学习TRIZ理论的主体，将理论转化为技术开发的先锋。科技企业用于技术开发的费用占企业当年销售收入的比例原则上不得少于2%。企业开发新技术、新产品、新工艺发生的研究开发费用，未形成无形资产计入当期损益的，在按照规定据实扣除的基础上，按照无形资产的150%摊销。实行企业技术创新绩效考核制度，国有资产管理等部门要将企业技术创新能力指标作为评价企业经营者业绩和政府支持的重要依据。

在充分发挥已有研发机构作用的基础上，支持大中型企业独立组建或与高校、科研机构联合组建TRIZ理论学习和应用机构，支持中小企业联合组建研发机构或与高校、科研机构合作开展TRIZ理论学习活动，鼓励企业“走出去”，在省外、国外设立学习点，多交流多沟通，改善学习条件，提高学习效率。

支持企业根据TRIZ理论引进先进技术进行消化、吸收和再创新。企业在引进先进技术时按照不低于1∶1比例的配套资金进行消化、吸收和再创新。进一步加强与俄罗斯等国家的科技合作，推动企业所需技术的引进、消化、吸收和在创新。

（二）创建TRIZ人才队伍，打造科技创新团队

TRIZ理论是一种博大精深的科学，其推广和应用需要一支强大的师资力量做支撑。成立TRIZ咨询机构，提供技术创新研究服务，为企事业单位的科研人员和技术人员提供技术及方法的支撑是必不可少的。咨询机构应该既是技术支撑和咨询服务机构，又是技术创新方法普及宣传机构。为此，不仅是黑龙江省，而是在全国范围内急需创建一支高素质高技能的TRIZ人才队伍。

加快高层次具有 TRIZ 理论理念的创新团队的培育和建设，以省科技创新研发平台为依托，实施“科技创新团队计划”；以高新技术企业为依托，实施“科技创业计划”；以高新技术园区为依托，实施“科技经纪人团队计划”。省政府逐步提高高层次 TRIZ 理论专家津贴标准，每年安排资金用于高层次专家学习研讨 TRIZ 理论。

加大高层次 TRIZ 理论人才的引进力度。对带高技术成果来黑龙江省实施产业化或从事高新技术项目研发的高层次 TRIZ 理论人才，各级人事部门要开辟绿色通道，不受编制、工资总额、户口等限制，实行特事特办。对带高技术 TRIZ 理论成果来黑龙江省实施产业化的高层次人才，所在地政府可以贴息贷款的方式给予创业资助；对引进的从事 TRIZ 理论高新技术项目研发的高层次人才，由所在地政府择优给予一定科研启动支持。各级政府要加大对企业博士后科研工作站、博士后产业基地、研究生创新培养基地的支持力度。要创造良好的条件吸引博士生进入企业博士后科研工作站，适当提高在站人员资助标准。

重点推进哈大齐国家级高新技术产业开发带 TRIZ 理论的学习。以哈尔滨、大庆两个国家级高新技术产业开发区为依托，将所在区域内的大学科技园、特色产业基地、科技企业孵化器、科技企业等统一纳入 TRIZ 理论学习研讨的范畴。重点建设园区内具有特色的研发平台，营造创新、创业、创富的人文环境，打造具有国际竞争力的高新技术企业，不断提高哈大齐国家级高新技术产业开发带的科技含量。

（三）建立 TRIZ 理论研究应用的考核机制体系

建立 TRIZ 理论研究应用的考核机制，切实解决在推广应用中所存在的工作“好分配，难考核”的现象，并且，适时地考虑将 TRIZ 理论的学习纳入科技人员的评定之中，将 TRIZ 理论变成科技人员的“圣经”，推进学习和应用向更深更广的方向发展。

完善激励 TRIZ 理论人才创新创业机制。鼓励技术、管理等生产要素参与收益分配，探索高级经营管理人员、骨干技术人员年薪制，支持实行期权、期股奖励和企业年金制度，允许科技人员提取所完成的省级科技开发类项目的 10% 作为劳务费。鼓励高校、企业、科研机构的人员在合作研发项目和科技成果产业化期间交流兼职。省人事部门要将 TRIZ 理论科技成果产业化和获得发明专利等条件，作为科技人员评职晋级的重要量化指标，予以优先考虑。经认定的高新技术企业在实施股份制改造时，经由国有资产监督管理机构批准，可在前 3 年国有净资产经营增值中拿出一定比例作为股份，奖励给有突出贡献的 TRIZ 理论科技人员和经营管理者。

实行 TRIZ 理论产业化科技成果认定和奖励制度。科技管理部门负责建立和完善 TRIZ 理论产业化科技成果的评价、认定和公示制度。优选多项科技成果进行重点宣传，同级财政可按当年新增企业所得税地方留成部分的5%奖励给TRIZ理论科技成果持有者。

参考文献：

[1] Thomas L. Saaty：Response to Holder's Comments on the Analytic Hierarchy Process [J]. *The Journal of the Operational Research Society*, 1991, Vol. 42. pp. 909 – 914.

[2] United Nation Development Program, 1990, 1990 *Human Development Report*, Oxford University Press, New York.

[3] Ying-Chyi Chou, Ying-Ying Hsu, Hsin-Yi Yen, 2008, "Human resources for Science and Technology: Analyzing Competitiveness Using the Analytic Hierarchy Process", *Technology in Society*, Vol. 30, pp. 141 – 153.

[4] 符想花．基于多元统计分析的区域高技术产业发展水平比较研究．经济经纬，2010 (1).

[5] 郭亚军．综合评价理论、方法和应用．科学出版社，2008.

[6] 郭亚军，易平涛．线性无量纲化方法的性质分析．统计研究，2008 (2).

[7] 李伏善．关于加快宿迁市科技企业孵化器建设的调研报告．http://www.jstd.gov.cn/ztzl/kxfzg/tlzl/20090616/181602982.html，2008 – 9 – 1.

[8] 邵庆国．科技统计指标系的科学性研究．河南科技，2006 (11).

[9] 张文彤．SPSS分析统计高级教程．高等教育出版社，2004.

农村社区自然灾害应急演练方法的初步研究*

灾害是指由于某种不可控制或未能预料的破坏性因素的作用，使人类赖以生存的环境发生突发或积累性破坏或恶化的现象，是孕灾环境、致灾因子和承灾体综合作用的产物。根据自然灾害系统理论，致灾因子强度和承灾体的脆弱性共同决定了灾情的大小。由于复杂的气候和地理环境，中国面临着各种致灾因子的威胁。受众多致灾因子的影响，中国是世界上自然灾害最为严重的国家之一，灾害种类多、发生频率高、分布地域广，造成损失大。近 15 年来，全国平均每年因各类自然灾害造成约 3 亿人（次）受灾，倒塌房屋约 300 万间，紧急转移安置人口约 800 万人，直接经济损失近 2000 亿元。尤其是 5 · 12 汶川特大地震造成的巨大人员伤亡和经济损失，至今令人触目惊心：将近 9 万人死亡和失踪，数十万人受伤，近千万人受到灾害影响，直接经济损失 8451 亿元。

认真反思汶川地震及其造成的巨大破坏，人们发现：这场地震造成的人员伤亡和物质破坏主要分布在农村地区，从一定意义上说，汶川地震直接打击的对象是四川、陕西和甘肃三省区的农村。我国作为一个农业大国，农村人口众多，频繁发生在农村的自然灾害已成为影响广大农村地区稳定发展的极大障碍。因此，提高农村社区的防灾减灾意识和能力，是全国防灾减灾工作的重要内容。在推进农村社区防灾减灾工作的过程中，相比于理论性较强的宣传教育方法，更直接、更有效的方法往往是根据本地区的实际情况，模拟自然灾害发生时的真实情境，寻找出符合当地实际的应对方法，在实践中指导居民按照科学正确的方法逃生避险。在农村社区定期举办针对自然灾害的应急演练不失为实现以上方法的一个良好途径，演练的操作性较强，理论性相对较弱，符合目前农村社区居民文化水平相对较低的现实情况。有了在应急演练中积累的经验，当真正的自然灾害危险来临时，居民通常能够做到不慌乱，积极有效地进行自救互救，从而最大程度地减少自然灾害带来的生命财产损失。

本文以 2009 年 11 月 12 日在四川省广元市利州区三堆镇马口村举办的自然灾害应急演练为例，通过对该次应急演练的前期准备、实施过程和评估结果进行

---

* 本文原载《灾害学》2011 年第 26 卷第 1 期，与聂文东、张杰平、汪明、王若嘉合作。

分析总结，初步研究适用于我国农村社区的应急演练方法，探索出一条通过举办自然灾害应急演练的方式，提高农村社区居民防灾减灾意识和能力的道路。

一、前期准备

（一）演练地点的选取

农村社区自然灾害应急演练活动是“农村社区减灾模式”项目的一部分，该项目由联合国开发计划署资助，旨在通过研究5·12汶川地震后农村社区的防灾减灾工作，为在我国广大农村地区开展政府支持与引导、社区积极组织的自下而上的农村社区综合减灾模式提供案例材料，并进行理论探讨。演练前我们分别赴四川、甘肃、陕西三省的5个农村社区进行了详细调研，最终选择四川省广元市利州区三堆镇马口村作为演练地点。选择马口村主要有以下两方面的原因：

首先，在马口村举行应急演练具有较强的代表性和很好的示范作用。马口村在5·12汶川地震中遭受重创，但震后当地群众在政府领导和社会各界的大力支持下，只用了短短一年的时间就基本完成了灾后恢复重建工作，一个崭新的马口村又重新出现在了大家的面前。因此，在马口村举行自然灾害应急演练，能够发挥很好的示范作用。

其次，马口村的地理环境比较适合开展应急演练。马口村依山而建，村委会位于全村的最高点，且村委会门前有较大空地，能容纳较多观摩人员。从村委会门前向山下眺望，能够清楚地看到进村的公路和本村大部分房屋，有利于演练观摩人员观摩应急疏散转移的全过程。

（二）演练方案的设计

马口村的主要自然灾害危险有地震、滑坡、泥石流、崩塌、暴雨、山洪、冰雹、干旱、森林火灾等。其中滑坡、泥石流灾害较为频繁，易发时间为每年7～10月的雨季。通过对马口村的实际情况进行综合分析，我们选取了对本村威胁最大的滑坡、泥石流作为演练的自然灾害背景。本着科学严谨、客观真实、生动具体、简单清晰的原则，我们设计了三级响应演练模式（见图1）。

根据自然灾害影响的程度，我们将各级响应的启动标准分别制定为：当预报或者预警信息显示本村未来几天可能会出现连续大到暴雨，存在引发滑坡、泥石流等自然灾害危险时，启动三级响应；当已经出现滑坡、泥石流危险，但尚未造成人员伤亡或者财产损失时，启动二级响应；当滑坡、泥石流险情加剧，已对居民的生命财产安全造成严重威胁时，启动一级响应。

值得指出的是，应急演练是模拟危险发生时的真实情境，目的是使参加演练的人员在短时间内，通过亲身体验尽可能多地了解危险发生时的应急处置过程和自救互救方法，因此本演练方案要求依次启动全部三级响应。当出现真正的自然

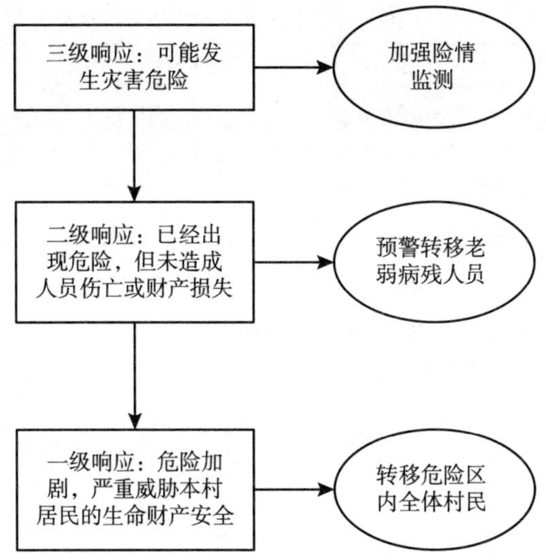

图 1 马口村自然灾害应急演练三级响应模式

灾害危险时，各级响应并非必须依次启动，而是应根据自然灾害的实际危险程度酌情启动三级响应、二级响应和一级响应中的 1 个、2 个或 3 个。即使灾害的危险性已逐步增加到需要启动一级响应，从启动三级响应到启动二级响应再到启动一级响应也往往要持续一段时间。

三级响应模式确定后，我们根据每级响应的具体任务编写了演练脚本（见表 1）。脚本只设计了演练的内容，没有编写台词。本着鼓励村民参与的原则，最初设计的脚本中没有明确演练主要人员，而是在正式演练的前几天，通过与当地村干部和村民沟通后，根据马口村的实际情况确定主要演练人员及职责等。这样能使演练的各个细节都尽可能地符合本地实际情况，使参演人员能够更好地融入真实的灾害情境，感受到真实灾害来临前的危险性和紧迫感，从而增强演练的实战效果。

表 1 马口村自然灾害应急演练脚本主要内容

响应	主要演练内容
三级响应	天气预报显示，未来几天马口村将有连续大到暴雨，强降雨容易引发滑坡、泥石流灾害。镇党委书记电话通知村支书后，村支书启动马口村自然灾害三级响应，指示在各个危险点加强灾害监测
二级响应	马口村开始下暴雨，灾害监测结果显示，某危险点有发生滑坡、泥石流的危险。村支书接到险情报告并亲自前往危险点核实险情后，启动马口村自然灾害二级响应，危险区内的老弱病残人员预警转移到临时避险场所，同时专人负责检查村委会存放的应急物资是否可用

续表

响应	主要演练内容
一级响应	马口村持续暴雨，某危险点滑坡、泥石流险情加剧。村支书启动马口村自然灾害一级响应，危险区内的全体村民立即紧急转移到应急避险场所，同时专人负责做好转移途中的指挥协调、医疗救助工作和转移结束后的人员安置、应急物资发放等工作。此外，由于马口村条件有限，村支书请求镇上和邻村进行紧急支援。镇党委书记和邻村村支书接到请求后，立即带领相关人员携带应急物资赶赴马口村紧急支援

（三）评估调查问卷的编制

为有效评估应急演练的效果，我们还在演练实施前分别编制了针对观摩人员的评估表格和针对演练人员的调查问卷，供演练结束后观摩人员和演练人员填写。在针对观摩人员的评估表格中，设置了灾情监测、应急响应、开展转移行动、医疗救助及安置等4项任务指标。每一项任务指标中又包含若干细化指标，整个评估表格共有15个细化指标。在针对演练人员的调查问卷中，对演练骨干和参演村民设置了不同问题。针对演练骨干，就演练组织的合理性、演练中职能分工的明确性、演练骨干人员之间配合的协调性、灾害应急信息传递方式的有效性等进行了问题设置；针对参演村民，就演练内容和形式的合理性、骨干和村民之间配合的协调性等进行了问题设置。

二、自然灾害应急演练的实施

（一）自然灾害危险点和应急转移避险点的选取

2009年11月9日，项目组到达马口村，应急演练进入正式实施阶段。根据马口村的实际情况，通过广泛的调研和分析，首先确定了演练的自然灾害危险点和应急转移避险点等。自然灾害危险点选择在红桐树岩，该地区以往发生滑坡、泥石流的频率较高，对本村的威胁较大。二级响应启动后的预警转移中，临时避险点确定为第二村民小组组长家，主要原因是二组组长家距红桐树岩危险区内的老弱病残人员家较近，且房屋质量较好。一级响应启动后的全体转移中，应急避险点确定为位于长方梁的村委会，原因是村委会的地势较高，比较安全，能够妥善安置转移来的村民。

（二）应急演练领导小组的确定

通过与马口村村干部和村民进行座谈和讨论，确定了以马口村村支书为组长、由灾害巡查队队长、转移安置队队长、物资保障队队长和医疗救助队队长共同组成的应急演练领导小组（见表2）。应急演练领导小组的职责是全面指挥和协调本次应急演练，明确地展示出演练的各项内容和各应急工作队的职责。

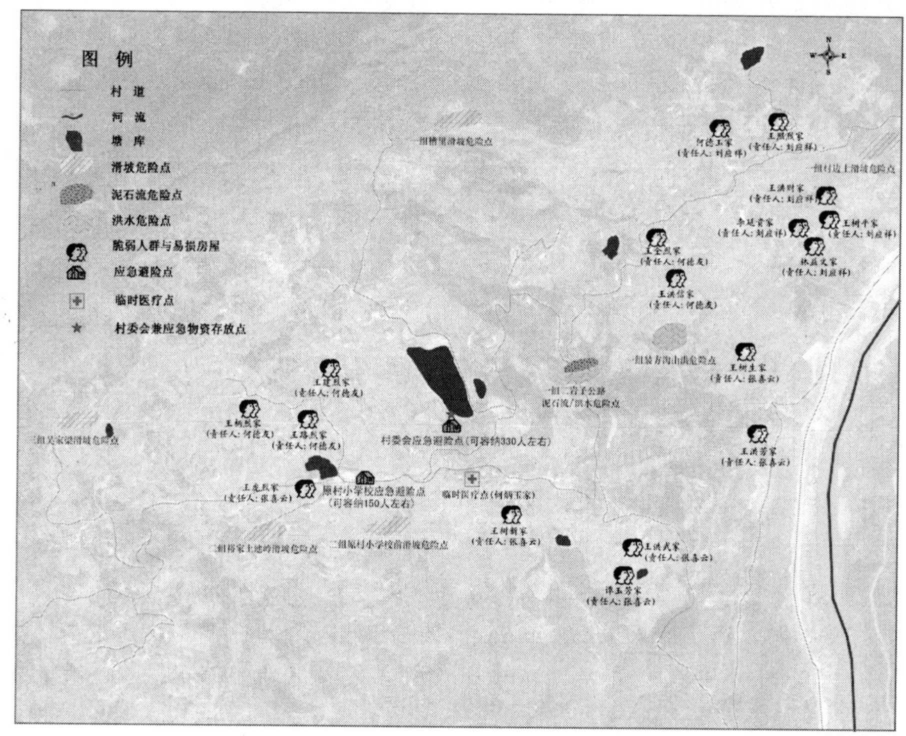

图 2　马口村自然灾害应急演练信息分布图

表 2　　马口村自然灾害应急演练领导小组职责分工

	三级响应	二级响应	一级响应
应急演练领导小组组长	启动三级响应，通知灾害巡查队加强险情监测	启动二级响应，综合协调灾害巡查队、转移安置队、物资保障队、医疗救助队的工作	亲自核实险情后，启动一级响应，综合协调灾害巡查队、转移安置队、物资保障队、医疗救助队的工作。同时请求三堆镇和邻村支援
灾害巡查队队长	监测红桐树岩危险点的险情。出现险情后，立刻报告领导小组组长，建议启动二级响应	继续监测红桐树岩危险点的险情。发现险情加剧后，立刻报告领导小组组长，建议启动一级响应	带领队员在红桐树岩危险点周围设置警戒线，禁止人员靠近危险区
转移安置队队长		带领红桐树岩危险区内的老弱病残人员预警转移到临时避险场所（第二村民小组组长家）	带领红桐树岩危险区内的全体村民转移到位于长方梁的村委会应急避险场所

续表

	三级响应	二级响应	一级响应
物资保障队队长		检查村委会存放的电喇叭、对讲机、应急灯、食品、饮用水等应急物资	向转移到村委会应急避险场所的村民有序发放应急物资
医疗救助队队长			检查、清点村委会存放的应急医疗卫生用品，接收三堆镇政府或邻村支援的医疗卫生用品。简单救治轻伤员，协助前来支援的医务人员救治重伤员或协助将重伤员转移到镇上条件较好的医院救治

（三）应急演练过程

马口村自然灾害应急演练于2009年11月12日下午举行。国家减灾委、民政部、国家减灾中心及四川省和广元市的部分领导、联合国灾害管理机构的部分官员以及央视和地方媒体记者观摩了演练。首先马口村村支书向各位来宾介绍了马口村概况和“5.12”地震灾后恢复重建情况，随后介绍了本次演练的主要人员并宣布演练开始。

演练以马口村常见的滑坡、泥石流灾害为背景，按照从三级响应到二级响应再到一级响应的流程进行。

三级响应启动后，在应急演练领导小组组长的指挥下，灾害巡查队队长安排队员在7个危险点查看险情。接到红桐树岩危险点出现险情的报告后，灾害巡查队队长亲自前往查看，并向组长建议启动二级响应。

收到组长启动二级响应的通知后，转移安置队队长组织危险区内的老弱病残人员预警转移至临时避险场所，物资保障队队长检查清点应急救助物资。

红桐树岩危险点发现更大险情，组长亲自前去查看后，决定启动一级响应并向镇政府和邻村请求医疗支援。此时，警报声响彻马口村，危险区内的全体村民在应急演练领导小组组长和各应急工作队队长的指挥下，向设在村委会的应急避险场所紧急转移。同时镇党委书记带领相关人员前来援助，邻村村支书也带领村卫生员赶来支援。最终红桐树岩危险区内的全体村民安全转移到了村委会应急避险场所并得到了妥善安置，领取了应急救助物资，受伤的群众也得到了紧急救治。最后，镇党委书记发表讲话，对转移村民进行了亲切慰问，并对下阶段的安置工作做了进一步安排。

应急演练流程见图3。

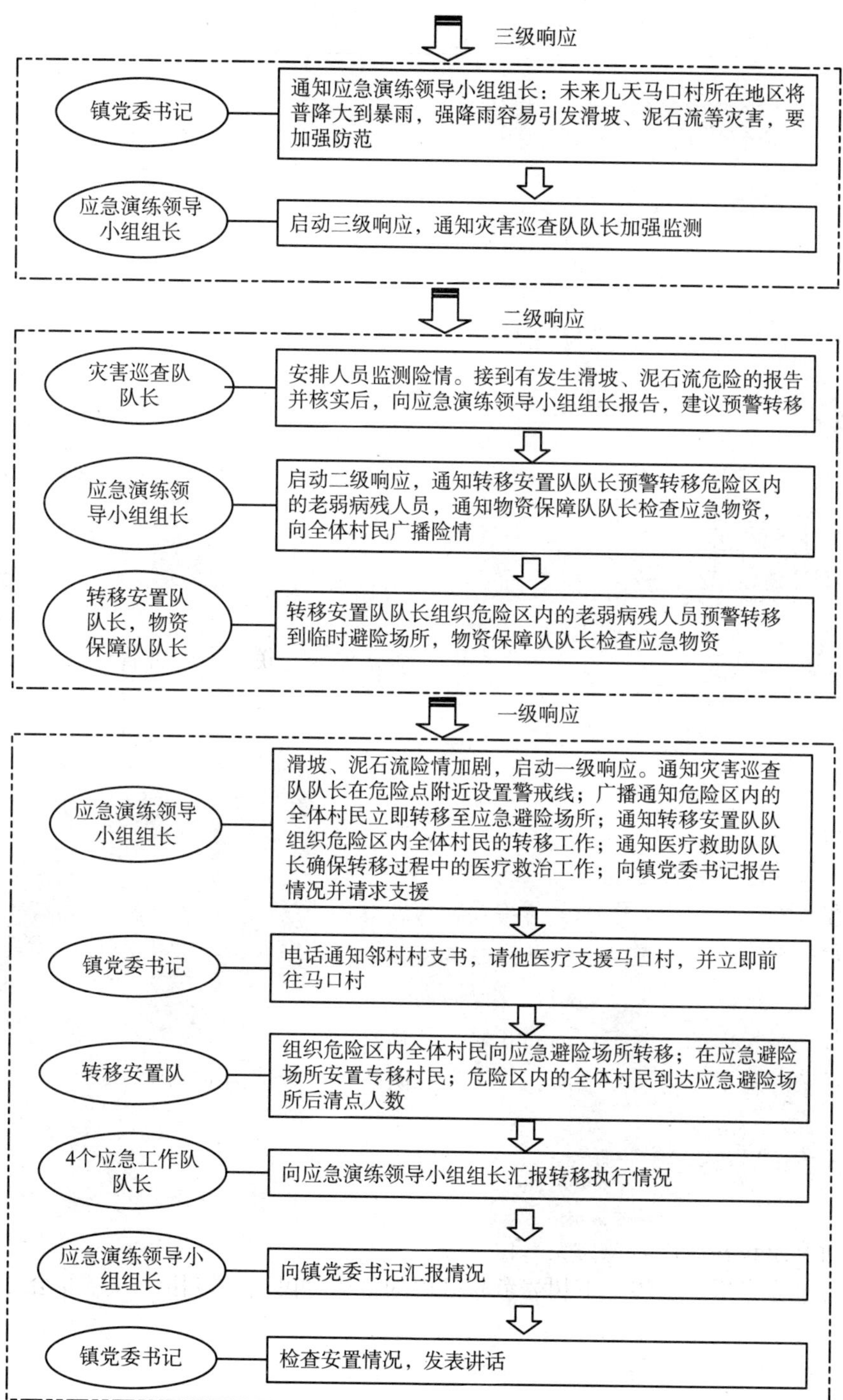

图3　马口村自然灾害应急演练流程图

1. 启动三级响应，灾害巡查队队长在红桐树岩危险点查看险情。

2. 启动二级响应，预警转移红桐树岩危险区内的脆弱人群。

3. 村支书前往危险点核实险情，启动一级响应。

4. 沿路敲锣通知危险区内的30户村民迅速转移。

5. 转移的村民被安置在村委会应急避险场所。

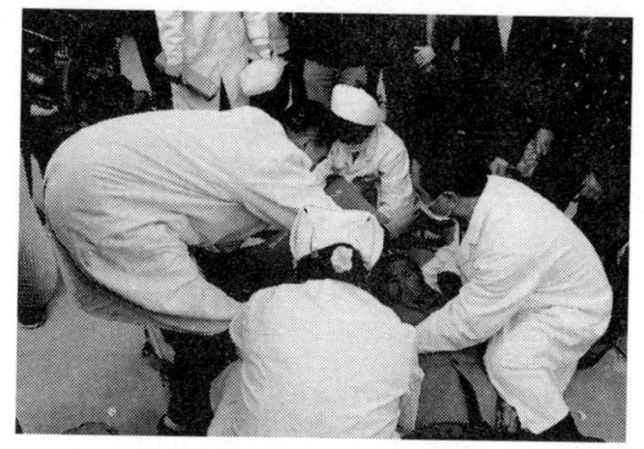

6. 三堆镇医护人员赶来支援，紧急救治伤员。

图4　马口村自然灾害应急演练过程

三、演练评估

演练结束后，我们向参演骨干、村民和观摩人员发放了调查问卷和评估表格共计150份，回收有效问卷和表格128份，回收率为85.3%。

（一）三级响应科学合理，演练过程紧张有序

通过对调查问卷和评估问卷的分析表明，几乎所有参与评估的人员均认为三级响应及其启动标准的设定较为科学合理，演练很好地展示了从三级响应到一级响应的全过程。村民在转移过程中能够积极配合转移安置队的指挥，快速有序地转移至应急避险场所，为科学应对真实灾害危险奠定了良好的基础，积累了宝贵的经验。

（二）安置保障有效开展，符合当地实际情况

所有观摩人员认为医疗救助队能够及时救治受伤村民，转移村民在应急避险场所能够得到有效安置。97.6%的观摩人员认为安置现场秩序井然，食品和饮用水等应急物资的发放效率较高，转移村民情绪稳定。本次演练无论是自然灾害危险点的选择还是预警转移和全体转移安置地点的确定，都是和当地村民共同分析讨论的结果。演练全部采用当地方言对话，全体转移时采用拉响警笛和敲锣的方式通知提醒，这些都完全符合当地的实际情况，具有十分鲜明的地方特色。

（三）达到演练预定目标，具有广泛推广价值

超过90%的参演骨干和村民认为各应急工作队的职能分工明确，队长与队员之间能够很好地协调配合。95%以上的观摩人员认为转移安置队接到命令后能够立即赶赴现场，及时组织危险区内的村民进行预警转移和全体转移。应急演练领导小组在规定时间内圆满完成了各项任务，整个演练基本达到了预定目标。本次演练的三级响应模式有较强的可复制性，演练成本较低，具有在全国其他农村社区广泛推广的价值。

四、结论与讨论

本文通过对2009年11月12日在马口村举行的自然灾害应急演练进行详细分析，分别从演练的前期准备、正式实施和演练评估三个方面进行了深入探讨，总结出了举办农村社区自然灾害应急演练的基本流程和方法，并得到了以下初步结论：

1. 始终以当地实际情况为出发点。设计演练方案时，应选择在当地发生频率最高、造成损失最严重的自然灾害作为应急演练的灾害背景；选择发生此类灾害时受影响最大的区域作为应急演练的自然灾害危险点或危险区域；根据本地可能受灾害影响的严重程度来设定应急响应的启动标准等。这样能够使演练避免流于形式，增强演练的防灾减灾宣传教育效果。

2. 调动当地群众的积极性，采用参与式的演练方案设计方法。本次演练在前期准备阶段只设计了三级响应模式的框架，应急演练领导小组、自然灾害危险点、应急转移路线和安置地点等演练的具体信息都是在项目组抵达马口村后，通过与当地村干部和村民代表深入沟通、讨论后最终确定的。这样能够使参演人员更好地融入真实的灾害情境，感受到真实灾害来临前的危险性和紧迫感，从而增强演练的实战效果。

3. 演练后现场发放调查问卷，对演练进行多方面、多角度的评估。本次应急演练结束后，我们分别向参演骨干、参演村民和观摩人员发放了调查问卷和评估表格，请他们从不同的立场和角度对演练进行评估，这样能够将演练效果快速、客观地呈现出来，为进一步完善演练方案并将其推广到其他农村社区提供了重要依据。

本次马口村自然灾害应急演练的有益尝试表明，定期举行自然灾害应急演练是推动农村社区防灾减灾能力建设的重要方式，具有良好的宣传教育效果。对于如何在农村社区自然灾害应急演练中更合理地利用现有资源并节约成本、提高效率，更好地挖掘村民的自救互救能力并鼓励村民积极参与等问题，尚需在今后的实践中进一步研究和探讨。

（致谢：在本次应急演练的准备和实施过程中，四川省广元市利州区民政局的周昌林副局长、三堆镇党委书记左家友、马口村村支书王宪烈等给予了大量帮助，使马口村自然灾害应急演练得以顺利举行并取得圆满成功，在此谨表谢忱！）

参考文献：

[1] 史培军．论灾害研究的理论与实践［J］．南京大学学报（自然科学版），1991（自然灾害研究专辑）：37－42.

[2] 曹国昭，阎俊爱．农村综合防灾减灾能力评价指标体系研究［J］．科技情报开发与

经济，2010，20（1）：156－157.

［3］袁艺．中国农村的自然灾害和减灾对策［J］．中国减灾，2009（3）：21－23.

［4］王绍玉，徐静珍．汶川地震引发的农村安全社区建设思考［J］．城市减灾，2009（3）：21－24.

［5］王瑛，史培军，王静爱．中国农村地震灾害特点及减灾对策［J］．自然灾害学报，2005，14（1）：82－89.

［6］王瑛，王阳．城乡承灾体差异对地震灾情的影响——以包头地震和姚安地震为例［J］．灾害学，2009，24（1）：122－126.

［7］史培军．再论灾害研究的理论与实践［J］．自然灾害学报，1996，5（4）：6－17.

［8］史培军．三论灾害研究的理论与实践［J］．自然灾害学报，2002，11（3）：1－9.

［9］史培军．四论灾害系统研究的理论与实践［J］．自然灾害学报，2005，14（6）：1－7.

［10］史培军．五论灾害系统研究的理论与实践［J］．自然灾害学报，2009，18（5）：1－9.

［11］申曙光．灾害基本特性研究［J］．灾害学，1993，8（3）：1－6.

［12］陈国华，张新梅，金强．区域应急管理实务——预案、演练及绩效［M］．化学工业出版社，2008.

城市和农村社区防灾减灾手册和挂图的设计与编制*

我国是世界上自然灾害最为严重的国家之一，灾害种类多、分布地域广、发生频率高、造成损失重。同时，随着人口膨胀和工业化、城镇化的迅速发展，事故灾难、公共卫生事件、社会安全事件等人为灾害也发生得越来越频繁，成为我国面临的一项巨大挑战。因此，对我国广大民众进行防灾减灾知识普及与宣传，提高全民防灾减灾意识和应对灾害能力显得尤为重要。目前，面对严峻复杂的灾害形势，我国防灾减灾宣传教育工作还相对滞后，公众避险自救知识和能力比较缺乏，与经济社会发展的要求还不适应。《国家综合减灾“十一五”规划》中明确提出，要加强减灾科普宣传教育能力建设，开发减灾宣传教育产品，编制系列减灾科普读物、挂图和音像制品，编制减灾宣传案例教材，向公众宣传灾害预防避险的实用技能。

自2009年开始，我国政府将每年的5月12日定为国家“防灾减灾日”。为满足各地“防灾减灾日”开展减灾宣传教育活动对减灾宣传手册、宣传挂图的需求，国家减灾委员会组织编制了城市和农村社区防灾减灾手册和挂图，目的是通过宣传国家防灾减灾政策和意识、灾害防范避险知识等，提高和增强广大民众的防灾减灾意识，推动全民防灾减灾知识和避险自救技能的普及推广，唤起社会各界对防灾减灾工作的更多关注，最大限度地减轻灾害带来的损失。

一、国内外防灾减灾科普读物介绍

（一）国外防灾减灾科普读物介绍

目前国外很多发达国家都出版发行了各式各样的防灾减灾知识读本和各种教材，以进行防灾减灾科普宣传。如美国联邦紧急事务管理局（FEMA）以社区和家庭为单位进行防灾减灾宣传教育，通过发放宣传册、播放宣传短片等各种方式指导社区和家庭制订防灾计划，使民众掌握防灾知识和技能。其中，《准备好了吗?》一书通过基本准备、自然灾害、技术灾难、恐怖袭击和灾后恢复等部分，详细介绍了相关基础知识和防灾方法，在美国家喻户晓，已成为美国减灾知识宣

---

* 本文原载《灾害学》2011年第26卷第2期，与聂文东、张杰平、徐伟、周茜倩合作。

传的经典素材。

日本非常注重从小培养公民的防灾意识，重视中小学乃至幼儿园的减灾宣传。日本文部科学省以及各都道府县教育委员会基本都编写了《危机管理和应对手册》等教材，指导各类中小学开展灾害预防和应对教育。此外，日本特别擅长用通俗易懂的形式进行防灾减灾宣传，如《思考我们的生命和安全》、《传递幸福》、《回到一天前，你应该怎么做?》、《稻田之火》和《防灾小鸭子》等教材和影像短片。其中的《稻田之火》曾经在联合国防灾大会上由小泉首相向来自各国的与会者讲述，借此传达平时积累防灾减灾知识、提高防灾减灾技能的重要性。

澳大利亚专门以自然灾害管理为主要任务的应急管理中心（EMA），编写了大量的应急管理相关的技术手册和指南。其中的《应急技术参考手册》分为5个系列：一是基本原理，内容涉及灾害应急管理的概念、原则等；二是应急管理方法，包含减灾规划和应急方案的实施；三是应急管理实践，涉及灾害救助、恢复、医疗和心理服务、社区应急规划及社区服务等；四是应急服务的技术，内容涉及应急组织领导、操作管理、营救、通讯、地图等；五是培训管理。内容丰富全面，既有理论，又有实践；既有方法，又有操作技能，针对性强。

（二）国内防灾减灾科普读物介绍

相对而言，我国的防灾减灾工作起步较晚。近年来，特别是自2008年的南方冰冻雨雪灾害和汶川地震以来，国内社会各界对灾害的关注程度与日俱增，各类防灾减灾科普宣传读物也开始大量出现。按照编制者主题不同，大致可分为三类：一是由民政部和国家减灾委员会办公室等组织编制的各类防灾减灾读本和手册；二是地方政府根据其区域特征而编制的市民应急手册和其他宣传手册；三是有关研究机构或个人编著出版的各类防灾减灾书籍。

目前，已有的国家减灾委编制的防灾减灾读本其内容主要包括各类自然灾害的基础知识和小常识，面对自然灾害或安全事故危险时的紧急应对方法和自救互救、逃生避险措施等。其中，避灾自救手册根据自然灾害和安全事故的不同种类有地震、滑坡与泥石流、风灾、寒潮雪灾低温冷冻、火灾、传染病、交通事故、环境污染等分册；安全教育知识读本根据受众的不同分别有适用于6~8岁的小学生、9~12岁的小学生和初中生等分册；此外，还有针对全体民众的防灾应急手册等。这些读本和手册基本涵盖了日常生活中可能面临的各类主要自然灾害和安全事故，从不同角度和不同方面详细介绍了遇到这些危险时的应对方法。该类读本和手册图文并茂，理论性较强，但实际操作性则相对较弱。文字缺乏一定的生动性，尤其是对于小学生阅读群体，读本中具有较多深奥且缺乏趣味性的文字内容，不利于小学生对知识的理解和掌握。

地方政府编制的市民应急手册充分考虑到了本地区的实际情况，具有较强的针对性。如北京市的首都市民防灾应急手册，主要包括紧急呼救、家用电、气、水事故、火灾事故、中毒事故、交通事故等内容；天津市的市民应急避险手册分为应急常识篇、自然灾害篇、事故灾难篇、公共卫生事件篇、社会安全事件篇五个部分；海南省减灾委员会办公室针对海南省台风灾害频发的现状，在编制海南省自然灾害基本知识与公众应急手册时着重介绍了台风、龙卷风、雷电、冰雹等气象灾害的特点、危害、防范及自救互救措施等知识。除应急手册外，各地还编制了许多其他方面的宣传手册，如北京市红十字会和北京市卫生局编制了针对家庭的急救手册，包括急危重症的救护、常见损伤的救护等内容；北京市卫生局还组织编写了首都市民预防传染病手册，分为应知篇、预防篇、应对篇及常见传染病篇等，向居民宣传正确的防治传染病方法；宁波市针对当地的中小学生群体编制了安全常识读本，内容包括交通安全、消防安全、卫生安全、网络安全、用电安全等方面。地方编制的手册实用性较高，但科学性和系统性略有欠缺。

各类出版发行的防灾减灾书籍种类多样，内容丰富，但结构较为类似，多是针对各类自然灾害和安全事故编制的自救互救手册。尤其是 2008 年汶川地震发生之后，出版了一大批自救互救手册，对提高普通民众的防灾减灾意识和技能起到了一定作用，但这些书籍多以文字为主，可读性欠佳，宣传教育效果有限。

表 1　　目前国内一些主要防灾减灾手册、挂图、图书情况

手册、挂图、图书名称	编制单位与出版时间	优点	缺点	备注
避灾自救手册	国家减灾委，2006	所介绍的每个灾种的知识点详细	涉及的灾种不够系统全面	分为 9 个分册，每一分册介绍一种灾害
安全教育知识读本	国家减灾委，2007	包含自然灾害、社会安全类事故、公共卫生事故、应对意外伤害事故及信息安全事故，内容涵盖较全面	对中小学生而言过于深奥、缺乏生动趣味性	分为 3 个分册，分别针对三个年龄段的中小学生
首都市民防灾应急手册	北京市突发公共事件应急委员会办公室，2007	针对城市社区生活中频发的问题，实践性强	未进行系统分类，总体显得杂乱	
天津市市民应急避险手册	天津市突发公共事件应急委员会办公室，2007	分应急常识篇、自然灾害篇、事故灾难篇、公共卫生事件篇、社会安全事件篇 5 部分，分类系统科学	缺乏如何制订社区预案及家庭应急计划等内容	
大学生避灾自救互救手册	华南理工大学出版社，2009	对所涉及的灾种的介绍较详细	形式单一，内容覆盖面窄	
抗震救灾自助手册学生读本	中国大百科全书出版社，2008	针对如何防震、避震、脱险、救治、心理救护等进行详细介绍，图文并茂	只针对地震进行介绍，覆盖面太窄	

综上，可以看出，目前编制的防灾减灾手册往往侧重于某几类比较常见的自然灾害（如地震、洪水等）或某些人为灾害（如火灾、交通事故等），覆盖面较窄，普遍缺乏系统性和全面性，尤其偏重于城市社区可能遇到的危险，对农村社区所特有的自然灾害和人为灾害相关问题关注不够。

下面介绍国家减灾委于2009年组织编制的城市社区和农村社区防灾减灾手册和挂图的有关内容。

二、城市和农村社区防灾减灾手册和挂图的设计与编制原则

（一）综合性

在编制城市和农村社区防灾减灾手册和挂图时，我们综合考虑了自然灾害、事故灾难、公共卫生和社会安全事件四个方面的内容。处理这四类灾害的关系时，不是简单地罗列，而是以自然灾害为主，同时囊括因自然灾害导致的主要事故灾难、公共卫生和社会安全事件等人为灾害。

（二）系统性

防灾减灾知识具有系统性，防灾减灾的相关政策、灾害意识、认识灾害的能力、应对灾害（包括灾前、灾中、灾后）的技能等都属于防灾减灾的知识范畴。我们在编制城市和农村社区防灾减灾手册和挂图时充分考虑到了这一点，使其成为一个完整的知识体系。

（三）针对性

我国城乡社区自然环境、人文环境都不尽相同。在编制防灾减灾手册和挂图时，我们充分考虑了城乡社区的差异性，分别编制了城市社区和农村社区防灾减灾手册和挂图。

另外，手册和挂图的内容基于社区居民日常生活可能遇到的灾害，这些灾害发生频率相对较高，会给社区居民带来一定损失和影响。提供这些灾害问题的预防、准备和处理方法，能给社区居民带来现实的帮助。

（四）多样性

与国外已有的防灾减灾科普宣传读物相比，我国的防灾减灾科普宣传品形式比较单一，雷同性较大，缺乏生动性和吸引力。所以，我们在本次编制时采取挂图和手册两种形式，文字和图画相互补充，使其变得更加趣味和生动。

（五）多层次

防灾减灾知识科普和宣传面向的群体分为三个层次：一是个人；二是家庭；三是社区。为此，我们在编制社区防灾减灾手册和挂图时，针对个人、家庭和社区不同层次的需要，分别编写了有关的内容。

（六）实用性

编制城市和农村社区防灾减灾手册和挂图的目的是宣传防灾减灾知识，提高我国广大民众的防灾减灾意识和技能，因此，我们编制手册和挂图时，充分考虑了内容的实用性，除宣传防灾减灾政策、意识和观念外，重点普及了灾害应对方面的基本知识，如怎样制订社区和家庭的应急预案和家庭防灾计划等，以真正满足社区居民防灾减灾的需要。

三、手册和挂图的内容与结构

（一）总体结构编排与设计流程

按照以上编制原则，《城市和农村社区防灾减灾手册》分为《城市社区防灾减灾手册》和《农村社区防灾减灾手册》两个分册，分别结合城乡社区的特点编写。每本手册都包括社区防灾减灾常识、主要灾害的预防和处置、灾害救助和求助、社区综合减灾实务、家庭防灾计划五部分。

《城市和农村社区防灾减灾挂图》分为《城市社区防灾减灾挂图》和《农村社区防灾减灾挂图》两个系列，共100张。每个系列都包括国家“防灾减灾日”公共防灾减灾宣传和主要灾害的防范和避险知识两部分。其中公共防灾减灾宣传部分城市社区和农村社区内容相同，共30幅，主要灾害的防范和避险知识部分城市社区和农村社区各35幅，见图1。

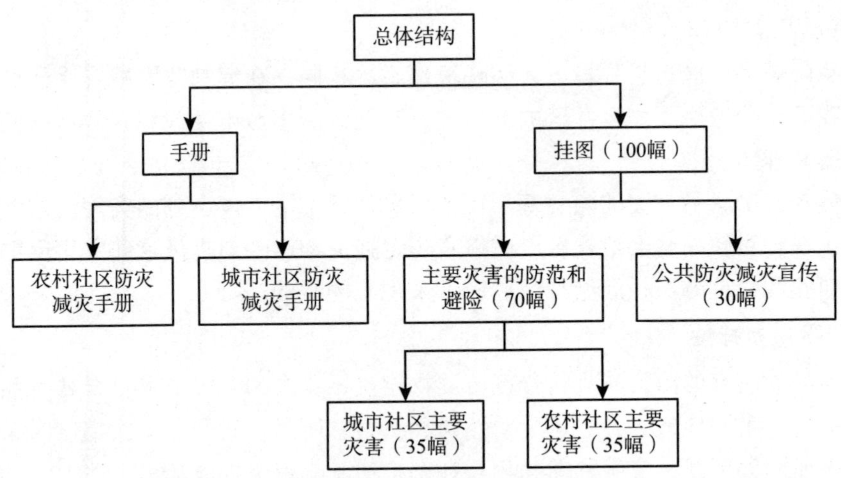

图1 城市和农村社区防灾减灾手册和挂图总体结构

城市和农村社区防灾减灾手册和挂图的设计流程见图2。

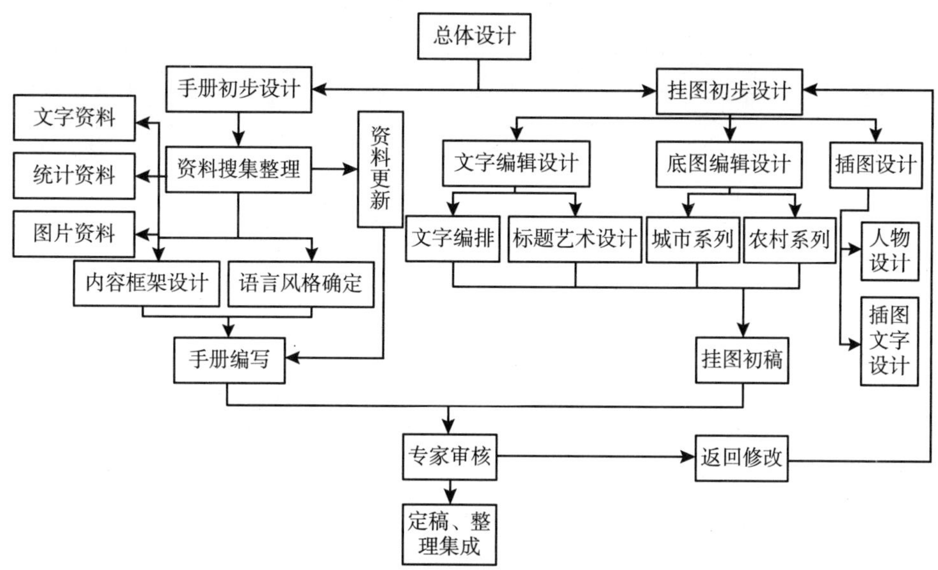

图 2　城市和农村社区防灾减灾手册和挂图设计流程

（二）城市和农村社区防灾减灾手册内容介绍

手册的第一部分为社区防灾减灾常识，包含我国面临的灾害形势、防灾减灾、城市（农村）社区防灾减灾政策要求三个主题。这一部分提纲挈领地对我国的防灾减灾工作、措施和政策做了概括，使民众对我国政府的防灾减灾工作有一个基本了解。

手册的第二部分为主要灾害的防范和避险。这一部分是手册的核心内容，分为两大类，旨在提高民众认识灾害和应对灾害的技能。一是自然灾害的防范和避险；二是人为灾害的防范和避险。城市社区和农村社区的灾害种类大部分相同，但在具体介绍每类灾害的防范和避险知识时，根据城市和农村的特点，在语言、内容上有所不同。城市社区和农村社区防灾减灾手册分别收录了社区居民最有可能遇到的各类灾害，具体见表 2。

表 2　城市和农村防灾减灾手册中收录的灾害种类

分类	灾害名称
自然灾害	地震 滑坡、泥石流、崩塌 暴雨、洪涝 雷电 台风、风暴潮 寒潮、暴雪

续表

分类	灾害名称
自然灾害	冰雹 沙尘暴（农村社区为大风、沙尘暴） 高温热浪（农村社区为高温干旱） 雾霾（城市社区特有） 农作物病虫害（农村社区特有）
人为灾害	火灾 食物中毒 煤、电、气事故 交通事故 盗窃、诈骗、抢劫、拐卖 传染病 环境污染事故 踩踏等其他事故

地震、滑坡、泥石流、崩塌等自然灾害知识部分主要包括每类灾害的小常识、灾害来临前的准备措施、灾害发生时的应对方法等。城市社区部分针对城市特点，增加了一些如地震来临时在公共交通工具里如何避险、开车出行遇到暴雨如何应对等具有城市特色的内容。针对城市中特有的气象灾害“雾霾”也进行了单独介绍。另外，考虑到市民出行旅游等情况，城市社区部分还补充了在野外遇到地震、滑坡、泥石流、崩塌、雷电等的防范和避险方法。

农村社区部分除了和城市社区部分一样介绍每类灾害的小常识、灾害来临前的准备措施、灾害发生时的应对方法等外，还增加了一些具有农村特色的内容，如地震前如何加固房屋、建房选址时如何避开泥石流滑坡地带、高温干旱天气时农作物如何抗旱、寒潮暴雪来临时如何保护农作物和牲畜等非常实用的知识。另外还专门增加了“农作物病虫害的防治方法”，以通俗易懂的语言介绍了农作物病虫害的相关知识、应对措施等，对农村居民非常实用。

火灾、食物中毒、交通事故、传染病等人为灾害的知识部分主要介绍生活中如何防范这些事故和这些事故发生时如何应对。城市社区和农村社区的内容大部分相似，但是也根据城市和农村的特点各有一些特色内容。如城市社区的火灾部分主要讲述公共交通工具火灾、公共场所火灾、高层建筑火灾的逃生技巧，而农村社区部分主要介绍集市庙会火灾、森林草原火灾等的防范和避险知识。农村社区的煤、电、气事故中增加了沼气的安全使用，交通事故中重点介绍农用车、摩托车遇到危险时的应对措施。

手册的第三部分为灾后处置。包括灾后信息报告、急救方法与技能、灾后饮食安全、灾后卫生防疫和灾后心理调适五个主题。该部分详细介绍了灾后生活的注意事项和心理调适的方法，旨在帮助受灾人群更好地开始灾后的新生活。

手册的第四部分为城市（农村）社区综合减灾实务。包括建立完善减灾协调机制、排查社区灾害隐患、编制社区应急预案及开展预案演练、开展减灾宣传与教育、加强社区减灾基础设施建设、建立社区自救互救组织六个主题。该部分详细阐述了社区作为防灾减灾的一个重要单位，如何从各个方面入手，提高自身的防灾减灾能力。

手册的第五部分为家庭防灾计划。包括家庭防灾计划的含义、制定家庭防灾计划两个主题。该部分详细介绍制订家庭防灾计划的步骤以及家庭应急需要储备的物资等，旨在帮助社区居民以家庭为单位，提高自身防灾减灾的意识和能力。

（三）城市和农村社区防灾减灾挂图内容介绍

《城市和农村社区防灾减灾挂图》的第一部分为30幅国家“防灾减灾日”公共防灾减灾宣传挂图。其中宣传防灾减灾政策的主题挂图12幅，宣传防灾减灾意识的主题挂图18幅。防灾减灾政策来自于国家的有关法律法规，防灾减灾意识方面的口号主要来自于“防灾减灾日”征集的宣传口号（见表3）。

表3　　国家“防灾减灾日”公共防灾减灾宣传挂图主题

防灾减灾政策主题（12幅）	防灾减灾意识主题（18幅）
综合减灾目标	我们面临的灾害形式
综合减灾任务	全民参与社区综合防灾减灾
加强应急管理体系建设	加强防灾减灾，构建和谐社会
开展社区综合减灾能力建设	尊重规律讲科学，防灾减灾重行动
综合减灾示范社区标准	防灾减灾，重在行动，贵在坚持
加强社区综合减灾体系建设	防灾减灾靠大家，和谐平安你我他
加强社区综合减灾队伍建设	有备无患，平安相伴
社区灾害的预报与预警	灾害之前早预防，灾害来了少伤亡
开展社区综合减灾预案编制与演练	警钟长鸣抓防范，积极防灾保平安
开展社区综合减灾宣传与教育	防灾有预案，临灾不慌乱
开展社区综合减灾隐患排查	防灾减灾要重点关注妇女、儿童和老人
开展社区综合减灾基础设施建设	减灾始于学校
	让灾害远离医院
	今天的投入，是为了更安全的明天
	开展防灾减灾活动，增强防灾减灾意识
	普及防灾减灾知识，提高防灾减灾技能
	总结今日经验，减轻未来灾害
	防灾减灾，人人参与，邻里守望，社区和谐

第二部分为主要灾害的防范和避险知识宣传挂图，针对我国城乡社区的灾害特点各编制了35幅，共70幅。挂图的宣传内容均来自于手册的第二部分“主要灾害的防范和避险”，宣传的灾害种类包括地震、滑坡、泥石流、崩塌等自然灾害，以及火灾、交通安全、环境污染事故等与社区居民息息相关的人为灾害。地震、暴雨洪涝以及寒潮暴雪灾害的知识点较多，每个设置了2～3幅挂图进行介绍，其他都按照“一图一事件”的原则编制。

编制的城市社区和农村社区防灾减灾手册和挂图系统性、针对性强，内容全面，尤其是灾害知识宣传普及部分结合城市和农村社区的特点编写，实用性强。手册和挂图的内容相互对应，形式互补，更增添了知识的趣味性和多样性。

四、挂图编制的主要表示方法

（一）样式的设计

国家“防灾减灾日”公共防灾减灾宣传的30幅挂图采用了抽象立意的表达方式，以体现多样性和创新性。

主要灾害的防范和避险知识宣传挂图每幅设置了4～5个知识点，并配有4～5幅相应的小插图。插图都以儿童为主角，注重人物的形象塑造和语言表达，生动形象地介绍防灾减灾的技巧和知识。

挂图中的小插图相应地放到了手册中，使手册以图文并茂的形式展现，增加了手册的可读性和趣味性。

（a）政策意识类

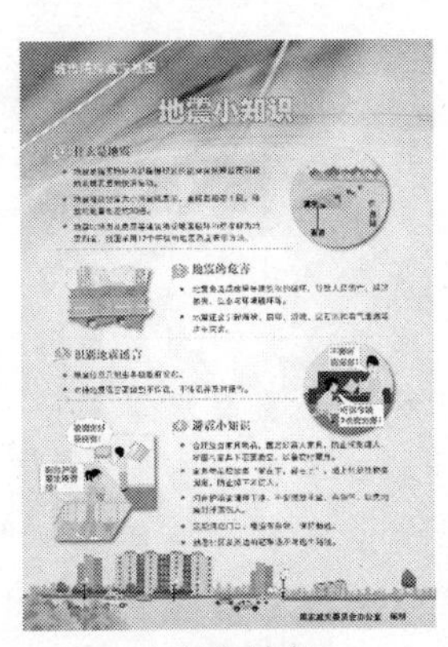

（b）城市

（c）农村

图3　防灾减灾宣传挂图样图

（二）色彩的设计

挂图由国家减灾委员会组织编制并发放，色彩需要庄重典雅。在色彩的设计时，城市和农村的挂图分别设置了不同背景颜色，城市社区的背景为天蓝色，农村社区的背景为深绿色，对应的城市和农村社区的手册封面也都采用天蓝色和深绿色的背景。

（三）其他

由于我国不同社区面临的灾害种类不尽相同，所以挂图并未成套印制发放，而是以电子版的形式储存在光盘中，将光盘发放给地方民政部门。各个社区可以根据自己的灾害特点，选择挂图印制张贴。

五、手册和挂图编制的组织和实施

城市和农村社区防灾减灾手册和挂图的编制工作由国家减灾委办公室委托北京京师安泰减灾与应急管理技术中心承担。为了更好地完成手册和挂图的编制工作，北京京师安泰减灾与应急管理技术中心成立了项目组，聘请了民政部—教育部减灾与应急管理研究院的老师担任项目专家。项目组成员大胆创新，克服了重重困难，历时 4 个多月，完成了手册和挂图的编制工作，为我国防灾减灾事业又增添了一个新的果实。

为确保防灾减灾知识的准确性和科学性，在编制过程中采取了多层次的、严格的控制措施。一是在资料搜集过程中严格把关，相关的资料都来源于正式出版的权威刊物，以避免出现错误；二是对挂图的设计严格规范，并对挂图画面的合理性和完整性、挂图的系统性和一致性等进行检查；三是由项目组专家对手册和挂图的内容及结构进行审查，确保手册和挂图的科学性和准确性。国家减灾委办公室还邀请了中国地震局地震研究所、国家气候中心、交通部公路科学研究院、中国疾病预防控制中心、中国安全生产科学研究院、中国地质环境监测院、北京市公安局、中国科学院地理科学与资源研究所等单位的专家，对手册和挂图进行了多次评审。

《城市和农村社区防灾减灾手册》的印刷成品和《城市和农村社区防灾减灾挂图》的电子版已于 2010 年 5 月“国家减灾日”前夕发放到全国各地。它是一套涵盖我国城市社区和农村社区防灾减灾知识技能及相关减灾政策、社区减灾实务等的防灾减灾宣传资料，具有很高的实用价值和教育意义。

参考文献：

[1] 国务院办公厅. 国家综合减灾“十一五”规划，2007.

[2] 国家减灾委员会办公室. 避灾自救手册. 中国社会出版社，2006.

[3] 国家减灾委员会办公室. 安全教育知识读本，中国社会出版社，2007.

[4] 国家减灾委员会，中华人民共和国民政部. 全民防灾应急手册. 科学出版社，2009.

[5] 北京市突发公共事件应急委员会办公室. 首都市民防灾应急手册，2007.

[6] 天津市突发公共事件应急委员会办公室. 天津市市民应急避险手册，2007.

[7] 海南省减灾委员会办公室. 海南省自然灾害基本知识与公众应急手册，2009.

[8] 北京市人民政府. 急救手册（家庭版）. 北京出版社，2009.

[9] 蔡赴朝，丁向阳. 首都市民预防传染病手册. 人民卫生出版社，2007.

[10] 宁波市教育局. 宁波市中小学生安全常识读本，2007.

[11] 公安部宣传局. 公民自救手册. 中国人民公安大学出版社，2008.

[12] 陈锡文，王杰秀. 火灾预防自救手册. 石油工业出版社，2008.

[13] 民政部紧急救援促进中心. 应急救援知识小百科——地质灾害. 科学普及出版社，2008.

[14] 胡邦曜. 知识守护生命——大学生避灾自救互救手册. 华南理工大学出版社，2009.

[15] 抗震救灾自助手册学生读本. 中国大百科全书出版社，2008.

[16] 李民. 新编应急自救手册. 海潮出版社，2008.

[17] http：//www. ytv. co. jp/bousai_dvd/index. html.

[18] http：//www. bousai. go. jp/*km*/imp/index. html.

[19] http：//www. tokeikyou. or. jp/bousai/inamura-link-top. htm.

[20] http：//www. sonpo. or. jp/archive/publish/education/0008. html.

[21] 郭跃，林孝松. 澳大利亚灾害管理的特征及其启示. 重庆师范学院（自然科学版），2001，18（4）：1.

[22] 刘承水. 城市灾害应急管理. 中国建筑工业出版社，2010.

[23] 史培军. 中国自然灾害系统地图集［M］. 科学出版社，2003.

[24] 宋俭，王红. 大灾难：300 年来世界重大自然灾害纪实［M］. 武汉大学出版社，2004.

[25] 张兰生. 中国自然灾害地图集（中英文版）［M］. 科学出版社，1992.

附录三：

实验区发展需凝练内涵、突出显示度*

——访国家可持续发展实验区专家委员会委员、北京师范大学教授刘学敏

《科学时报》记者　张　林

国家可持续发展实验区（原社会发展综合实验区，以下简称实验区）是由原国家科委、计委、体改委等28个不同部门和团体开展的一项综合示范工作，现在仍然在国家科技部主导下，有19个部委共同来推动。各实验区经过多年探索，逐步走出了一条经济与社会协调发展、经济发展与资源环境和谐相容的新道路，实验区同时成为践行科学发展观的重要基地。

截至2010年4月，已建立国家级实验区95个、13个国家级可持续发展示范区（以下简称示范区），遍及全国除西藏、海南和港澳台外的所有省级行政单元，形成了从国家和地方共同推动可持续发展战略实施的良好局面。

国家可持续发展实验区专家委员会委员、北京师范大学资源学院教授刘学敏在接受《科学时报》记者采访时表示，现在许多实验区的典型经验没有得到有效宣传，其中一个重要原因就是对自身发展内涵研究、提炼得不够，导致其对外显示度不高，示范、引领作用没有得到充分发挥，这是未来实验区以及示范区建设需要注意的问题。

显示度关系实验区建设的持续性

从1986年开始试点，国家可持续发展实验区建设已有24年。在此过程中，有的实验区坚持可持续发展的探索实践，至今成果斐然；也有一些实验区逐渐“销声匿迹”，自身可持续发展也成问题。这其中，地方领导的变化，不同政绩观的影响，成为影响实验区发展持续性的一大因素。

刘学敏认为，之所以出现这种现象，与实验区的显示度不够有关。原来的实验区建设强调“自发、自愿、自费”，国家支持（主要是资金支持）力度较小，

---

* 本文原载《科学时报》2010年5月12日第B1版。

以地方依靠自身力量建设发展为主。其间，各实验区形成了许多颇具代表性和示范性的可持续发展模式，如依托民营经济进行垃圾处理的四川“广汉模式”；社区发展方面的沈阳“沈河模式”、武汉“百步亭模式”，以及吉林白山节约资源的“草砖房”、烟台牟平区把大资本、大企业、高科技融入循环经济等。

“许多实验区对自身发展内涵凝练不足，影响了其典型经验的推广示范，从而使其对外显示度不高，国家19个部委应该联合起来重点突出实验区的显示度，这样实验区的建设才能持续推进下去。”刘学敏建议。

“十五”期间，受国家经济发展不均衡的影响，实验区地域分布不均衡的现象较为突出，即以东部沿海为主，中西部地区较少。国家实验区建设“十一五”规划提出“实验区西进”计划，由东部沿海地区向西部内陆地区推进，在一定程度上缓解了实验区区域分布不均衡的现状。

据介绍，我国已有108个国家可持续发展实验区、示范区，覆盖除西藏、海南以及港澳台地区的全国其他省区。目前，西藏的林芝县正在申报省级实验区，下一步有望成为国家级实验区。

刘学敏强调，实验区建设没有固定模式，而且目前各地结合自身特色进行的探索还远远不够，因此实验区仍需要大胆探索，不断加强可持续发展能力的提升，朝“民主政治、市场经济、先进文化、和谐社会”的目标努力。

试用推广新的指标体系

现在实验区建设的指标体系还是沿用20多年前的旧指标，“十五”期间该指标体系的不适应性已经逐渐显现，修改工作也提上日程。早在“十五”期间，以刘学敏为主的课题组即被委托对指标体系进行修订调整，但因参与评估的专家知识结构及偏好指标各异，难以达成共识，指标体系先后修改了9稿，最后仍不了了之。

如今，现有的指标体系已到了不得不修改的阶段。今年，刘学敏负责的课题组再次提供了一份包括实验区、示范区在内的指标体系供专家委员会讨论。在4月中旬进行的一次实验区评估指标体系研讨会上，不乏专家再次提出一些“颠覆性”的意见，使评估工作几乎又回到之前类似的情况。

实验区是基于我国20世纪80年代中期出现的经济发展后，社会事业相对滞后、资源环境破坏而推进的工作。其工作内容涵盖经济、社会、人口、资源、环境等方面，其特点及难点即在于综合性。

“当天的讨论大家忘了一点，就是实验区建设的初衷。‘贵在坚持，难在综合’。实验区建设指标强调很多方面的内容，但最后都需要综合起来。”刘学敏说。

刘学敏向记者透露，课题组近期将再对指标体系进行修改，然后会逐步试用。明年正值实验区建设25周年，新的指标体系将得到全面应用。

“十二五”注重质的提升

今年3月，包括北京市石景山区在内的10地区获批开展国家可持续发展实验区建设工作。其中，石景山区成为北京市继西城区、怀柔区之后的第三个国家级可持续发展实验区。

石景山区在城区节能减排上许多好的经验，比如八角北路社区种植乡土植物，利用雨废水浇灌，美化了社区环境。同时，其在产业发展上拥有一定的资源和基础，在发展新兴产业、推动现代新城区转型方面将大有作为。

刘学敏指出，今年获批的黄河三角洲实验区，显示出未来国家可持续发展实验区建设的趋势。以前的实验区都按行政区设定，在处理环境、可持续发展等问题时总是受到区域界限的限制。正如“可持续发展”有一个“共同性”的原则，即一个国家、地区不能解决自己所有的环境问题。黄河三角洲地区的核心城市东营市是国家可持续发展实验区，经济发展水平较高，但无法解决整个黄河三角洲地区的环境问题。

据介绍，此前，国家在解决跨区域可持续发展问题上已进行过一些尝试，比如广州天河区就曾面临珠江治理需要跨区域、跨流域的难题，青海海南州跨几个县发展生态畜牧业，均预示着跨行政区的可持续发展模式将在未来得到推广应用。

刘学敏强调：“‘十一五’期间，国家可持续发展实验区建设经历了量的扩张，‘十二五’应在此基础上实现质的提升。”比如进一步引导实验区探索符合自身特色的可持续发展内容和模式，建立退出机制；同时进一步提高国家实验区的进入门槛，提高国家对实验区建设的支持力度等。

附录四：

可持续发展实验区：用发展的办法解决前进中的难题*

——访北京师范大学资源学院教授刘学敏

《中国科学报》记者　萧　杨

被采访者：

刘学敏，北京师范大学资源学院教授，国家可持续发展实验区专家委员会委员兼西南区域组组长。

记者：刘老师，您好！我是中科院《中国科学报》编辑萧杨，今年是联合国环发大会“里约宣言”20周年，响应中国科学院的号召，我报打算做一期关于“可持续发展”的报道。所以就可持续发展实验区的相关事宜向您请教。

我国第一个可持续发展实验区是怎么成立的？当时有什么样的背景？第一个实验区目前的发展情况如何？

刘学敏：1978年党的十一届三中全会以后，中国开启了改革开放的大门。随着改革开放的不断深入和制约发展的桎梏被打破，中国的生产力获得了解放，经济获得了前所未有的发展。根据相关统计资料，1979～1985年，经济增长速度年均为9.65%，人均GDP年均增长8.4%，经济结构逐步调整，第三产业迅速发展。尤其在东部沿海开放地区，涌现出“长江三角洲”、“珠江三角洲”等多个具有广泛辐射力和强大影响力的“增长极”。随着改革开放不断深入，东部沿海地区乡镇企业异军突起，乡镇集体经济迅猛发展。

与乡镇企业相伴兴起的小城镇建设和自发发展，同乡镇企业“村村点火、户户冒烟”一样，规模小且布局分散。“走了一城又一城，城城都像村；走了一村又一村，村村都像城”是当时情况的真实写照。在发展的过程中，出现了许多问题：社会发展滞后，经济发展与社会发展不协调；资源枯竭，环境污染，人与自然不和谐；城乡之间、地区之间收入差距扩大，区域发展不平衡。这些问题如果

---

* 本文原载《中国科学报》（原《科学时报》）2012年6月23日A3版。

不及时得到解决，就会影响到中国经济社会的长远发展。为此，必须探求中国未来发展的道路。

“要用发展的办法解决前进中出现的问题”。1985 年 9 月，原国家科委（科技部的前身）提出，要致力于解决与经济发展不相协调所带来的社会发展问题；要选择一两个或若干个城市作为现代化社会发展的示范城市，使这些城市在人口、生态、环境、卫生、城市美化、市内交通和通讯、文化、体育、娱乐设施、工作及闲暇时间分配、生活方式与传统观念变革等方面有较大和较明显的进步。为此，1986 年 8 月，国家科委把江苏省常州市和无锡市华庄镇作为社会发展综合示范试点城镇。主要任务是，在先进的科学技术指导下，科学地制订地区社会发展总体规划，全面提高人的身体素质、思想政治素质、科学文化素质，实现经济、社会、生态效益的综合提高，物质文明和精神文明的同时建设，三次产业协调发展，为建设有中国特色的社会主义做出有益探索。

两个试点的要求各有侧重：常州的试点任务是在改革开放和全力推进社会主义现代化建设、实现人民群众生活水平达到小康目标的过程中，如何以科学技术引导和推动社会经济协调发展，探索城市具有中国特色的新的社会发展道路。华庄的试点任务是促进小城镇在经济发展的同时，完善与现代社会建设相适应的社会服务设施，发挥小城镇的功能，在人口、生态、环境、交通、通讯、文化、教育、卫生、体育等方面取得综合示范效应，探索经济发达地区农村小城镇社会发展的新经验。

从此，中国便开启了具有可持续发展全部内容的实验示范的大门，而“可持续发展”这个概念是 1987 年布兰特伦报告中才第一次提出来，至 1992 年的里约会议才确定为全球的发展战略。

迄今为止，常州市和华庄镇仍然属于国家可持续发展实验区序列，在进行着可持续发展的实验示范，不过，由于区划的调整，华庄镇的实验区域已扩展到无锡城区。

记者：20 年来，我国的可持续发展实验区大约有多少个？主要分布在哪些地区？以西部还是东部为主？

刘学敏：经过 20 多年的建设和发展，实验区从试点开始，逐步扩展，截至目前，已建成国家级实验区 131 个（含 13 个先进示范区），省级实验区近 160 个，覆盖全国 30 个省、市、自治区，在国内和国际可持续发展领域产生了广泛的影响。

按照行政区划和建制分，实验区主要有 5 种类型：大城市城区、地级市、县（区）及县级市、建制镇、跨行政区划实验区。

从分布上来看，东部地区比较集中。但自“十一五”以来，实验区在西部地区快速推进，所以西部地区近年来发展得比较快。

记者：在可持续发展实验区的建设中，在经济发展、资源保护、人口控制这3个主要方面是如何设计的？

刘学敏：在实验区建设中，要求按照“实验主题”进行探索，许多实验区为此确立了自己的“实验主题”，围绕着经济建设、社会发展、资源开发和环境保护等领域进行了卓有成效的探索。目前，实验区的“实验主题”主要有：

“资源型城市转型”：资源型城市因资源而兴，也因资源而困，转型是个世界性难题。实验区选择资源型城市，就产业转型、城市转型进行探索和实验示范。

“生态保护和修复”：许多实验区为了突出生态特色，建设环境优美、和谐宜居的城市，采取适宜的生态修复和重建手段，坚持保护优先和自然修复为主，加大生态保护和建设力度，从源头上扭转生态环境恶化趋势，在保护生态环境的前提下发展经济。

“社会发展”：关注社会发展、关注民生是实验区建设的重要主题。社会发展领域非常广泛，它包含医疗卫生、社会保障、公共安全、教育、文化、就业、收入分配和社会公平等。实验区选择这类主题进行探索和实验，就是试图解决在经济发展后出现的社会问题，探索解决社会领域和民生问题的道路。

“循环经济”：实验区选择循环经济作为主题，就是要探索在区域内资源节约和环境友好，实现可持续发展的道路。

“城乡一体化”：实验区选择城乡一体化作为主题进行探索，把城乡一体化从理念推进到实践层面。

“小城镇建设”：实验区选择小城镇建设作为实验示范主题，就是要探索小城镇发展如何带动农村非农产业发展，激活农村经济，提高农民收入，增加农村的公共产品供给，缩小城乡差距，提高农村医疗、养老、教育等社会保障能力，使小城镇成为吸纳农村富余劳动力的有效途径和重要载体。

记者：您认为经过20年的发展，可持续发展实验区所取得的宝贵经验（成功经验）有哪些？哪些是阻碍可持续发展实验区继续推动的因素？

刘学敏：经过20多年的建设，实验区取得了巨大的成就，也积累了许多宝贵的经验。

在国家层面上，通过探索和实践，为发展中国家实现可持续发展提供了实验示范，因而受到国际社会的广泛关注，产生了良好的影响。应该说，实验区是中国实施可持续发展战略的重要组成部分，是中国21世纪议程的实验基地。20多年来，实验区办公室和中国21世纪议程管理中心通过积极努力，与世界许多国家和国际组织建立了联系，共同研究和探索推进中国可持续发展事业的途径和合作方式。现在，实验区已经成为中国政府实施可持续发展战略、提高人民生活质量、促进公众参与的一个形象窗口。

在地方层面上，通过综合规划、重点突破，科技引导、机制创新，探索了不同类型地区实现可持续发展的模式和路径，具有重要的示范意义。

第一，实验区探索新型经济发展模式，经济持续发展。实验区建设选择了调整产业结构，转变传统经济增长方式，提高可持续发展能力，走内涵发展的道路。

第二，整体文明程度提高，社会事业全面进步。实验区在建设中，积极探索实现物质文明、政治文明和精神文明共同进步的有效途径。

第三，构筑实现创新的平台，推进了实验区创新体系建设。

第四，科学精神得到弘扬，科技支撑作用充分体现。实验区建设突出了用高新技术和先进适用技术改造传统产业，增加产业和产品的科技含量，减少资源消耗，提高产量、质量，消除环境污染。

第五，生态环境得到有效治理，资源得到合理利用。

第六，可持续发展意识普遍增强，公众参与程度不断提高。宣传教育公众提高可持续发展意识，唤起民众珍惜资源、保护环境的责任感，把可持续发展理念变成公众的自觉行动是实验区一项重要的任务。

最后，通过不断探索和实践，实验区培养和造就了一批既具有丰富实践经验，同时又具有可持续发展理论知识的管理和专家队伍，涌现出一批热衷于可持续发展事业的优秀管理人才。

毕竟属于实验和探索，没有现成的经验可资借鉴，没有先验的模式可供参考，未来实验区的建设任务更加艰巨，更具有挑战性。现在的困难主要在于：

一是资源比较分散。整合现有资源，将实验区建设成集中推动地方与国家科技创新与产业化的实验示范基地、科技与文化相融合的示范基地。在国家科技计划和地方科技工作中，应结合科技创新工作的特点与实验区的特点，优先选择实验区作为各项科技试点与示范的基地。

二是由于实验区是一项社会系统工程，涉及人口、资源、环境、经济、社会各方面，是自然与社会协调融合的长远事业，因此，需要各个部门的通力协作，加强多部门联合推动机制。

记者：您认为未来的可持续发展实验区应该如何发展？目前国家有无相关政策、法规对其进行指导？

刘学敏：未来实验区的发展要围绕转变发展方式、改善民生、能力建设等主题，突出科技的引领和支撑作用，强化“基地、模式、队伍”建设，突出实验区特色，打造实验区文化，做强实验区品牌。通过几年的努力，将实验区建成探索发展方式转变的先行先试区，民生科技的集成、应用、推广和实验示范基地，以及体制机制创新和统筹科技资源的实验示范基地。

一是要有序推进实验区建设。鼓励和支持地方积极培育省级可持续发展实验区；优选一批基础好、代表性强、示范意义大的实验区开展可持续发展主题示范。

二是要促进科技成果推广和应用，以民生科技为核心，力争实施各类可持续发展科技示范项目，建成一批民生科技成果转化基地（城市）。

三是提升实验区的社会影响力，要解决一批区域可持续发展面临的关键问题，形成若干具有特色的地方可持续发展模式，创建一批可持续发展示范企业，大幅度提升实验区的示范带动作用，切实扩大实验区的国内外影响力。

四是提高实验区建设能力。建立具有新时期特点的、符合实验区建设要求的监测评估体系；形成一支高水平的专家和管理队伍，提高实验区建设队伍的素质；激发企业社会责任，使企业成为实验区建设的重要力量。

记者：未来能否将可持续发展实验区推广至全国？大约需要多少年？谈谈您对目前国家的可持续发展战略的几点建议？

刘学敏：是否将实验区推广至全国，这是一个非常有意思的话题。实验区的建设是在中国这样一个发展中的大国，局部地通过率先探索可持续发展道路，来解决制约区域内可持续发展的“瓶颈”问题。但可持续发展是一个有起点而没有终点的事业，它不仅是在广度上推进，还需要不断深化。一个区域内，旧的问题解决了，还会出现新的问题。实验区就是要不断解决新出现的制约区域可持续发展的问题，而这正是实验区具有生命力的原因所在。

目前，可持续发展作为国家战略，在中国面临的巨大挑战主要是经济发展与资源环境约束的问题、社会发展与经济发展不协调的问题。对于前者，需要转变发展方式，通过发展循环经济实现资源节约，通过低碳发展实现环境友好，在发展中解决不可持续的问题，不断提升可持续发展能力和生态文明水平。对于后者，要加大社会事业的投入力度，在经济发展的同时，关注教育、医疗卫生、社会保障，使得改革开放的红利能够惠及全体人民。

第三部分

基于模糊聚类的中国分省碳排放初步研究

城市温室气体排放清单编制：方法学、模式与国内研究进展

低碳城市评价指标体系研究进展

基于 DPSIR 模型的低碳城市发展评价

——以济源市为例

论农村节能减排与城乡统筹

城市节能减排存在的问题与思考

节能减排政策与中国低碳发展

积极推进中国的低碳经济和低碳发展

“城市病”研究进展和评述

循环经济“子牙模式”：内涵、问题与发展思路

电石渣资源化利用：途径、困境与对策

我国氟石膏资源化利用的现状及对策研究

附录五：“循环”与“低碳”是实现可持续发展的两翼

——访北京师范大学资源学院教授刘学敏

附录六：循环经济不能成为“新概念”的垫脚石

基于模糊聚类的中国分省碳排放初步研究*

中国 CO_2 排放总量从1980年开始就不断上涨（见图1）。2009年，中央政府提出了到2020年单位GDP的 CO_2 排放比2005年下降40%～45%的约束性指标，面临严峻的碳减排任务。

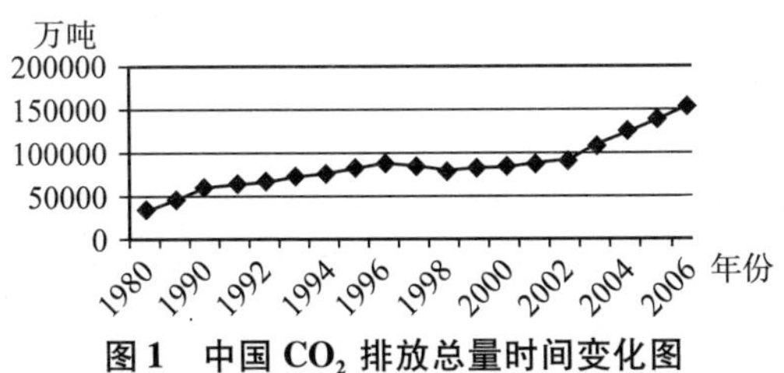

图1 中国 CO_2 排放总量时间变化图

作为一个负责任的大国，中国目前正处于高速工业化和城市化进程中，探索低碳发展的路径，顺应全球“低碳化”的发展趋势，也是落实国家温室气体减排目标的要求。据相关研究，中国虽然已跨越碳排放强度高峰，但还需跨越人均碳排放量、碳排放总量两个高峰。世界各国的低碳发展道路和经验，为中国的低碳发展提供了参考和选择，但必须立足于实际，基于自身发展阶段和特点，探索有中国特色的低碳城市发展道路。

探索低碳发展的道路，既要注意到发展模式的普适性，也要考虑模式的适应性。要在实施低碳发展的前提下，根据自身产业特征，制定低碳发展战略，注意低碳发展模式的区域差异性。在中国，由于地区之间经济发展、生活水平以及环境状况之间存在很大差异，沿海与内陆、东中西部差异较大，因此在实施低碳发展时，必须考虑区域碳排放驱动因素的差异，从而有针对性地制定减排策略。

在东部地区，工业经济占有绝对优势，也因此排放了更多的 CO_2，但高附加值、低能耗、低排放的技术密集型产业比重较高，单位GDP排放了相对较少的 CO_2（见图2）；煤炭在中西部能源结构中的比重明显高于东部，而煤炭的单位热值 CO_2 排放量要远高于石油和天然气；中西部地区生产工艺和技术水平相对落后，能源利用效率相对较低，导致单位产出会带来较多的 CO_2 排放量（见图3）。这种差异决定了中国实施低碳发展模式应根据区域而有所区别。

---

* 本文原载《中国人口·资源与环境》2011年第21卷第1期，与张彬、姚娜合作。

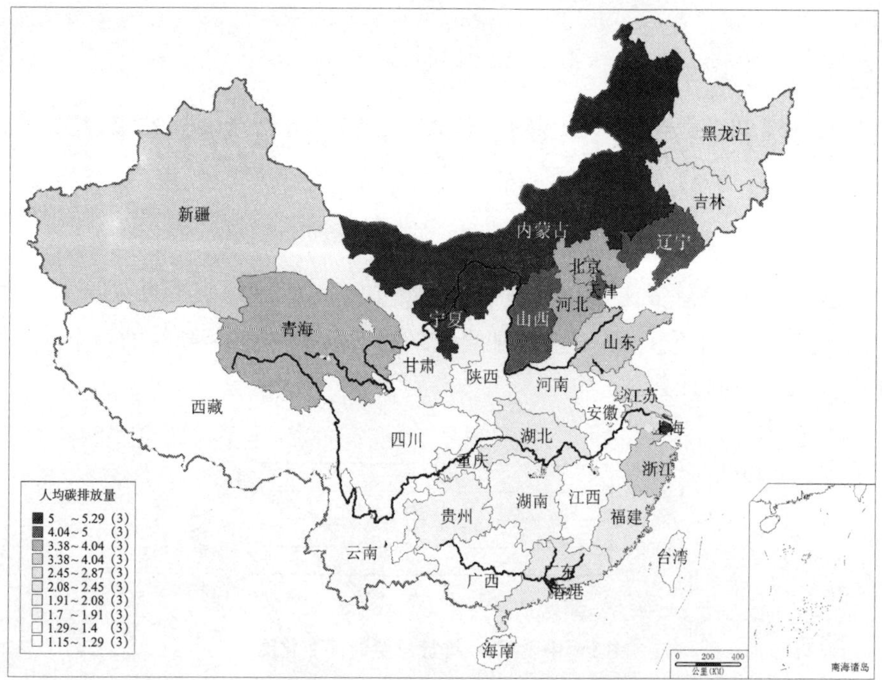

图2　2007年中国分省人均碳排放量

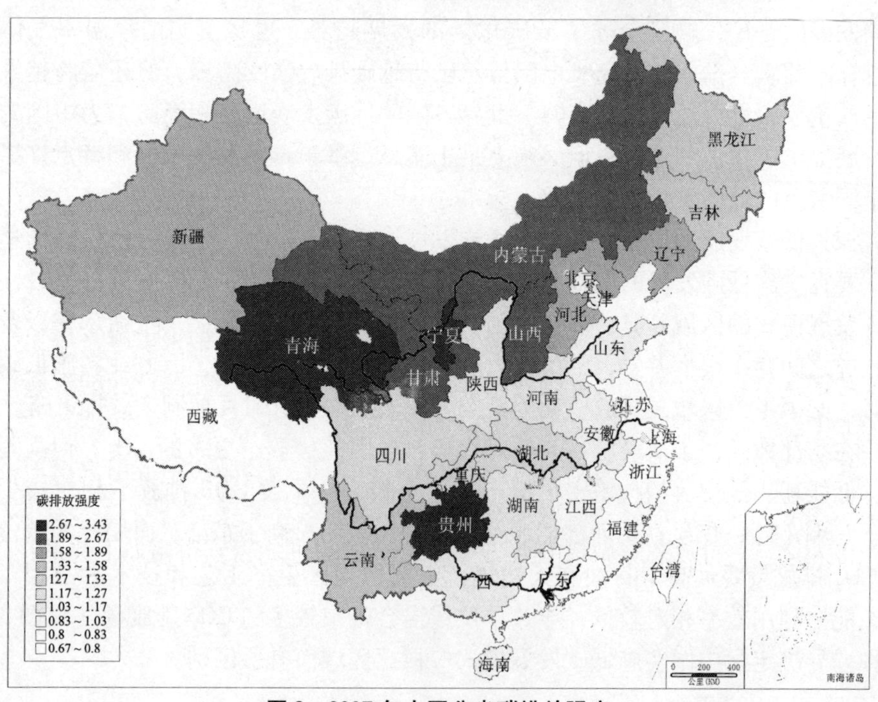

图3　2007年中国分省碳排放强度

注：图2、图3中，西藏和港、澳、台地区由于统计年鉴缺乏数据，因此在图中留白。

碳排放因素和特征与经济发展程度密切相关，而中国经济发展存在着较大的区域差异，因此，对中国碳排放进行分区研究是有意义的。

一、中国碳排放驱动因素

研究中国碳排放要素的动力机制，需要了解碳排放的驱动力。研究碳排放的驱动力，就是要研究碳排放总量与影响它的因素之间的关系。

碳排放的驱动因素可以通过 Kaya 模型来进行分解。从 Kaya 恒等式（1）来看，CO_2 的排放主要由以下因素驱动：

$$CO_2 = P \times \frac{GDP}{P} \times \frac{E}{GDP} \times \frac{CO_2}{E} \tag{1}$$

式中，P 为人口，可表示总人口或城市城口，E 为能源消费量。因此，驱动 CO_2 排放的因素可以分解为人口、人均产值、单位产值能耗以及碳排放强度。

（一）人口因素

人口增加将会导致 CO_2 的排放量增加（图 4）。

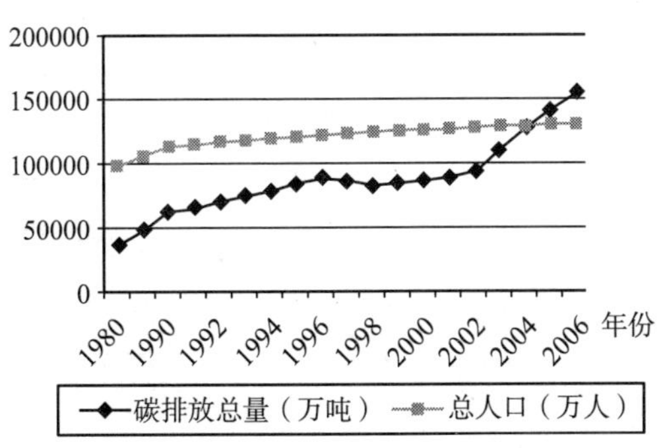

图 4　中国碳排放总量与人口变化图

首先，由于人口的增多，给住房、交通以及基础设施等带来了巨大压力，增加了对钢铁、水泥以及建材等高耗能产品的需求，刺激了高耗能产业的发展，从而增加了 CO_2 的排放。

其次，随着生活消费水平提高，人口的增多对电力和能源的需求也增加，特别是私人汽车拥有量的快速增加，加剧了 CO_2 的排放。

将人口与碳排放总量做出散点图（图 5），通过回归可以得出如下关系：

$$\ln CO_2 = a\ln P + b \tag{2}$$

其中，a = 4.5391，R^2 = 0.8638。

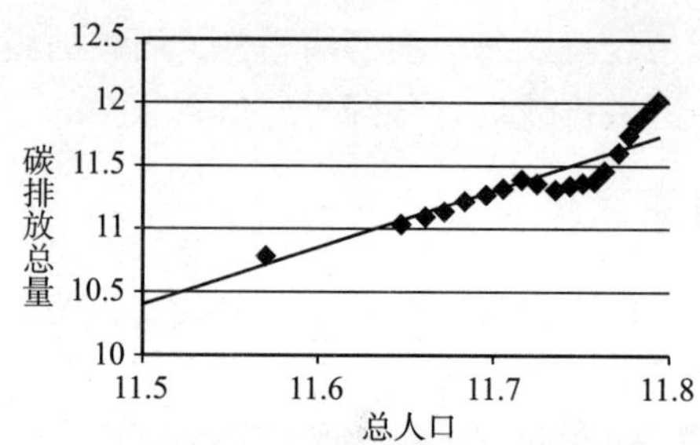

图 5　总人口与 CO_2 排放总量的统计关系对数化图

由此可知，人口对 CO_2 排放总量有较强的驱动作用。

（二）经济因素

IPCC 的报告（2007）表明，1970～2004 年间，Kaya 恒等式（1）中四个因素计算出的年均变化为：人口增长 1.6%，人均 GDP 增长 1.8%，能源强度降低 1.2%，碳强度降低 0.2%，全球平均每年 CO_2 的排放增长率是 1.9%。该结果表明，20 世纪 70 年代以后，人口和人均 GDP 的增长是 CO_2 排放的主要驱动力。

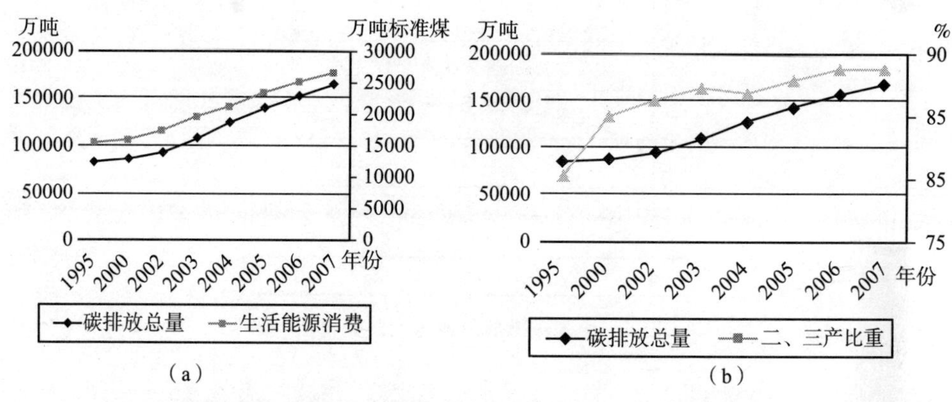

图 6　碳排放总量、生活能源消费及二、三产产值比重变化图

从中国来看，从 1978 年改革开放以来 GDP 每年以 10% 左右的增速快速增长，在此期间，CO_2 的排放总量也在持续增长。在城市中，经济增长主要表现为产值增加以及人民生活水平的提高，而产值增加以及生活方式改变，带来的是能源消费增加以及 CO_2 排放量增加。从图 6 中可以看出，城市经济因素中产值与生活方式与 CO_2 的排放量为正相关关系。

（三）技术因素

结合 Kaya 模型（见式（1）），技术对碳排放总量主要是通过对能耗强度和碳排放强度来影响的。依靠技术进步提高能源和资源利用效率，减少单位产值物质材料和能源的使用，即降低单位产值的能耗强度；采用技术替代，改善能源利用结构，主要是能源或是燃料的转换，用低碳的燃料来替代煤和石油等碳排放系数较大的燃料，或是从化石燃料转向非化石燃料（如水能、生物质能和核能等无碳的能源），降低单位能耗的 CO_2 排放强度。通过分解可以得知碳排放强度是一个综合反映能源结构与节能技术的指标（见式（3）），其计算可拆解为单位能耗的 CO_2 排放强度与万元 GDP 能耗强度的乘积。

$$\frac{CO_2}{GDP}=\frac{CO_2}{E}\times\frac{E}{GDP} \tag{3}$$

从图 7 中可以看出，中国 CO_2 排放总量与碳排放强度之间显示出，技术因素对碳排放总量有反向相关关系。

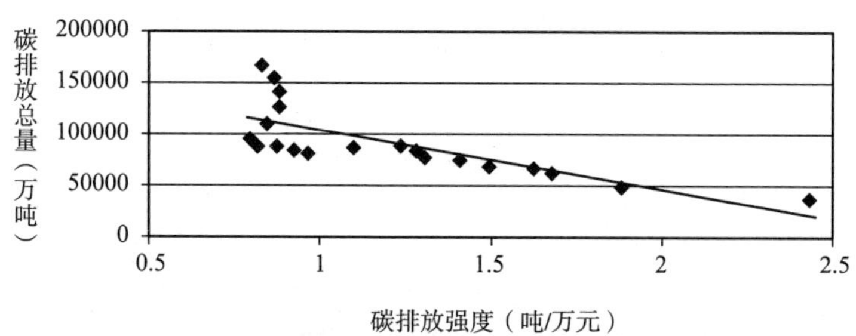

图 7　碳排放总量与碳排放强度关系图

二、基于模糊聚类的中国碳排放分区

聚类分析属于多元统计分析，是非监督模式识别的重要分支。它把一个没有类别标记的样本集按某种准则划分成若干个子集类，使差异较小的样本尽可能归为一类，而差异较大的样本尽量划分到不同的类中。

模糊聚类分析是模糊集理论与传统的聚类分析相结合的分析方法，根据样本代表性指标在性质上的亲疏程度进行分类，该方法克服了硬聚类分析在划分对象时“非此即彼”的缺点。

（一）指标选取及数据标准化

通过分解 Kaya 恒等式，对中国碳排放驱动因素进行了分析，人口、人均 GDP 以及技术因素是驱动中国碳排放的重要因素。研究碳排放驱动因素 IPAT 模型（Impact = Population，Affluence，and Technology）以及由此演化出的 ImPACT 和 STIRPAT 模型均认为影响环境的因素是人口、富裕程度和技术构成。

根据以上模型选取中国各省总人口、人均 GDP 以及 CO_2 排放强度作为聚类的指标。总人口从统计年鉴中获取，人均 GDP = GDP/总人口，CO_2 排放强度 = CO_2 排放量/GDP。

由于指标间存在量纲的差别，采用式（4）将各个指标数据进行标准化处理。

$$x'_{ij} = \frac{x_{ij} - \bar{x}_j}{s_j} \tag{4}$$

其中

$$\bar{x}_j = \frac{1}{n}\sum_{i=1}^{n} x_{ij},\ s_j = \sqrt{\frac{1}{n}\sum_{i=1}^{n}(x_{ij} - \bar{x}_j)^2}$$

样本数 $i = 1, 2, \cdots, n$，指标数 $j = 1, 2, \cdots, m$。

通过上述方法，将数据标准化后，其结果如表 1 所示。

表 1　标准化后数据及排序

省份	代码	人口		人均 GDP		CO_2 排放强度	
		标准化值	降序	标准化值	降序	标准化值	升序
北京	11	-1.04	26	2.58	2	-1.11	1
天津	12	-1.24	27	1.70	3	-0.66	9
河北	13	1.01	6	-0.18	11	0.43	23
山西	14	-0.36	19	-0.39	14	1.66	27
内蒙古	15	-0.74	23	0.23	10	0.98	26
辽宁	21	-0.01	14	0.26	9	0.22	22
吉林	22	-0.61	21	-0.21	12	-0.05	20
黑龙江	23	-0.19	15	-0.27	13	-0.14	19
上海	31	-0.95	25	3.19	1	-0.92	5
江苏	32	1.27	5	0.85	5	-0.92	4
浙江	33	0.28	10	1.10	4	-0.96	3
安徽	34	0.69	8	-0.74	27	-0.55	11
福建	35	-0.29	18	0.27	8	-0.89	6
江西	36	0.02	13	-0.70	25	-0.75	8
山东	37	1.95	2	0.41	7	-0.48	12
河南	41	1.94	3	-0.45	17	-0.35	14
湖北	42	0.53	9	-0.44	16	-0.21	17
湖南	43	0.78	7	-0.56	21	-0.37	13
广东	44	1.98	1	0.79	6	-1.06	2
广西	45	0.17	11	-0.71	26	-0.58	10
海南	46	-1.34	28	-0.56	22	-0.88	7
四川	51	1.47	4	-0.68	24	-0.18	18
贵州	52	-0.22	16	-1.09	30	2.04	29
云南	53	0.07	12	-0.86	28	0.13	21
西藏	54	—	—	—	—	—	—

续表

省份	代码	人口		人均 GDP		CO_2 排放强度	
		标准化值	降序	标准化值	降序	标准化值	升序
重庆	55	-0.58	20	-0.55	18	-0.23	16
陕西	61	-0.22	17	-0.56	19	-0.31	15
甘肃	62	-0.66	22	-0.87	29	0.68	25
青海	63	-1.45	30	-0.58	23	1.84	28
宁夏	64	-1.43	29	-0.56	20	2.95	30
新疆	65	-0.86	24	-0.39	15	0.65	24
台湾	71	—	—	—	—	—	—
香港	81	—	—	—	—	—	—
澳门	91	—	—	—	—	—	—

（二）聚类分析

通过模糊聚类，按照影响碳排放的三大因素——人口、富裕程度以及技术因素，将中国分为四大区域。

（1）北京、上海完全城市化地区。由于该区域产业结构已转型为三、二、一的形式，其驱动区域碳排放的主要因素是城市人口的快速增长和消费方式的转变。传统工业文明以对自然资源和能源大量消费为主，而现在，电气化生活成为城市生活的象征。大量人口的涌入，导致城市迅速扩张。因此该类地区实行低碳发展模式，应转变传统工业文明的消费观念，倡导低碳消费，鼓励使用节能电器，降低单位产品生产和使用的能耗，提倡公交、步行以及骑自行车等方式出行，控制住宅取暖和采冷的温度，推行健康、环保生活方式。同时，必须进一步完善城市基础设施，其包括城市公共建筑、城市交通以及城市绿地等。应大力推进公共建筑和居民住宅的节能改造，打造绿色住宅新模式，编制城市建筑节能规划，将节能与节材融为一体，逐步推进零能耗建筑。在交通方面，优先发展城市公共交通，构建合理的交通体系，推进城市轨道交通建设，发展大运量的捷运系统，加大科研力度，提升清洁能源在交通能源消费中的比重，据估计通过将汽车轻型化和节能化设计，可以节约 1/4 的能源，而通过发展公共交通，则可以节约原来耗费能源的 1/2 以上。建设城市绿地，美化城市环境，增加城市碳汇，通过建设城市绿地，利用植被固碳，通过光合作用吸收大气中的碳，并将其固定在植物体内和土壤中，从而降低空气中的碳含量。

（2）东部沿海地区处于工业化快速发展阶段，需要注重技术进步来降低碳排放，提高单位 GDP 能源利用强度。该类地区实现低碳发展首先需要调整优化产业结构，产业结构决定能源的消费结构，在一定程度上也决定着温室气体的排放强度。产业结构影响能源消耗总量和经济能耗强度，第二产业是节能减排的重点行业。限制高耗能产业的发展，淘汰落后产能，发展再生资源产业和环保产业，大力发展第三产业，从结构上实现经济的低碳、高效发展。同时，需要提高能源利用效率，加大节能技术的研发技术。

(3) 西部地区主要是要加强技术进步，改变能源利用结构。该地区从能源结构上来看，能源禀赋主要以煤炭为主，然而煤炭的碳排放强度高于其他化石燃料，因此应调整区域能源消费结构，用可再生能源替代部分化石能源。另外，该地区技术较东部地区落后，产业结构也是以高耗能产业为主，因此该地区应通过技术进步来降低碳排放强度，同时调整产业结构，转变生产模式。

(4) 天津由于经济发展较快，城市化程度也很高，人均 GDP 位于全国第三，但是该地区碳排放强度位于全国第九。因此，该地区要实现低碳发展一方面应注重产业调整，提高能源利用强度，同时也应该改变能源消耗结构。另一方面该地区应控制人口快速增长以及转变城市消费方式，倡导绿色消费。

三、结论与讨论

基于 kaya 模型对中国碳排放驱动因素进行了研究，得出了驱动中国碳排放的因素为：人口、富裕程度以及技术进步，在此基础上选择总人口、人均 GDP 以及单位 GDP 碳排放量作为模糊聚类的指标，将中国按驱动碳排放的因素分为了 4 大类型，同时还分析了 4 大区域影响碳减排的关键因素，这与中国发展的实际情况相吻合。

但是因工作只是一个开始，还存在许多需要进一步深入研究的地方。

第一，模糊聚类的指标需要进一步细化。在本文中，依据 kaya 模型的分解式和 IPAT 模型的定义，初步选取了三项指标作为分类指标。这在一定程度上满足了分类的需要，但尚须进一步细化。

第二，对于指标应赋予权重，本文在研究过程中对于聚类指标采取的是等权重处理的方式进行聚类分析，然而由于各个影响碳排放的因素其重要程度不完全相同，因此需要分别赋予权重再进行聚类分析。

第三，研究区域需要进一步细化。通过模糊聚类，将中国划分为四个区域，但是西部地区的划分线条较粗，需要根据该地区实际情况作进一步的划分。

第四，考虑城市和农村的差异，研究城市碳排放区划。在考虑到区域差别的同时，还应该注重研究影响城市和农村碳排放因素的差别。由于现在城市成为碳排放主要来源，因此，应更加注重对城市碳排放的研究。

参考文献：

[1] 国家统计局能源统计司，国家能源局综合司．中国能源统计年鉴 2008 [M]. 中国统计出版社，2009.

［2］中国科学院可持续发展战略研究组．2009 中国可持续发展战略报告：探索中国特色的低碳道路［M］．科学出版社，2009：69－74.

［3］国家统计局．中国统计年鉴 2001～2009［M］．中国统计出版社，2002－2010.

［4］Kaya，Y. Impact of Carbon Dioxide Emission Control on GNP Growth：Interpretation of Proposed Scenarios［A］. In：the IPCC Energy and Industry Subgroup，Response Strategies Working Group［C］. Paris，1990.

［5］Ehrlich PAUL R，Holdren JOHN P. The impact of population growth［J］. Obstetrical & Gynecological Survey. 1971，26（11）：769－771.

［6］余建英，何旭宏．数据统计分析与 SPSS 应用［M］．中国邮电出版社，2003：251－282.

［7］刘学敏．低碳发展之路：需要经济和能源结构双重转型［J］．中国科技投资，2009（7）：39－41.

城市温室气体排放清单编制：方法学、模式与国内研究进展*

一、引言

气候变暖已经是不争的事实。科学研究表明，持续的人为温室气体排放是气候变暖的主要原因（IPCC，2007）。城市对人为温室气体排放的贡献率高达67% ~ 80%（IEA，2008；Satterthwaite，2008）。为此许多地方把城市化、“城市病”问题与节能减排结合起来，全力推进低碳城市建设。编制城市温室气体排放清单（City GHG Emission Inventory），是执行“低碳城市路线图”的首要环节（潘晓东，2010）。

城市温室气体排放清单是国家温室气体清单出现后派生出的一项新内容，其主要形式将参照国家及省级层面的温室气体排放清单。尽管已有相当数量的文献对此进行了介绍，但学术界目前尚未针对其定义形成一个统一的标准。简要而言，城市温室气体排放清单即以清单的形式把城市的主要温室气体（包括 CO_2、CH_4、N_2O、HFCS、PFCS、SF_6 六种）在各城市部门的排放量直观显现出来①。编制城市温室气体排放清单，有助于进一步提高国家清单的确定性和准确性，同时也为温室气体排放权交易提供更为科学、合理的运行基础，应用价值重大。梳理学术界对城市清单编制问题的相关研究，总结并提炼相关思想和方法，其目的是把城市温室气体排放统计监测的研究向前推进一步，具有重要意义。

国内外学者已经围绕城市温室气体排放清单的编制原则、方法学等问题进行了广泛研究。本文基于SSCI与CNKI数据库的现有研究文献，在概述城市清单编制方法学、主要模式基础上，对中国城市清单编制研究进行述评，并对未来研究的走向做了一些展望。首先，介绍国际上主要的城市清单编制方法学规范，归纳国家清单与城市清单编制差异；其次，综述并评价目前清单编制的两种主要模式；再次，着重评析中国城市清单编制的研究状况；最后是结论和讨论，对未来

---

* 本文原载《经济研究参考》2012年第31_{P-3}期，与丛建辉、王沁合作；中国人民大学复印报刊资料《生态环境与保护》2012年第11期转载。

① “城市温室气体排放清单”与“城市碳排放量”的主要区别在于：城市温室气体排放清单需要确定各类温室气体的关键排放源，并对核算过程中的不确定性进行说明，以保证数据的国际可比性。

研究方向进行展望。在本研究中，参考了陈操操（2010）、蔡博峰（2009，2011）、顾朝林（2011）等学者的综述性研究成果，他们的研究为本文提供了很好的基础。但本文以更为新颖的研究文献作为支撑，更为详细地综述了城市清单的编制模式，并对中国城市清单编制研究进行了系统性概括。

二、城市清单编制主要方法学

温室气体排放清单编制工作必须在一定的规范指导下进行。目前，国家和企业层面的清单编制规范已经相对统一。美国环境署（EPA）和欧盟环境开发署（EEA）最先开发了大气污染物清单编制规范，经修改后成为指导两个地区国家温室气体排放清单编制的标准①。联合国政府间气候变化专门委员会（IPCC）于1995年第一次公布、2006年完善的IPCC清单指南（IPCC，2006），是其成员国编制国家清单规范的方法学指南，为世界上绝大多数国家所采用。IPCC清单指南与美国及欧盟的指导手册在排放源确定规则、数据质量上互相兼容。在企业（组织）层面，国际上已经形成三种清单编制规范：ISO14040环境管理架构、PAS2050评价规范以及世界可持续发展工商理事会与世界资源研究所②（WBCSD/WRI）联合制定的“企业温室效应气体会计与报告标准”（A Corporate Accounting and Reporting Standard）（WBCSD&WRI，2009）。这三种规范都以企业产品和服务在生命周期内的碳排放核算为重心，体系比较统一。

与国家及企业（组织）清单相比，城市层面的清单编制还没有形成统一的方法学。世界范围内已经编制完成的城市清单，主要依据IPCC指南、地方环境理事会（The International Council for Local Environmental Initiatives，ICLEI）推出的“温室气体排放方法学议定书”（International Local Government GHG Emissions Analysis Protocol，IEAP）及曼彻斯特大学公布的“温室气体地区清单协定书”（Greenhouse Gas Regional Inventory Protocol，GRIP）提供的方法学编制（ICLEI，2008；Carney，2009）。中国《省级温室气体清单编制指南（试行）》则是目前指导天津市温室气体清单编制的方法学规范（国家发改委气候司，2011）。

（一）IPCC国家温室气体清单指南

IPCC国家温室气体清单指南覆盖能源活动、工业生产过程、农业、土地利

① 欧盟环境开发署最初公布的为《EMEP/CORINAIR大气污染物排放清单指导手册》，主要为SO_2、NO_X和持久性有机化合物等大气污染物的清单编制提供指导，目前发展为涵盖主要温室气体种类的《EMEP/EEA大气污染物排放清单指导手册2009》。

② 世界资源研究所（WRI）创立于1984年，位于美国首都华盛顿特区，创始人是詹姆斯·思斐斯（James Gas Speth）。该机构主要研究领域为：延缓以致最终遏制全球变暖；扭转生态系统的恶化，使其为人类发展提供产品和服务，以打破传统的经济发展必以大量消耗有限的自然资源为代价的恶性循环；推动市场和企业在保护环境的过程中发现商机；确保公众获取与环境和资源使用相关的信息并参与决策过程。

用变化和林业、废弃物处理五个领域。其方法学的一般结构为：选择方法（包括决策树和方法层级定义）、选择排放因子、选择活动数据、完整性、建立一致性时间序列。该方法学提供的清单编制思路有两种：一种是基于表观消费量的参考方法，是自上而下（top-down）的，碳排放量基于各种化石燃料的表观消费量，与各种燃料品种的单位发热量、含碳量，以及燃烧各种燃料的主要设备的平均氧化率，并扣除化石燃料非能源用途的固碳量等参数综合计算得到；另一种是基于国民经济各门类的部门方法，是自下而上（bottom-up）的，碳排放量是基于分部门、分燃料品种、分设备的燃料消费量等活动水平数据以及相应的排放因子等参数，通过逐层累加综合计算得到。为了满足计算精度的需要，IPCC在部门方法中创造了层级（tie）的概念，不同层级表示不同的排放因子获取方法①，从层级1到层级3，方法复杂性和精确性都逐级提高。参考方法的优点包括易于获取数据、计算方法能够保证清单的完整性与可比性等，缺陷主要在于难以确定排放主体的减排责任。与之相反，部门方法能够明确部门减排责任，却存在时间消耗长、工作量大、难以保证可比性的不足。尽管运用IPCC方法编制城市清单的研究较为多见，该方法在城市层面的适用性一直受到较多质疑（Avignon，2010）。

（二）ICLEL“温室气体排放方法学议定书”②

为组织和推动城市温室气体减排，一些环保组织等非政府机构开发了标准化温室气体量化工具和方法，ICLEL是这一领域的典型代表。1993年，ICLEL发起“城市应对气候变化行动（Cities for Climate Change，CCP）”，协助加入CCP行动的城市开展温室气体减排“五个里程碑”计划③，并于2009年推出了首个面向国家级别以下行政区域的温室气体排放方法学议定书（International Local Government GHG Emissions Analysis Protocol，IEAP）。为约束政府机构自身的减排，ICLEI在市域清单外，单独公布政府职能部门的排放清单。

此外，ICLEI借鉴世界资源研究所（WRI）的范围（scope）思想，将排放源部门划分为三大范围：范围1指城市行政边界内所有温室气体的直接排放；范围2指城市消费和购买的由外部二次能源产生的温室气体间接排放，如电力、热力和蒸汽等；范围3指除范围2之外的所有间接排放，如城市进出口商品蕴含的温室气体排放。

2010年，ICLEL与加州空气资源局（CARB）、加州气候行动登记处

① 层级1运用缺省排放因子，层级2运用特定国家和地区的排放因子，层级3运用具体排放源的排放因子。

② “温室气体地区清单协定书”（GRIP）最初源于曼彻斯特大学的一篇博士论文，受多家机构资助，后历经多次改进与发展，本文以原始方法的发布单位命名。

③ 五个里程碑计划（CCP's five milestones）为：基准年排放清单和预测、建立预测年份减排目标、制定地方性的计划、实施政策和措施、监测和核查结果。

(CCAR)、气候变化登记处（TCR）联合推出了新版“地方政府操作议定书”(Local Government Operations Protocol，LGOP)，修订了部分燃料系数。同时，ICLEL 还设计了温室气体评估和预测工具软件（clean air and climate protection，CACP)，以提高地方政府清单编制效率。虽然 ICLEI 方法学更为适宜城市温室气体清单编制，但因其只对加入 CCP 行动的城市开放，限制了其推广和普及。

（三）曼彻斯特大学“温室气体地区清单协定书”

曼彻斯特大学公布的“温室气体地区清单协定书”（GRIP）是一种基于交互式计算机系统的清单编制工具。GRIP 法的鲜明特点是用“水平”（Level）区别数据质量和精确性，“水平”设置类似于 IPCC 指南的层级方法。Level 1（绿色）依赖自下而上的数据源（如家庭户的天然气消费），精确性最高；Level 3（红色）数据通过自上而下法收集，用了许多替代数据，精确程度最低；Level 2（橙色）的数据质量介于两者之间。

GRIP 法还设立了情景分析工具，便于用户在未来能源供需状况、碳排放、能源效率、技术改进这些要素之间做出综合决策。包括 8 个地区首府在内的 18 个欧洲城市（格拉斯哥、博洛尼亚、斯德哥尔摩、雅典、汉堡、马德里、斯图加特、那不勒斯、奥斯陆、威内托大区等）采用了这一清单编制方法。

（四）中国省级温室气体清单编制指南

中国省级温室气体清单编制指南由国家发改委气候司组织编写，旨在加强省级清单编制的科学性、规范性和可操作性，为编制方法科学、数据透明、格式一致、结果可比的省级温室气体清单提供有益指导。

指南共包括七章，第一至第五章分别为能源活动、工业生产过程、农业、土地利用变化和林业及废弃物处理等五个领域的清单编制指南，每章主要内容包括：排放源界定、排放量估算方法、活动水平数据收集、排放因子确定、排放量估算、统一报告格式等方面。第六章为不确定性，主要介绍基本概念、不确定性产生的原因以及减少不确定性和合并不确定性的方法等。第七章为质量保证和质量控制，主要内容包括质量控制程序和质量保证程序以及验证、归档、存档和报告等。指南同时还给出了温室气体清单编制基本概念、省级温室气体清单汇总表和温室气体全球变暖潜势等三个附录（国家发改委气候司，2011）。

该方法学鲜明的特点是可操作性、指导性强，不仅明确了各领域估算 CO_2 排放量的公式，而且结合中国现有统计体系，给出了具体的活动水平数据来源、调整方法与排放因子确定方法。

尽管该指南主要为编制省级层面的清单提供指导，天津市作为 7 个编制试点省市（广东、湖北、辽宁、云南、浙江、陕西、天津）之一，参照这一指南进行了清单编制。

（五）方法学评价

综合来看，城市清单编制四种规范的发布机构分别来自于国际机构、非政府组织、高等院校与政府部门，这既表明城市清单编制受到世界各类研究机构的普遍重视，又折现出了对编制城市清单具体思路上的分歧。几种方法学之间最大的区别在于对间接排放的处理，如果不考虑范围 2 及范围 3 的排放，ICLEI、GRIP 以及其他学术研究提供的方法体系都遵循 IPCC 清单指南。不过，从清单编制原则角度进行比较，这四种方法学对完整性、连续性和精确性的标准定义不同，因而按照不同规范编制的清单之间的可比性差。IPCC 指南主要为国家层面的温室气体排放清单提供指导，从这几种方法的比较及相关文献分析中，可以提炼出城市清单与国家清单编制方法的主要区别（如表 1 所示）。

表 1　城市清单与国家清单编制方法区别

	国家清单	城市清单
核算气体	CO_2、CH_4、N_2O、HFC_S、PFC_S、SF_6	CO_2、CH_4、N_2O
方法体系	自上而下（top-down 或参考方法）	自下而上（bottom-up 或部门方法）
编制原则	透明性、连续性、可比性、全面性、精确性	全面性、重点研究关键排放源、优先考虑现有地方和国家数据源
编制模式	生产模式	消费模式或混合模式
边界影响	以地理分界线为依据	是一个开放系统
灵活性和针对性	综合性强	针对性、灵活性更强

资料来源：根据陈操操等（2011）、蔡博峰等（2009）、蔡博峰（2011）整理。

三、编制模式

城市清单编制的具体方法，一般认为主要有两种编制模式：基于生产视角的生产模式（production-based inventory）和基于需求视角的消费模式（consumption-based inventory）。这两种模式已经不同程度地在一些城市清单编制实践中得到应用，但各自的优缺点尚存有争论。

（一）生产模式

生产模式是指把城市行政区域边界内所有排放源的直接排放编制在清单中，与范围 1 相对应。这一模式认为直接排放是城市温室气体增多的“罪魁祸首”，应根据直接排放产生的温室气体总量核定减排责任。IPCC 指南提供的“自上而下”与“自下而上”两种方法都建立在这一理念基础之上，因此生产模式在清单编制实践和理论研究中应用广泛。沙玛（Sharma，2008）运用 IPCC（1996）的部门方法，研究了印度德里市交通部门排放清单，通过对德里市 1990 ~ 2000 年温室气体及其他大气污染物时间序列数据的分析，检验了政府政策对温室气体排放量的影响。巴尔德萨诺（Baldasano，1999）运用该模式建立了巴塞罗那市 1987 ~ 1994 年温室气体排放的时间序列清单，主要考虑了公共与私人交通、工商业活动、废弃物处理三大排放源，得出了各部门温室气体排放比例。

（二）消费模式

消费模式主要运用碳足迹（carbon footprint）的思想，计算特定人群（或特定活动）所消费的产品与服务在整个生命周期中引发的温室气体排放，与范围3相对应。消费模式的常用方法是投入—产出法和生命周期法。众多学者认为，消费行为是碳排放增多的主要因素，应对气候变化需加强消费一方的管理（雷红鹏、庄贵阳、张楚，2011）。城市消费行为引发的间接碳排放可能占整个温室气体排放的相当比重。赫尔曼（Hillman，2009）在对丹佛市清单的研究中，比较了间接排放与直接排放两种计算方法带来的排放量差异，在把跨界商品与服务交换、陆上交通与航空旅行排放计算在内后，发现温室气体排放量比仅计算城市范围内的直接排放时高出47%。因此把间接排放纳入排放清单更为科学。

尽管理论界普遍认为消费模式更适宜于城市清单编制，但目前消费模式的应用仍然局限在理论探讨和一些城市部门的清单编制研究中。达卡尔（Dhakal，2009）在对东京、首尔、北京、上海四个亚洲特大城市能源政策的研究中，提出要基于消费模式计算城市碳足迹，把减排与能源政策、环境规划结合起来。拉科麦斯努（Racoviceanu，2007）将多伦多市水处理系统按生命周期分为化工生产、物料运输与水厂操作三个流程，运用生命周期法及GHGenius模型估计了这一系统能源利用排放清单。马斯瓦米（Ramaswami，2008）开发了一种以需求为中心、以生命周期方法为基础的城市温室气体清单，提出了交通领域排放量空间分配与城市主要物质供应（食品、水、燃料、混凝土）的蕴含能源量化问题解决方案。拉森（Larsen，2009）揭示了生产法在清单编制中的劣势，开发了一种“基于层级综合生命周期法的碳足迹模型”（tiered hybrid-LCA CF），利用市政财务报表数据，考察了挪威特隆赫姆市政账户清单，结果表明该市间接排放的温室气体占93%，这些间接排放按来源分别归属于本市（19%）、挪威（52%）和其他国家（22%）。

（三）编制模式评价

生产模式操作相对简单，但通过生产模式编制的清单往往扭曲排放责任，造成“碳泄漏”（carbon leakage）问题。主要排放源的转移可以在短时间内引起城市清单数据的大幅波动，这难以反映因加强管理、技术进步等方式带来的减排效应。消费模式把间接排放考虑在内，从产品与服务的整个生命周期角度编制清单，可以计算出各部门的隐含碳排放，从而明确排放责任。不过这种方式耗时较长、工作量大。此外，消费模式还有数据采集的困难，如果用投入—产出方法，数据更新周期较长，会影响清单的时效性。因此，消费模式之所以未被大规模采用，与其先天具有的缺陷相关。

为克服生产模式和消费模式的缺陷，将两种模式综合起来的思路在清单编制实践中受到重视。目前，纽约（2007）、芝加哥（2010）、伦敦等大城市公布的清单编制思路，都采用混合模式。采用混合模式，要尤其注意避免重复计算等数据质量问题并进行严格的不确定性分析①。综合来看，以生产模式为主，电力、交通和废弃物处理等领域运用消费模式编制是未来城市清单编制的发展方向。

四、中国城市清单编制

中国在“十二五”规划纲要中提出要“建立完善温室气体排放和节能减排统计监测制度”，并在随后发布的《“十二五”控制温室气体排放工作方案》中明确要求制定地方温室气体排放清单编制指南，确定了各地区单位国内生产总值 CO_2 排放下降的指标。随着 7 个试点省市温室气体清单编制工作的完成，城市温室气体清单编制已经刻不容缓。

（一）中国城市清单编制研究现状

根据研究重点的差异，以 2010 年为节点可将学术界对中国城市温室气体清单编制的研究大致划分为两个阶段。第一阶段的研究文献集中在对城市清单的总体介绍与方法探究上，研究成果主要为中国城市清单编制进行了思想动员和理论储备；第二阶段的研究重点开始转向对一些重点城市清单编制的研究，研究成果指导了中国城市温室气体排放清单编制的实践。研究路径如图 1 所示。

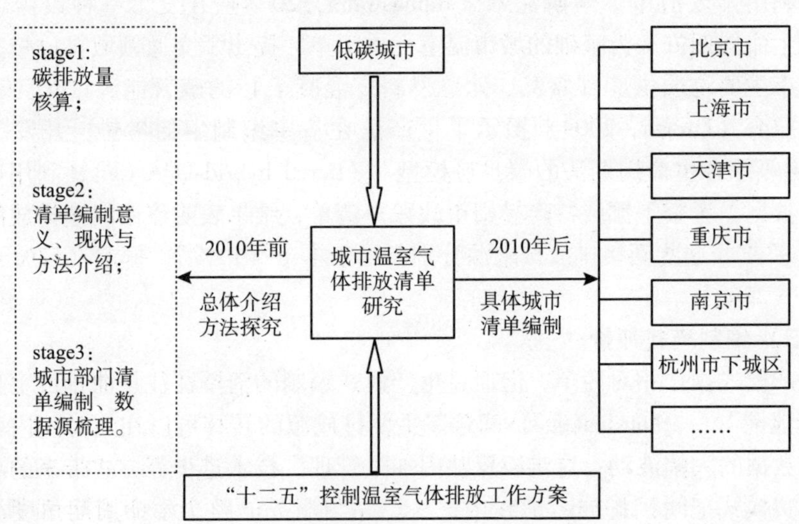

图 1 中国城市温室气体排放清单研究路径

① 不确定性分析（uncertainty analysis）是清单编制的一个重要过程，其目的是量化模型输入与输出值的不确定性水平，为改进清单质量提供方向。

1. 中国城市清单编制前期研究。第一阶段的研究主要包括三个方面：

一是对城市温室气体排放量核算进行了研究。碳排放量核算是温室气体清单编制的重要环节，相关文献根据 IPCC 指南等提供的方法概算了一些城市的碳排放量。王昕（1996）以详细技术分类法，具体参数选取遵循“以地区实际为主，结合 IPCC1995 推荐值”的方式，研究了 1990 年上海能源消耗活动中的温室气体排放情况。研究发现，上海市能源消耗产生的温室气体中，CO_2 占 97.2%，减排重心应放在能源转换和工业部门。郭运功（2009）在其硕士论文中，从系统学和环境学等学科交叉视角，运用理论研究与实证分析相结合的方法，对各种温室气体排放系数进行了总结，提出了特大城市温室气体排放量测算方法，较为系统地探讨了上海市温室气体排放现状和特征，初步分析了上海市温室气体减排潜力。由于其建立的特大城市温室气体测算体系主要从能源、人口、生活垃圾处理、污水处理、水泥生产以及土地利用变化等方面进行考虑，与常用的清单编制方法存在差异，因此限制了其推广范围。邢芳芳等（2007）基于政府宏观统计数据，根据 IPCC 的参考方法，估算了 1995～2005 年北京终端能源碳排放，详细给出了北京市分部门、分能源品种以及 2005 年分行业的能源碳消费清单，分析了能源碳消费结构。朱世龙（2009）对北京市 2005 年温室气体排放来源构成进行了比较，指出北京市排放最多的是发电和供热部门（48.15%），其次是工业部门（21.56%）。此外，他还将北京市碳排放量与国内 29 个省份及国际典型国家碳排放量进行了对比，提出少用、减排、吸收和市场交易机制的对策。

二是开始关注城市温室气体清单编制的意义，介绍编制现状与方法。潘晓东（2010）认为城市温室气体排放清单是开展城市温室气体减排情景预测、制定城市低碳城市战略、规划和行动，以及制定城市温室气体减排目标的基础，缺乏中国特色的城市尺度上的温室气体核算体系是制约中国低碳城市发展的“瓶颈”。顾朝林、袁晓辉（2011）概述了 2010 年前中国城市层面温室气体排放清单研究进展，总结国际通用的城市清单方法，包括以排放为中心的 IPCC 和 WRI/WBCSD 温室气体排放模型、以需求为中心的混合生命周期方法，绘制了中国城市温室气体排放清单编制流程图，阐述了中国城市清单编制与国际上的差距，说明了建立与国际接轨的中国城市温室气体排放清单的必要性和迫切性。蔡博峰等（2009）按照温室气体分类详细介绍了各排放源的研究方法，并根据国情提出了中国城市适用方法和排放因子参考，为制定符合中国实际的清单编制提供了思路。

三是完成一些城市部门的清单编制或数据源梳理。赵（Zhao，2009）评估了城市固体废弃物管理与温室气体排放的关系，运用生命周期法编制了天津市中心城区 2006 年固体废弃物系统清单。结果显示，该系统每年排放 467.34 吨碳当量温室气体，主要排放源为堆填气体排放。袁晓辉、顾朝林（2011）回顾了北京市温室气体排放研究和排放状况，运用ICLEI2009温室气体清单协定，进行了北京温室气体清单和数据源的梳理。研究发现，由于统计口径的差别，目前北京市清单编制只能在总量和大类上满足可比性的要求，难以达到ICLEI两大层面、三大范围的统计。

2. 重点城市清单编制研究。从2010年开始，有关城市温室气体清单编制研究的文献急剧增多，这一方面受省级温室气体清单编制试点工作的带动，另一方面与国内城市对排放清单的需求趋势相吻合。学术界已经先后对上海、北京、南京、无锡、杭州下城区、重庆等市区的温室气体排放清单进行了研究。

张晚成、杨旸（2010）运用IPCC规则中详细技术为基础的部门方法，编制了上海市2008年分能源品种的CO_2排放清单。主要考虑煤、石油、天然气和外来电四个能源品种，参数主要使用中国以往的各能源品种平均低位发热量，平均含碳量设为缺省值，并参照IPCC中不同设备的碳氧化率缺省值。结果发现，上海市煤炭使用排放CO_2占54%，石油利用排放CO_2占32%，增速显著。

刘竹、耿勇、薛冰等（2011）用“能源平衡表”（包括加工转换过程中的能源消费）、“分行业能源消费总量”（生产角度）、“分行业终端能源消费量”（能源消费角度），分别计算了上海市和北京市的能源消费碳排放，用的是自上而下的参考方法。研究结果表明，能源消费碳排放核算方法的选择对核算结果有很大影响，通过分析误差产生的原因，认为排放因子、碳氧化水平及加工转换过程是产生不确定性的3个主要原因。

赵倩（2011）依据IPCC方法编制了上海市1996～2008年温室气体排放清单，并以2004年人均温室气体排放量与主要发达国家进行了对比。清单覆盖了CO_2、CH_4和N_2O三种温室气体，筛选了固定源和移动源燃料燃烧、钢铁、水泥和玻璃生产、农业畜禽养殖和水稻种植以及废弃物和废水处置作为主要碳排放源，林业、城市绿地和土地利用变化作为主要碳汇。结果表明，能源活动占上海温室气体排放总量的90%以上。

王海鲲等（2011）将城市温室气体排放源分成工业能源、交通能源、居民生活能源、商业能源、工业过程和废弃物等六个单元，建立了一套针对城市的温室气体排放核算方法体系，以无锡市为例，计算了ICLEI规定的范围1和范围2内的碳排放，工业能源单元碳排放量占全社会温室气体排放量的比例最大，其次是工业过程和交通单元。

许盛（2011）也将城市温室气体排放源按工业能源、交通能源、居民生活能源、商业能源、工业过程和废弃物等六个部门分类，建立了一套针对城市的“可复制、可报告、可核实”的温室气体排放核算方法体系，并以南京市为例对中国城市碳排放特征进行了探索。结果显示，南京市温室气体排放总量中，由能源消费产生的温室气体排放量所占比例最高，大约为69%。此外，他还以南京市

GDP、人口、路网密度作为代用参数，采用空间插值法对排放清单进行空间分配，得出了温室气体排放的主要集中区。

耿（Geng，2011）用IPCC参考方法编制了中国四个直辖市1990年、1995年、2000年和2004~2007年能源消费部门CO_2排放清单，其中碳排放量估算用物料平衡法。结果显示，四个城市碳排放总量约为10亿吨，煤炭燃烧是四个城市能源消耗排放的最主要领域。在分析了四个城市温室气体排放趋势后，他对中国完成预定减排目标持乐观态度。

杭州市下城区（2011）探讨了城市中心城区的碳排放量核算，认为中心城区的特点是直接碳排放少、间接碳排放多；工业比重少、服务业比重大；农业林业少，城市人口的资源消耗多。提出了“碳排放量=工业碳源+交通碳源+建筑碳源+家庭碳源-绿化碳汇+其他”的核算公式，建立了2009年和2010年的碳排放清单，并据此提出了低碳城区发展规划。

杨谨、鞠丽萍、陈彬（2012）以重庆市为案例，通过清单方法分析主要温室气体排放源和碳汇，考虑主要能源活动、工业、废弃物处置、农业、畜牧业、湿地过程和林业碳汇，核算排放总量和强度，剖析了重庆温室气体排放结构和现状。结果显示：1997~2008年重庆市温室气体排放总量呈现出上升趋势，单位产值温室气体排放量呈现下降趋势，提出了改变能源结构和工业结构、提高能效和加强“森林重庆”建设等政策建议。

（二）中国城市清单编制研究的简要评述

总体来看，国内针对城市清单的研究起步较晚，但近两年开始进展迅速，研究文献逐日增多。从对中国各城市研究的结论看，在时间序列上，几乎所有文献都证明被研究城市温室气体排放量一直处于增长趋势，尚未到达环境库兹涅茨曲线的拐点。其中四大直辖市人均温室气体排放量一直高于全国平均水平，这一结论也得到赫恩威格（Hoornweg，2011）实证研究的支持。

从研究本身来看，国内研究主要以IPCC方法为主，研究范围主要集中在四个直辖市等特大城市，对排放源的不同分类是这些文献之间的主要差异。与国外研究相比，国内研究存在的不足表现在：一是清单编制的温室气体种类以CO_2为主，将其他温室气体种类编制在清单之内的文献并不多见；二是缺乏对城市行政部门清单的单独研究，公布城市行政机构清单有利于督促行政机构率先节能减排，形成社会示范机制并促进政府绿色购买；三是目前编制的清单相对“粗糙”，参数选择大多以IPCC缺省值为主，排放因子的本地化亟须加强。此外，统计体系的不完善也制约了国内城市清单编制工作的顺利开展。

五、结论与展望

（一）本文研究的基本结论

城市温室气体排放清单是实现城市乃至全社会低碳发展的基石与参考标尺。

在全球低碳城市建设浪潮兴起的背景下，城市温室气体排放清单编制备受理论界重视。目前，世界范围内已经形成IPCC清单指南、ICLEI“温室气体排放方法学议定书”、曼彻斯特大学“温室气体地区清单协定书”及中国省级温室气体清单编制指南四种主要方法学和两种主要编制模式（生产模式、消费模式）。在这些编制规范基础上，国内外学者进行了多个城市的清单编制实践与理论探索，尽管不同学者研究角度和侧重点各不相同，对清单编制的一些理念和观点存有分歧，但凝聚的共识逐渐增多，为形成统一的编制方法学奠定了基础。全球范围内城市清单体系的确立，将有利于世界各国监测气候变化状况、明确减排责任、建立统一的碳交易市场，以应对气候变暖带来的挑战。

国内城市温室气体排放清单编制目前尚处于试点阶段，但理论研究日渐丰富。学术界对中国城市清单编制的研究大致以2010年为节点划分为两个阶段，前一阶段注重对清单的综合介绍和方法探究，后一阶段转向对重点城市的清单编制研究。这些文献为国内清单编制实践进行了思想动员、理论储备与方法指导，但仍有待进一步细化与深入。对中国而言，城市排放清单是未来参与温室气体减排国际谈判、融入全球碳交易市场的必备工具，也是国内实现减排目标任务合理分解、综合解决城市问题的基础依据，有必要在遵循各种规范的基础上加快编制进程。

（二）当前的不足和未来展望

综合学术界的研究，目前来看，主要的不足与缺失之处表现在：

第一，从研究对象特征看，针对特大城市的研究多，中小型城市研究较少。出现这种情况的原因可能是：首先，缺乏权威的城市清单编制方法，而大城市可类比为“国家”，从而能够运用已经相对成熟的IPCC国家温室气体清单指南编制；其次，相比中小城市，大城市显然更具有研究价值和更高的关注度；再次，由于编制清单需要大量的统计资料，大城市的统计数据更容易获取；最后，考虑到清单编制的难度，城市规模越小，越容易受到“边界问题”的困扰，大城市编制的难度反而更小。因此，中小城市及小城镇的清单编制研究应是学术界努力的方向之一。另外，从城市功能上看，目前针对产业门类比较齐全的综合型城市研究较多，而对具有产业特色的城市（如资源型城市、旅游城市等）研究明显不足。

第二，从全球范围看，欧美城市在清单编制实践方面走在了最前列，其次是巴西、印度、中国等金砖国家。理论研究层面上，针对单一城市的研究多，不同城市之间的比较研究少。事实上，通过比较研究可以更清晰地发现和估算减排潜力，建立碳交易市场，提高减排效率。在时间尺度上，大量文献都集中编制某一年度的清单，基于时间序列的动态研究匮乏，这也与较早年份统计数据难以获取有关。不过，编制不同年份的排放清单，构建时间序列，以动态监测温室气体排放情况，是低碳城市建设的客观要求。

第三，从编制方法与过程看，无论是发达国家还是发展中国家，城市清单编制过程中都较多使用生产模式编制，消费模式使用较少，仅仅在一些部门使用。在编制程序上，大量文献缺乏规范的不确定性分析和质量控制说明。不确定性分析是 IPCC 指南规定的一个重要环节，有利于清单使用者掌握真实的温室气体排放状况，同时便于后续研究者在现有基础上降低不确定性水平，提高清单编制质量。

第四，从研究目的看，有关清单编制的研究大都停留在问题分析阶段，尚缺乏以排放清单为基础的低碳城市解决方案设计，如减排任务的细化、不同政策目标下的情景分析等。

根据目前理论研究的薄弱环节，结合社会发展趋势，未来研究重点应至少包括以下四个方面。首先，要扩大研究范围，加强对中小城市、具有特定产业特色城市的清单编制研究，并在量纲统一的前提下进行比较分析。其次，要加大对消费模式的研究，拓宽思路，丰富消费模式的研究方法，用多种方法进行对比。再次，要强化对清单的不确定性分析，完善数据质量控制体系。最后，要在科学合理的清单基础上，探讨减排责任分配方案，进行不同减排目标下的政策情景分析等。

国际社会对城市清单编制的需求日益迫切，由于没有统一编制规范，绝大多数城市清单难以满足可比性要求。因此，呼吁国际权威机构尽快在排放气体、排放源、全球热势能、部门定义、测量范围等方面达成一致，制定适合城市层面的清单编制方法学并向全球公开。

参考文献：

[1] IPCC. Climate Change 2007：The Physical Science Basis [R]. Cambridge，UK：Cambridge University Press，2007.

[2] IEA. World Energy Outlook [R]. Paris：France，2008.

[3] Satterthwaite D. Cities' contribution to global warming：notes on the allocation of greenhouse gas emissions [J]. Environment and Urbanization，2008，20 (2)：539 – 549.

[4] 潘晓东．中国低碳城市发展路线图研究 [J]. 中国人口·资源与环境，2010，20 (10)：13 – 18.

[5] 陈操操，刘春兰，田刚等．城市温室气体清单评价研究 [J]. 环境科学，2010，31 (11)：2780 – 2787.

[6] 蔡博峰．城市温室气体清单研究 [J]. 气候变化研究进展，2011，7 (1)：23 – 28.

[7] 蔡博峰，刘春兰，陈操操等．城市温室气体清单研究 [M]. 化学工业出版社，2009.

[8] 顾朝林，袁晓辉．中国城市温室气体排放清单编制和方法概述 [J]. 城市环境与城市生态，2011，24 (1)：1 – 4.

[9] IPCC. IPCC Guidelines for National Greenhouse Gas Inventories; Intergovernmental Panel on Climate Change 2006 [EB/OL]. http: //www. ipcc-nggip. iges. or. jp/public/2006gl/index. html.

[10] IPCC. Good Practice Guidance and Uncertainty Management in National Greenhouse Gas Inventories [EB/OL]. http: //www. ipcc-nggip. iges. or. jp/public/gp/english/.

[11] WBCSD/WRI. A Corporate Accounting and Reporting Standard [EB/OL]. http: //www. wri. org/publication/greenhouse-gas-protocol-corporate-accounting-and-reporting-standard-revised-edition. 2004 - 3 - 19/2011 - 7 - 8.

[12] ICLEI. International local government GHG emissions analysis protocol [R]. 2008. 1 - 57.

[13] Carney S. The greenhouse gas regional inventory project (GRIP): Designing and employing a regional green house gas measurement tool for stake holder use [J]. Energy Policy. 2009, (37): 4293 - 4303.

[14] 国家发改委气候司. 省级温室气体清单编制指南（试行）[Z]. 2011.

[15] Avignon A D, Carloni F A, Rovere E L L, et al. Emission inventory: An urban public policy instrument and benchmark [J]. Energy Policy, 2010, 38 (9): 4838 - 4847.

[16] Sharma, C, Pundir, R. Inventory of green house gases and other pollutants from the transport sector: Delhi [J]. Iranian Journal of Environmental Health, 2008, 5, (2): 117 - 124.

[17] Baldasano, J. M. Soriano, C. Boada, L. Emission inventory for greenhouse gases in the City of Barcelona: 1987 - 1996 [J]. Atmospheric environment. 1999, (33): 3765 - 3775.

[18] 雷红鹏，庄贵阳，张楚. 把脉中国低碳城市发展——策略与方法 [M]. 中国环境科学出版社，2011.

[19] Hillman, T.; Janson, B.; Ramaswami, A. Spatial Allocation of Transportation Greenhouse Gas Emissions at the City Scale [J]. Journal of Transportation Engineering. 2009.

[20] Dhakal S. Urban energy use and carbon emissions from cities in China and policy implications [J]. Energy Policy. 2009 (37): 4208 - 4219.

[21] Racoviceanu, A. I., Karney, B. W., Kennedy, C. A., et al. Life-cycle energy use and greenhouse gas emissions inventory for water treatment systems [J]. Journal of Infrastructure Systems, 2007, 13 (4): 261 - 270.

[22] Ramaswami, A. Hillman, T. Janson, B. et al. A Demand-Centered, Hybrid Life-Cycle Methodology for City-Scale Greenhouse Gas Inventories [J]. Environmental Science & Technology. 2008, 42 (17), 6456 - 6461.

[23] Larsen H N; Hertwich, E. G. The case for consumption-based accounting of greenhouse gas emissions to promote local climate action [J]. Environmental Science & policy. 2009 (12): 791 - 798.

[24] Bloomberg, M. R. Inventory of New York Greenhouse Gas Emissions [R], Mayor's Ofice of Operations, Ofice of Long-term Planning and Sustainability, New York, 2007.

[25] McGraw, J. Haas, P. Young, L. et al. Greenhouse Gas Emissions in Chicago: Emissions Inventories and Reduction Strategies for Chicago and its Metropolitan Region [J]. Great Lakes Research, February 2010.

[26] 王昕，姜虹，徐新华. 上海市能源消耗活动中温室气体排放 [J]. 上海环境科学，1996，15 (12): 15 - 17.

[27] 郭运功．特大城市温室气体排放量测算与排放特征分析———以上海为例［D］．华东师范大学，2009.

[28] 邢芳芳，欧阳志云，王效科等．北京终端能源消费碳消费清单与结构分析［J］．环境科学，2007，28（9）：1918－1923.

[29] 朱世龙．北京市温室气体排放现状及减排对策研究［J］．中国软科学，2009，（9）：93－106.

[30] Wei Z，Ester van der voet，Yufeng Zhang. etal. Life cycle assessment of municipal solid waste management［J］. Science of the total environment. 2009（407）：1517－1526.

[31] 袁晓辉，顾朝林．北京城市温室气体排放清单基础研究［J］．城市环境与城市生态，2011，24（1）：5－8.

[32] 张晚成，杨旸．城市能源消费与二氧化碳排放量核算清单——以上海市为例［J］．城市管理与科技，2010（6）：17－21.

[33] 刘竹，耿勇，薛冰等．城市能源消费碳排放核算方法［J］．资源科学，2011，33（7）：1325－1330.

[34] 赵倩．上海市温室气体排放清单研究［D］．复旦大学，2011.

[35] 王海鲲，张荣荣，毕军．中国城市碳排放核算研究——以无锡市为例［J］．中国环境科学，2011，31（6）：1029－1038.

[36] 许盛．南京市温室气体排放清单及其空间分布研究［D］．南京大学，2011.

[37] Geng Y. Energy Use and CO_2 Emission Inventories in the Four Municipalities of China［J］. Energy Procedia. 2011（5）：370－376.

[38] 杭州市下城区．杭州市下城区"十二五"低碳城区发展规划［Z］. 2011－12－8.

[39] 杨谨，鞠丽萍，陈彬．重庆市温室气体排放清单研究与核算［J］．中国人口·资源与环境，2012，22（3）：63－69.

[40] Hoornweg D. Cities and greenhouse gas emissions：moving forward［J］. Environment & Urbanization. 2011（5）：1－21.

低碳城市评价指标体系研究进展*

全球气候变化已成为科学界乃至政治界当前的热点和焦点问题。联合国政府间气候变化专门委员会（IPCC）第四次评估报告指出，全球气候变暖是毋庸置疑的，最近50年来的人类活动（化石能源燃烧、土地利用等）很可能是主要原因，有90%的可信度。丁一汇（2008）、秦大河等（2007）指出全球气候变化使一些重要的系统趋于不稳定，引发海平面上升、风暴潮增加、极端天气灾害频发、自然生态退化等。如果这种不稳定继续增加并超过某个临界值，一旦产生不可逆的变化，则会造成灾难性后果，威胁人类生存。

目前，全世界有50%以上的人口生活在城市。城市既是人类活动的聚集地，创造了社会财富的主体部分，城市也是能源的主要消耗地和温室气体的主要排放源。据何建坤（2010）、气候组织（2012）、Shobhakar Dhakal（2009）等的估计，城市消耗了全球75%的能源，排放了80%的温室气体。同时，城市化进程中所需的基础建设和服务，还导致了更高的能源消耗和温室气体排放。因此，城市肩负着应对气候变化、减排温室气体的重大责任，是实现全球可持续发展的关键区域。目前，世界许多城市都将构建低碳排放的社会经济体系作为发展模式和方向。总体说来，参考张坤民（2010）、沈逸斐（2011）、朱守先（2009）、气候组织（2012）、熊焰（2010）等对于低碳城市的特征概括，认为低碳城市的经济增长不依赖于大量的化石能源消费，各种废弃物和温室气体排放指标是低的，市民形成节约低碳的生活理念和消费方式，城市制定实现走向低碳发展的政策行动、项目规划、实施工程等。

针对低碳城市评价指标体系的研究较多，但尚未形成系统权威的理论，在实践操作及政策实施层面也没有形成统一的做法。伴随着科技进步，经济社会发展水平的提高，以及人们生活方式的变化，评价城市是否低碳的各项指标、内涵及标准界定也会相应地发生动态变化。克里斯·高斯尔普（Chris Gossop，2011）、庄贵阳（2011）认为指标体系介于理论研究与实践应用之间。它既是对城市当下发展阶段的一个基本判断，同时也是具有一定约束性的、目标性的发展指导。在这个框架下，改进城市现有的不低碳的发展模式，为某个阶段的城市建设提供服

---

* 本文原载《经济研究参考》2013年第14_{P-2}期，与朱婧、姚娜合作。

务，是低碳城市建设、规划和决策过程的重要阶段。

一、低碳城市评价理论基础

牛文元（2008）、夏塑堡（2008）、辛章平（2008）、冯之浚（2009）、张微（2010）、陈飞（2009）等专家学者对城市低碳发展水平进行了评估，综合分析众多研究后，虽结论各异，但具备共性的理论基础，为理解、实践低碳城市发展提供了重要指导。

可持续发展理论。国际社会对于可持续发展理论的探讨，最早见于布兰特伦的《我们共同的未来》（1987）报告中，经过了里约环境与发展大会（1992）、南非约翰内斯堡可持续发展首脑峰会（2002）等具有里程碑意义的会议，目前被认可的定义是：既满足当代人的需求，又不对后代人满足其需求的能力构成危害。低碳城市就是要协调经济、社会、环境和人的发展，在保持经济增长的前提下，节约能源，减少排放，提倡低碳的生活方式。可持续发展是低碳城市的源头，也是最终发展目标。

低碳经济理论。2003 年，英国政府发表了题为《我们未来的能源：创建低碳经济》的能源白皮书，首次提出了低碳经济概念，引起了国际社会的广泛关注。低碳经济的实质在于，提高能源效率和建立清洁能源结构，以低碳经济为指导，采取措施降低城市能源消耗和促进低碳发展，这是城市化和工业化进程中的必然选择。

环境库兹涅茨假说。该假说认为，经济发展对环境污染有着很强的影响并呈现出倒 U 型曲线，即在经济发展初期，生态环境会随着经济的增长、人均收入的增加而不可避免地持续恶化，只有人均 GDP 达到一定水平的时候，环境污染才会反而随着人均 GDP 的进一步提高而下降。环境质量与经济增长两者之间的这种先变坏后改善的现象称为环境库兹涅茨假说。

生态足迹理论。这一概念最早由加拿大生态学家雷斯在 1992 年提出。它是指生产某人口群体所消费的物质资料的所有资源，以及吸纳这些人口所产生的所有废弃物质所需要的具有生物生产力的地域空间。生态足迹能够测算地区的实际生物承载力，它反映了个人或者区域的资源消耗强度和区域的资源消耗总量及其供给能力，同时也能够揭示人类社会可持续发展的生态阈值。生态足迹的意义在于，它能够判断某个国家或者区域的发展是否处于生态承载力的范围内：当生态足迹大于生态承载能力时，大生态安全就出现了危机，生态环境就具有不可持续性，这必然会导致经济社会发展的不可持续性；反之，大生态安全保持稳定，生态环境具有可持续性，可以支撑经济社会的可持续发展。根据生态足迹理论，逐渐引申出了“碳足迹”的概念，它用于衡量各种人类活动产生的温室气体排量。

脱钩理论。脱钩理论主要用来分析经济发展与资源消耗之间的响应关系。在经济发展的同时实现资源消耗及对环境影响降低的现象即为脱钩，脱钩理论证实了低碳发展的可能性。如果化石燃料使用及 CO_2 排放量的增长相对于经济增长或城市发展是非常小的正增长，就属于相对脱钩；如果是零增长或负增长，就属于绝对脱钩。

二、低碳城市评价基本原则

科学性与可行性。指标体系的设计要严格按照低碳城市的内涵进行，能够对低碳城市的水平和质量进行合理的描述，具有科学内涵，避免指标重叠和罗列，同时尽可能地利用现有统计数据和便于收集到的数据，选取可操作性强的指标。谈琦（2011）认为在当前统计数据水平下，难以获取收集的数据，暂不考虑纳入评价指标体系。

全面性与动态性。李润洁（2011）在选取评价指标时，指出需要分析各指标之间的相关性，选取最具代表性的指标，尽可能全面反映城市低碳发展的进程与趋势。同时，低碳发展对于城市来说是一个动态目标，经济社会的发展模式、人们的生活消费理念都处在动态变化中，因此评价标准也需要适应动态的变化。

系统性与层次性。低碳城市涉及经济、社会、环境、产业等，邵超峰等（2010）、杜栋等（2011）指出指标体系的设计是一个系统工程，指标体系的设计应是一个具有系统性的整体，既能反映低碳城市的总体特征，又能反映经济、社会、环境、产业等子系统的发展趋势和相互联系。

完备性与针对性。完备性原则是对评价指标体系的一个基本要求，同时由于城市的资源禀赋、生产结构、人口规模等诸多方面存在差异，对于不同类型城市的评价要体现其各自的特点和针对性。

定量与定性相结合。由于低碳城市发展涉及的方面很多，有的变化可以用定量的数据来反映，有的却只能用定性描述，例如政策实施、公民意识、消费习惯等。因此，指标的设计需要结合定量与定性分析。

三、低碳城市评价指标体系

国内外许多学者就低碳城市的评价做了大量的理论研究和实践探索，形成了各具特色的研究成果。部分学者从可持续发展的经济、社会、环境三大基本支柱的角度构建，实质上是将城市作为一个独立考察对象，遵循可持续发展基本内涵和机制框架，对城市发展阶段进行评价；还有一些学者从城市能耗排放构成角度对低碳城市发展进行评价，这种方法是从温室气体排放源头进行监测，并对城市经济活动过程中产生的碳排放分领域、分部门进行综合统计，从而评估低碳城市发展所处阶段；目前比较受到认可的是中国社会科学院提出的低碳经济（城市）综合评价指标体系，从城市产出、消费、资源和政策四大方面进行考核，指标较简化，数据较易获取，且每个指标都设置了阈值，以是否达到该阈值作为评价标准，实际应用性较强。

1. 从可持续发展支柱角度构建低碳城市评价指标体系，多以低碳城市发展水平作为评价的主体，以城市价值最大化为核心。付允（2010）构建低碳城市评价指标体系，将低碳城市的特征概括为经济性、安全性、系统性、动态性和区域性，采用主要指标法和复合指标法作为评价的方法基础，从经济、社会和环境三个方面构建了低碳城市评价指标体系，描述了低碳城市 8 大状态，使用 23 项指标，并将其划分为目标型和约束型两大类，但是由于缺乏量化的指标值和评价标准，很难应用到实际中。连玉明（2012）将低碳发展水平评价指标分为两级，其中一级指标有 5 个，包括经济发展、社会进步、资源承载、环境保护、生活质量。计算综合指数来比较不同城市低碳发展水平，或分析某个城市低碳发展水平的变化过程。刘竹（2011）从经济发展、物质消耗与污染物排放相互关系的视角，以“脱钩”模式为评价指标体系的目标层，以经济发展、碳排放、工业污染物排放和社会资源消耗为准则层，规模以上废弃物排放等 8 个具体指标为指标层建立“脱钩”评价指标体系，并具体计算了沈阳市 2001 ~ 2008 年脱钩系数，进而判别城市经济、资源、环境变化的历史趋势及城市低碳建设现状。谢传胜（2010）建立了城市低碳经济综合评价模型，包括经济、技术、能耗排放、社会、环境 5 个方面 23 个指标评价城市低碳经济综合发展，运用模糊粗糙集和模糊聚类的基本理论，选取北京、上海、重庆作为评价对象，分别计算其综合评价值，认为北京较上海和重庆的低碳发展水平要好。熊青青（2011）选取能源、交通、科技、环境、经济和生活消费六大系统的 24 个正效、逆效和适度不同取向的具体指标，构建低碳发展水平评价指标体系。采用层次分析法计算了珠三角九大城市的低碳发展指数，认为广州和深圳的低碳发展水平为区域内最好。华坚（2011）以江苏省 13 个地级城市为研究对象，从低碳经济发展、低碳社会文明和低碳资源环境三个维度构建了由 3 个一级指标、11 个二级指标和 28 个三级指标组成的低碳城市指标体系。引入网络层次分析法（ANP）计算城市的低碳发展水平，用综合优势度来表征。指标体系数据较易获取，可操作性较强。

李伯华（2011）选取了社会经济、资源环境、科学技术和交通建筑 4 个系统层建立评价体系，并利用 SPSS 软件主成分分析法对长沙、株洲、湘潭 3 个城市和全国的低碳平均发展水平进行测算。综合指数表明，这 3 个城市现阶段都未处于低碳发展阶段。王玉芳（2010）提出以低碳发展为核心，经济发展为手段，社会发展为基础的低碳城市评价指标体系，用“低碳城市综合发展度”综合评价一个城市低碳经济的综合水平，包含经济发展指数、低碳发展指数和社会发展指数。利用 SPSS 统计分析使用主成分分析法和层次分析法计算了指标权重，并计算了北京市 2000 ~ 2008 年的低碳发展情况，最终用低碳经济发展综合指数说明北京市低碳经济发展水平整体上处于上升的趋势。谈琦（2011）从技术经济、空气环保、城市建设等三个层次构建了低碳城市评价指标体系，共13个指标，采用SPSS软件的因子分析法对南京和上海2000~2009年低碳发展水平进行综合打分并给出发展建议。

王嬴政（2011）从低碳经济、低碳社会、低碳生活理念、低碳能源、低碳环境和低碳政策六大方面构建了38个二级指标并确定其目标值，采用层次分析法确权后，计算了杭州市2008年在这六方面的完成程度，并对其今后发展提出了针对性的建议。辛玲（2011）从经济低碳化、基础设施低碳化、生活方式低碳化、低碳技术发展、低碳制度完善度和生态环境优良6个方面15个二级指标，采用层次分析法确定低碳城市评价指标的权重，用低碳城市评价指标综合分值来评价城市低碳发展水平，认为若综合分值等于或大于1，则该城市可视为低碳城市。同时，指出评价时要结合城市具体情况对指标体系进行调整。张宇飞（2012）根据对临港低碳城市的概念分析和内涵考察，从临港城市自身以物流业和装备制造业为主导产业这一结构特征出发，在指标体系的构建过程中以低碳能源、低碳研发、低碳制造、低碳物流和低碳社区等五个方面为一级指标，具有评价临港城市发展的个性化功能。李文苗（2011）评价指标体系体现了旅游城市和低碳城市的内容要求，从基础指标、状态指标和影响指标3个方面构建，该体系包含3个层次、6个二级指标、22个三级指标，采用层次分析法确定各项指标权重，最终得到综合发展指数用于评价低碳旅游城市综合发展水平，并选取北京、天津、上海和重庆进行实证研究，认为北京和上海在城市旅游发展水平和低碳化水平上都有一定优势。

邵超峰（2010）以“驱动力—压力—状态—影响—响应”（DPSIR）为概念模型，采用“问题驱动”的模式对低碳城市建设进行分析，结合我国当前相关各类生态示范区建设指标体系，建立低碳城市建设与评价指标体系，包含13个二级指标，但并未给出具体算法和权重确定过程，实际应用性较差。张文旭（2011）也基于此概念模型，从经济、环境、社会三大体中筛选出低碳城镇评价指标，针对黑龙江垦区构建评价指标体系，但此方法应用于低碳城市的评价中尚有不合理之处，就是虽然可以完整表示低碳能源方面的情况，但是低碳城市中的重要环节如低碳生产力、低碳技术以及政策观念等因素难以在体系中得到量化反应。

2. 也有一些学者从城市碳排放构成部门的角度构建低碳城市评价指标体系。路立（2011）从城市减碳和固碳两个大的方面出发，根据城市碳排放的机制和主要影响因子选取有代表性、信息量大的指标，综合使用层次分析法和专家咨询法，确定指标体系权重，最终用低碳综合指数值表征低碳化程度，包括城镇空间、产业发展、交通出行、基础设施、能源利用、生态环境等16个指标层指标，并对天津市发展现状（2009 年）和规划近期（2020 年）低碳化程度进行了评价。楚春礼（2011）从城市碳源、碳流、碳汇低碳化的角度出发，将城市低碳发展规划指标体系分为两个层次，为评价提供了新思路。其中第一层次是宏观目标，包括城市总体的单位能耗碳排放量、单位产值碳排放量、人均碳排放量等 4 个指标。第二层次分别为能源、产业、交通、建筑以及绿色空间五个领域共 19 项具体指标。张良（2011）从城市碳源和碳汇的角度出发，构建了低碳城市评价指标体系，包括工业低碳指数、交通低碳指数、建筑低碳指数和土地碳汇指数 4 个二级指标及 28 个三级指标。该指标体系以定量评价城市能源利用和土地利用造成的碳排放为目标，给出了指标计算方法，并相应地设计了评价模型对各级指标进行综合，最终用城市低碳综合指数来判定。王爱兰（2010）对低碳城市建设关联性因素分析，包括经济与社会发展、产业结构优化、能源结构、能源利用效率、交通体系、消费方式、碳汇发展和制度环境几个方面，选取了 8 个 1 级指标和 22 个 2 级指标，并给出了指标的具体计算方法。分别对北京、上海、天津、重庆、广州和深圳 5 个城市进行指标计算，通过与全国平均水平比较判断其城市低碳发展所处的阶段。袁艺（2011）从资源禀赋、经济发展水平、产业因素、能源因素、低碳基础设施、社会消费模式和政策因素方面设置了 20 个二级指标，结合专家打分，用分值的相对高低说明各因素对低碳发展影响程度的大小，并对保定市低碳城市发展模式给出一定的政策建议。牛凤瑞（2010）从低碳产业、低碳建筑、低碳交通、低碳生活、低碳管理 5 个方面，设置了 10 个具体指标，并且给出了指标赋值依据，最终根据低碳发展综合指数评价城市低碳发展。不足是主要单位产品碳排放量指标，在评价过程中并未考虑企业生产技术差异导致的不可比性等。

3. 中国社会科学院低碳经济（城市）综合评价指标体系。庄贵阳（2011）对比分析了国际上对低碳城市研究的进展，界定了低碳经济的概念和低碳发展的阶段性内涵，演化出低碳经济转型的基础与核心要素。基于此，构建了低碳经济（城市）综合评价指标体系，这是国内目前首个较为完善的低碳城市标准。该指标体系包括低碳产出、低碳消费、低碳资源和低碳政策等四大类 12 项指标。其中，低碳生产用表征碳排放与 GDP 的碳生产力及重点行业关键产品如钢铁、水泥、火电等的单位产值能耗来进行评价；低碳消费旨在通过人均碳排放来衡量城市消耗水平；低碳资源包括非化石能源占一次能源消费比重、森林覆盖率和单位能源消耗的碳排放为核心指标；低碳政策用以考察城市政策规划制定实施情况，民众低碳意识等。该指标体系强调对于实践的指导意义，服务于政策顶层设计和低碳城市发展规划引导。值得一提的是，该指标体系每一项指标都有理想值、目标值和当前值 3 个取值，评价就是按照理想值设定目标值，进而根据目标值改进现有的高碳发展状况。具有的相对评价标准值和绝对评价标准，既能反映出国内城市低碳发展现状是否达到了全国平均水平，又可以根据国际发达水平兼顾到各地发展水平差异，并以国际低碳排放为目标，互为补充。

易冬炬（2010）按照以上思路，基于层次分析法依次确定评价目标层、因素层、因子层 12 项指标评价低碳城市发展水平。并基于 SPSS 软件的因子分析法和专家打分法确定权重，计算了长沙、郑州、武汉、合肥、南昌、太原中部地区六个省会城市的低碳发展水平，分析出各市低碳城市系统运行态势和发展方向，为科学管理提供决策依据。杜栋（2011）参考了以上指标体系，对指标进行适当的改变，设计了经济系统、社会系统、环境系统、政策系统、科技系统五个准则层，包含低碳建筑、低碳交通、低碳产业、低碳消费、低碳能源、低碳政策以及低碳技术七个方面的指标体系，将低碳能源作为核心，增加了科技系统的碳汇及碳捕捉技术等指标，但未能量化评价标准值等问题。杨艳芳（2012）基于以上指标体系修改了个别指标，设计了低碳生产、低碳消费、低碳环境和低碳城市规划 4 个准则层 14 个具体指标，运用层次分析法确定指标权重，并根据北京市 2004 ~ 2010 年相关统计数据，计算了各个准则层评价值及综合评价值。

四、低碳城市评价指标核算

目前，在低碳城市评价文献中，对于城市的方案评价多运用模糊综合评判法、线性加权法、层次分析法（AHP）、网络层次分析法（ANP）、调查表分析评价法、主成分分析法、BP 神经网络法、粗糙集理论等方法。由于评价过程中涉及多目标决策，第一个关键点就是确定各指标标准值。张小平等（2012）认为主要方法包括参照国家标准或国际已有标准值；参考国际先进城市的现状标准值；依据现有的环境、社会与经济协调发展的理论，根据城市的现状和发展趋势外推值；依据国家现有的相关政策或部门政策确定目标值等。第二个关键点是确定各指标的权重。雷红鹏（2011）、Tang（2012）、Jia（2012）等通过大量数据计算和文献分析，指出确定指标权重的方法主要有主成分分析法、专家打分法（Delphi）、层次分析法（AHP）、模糊层次分析法（FAHP）等，其中使用较多的是专家打分法和层次分析法。对于低碳城市的评价往往将客观评价与主观评价、定性计算和定量描述有效结合，如 AHP/DEA 法、AHP/模糊综合评判法等的综合使用。

表 1　　低碳城市评价指标代表性计算方法

计算方法	方法简述
层次分析法/模糊综合评判法	层次分析法，依次确定目标层、因素层、因子层。在指标确定后，邀请专家进行打分，构造判断矩阵，为各个指标进行权重赋值。该方法最明显的缺点是评价过于主观，由于各个指标的标准不同，必须对其进行归一化处理，将不同单位和性质的指标数值标准化，最后形成一个综合的指数，用来评价低碳城市建设的综合水平。适用于对众多城市横向比较

续表

计算方法	方法简述
主成分分析法/因子分析法	主成分分析法是将解释变量转换成若干个主成分，这些主成分从不同侧面反映解释变量的综合影响，并且互不相关，再将被解释变量关于这些主成分进行回归，根据主成分与解释变量之间的对应关系，求得原回归模型的估计方程。其缺点是难以对含有多因素、多层次的方案进行评估以及不能较好地解决定性指标的量化问题
模糊集合理论	模糊集合理论被广泛应用于自然、社会、管理科学的各个领域，是将定性评价转化为定量评价的一个办法，在低碳城市评价中，能较好地解决难以量化的政策行动、增长潜力等定性化描述指标。模糊综合评价法的最显著特点是便于横向比较，还可以依据各类评价因素的特征，确定评价值与评价因素值之间的函数关系
专家打分法	低碳城市评价指标系统是一个多目标决策的问题，各个指标对于目标层的低碳城市发挥的作用和影响不尽相同，重要程度各异。专家打分法是最常见的确定指标权重方法，通过综合分析专家意见最终确定各指标对于目标层的重要程度

五、低碳城市核心评价指标

衡量一个城市低碳发展水平，核心是考查城市在资源禀赋、技术水平及消费方式这三个方面的低碳发展的水平。既要包括与城市直接排放的相关指标，又要包括城市输入、输出活动过程产生联系的指标。依据对于低碳城市的认知和界定，气候组织（2012）、朱守先（2009）、潘家华（2010）等都认为评价低碳城市应当包含以下核心指标：碳生产力、碳排放强度、能源强度、单位工业增加值能耗、人均碳排放、能源消费结构、第三产业比重、建筑能耗、万人拥有公交车数量、工业废弃物利用程度、城市碳汇、低碳政策。

碳生产力。排放每单位碳产生的 GDP 总量，也就是排放单位碳能够产生的经济效益，其计算公式为：GDP 总额/碳排放总量。该指标与经济发展和碳排放紧密联系，从产出的角度进行评价，反映了一个时期城市对于资源利用的效率，还表征了能源利用技术的水平。由于碳生产力取决于经济发展和碳排放两个指标，所以收入水平与碳生产力的大小并没有直接关系，比较适合于对经济发展水平接近的城市之间横向对比。

碳排放强度。单位 GDP 的碳排放量，称 GDP 碳强度，其计算公式为：碳排放总量/GDP 总额。能源种类不同，碳强度差异很大。化石能源中，煤的碳强度最高，石油次之。可再生能源中，生物质能源有一定的碳强度，而水能、风能、太阳能、地热能、潮汐能等都是零碳能源。

能源强度。又称单位产值能耗，指单位 GDP 的能源消耗量，计算公式为：能源消耗总量/GDP 总额，能源消耗总量应当包括城市各个部门的消耗，包括工业生产、居民生活、交通用能、建筑用能等，是反映科技水平、国民经济对能源生产利用效率的重要指标。对于各地区的经济发展、行业水平和产业结构不同，能源强度是有差别的。若对城市间做横向比较，一个城市的经济发展水平较低，物价水平较低，则其能源强度较高；若行业水平较低，新技术新工艺应用程度较为落后，能源消耗量高，则能源强度较高；若以高耗能产业作为地区的主导产业，则能源强度也较高。因此，能源强度取决于这些因素的综合作用。

单位工业增加值能耗。如钢铁、水泥、火电、耗煤等行业工业增加值消耗能源，反映的是重化工业在能耗、环保、资源综合利用等方面的市场准入情况，工业投资项目节能实施状况，传统高耗能、高污染行业的发展。另一个与之相关的指标就是单位工业增加值 CO_2 排放量。

人均碳排放。计算公式为：碳排放总量/城市人口总量。由于受到能源消费总量、能源消费结构和科技水平、经济水平等的影响，城市人口总量与碳排放总量之间并不一定是显著相关关系，人口多的城市并不一定比人口少的城市人均碳排放要低。因此，这个指标是从消费角度来衡量城市碳排放的，通过城市间横向比较，或者与全国平均水平进行比较，从而反映是否达到低碳城市要求。

能源消费结构。该指标反映各种能源的消费量占能源消费总量的比重。主要包括煤炭、石油、天然气等化石能源及水力、风力、地热、潮汐等非化石能源的使用情况。能源消费结构与各类能源的功能、开发技术及经济产出效率相关。我国工业化和城市化的进程中一直以煤炭、石油等化石能源为主导，近年来，虽然在能源消费总量中的比重逐渐下降，但始终保持着绝对比重。受资源禀赋、科技水平等因素制约，过度依赖煤炭能源消费，石油、天然气和其他新能源的开发使用还有待提高。低碳城市对于能源消费结构的要求是降低碳的含量，提高不产生温室气体的可再生能源的使用，从而反映非化石能源利用比重。

第三产业比重。即第三产业占 GDP 的比重，二产是碳排放的主要产业，三产具有耗能低、碳排放少、产品附加值高等特点。因此，三产比重高的城市一般其经济水平较高，低碳化程度也较高，是评价低碳城市的一个指标。

建筑能耗。我国建筑能耗在全社会能源总消耗量中所占比例较大，用能效率较低，而且缺乏建筑用能效率或能源消耗量方面的信息。这个指标主要考察城市中大型建筑的采暖、空调、通风、照明、厨房炊事及家用电器等日常用能情况。

万人拥有公交车数量。通过城市运营的公共交通车辆总数除以城市总人口得到，公共交通运输能力强于私家车，从消费的角度看，人均碳排放量更少。公共交通包括公交车辆、地铁、轻轨以及快速公交 BRT 等。

工业废弃物利用程度。工业废弃物伴随工业生产，一般有毒有害，如燃烧煤炭产生大量的煤灰，冶炼钢铁产生大量的矿石炉渣等，探索重新利用工业废弃物，城市的工业废弃物利用率越高，则环境效益与经济效益也就越高。

城市碳汇。城市碳汇是植物将 CO_2 吸收固定在植被和土壤中，从而减少城市

大气中 CO_2 浓度的过程，通过城市中公园与绿化广场等公共绿地、城市道路附属绿地、建筑物附属绿地等实现。多用城市绿化率来考察，即城市各类绿地总面积占城市面积的比率。低碳城市的要求既要减少碳源，也要增加碳汇，提高城市绿化率的办法除了传统方法外，还有垂直绿化、屋顶绿化等，另外由于不同植物的固碳释氧能力差异，还应选择固碳释氧能力较强的植物为首选树种。

低碳政策。政府制定出台的财政、税收等各方面的组合政策来引导消费、生产，制定推进低碳产业、低碳建筑、低碳交通和低碳生活的法律、法规、条例等，建立碳排放监测统计体系量化监管，引导公众的日常生活行为和消费意识习惯等，从源头上减少能源消耗与碳排放，起着至关重要的作用。

六、对低碳城市评价指标体系的述评

目前，低碳城市的评价工作主要强调指标体系构建的原则和主要框架，开展的实际工作集中于这几个方面：评价某个城市某个阶段的低碳发展水平，比较多个城市某阶段的低碳发展水平，以及分析某个城市低碳发展水平的年际变化，且较多的案例是对城市进行横向对比。加之对于碳排放量统计倾向于采取“全生命周期”的“碳足迹”模式，从原材料的获取、产品的生产直至产品使用后的处置为止所产生的全过程计算，这种统计方法对于我国城市普遍存在的不同地区间碳源输出和输入问题带来统计技术难题。具体来看，这些研究的价值和不足主要集中在以下几个方面：

1. 城市边界。这既是地理空间概念，又是经济社会系统概念，是人口、经济的聚集点。我国目前城市是一级行政区划建制，导致城市成为区域概念，造成全国城市 CO_2 排放总和等于全国 CO_2 排放量，如果从这一角度出发，城市 CO_2 排放清单和区域与省级的排放清单完全一致。事实上城市建成区才是狭义城市的最佳表征。但在实际计算当中，由于数据统计口径多按照城市行政区划，从而导致口径无法统一，难以完成数据收集和积累。

2. 温室气体核算。出于成本和关键排放源的考虑，大多数城市清单仅核算 CO_2、CH_4 和 N_2O 这 3 种关键温室气体。核算问题是国内外城市温室气体清单中一大难题，由于城市是一个物质和能量完全开放的系统，温室气体有直接排放的，也有间接排放的，非常复杂。导致同一城市出现多种碳排放量，极不利于科学研究和政府决策。城市 CO_2 排放一般可分为直接排放过程和间接排放过程，具体可分为三个层次。层次 1：所有直接排放过程，主要是指发生在地理边界内排放源产生的所有直接温室气体排放。这里的排放源包括固定源燃烧、移动源燃烧、过程排放和逸散排放四类。层次 2：电力、蒸汽、供热等消费相关的购买和外调发生的间接排放。以用电为例，大部分城市的电力依靠购买或外调，所以并不直接产生温室气体排放，但可能所购电力来自火力发电，而火力发电产生温室气体，所以这部分温室气体算为城市间接排放。层次 3：未被层次 1 和层次 2 包含的其他所有间接排放，是从全生命周期的角度出发的。如城市从外部购买的燃料、建材、机械设备、食物、水资源、衣物等，生产和运输这些原材料和商品都会排放温室气体。直接排放是以生产侧为统计计算口径的，所有排放过程都位于区域行政管制边界之内，这对于核算国家或区域温室气体排放较为适用，但是由于城市是人口、建筑、交通、工业、物流的密集地区，消费的能源和资源主要依赖城市以外的输入，故并不适用于核算城市温室气体排放。间接排放是指以消费侧为核算口径的考虑了全生命周期内产品的生产、加工、运输、消费和废物处理排放量累加，因此间接排放的空间范围一般大于直接排放，间接排放量也高于直接排放。就城市温室气体核算来讲，考察间接排放的温室气体更为全面，但数据获取难度很大。

3. 核心评价指标。核心指标体系应当能够适用于每个城市不同的状况和要求，同时应适合某个城市或地区的特定情况。本文梳理了专家学者们较多采用的指标，总的说来，按照城市发展的驱动力、状态、响应，可以建立一个低碳城市的概念模型，围绕减少碳源，增加碳汇，从一个城市的经济产出、能源消耗、资源禀赋和政策导向四个大的方面切入。

4. 评价标准。通过文献阅读可以发现，最终有两种方式来判定城市发展是否低碳以及低碳发展程度阶段等问题：绝大多数指标体系最终用一个无量纲的综合评价指数（通常介于 0 ~ 1 之间）来表征，但单一指数判定城市低碳与否存在一定的局限性，既要避免权重确定过程中专家打分的人为干扰，还有可能产生总体变化与某个领域变化的不协调不匹配的问题，从而难以说明发展趋势，比较适用于城市间的横向比较；也有部分指标体系采用实际值与标准值参照的方法，若某项指标的现实值高于标准值，就可以认为符合城市阶段的低碳发展目标，标准值多为国际标准或国家部门标准，但即便是这个标准值，也是与国际上的一个相对比较，可以判断城市低碳发展水平所处阶段，但不能判定实际情况，主要用于评价城市低碳发展阶段，以寻求低碳发展的政策建议。

5. 个性化的评价指标体系。城市的人口、规模、结构有各自的特点，发展也各有侧重，应当针对不同类型城市建立适合其发展特性的指标体系，衡量是否达到低碳标准更为科学和完整。城市的资源禀赋会对能源资源二次需求和输入产生影响，尤其是消费型城市生产型城市、重化工城市以及以服务业为主的城市发展侧重点都是不同的；城市空间结构影响居民出行方式和交通运输需求，进而影响城市空间利用效率和城市碳排放，例如土地空间利用效率不同导致碳排放强度差异；城市规模对碳排放的影响作用非常显著，若城市空间规模不合理扩张，涌入更多人口，同时城市空间承载量有限，导致城市能源消耗变化；就城市人口而言，如北京、上海、广州这样的特大型或大型城市和人口在十几万、几十万的中小型城市，城市单位空间人均产出、利用效率和碳排放强度都有所不同，因此最终应该有一个针对不同类型城市的个性化的评价指标体系。

低碳城市的建设发展，必须有行之有效的评估考核标准和科学可行的评价方法。尽管已经从国家层面建立了低碳试点省市，但监测和评估等基础性工作还需要进一步地实践探索和应用，尤其是指标体系应用指南的编制，增强指标体系应用的可操作性。在借鉴国内外低碳经济评价指标体系的优点以及在国内应用的反馈经验，继续深化和完善中国低碳经济综合评价指标体系，对各地低碳建设进行规范和引导，具有非常重要的实践意义。

参考文献：

[1] Chris Gossop. Low carbon cities: An introduction to the special issue [J]. Cities, 2011, 28 (6): 495 -497.

[2] Decai Tang, Ping Song, Fengxia Zhong, et al. Research on evaluation index system of low-carbon manufacturing industry [J]. Energy Procedia, 2012, 16 (A): 541 -546.

[3] Junsong Jia, Ying Fan, Xiaodan Guo. The low carbon development (LCD) levels' evaluation of the world's 47 countries (areas) by combining the FAHP with the TOPSIS method [J]. 2012, 39 (7): 6628 -6640.

[4] Shobhakar Dhakal. Urban energy use and carbon emissions from cities in China and policy implications [J]. Energy Policy, 2009, 37 (11): 4208 - 4219.

[5] 陈飞，诸大建．低碳城市研究的理论方法与上海实证分析 [J]. 城市发展研究，2009，16 (10)：71 -79.

[6] 楚春礼，鞠美庭，王雁南等．中国城市低碳发展规划思路与技术框架探讨 [J]. 生态经济，2011，(3)：45 -63.

[7] 丁一汇．气候变化的科学问题 [N]. 科技日报，2008 -04 -19 (003).

[8] 杜栋，王婷．低碳城市的评价指标体系完善与发展综合评价研究 [J]. 中国环境管理，2011 (3)：8 -14.

[9] 冯之浚，周荣，张倩．低碳经济的若干思考 [J]. 中国软科学，2009 (12)：18 -23.

[10] 付允，刘怡君，汪云林．低碳城市的评价方法与支撑体系研究 [J]. 中国人口·资源与环境，2010，20 (8)：44 -47.

[11] 何建坤．发展低碳经济　应对气候变化 [N]. 光明日报，2010 -02 -15 (004).

[12] 华坚，任俊．基于 ANP 的低碳城市评价研究 [J]. 科技与经济，2011，24 (6)：101 -105.

[13] 雷红鹏，庄贵阳，张楚．把脉中国低碳城市发展——策略与方法 [M]. 中国环境科学出版社，2011：310 -323.

[14] 李伯华，徐亮．低碳城市发展水平的测度及其对策研究——以长株潭为例 [J]. 安徽农业科学，2011，39 (2)：1180 -1183.

[15] 李润洁．长沙低碳生态城市建设评价体系研究 [D]. 中南林业科技大学，2011.

[16] 李文苗．低碳旅游城市发展评价指标体系研究 [D]. 上海师范大学，2011.

［17］连玉明．城市价值与低碳城市评价指标体系［J］．城市问题，2012（1）：15－21.

［18］刘竹，耿涌，薛冰等．基于“脱钩”模式的低碳城市评价［J］．中国人口·资源与环境，2011，21（4）：19－24.

［19］路立，田野，张良等．天津城市规划低碳评估指标体系研究［J］．城市规划，2011，35（1）：26－31.

［20］倪外，曾刚．低碳经济视角下的城市发展新路径研究——以上海为例［J］．经济问题探索，2010（5）：38－42.

［21］牛凤瑞．现代城市发展的低碳内涵与实现路径［J］．上海城市管理，2010（6）：7－11.

［22］牛文元．城市可持续发展：全球与中国［J］．中国名城，2008（2）：40－45.

［23］潘家华．低碳城市的四大指标［J］．福建建材，2010（3）：115.

［24］气候组织．中国的清洁革命Ⅲ：城市［R/OL］．［2012－03－27］．http：//www. theclimategroup. org. cn/publications/2010－12-Chinas_Clean_Revolution3.

［25］气候组织．中国低碳领导力：城市［R/OL］．［2012－03－27］．http：//www. theclimategroup. org. cn/publications/2009－01-China_Low_Carbon_Leadership_Cities.

［26］秦大河，罗勇，陈振林等．气候变化科学的最新进展：IPCC 第四次评估综合报告解析［J］．气候变化研究进展，2007，3（6）：311－314.

［27］邵超峰，鞠美庭．基于 DPSIR 模型的低碳城市指标体系研究［J］．生态经济，2010（10）：95－99.

［28］沈逸斐．城市化背景下我国低碳城市的发展路径研究［J］．中国外资，2011（20）：201－202.

［29］谈琦．低碳城市评价指标体系构建及实证研究——以南京、上海动态对比为例［J］．生态经济，2011（12）：81－96.

［30］王爱兰．我国低碳城市建设水平及潜能比较［J］．城市环境与城市生态，2010，23（5）：14－17.

［31］王嬴政，周瑜瑛，邓杏叶．低碳城市评价指标体系构建及实证分析［J］．统计科学与实践，2011（1）：48－50.

［32］王玉芳．低碳城市评价体系研究［D］．河北大学，2010.

［33］夏塑堡．发展低碳经济实现城市可持续发展［J］．环境保护，2008（2A）：33－35.

［34］谢传胜，徐欣，侯文甜等．城市低碳经济综合评价及发展路径分析［J］．技术经济，2010，29（8）：29－32.

［35］辛玲．低碳城市评价指标体系的构建统计与决策［J］.2011（7）：78－80.

［36］辛章平，张银太．低碳经济与低碳城市［J］．城市发展研究，2008，15（4）：98－102.

［37］熊青青．珠三角城市低碳发展水平评价指标体系构建研究［J］．规划师，2011，27（6）：92－95.

［38］熊焰．低碳之路：重新定义世界和我们的生活［M］．中国经济出版社，2010：127－158.

［39］杨艳芳．低碳城市发展评价体系研究——以北京市为例［J］．安徽农业科学，2012，

40 (1): 344 - 351.

[40] 易冬炬. 中部盛会低碳城市评价 [D]. 中南大学, 2010.

[41] 袁艺. 我国低碳城市发展模式研究 [D]. 河北农业大学, 2011.

[42] 张坤民. 低碳经济: 可持续发展的挑战与机遇 [M]. 中国环境科学出版社, 2010: 249 - 263.

[43] 张良, 陈克龙, 曹生奎. 基于碳源/汇角度的低碳城市评价指标体系构建 [J]. 能源环境保护, 2011, 25 (6): 8 - 16.

[44] 张微. 保定市低碳经济发展研究 [D]. 河北师范大学, 2010.

[45] 张文旭, 王大庆, 王宏燕. 黑龙江垦区低碳城镇指标体系初探 [J]. 东北农业大学学报 (社会科学版), 2011, 9 (3): 23 - 27.

[46] 张小平, 柳婧, 方婷. 基于 DPSIR 模型的兰州市低碳城市发展评价 [J]. 西北师范大学学报 (自然科学版), 2012, 48 (1): 112 - 115.

[47] 张宇飞, 钱俊杰, 郑汝楠. 城市特色功能定位视角下的低碳城市指标体系构建初探——以临港新城低碳城市实践区为例 [J]. 经济研究导刊, 2012 (3): 185 - 193.

[48] 朱守先. 城市低碳发展水平及潜力比较分析 [J]. 开放导报, 2009 (4): 10 - 13.

[49] 庄贵阳, 潘家华, 朱守先. 低碳经济的内涵及综合评价指标体系构建 [J]. 经济学动态, 2011 (1): 132 - 136.

基于 DPSIR 模型的低碳城市发展评价*

——以济源市为例

一、导言

气候变化导致的极端天气事件严重影响了人类的生产和生活，气候变化问题已成为全球关注的焦点。联合国政府间气候变化专门委员会（IPCC）分别在 1990 年、1995 年、2001 年和 2007 年发布了四份全球气候评估报告，证明人类活动是引起全球气候变暖的最主要原因。城市是人类活动的主要聚集地、全球能源的主要消耗地和温室气体的主要排放源。据统计，城市消耗了全球约 75% 的能源，排放的温室气体占总排放的 80%。中国的城市化水平到 2012 年已超过 50%，如何在保持城市经济增长和社会发展的同时，提高能源利用效率，减少碳排放，将成为现阶段研究探索的重要内容。

济源市位于河南省西北部，是沟通晋豫两省的重要交通枢纽。作为典型的工业城市，2011 年底济源市第二产业比重已达到 75.6%，是全国重要的铅锌深加工基地和电力能源基地，已形成钢铁、铅锌、能源、化工、机械制造和矿用电器六大支柱产业。目前，济源市的低碳发展尚处于起步阶段，对于城市低碳发展路径的实践，将对其他城市产生一定的参考价值。为客观衡量济源市低碳建设和发展所处的水平，量化减排工作，并做出具有一定约束性、目标性的指导，本文构建低碳发展评价指标体系，旨在寻找推进低碳化过程中的薄弱环节和着力点，为政策制定者提供有价值的政策建议，同时辅助城市低碳发展规划，评价的最终结果应该能够引导城市经济增长与资源消耗和碳排放的脱钩。

二、济源市低碳城市评价指标体系的构建

（一）低碳城市的内涵

目前，对于低碳城市尚未形成系统权威的定义，从理论研究成果和实践探索路径来看，低碳城市应该具有这样的特征：城市的经济增长不依赖于大量的化石能源消费；各种废弃物和温室气体排放指标是低的；全社会形成节约的生活理念和消费方式，城市制定了低碳发展的政策行动、项目规划、实施工程等。对于不同的城市

* 本文原载《城市问题》2012 年第 12 期，与朱婧、汤争争、卢一富合作。

类型，应该有针对性较强的评价标准，但以下内容必不可少：一是经济发展，限制发展的思路不可取，发展低碳经济应当促进经济增长、人民生活水平提高；二是能源结构，减少化石能源等一次能源的使用，提高能效，增加可再生能源利用比例；三是消费方式，宣传、引导人们在日常生活中节约能源，减少浪费；四是碳排放强度，城市低碳发展的直观结果就表现在人均碳排放量的降低和碳生产力的提高上。

（二）指导原则

低碳城市评价指标体系作为衡量、评价城市低碳发展水平的重要工具，目的在于真实反映城市经济、社会和环境所处的发展阶段，客观找出低碳城市建设进程中的问题和产生问题的原因，并做出合理引导。各项指标基于如下原则构成一个有机的整体：（1）科学性与可行性。指标体系合理描述低碳城市状况，具有科学内涵，尽可能地选取可操作性强的指标。（2）全面性与动态性。选取最具代表性的指标，尽可能全面反映城市低碳发展的进程与趋势，同时需要兼顾到目标的动态变化性。（3）系统性与层次性。指标体系是一个具有系统性的整体，既能反映低碳城市的总体特征，又能反映经济、社会、环境、产业等子系统的发展趋势和相互联系。（4）完备性与针对性。完备性原则是对评价指标体系的一个基本要求，同时由于城市的资源禀赋、生产结构、人口规模等诸多方面存在差异，对于不同类型城市的评价要体现其各自的特点和针对性。

（三）构建框架

以“驱动力—压力—状态—影响—响应”（DPSIR）模型为基础，构建济源市低碳城市评价指标体系。DPSIR 模型由欧洲环境署提出，较好地揭示环境问题与人类活动的因果关系。其中，“驱动力”是社会经济发展及相应的生活消费方式和生产形式的改变，主要包括经济活动和产业发展；“压力”是有关化学和生物机构的运营和排放，以及土地和其他资源的使用状况等，主要的压力是人类活动的资源承载；“状态”是特定区域和时间内的物理、生物和化学现象的数量和质量，表现为城市在压力作用下的状况；“影响”提供了造成上述环境因素变化的数据，即城市资源环境、社会经济和人类生活所受的影响；“响应”涉及政府、制度、人群和个人为防止、减少、减轻和适应环境变化而采取的对策，如城市低碳发展过程中采取的积极对策等。

济源市低碳城市评价遵循如下技术路线：（1）通过资料和文献调研，对已有评价指标进行频度分析，结合济源市实际情况，辨识影响低碳发展的因素及其影响层次；（2）建立一般评价指标体系，并进行相关指标的调研，结合专家咨询做指标筛选，建立有针对性的评价指标体系；（3）确定各项指标权重；（4）应用指标体系进行济源市实践研究；（5）征询地方应用反馈意见，对指标体系进行修改和完善；（6）基于修改后的指标体系对同类型城市进行评估，并对低碳发展水平做出定量评价，分析其发展趋势与问题。

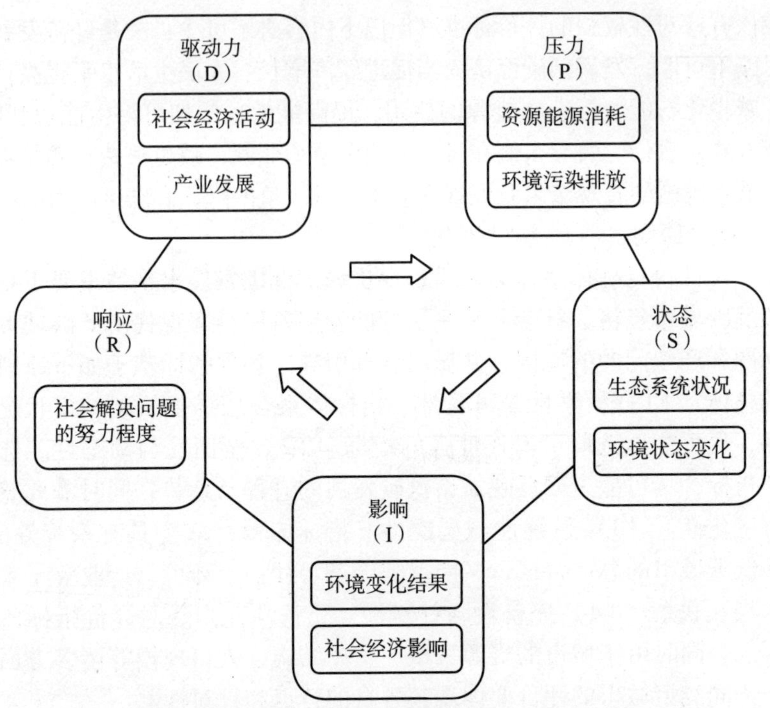

图1　“驱动力—压力—状态—影响—响应”（DPSIR）模型

以DPSIR模型为基础，以可持续发展支柱为立足点，选取人均GDP、人均碳排放、碳生产力等28个指标构建了济源市低碳城市评价指标体系。指标属性分为正向和逆向两大类，其中正向指标数值越大，对评价结果正向作用越大，逆向指标数值越大，对评价结果正向作用越小（见表1）。

表1　济源市低碳城市评价指标体系及指标权重

目标层	准则层	准则层权重	指标层	属性	指标层权重
济源市低碳城市评价	驱动力	0.2795	人均GDP（万元）	正向	0.2176
			城镇居民人均可支配收入（万元）	正向	0.0553
			农民人均纯收入（万元）	正向	0.0286
			城镇化水平（%）	正向	0.6943
			碳生产力（万元/吨）	正向	0.0042
	压力	0.2635	单位工业增加值能耗（吨标准煤/万元）	逆向	0.1057
			单位GDP能耗（吨标准煤/万元）	逆向	0.0356
			单位GDP水耗（立方米/万元）	逆向	0.6292
			每万人拥有公共交通车辆（标台）	正向	0.2295

续表

目标层	准则层	准则层权重	指标层	属性	指标层权重
济源市低碳城市评价	状态	0.0587	第三产业占 GDP 比重（%）	正向	0.0573
			碳排放强度（吨/万元）	逆向	0.0278
			人均碳排放（吨/人）	逆向	0.1633
			单位 GDP COD 排放量（吨/万元）	逆向	0.2803
			单位 GDP SO_2 排放量（吨/万元）	逆向	0.4713
	影响	0.1312	环境空气质量优良天数（天）	正向	0.5707
			年平均气温变化率（%）	逆向	0.2727
			城市空气质量达标率（%）	正向	0.1522
			空气平均综合污染指数	逆向	0.0044
	响应	0.2671	工业固体废物综合利用率（%）	正向	0.1007
			工业废水排放达标率（%）	正向	0.0475
			城市污水集中处理率（%）	正向	0.3956
			人均公共绿地面积（m^2）	正向	0.0229
			人均城市道路面积（m^2）	正向	0.0453
			森林覆盖率（%）	正向	0.0078
			城镇集中供水率（%）	正向	0.0014
			城镇集中供气率（%）	正向	0.3530
			低碳经济发展规划	正向	0.0140
			节能减排监测、统计、监管和考核体系	正向	0.0118

三、济源市低碳城市现状分析与评价

（一）数据来源

研究数据主要采用《济源市统计年鉴》（2007～2011）、《济源市环境质量报告书》（2006～2010）、《济源市环境质量报告书》（2011）、济源市节能自查报告，以及通过调研济源市住建局、交通局、环保局等单位获得。

（二）指标权重

确定指标权重的方法可以分为主观赋权法和客观赋权法两大类。其中，主观赋权法主要依据专家意见和经验，如专家打分法、层次分析法等，有主观偏好；客观赋权法根据一定的数学方法计算得出，如主成分分析法、均方差法、变异系数法等，计算相对客观，但也有其局限性。如变异系数法确定权重时，若某一指标取值差异越小，则计算出的权重系数也就越小，但并不能因此说明该指标不重要，还要结合实际情况最终确定。为尽量减少权重计算过程中的局限性，采用均方差权值法对济源市低碳发展各评价指标进行赋权。

1. 标准化处理。由于各指标量纲不同，为消除不可比性，原始数据需要进行标准化处理。对于定量指标而言，标准化的方法很多，此处采用Z分数标准化法；对于低碳政策方面的定性指标，计算时主要依据专家意见对指标直接赋值，式（1）中，STD_j即为标准化值。

2. 权重计算。计算指标标准差，并在其所属子系统内进行归一化处理，即为各指标权重（见表1）。式（1）中，W_{ij}为指标j在i子系统中的权重，$\sigma(STD_j)$为STD_j的标准差，n为i子系统中的指标数。

$$W_{ij} = \frac{\sigma(STD_j)}{\sum_{j=1}^{n}\sigma(STD_j)} \tag{1}$$

3. 子系统得分计算。式（2）中，以子系统的得分为基础，用相同方法计算指标体系的总得分F_i。

$$F_i = \sum_{j=1}^{n} W_{ij} \times STD_j \tag{2}$$

（三）现状分析

1. 总体状况。选取2006～2010年数据，计算了济源市低碳城市评价目标层和准则层各年得分情况，显示出几个特点：第一，经济活动和产业发展的驱动力逐年增强，资源承载和能源消耗压力变大，污染物排放增加，影响了城市生态环境质量，同时实现低碳发展采取的管理措施力度不断加大；第二，城市低碳化发展水平呈现出逐年增长的趋势，说明越来越重视低碳城市建设和城市管理；第三，影响低碳城市建设的关键因素，同时也是未来发展的着力点主要在碳生产力、单位GDP能耗、碳排放强度以及人均碳排放这几个指标（见图2）。

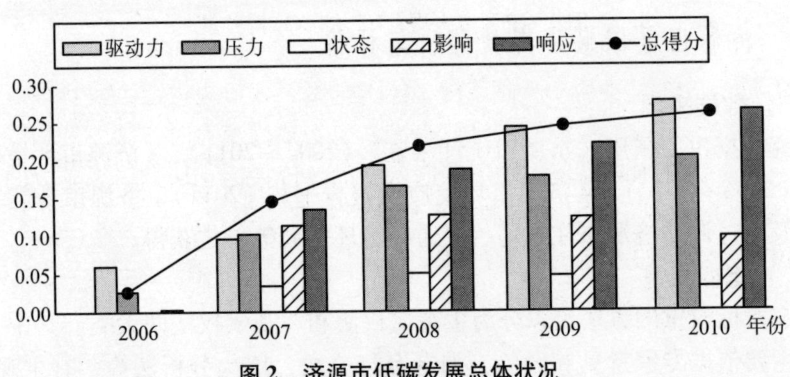

图2 济源市低碳发展总体状况

2. 重点指标。根据城市经济规模、单位GDP能耗等数据，以Kaya模型表达式为基础测算了2006～2010年济源市碳排放量。Kaya模型表达式为：

$$CO_2\text{排放量} = P \times (GDP/P) \times (E/GDP) \times (CO_2/E) \tag{3}$$

式（3）中，P为城市人口数，GDP/P为人均GDP，E/GDP为能源强度，主要与技术水平相关，CO_2/E为碳排放系数，主要与能源利用结构有关。如2010年，济源市人均 GDP 达到 5.03 万元，万元 GDP 能耗折合为 2.03 吨标准煤，每吨标准煤排放 CO_2 约为 2.45 吨，计算得到济源市 2010 年 CO_2 排放为 1709 万吨左右。

2006～2010 年，济源市人均 GDP 和碳排放总量均不断增长，2009 年以前，人均 GDP 的增长速度始终小于碳排放总量增速，2010 年人均 GDP 增速出现高于碳排放总量增速的情况（见图 3），说明济源市在“十一五”时期开展的工业、交通、建筑、公共机关和生活以及农业领域的节能减排、资源循环利用和生态环境建设等各项举措取得了实效，提升了重点领域的能源利用效率，以往依靠高能耗、高污染企业带动城市经济增长的情况得到了一定程度上的改善。

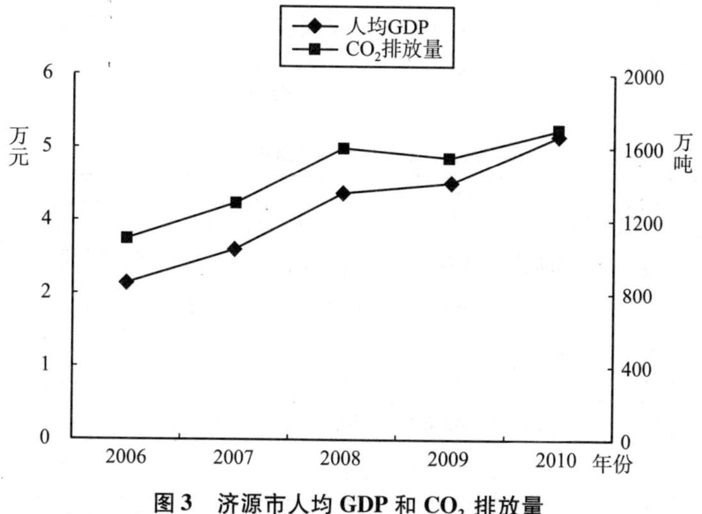

图 3 济源市人均 GDP 和 CO_2 排放量

由于城市在资源禀赋、产业结构、技术水平、人口规模及政策管理等方面存在差异，考察不同城市当前的碳排放水平和未来减排潜力时，采用人均碳排放更有意义，这也是在国际环境影响下普遍认可的评价指标。从人均碳排放的角度来看（见图 4），2006～2010 年济源市人均碳排放量不断增加，2010 年比低碳试点五省八市中各城市的人均碳排放量都要高（见表 2）。

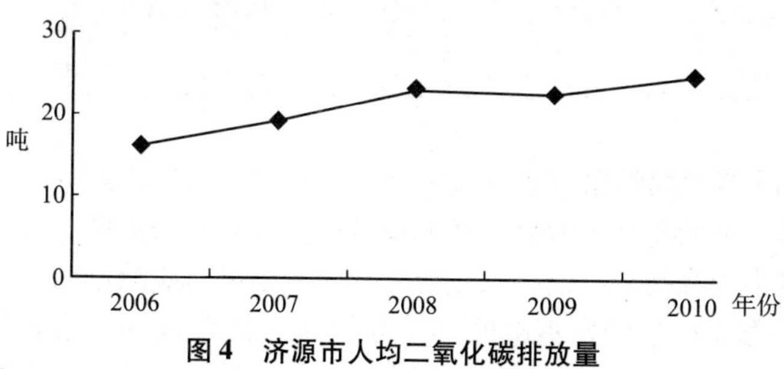

图 4 济源市人均二氧化碳排放量

为了反映济源市与全国实施低碳发展战略的主要城市的水平，与低碳试点五省八市在人均 GDP、产业结构、单位 GDP 能耗、碳排放总量和人均碳排放这五个方面，就 2010 年的情况进行比较（见表 2）：第一，济源市二产比重超过 50%，与其他省市相比比重最高，三产比重最低；第二，单位 GDP 能耗反映着一个经济体技术水平，济源市能耗比低碳试点省市中能耗最高的贵阳市还高出近 30%，未来有较大的节能空间；第三，碳排放总量相对来讲是最低水平，但由于受到能源消费总量、能源消费结构、经济发展水平以及技术应用水平等诸多因素的影响，碳排放总量与人均碳排放之间并没有显著的相关关系，济源市碳排放总量是最低的，但人均碳排放却是最高的；第四，一般来讲，人均 GDP 的水平应当与人均碳排放的水平相当，但由于人均碳排放不仅与经济发展阶段有密切关系，而且受生产和消费方式影响，故与人均 GDP 之间也没有显著的相关关系。

表 2　济源市与低碳试点五省八市重点指标比较（2010 年）

省份/城市	人均 GDP（万元/人）	产业结构（%）			单位 GDP 能耗（吨标准煤/万元）	碳排放总量（万吨）	人均碳排放（吨/人）
		第一产业	第二产业	第三产业			
济源	5.03	4.7	75.6	19.7	2.03	1709	25.02
深圳	9.43	0.1	47.2	52.7	0.51	12292	11.85
杭州	8.67	3.5	47.8	48.7	0.68	12573	14.44
厦门	8.03	1.1	49.7	49.2	0.57	3952	11.20
上海	7.61	0.7	42.0	57.3	0.71	30557	13.27
北京	7.59	0.9	24.0	75.1	0.49	17887	9.12
天津	7.30	1.6	52.4	46.0	0.83	19286	14.84
广东	4.47	5.0	50.0	45.0	0.66	75986	7.28
南昌	4.40	5.5	56.7	37.8	0.84	7258	9.05
辽宁	4.24	8.8	54.1	37.1	1.08	47464	11.16
湖北	2.79	13.4	48.7	37.9	1.18	49957	8.09
重庆	2.75	8.6	55.0	36.4	1.13	21884	7.59
陕西	2.71	3.2	63.4	33.4	1.13	28032	7.51
贵阳	2.62	5.1	40.7	54.2	1.60	4448	10.27
保定	1.83	14.8	51.9	33.3	0.97	4893	4.37
云南	1.58	15.3	44.6	40.1	1.20	21310	4.63

（四）2015 规划期情景分析

由于受地形地域条件的限制，济源市城市建成区较为集中，人口密度大，工业布局集中且多为高能耗、高排放企业。伴随着全国节能减排的总体部署，济源市提出了“生态立市”的发展战略和“建设生态低碳城市”的战略目标，在城市低碳化建设和发展上进行了积极的探索，不仅在城乡总体规划上越来越重视城市发展，而且还在节能减排方面做了专项规划，在评价指标上也有不同程度的体现（见表3）。规划期城市低碳技术水平大幅提高，突出表现在碳生产力、碳排放强度和单位 GDP 能耗等直接影响城市低碳发展的指标上，比 2010 年都有所改善，如碳生产力由每吨 0. 2 万元提高到 0. 24 万元，碳排放强度由万元 4. 98 吨减少至 4. 13 吨，但也存在着不足之处，如人均碳排放指标不降反升，说明济源市在这方面的发展规划上还需要进一步研究确定。

表 3　　济源市低碳评价指标体系规划情况

类别	指标	现状（2010 年）	规划期（2015 年）
驱动力	人均 GDP（万元）	5. 03	10. 00
	城镇居民人均可支配收入（万元）	1. 65	3. 15
	农民人均纯收入（万元）	0. 78	1. 50
	城镇化水平（%）	49. 44	65. 00
	碳生产力（万元/吨）	0. 20	0. 24
压力	单位工业增加值能耗（吨标准煤/万元）	3. 80	2. 85
	单位 GDP 能耗（吨标准煤/万元）	2. 03	1. 69
	单位 GDP 水耗（立方米/元）	6. 79	—
	每万人拥有公共交通车辆（标台）	6. 07	10. 00
状态	第三产业占 GDP 比重（%）	19. 67	28. 00
	碳排放强度（吨/万元）	4. 98	4. 13
	人均碳排放（吨/人）	25. 02	35. 42
	单位 GDP COD 排放量（万吨/万元）	8. 17	7. 35
	单位 GDP SO_2 排放量（万吨（扩大 1000 倍）/元）	12. 64	11. 38
影响	环境空气质量优良天数（天）	313	325
	年平均气温变化率（%）	0. 68	—
	城市空气质量达标率（%）	85. 8	—
	空气平均综合污染指数	0. 89	—
响应	工业固体废物综合利用率（%）	99. 56	99
	工业废水排放达标率（%）	98. 94	98
	城市污水集中处理率（%）	85. 1	90
	人均公共绿地面积（平方米）	10. 26	12. 5
	人均城市道路面积（平方米）	20. 7	—
	森林覆盖率（%）	42. 38	45
	城镇集中供水率（%）	99. 8	100
	城镇集中供气率（%）	90. 98	100
	低碳经济发展规划	60	100
	节能减排监测、统计、监管和考核体系	60	100

四、结论与建议

针对济源市建立低碳城市评价指标体系，本文对济源市“十一五”时期在低碳城市建设上的举措和起到的积极效果作了一定评价，计算了2006～2010年济源市低碳发展水平总得分。研究发现，济源市低碳发展总体水平在上升，节能减排措施起到了积极效果。将济源市与全国低碳试点五省八市相比较，济源市单位GDP能耗和人均碳排放高于其他所有试点省市，表明在城市低碳建设上，济源市仍有很大的发展空间。根据权重计算结果，对城市低碳评价影响最大的前10个因素是：城市化水平、单位GDP水耗、城市污水集中处理率、城镇集中供气率、环境空气质量优良天数、人均GDP、每万人拥有公共交通车辆、年平均气温变化率、单位工业增加值能耗、单位GDP SO_2 排放量，也被认为是低碳城市建设的着力点。基于此，对济源市未来低碳城市发展的建议如下：

第一，减碳。据初步估算，济源市化石燃料燃烧产生的碳排放占城市总排放的90%以上，因此从源头上减少温室气体排放，要从工业企业、火电厂等对原煤、焦炭使用的减量化上入手，尤其是使用技术水平的提高。

第二，固碳。主要通过植物光合作用吸收大气中的碳并将其以有机物的形式储存在植物内。2010年，济源市森林覆盖率达42.38%，人均公共绿地面积为10.26平方米。计算出森林和其他木质生物质吸收 CO_2 当量约102万吨。从目前情况来看，还应增强碳汇建设，真正实现“生态立市”的发展目标。

第三，低碳城市建设的过程中，应当调动起城市发展的所有利益相关主体参与到低碳化的进程当中来，充分发挥政府、企业、公众的不同作用，兼顾发展过程的适应性和源头的转型，从政策引导管理、产业结构、能源消费构成、消费意识和生活习惯等各方面协调综合推进济源市低碳城市的建设发展。

参考文献：

[1] 蔡博峰，刘春兰，陈操操等．城市温室气体清单研究［M］．化学工业出版社，2009：21－48.

[2] 连玉明．城市价值与低碳城市评价指标体系［J］．城市问题，2012（1）：15－21.

[3] 朱守先．城市低碳发展水平及潜力比较分析［J］．开放导报，2009（4）：10－13.

[4] Svarstada H，Petersenb L. K，Rothmanc D.，et al. Discursive biases of the environmental research framework DPSIR［J］. Land Use Policy，2008，25（1）：116－125.

[5] Jesinghaus J. Indicators for Decision-Making［EB/OL］. European Commission. 1999，http：//esl. jrc. it/envind/idm/idm_e_. htm.

[6] 中国21世纪议程管理中心．可持续发展指标体系的理论与实践［M］．社会科学文献出版社，2004：30－31.

[7] 邵超峰，鞠美庭．基于DPSIR模型的低碳城市指标体系研究［J］．生态经济，2010

(10)：95－99.

［8］张文旭，王大庆，王宏燕．黑龙江垦区低碳城镇指标体系初探［J］．东北农业大学学报（社会科学版），2011，9（3）：23－27.

［9］曹红军．浅评 DPSIR 模型［J］．环境科学与技术，2005，28（S1）：110－111，126.

［10］李进涛，谭术魁，汪文雄．基于 DPSIR 模型的城市土地集约利用时空差异的实证研究——以湖北省为例［J］．中国土地科学，2009，23（3）：49－54，65.

［11］郭红连，黄懿瑜，马蔚纯等．战略环境评价（SEA）的指标体系研究［J］．复旦学报（自然科学版），2003，42（3）：468－475.

［12］王富喜．山东省新农村建设与农村发展水平评价［J］．经济地理，2009，29（10）：1710－1715.

［13］翟腾腾，张全景，吕宜平等．山东省县域耕地集约利用差异分析［J］．国土资源科技管理，2011，28（5）：13－19.

［14］伍燕南，王跃．由表及里的苏州市生态城市建设评价［J］．安徽农业科学，2012，40（8）：4650－4652，4811.

［15］陈飞，诸大建．低碳城市研究的理论方法与上海实证分析［J］．城市发展研究，2009，16（10）：71－79.

［16］中国科学院可持续发展战略研究组．2009 中国可持续发展战略报告：探索中国特色的低碳道路［M］．科学出版社，2009：67－71.

论农村节能减排与城乡统筹*

作为近年来研究的热点和重点问题，城乡统筹是通过城市和乡村之间的融合，逐渐消除城乡差别和国民经济中存在的城乡分割的二元结构，形成在地域组织和空间结构上城乡之间经济和社会相互协调发展的格局。关于城乡统筹，人们更多地关注城乡户籍管理体制的一体化、城乡规划的一体化、城乡产业发展的一体化、城乡劳动就业和社会保障的一体化等。然而，城乡之间基础设施建设的一体化却鲜有论及。本文基于实地调研掌握的资料，就农村节能减排与城乡统筹中存在的问题和相关对策进行探讨。

关于城市生活与工业的节能减排问题，政府和研究者予以了更多的关注，而农村节能减排问题虽然已经提上议事日程，但仍然处于薄弱环节，远没有达到应该有的高度。目前，我国的城市化率达到45%，还有一半以上的人口生活在农村，而且农村面积广阔，农村资源环境问题解决不好，对于国家的整体生态环境将会造成极大的损害。因此，统筹城乡发展，必须把农村的环境问题和资源节约问题放在重要位置上。

从调研的情况看，目前我国农村的资源环境问题主要表现在：

第一，农村的环境污染问题依然严峻。在调研中，我们看到几乎所有的县政府所在地或建制镇都已经建有或正在规划建设生活污水处理厂和生活垃圾无害化处理设施，但是在广大农村却很少覆盖。在一些经济条件比较好的地区，如江苏省的昆山市、贵州省的清镇市等，通过“户收集、村集中、镇运输、县（市）处理”的方式，对于农村的生活垃圾进行了集中处理，并取得了良好的效果。而在经济发展比较缓慢的地区，农村生活污水和垃圾远没有纳入政府的视野。在农业生产中，由于化肥和农药的施用，农村的面源污染问题不仅没有解决，而且还有恶化之势。在笔者调研的某辣椒生产基地，本来属于无公害产品，却为了“视角”上的效果，而通过施用一种催化剂而使辣椒变得更加好看，这里，科学技术反而起了一种负面的作用。至于农村经济发展中，养殖废弃物则更是农村环境问题的痼疾。在烟台的牟平区，肉鸡的生产居于全市第一位，在山东省也名列前茅，每年产生的鲜畜禽粪便40万~50万吨（纯干畜禽粪便12万~15万吨），由

* 本文原载《经济纵横》2010年第3期，与潘晓东合作。

于没有得到很好的处理，造成了严重的空气污染，虽然也通过一些简单处理继续作为肥料还田，但是由于畜禽粪便含硫量较大，必须经过进一步处理才能发挥较好的作用。所以，畜禽粪便既污染环境，又浪费资源，如果加以很好利用，则每年可以节约 80000 吨化肥。

第二，农村的能源节约问题仍然没有纳入统筹的规划内。从目前关于能源问题的研究中，研究者更多地关注城市能源和工业发展对于能源的需求，而对于农村的能源问题却明显关注不足。从调研中我们发现，许多边远地区仍然以薪柴作为生活能源，当然也有很多地区发展户用沼气以解决农村的环境和能源问题，并且收到了良好的效果。在烟台牟平，2006～2009 年，共建沼气池 6000 多座，因为干净卫生，农户认可度比较高。沼气池的主要原料是人畜粪便和厨房垃圾，也有部分是杂草和秸秆，有效减弱了农村的面源污染。沼气池一般是 8 立方米，供一户使用，产生的沼气可供日常做饭，沼渣可以供 3 亩果园使用，冬季需要用薄膜保温，以保证产气量。一个 8 立方米沼气池的造价约 3000 元，为了鼓励农户使用和提高普及率，通过“一气三改”（改猪圈、改厕所、改厨房），每个沼气池政府补贴 1500 元，乡镇和村也有一定补助。至于联户使用的规模较大的沼气池，由于在运行过程中协调成本较大，很难推广，仅在一些养殖场和“猪—沼—菜”等生态大棚才能看到。沼气的推广具有非常重要的积极作用，沼气的使用节约了煤炭和液化气，沼渣的使用节约了化肥，沼液的使用还节约了农药；同时，由于使用生产和生活废弃物，也改善了农村的环境。可以看出，农村推广沼气有百利而无一害，而且无论是户用沼气还是大型沼气技术上都已臻于成熟，且操作容易，经济成本低。果园施用沼肥（含沼渣、沼液）实验示范结果表明，1 座 8 立方米的农村户用沼气池，年产沼肥 12.5 立方米，可供给 3 亩苹果园的有机肥料需要，年减少化肥用量 50%。测土配方施肥效果证明，节约化肥 450 千克/公顷、提高化肥利用率 5 个百分点。果园植草实验示范结果表明，年可减少锄地用工 20 个/公顷，年可减少果园水分蒸发 300 毫米。通过上述措施，果品质量显著提高，增值一般在 0.6～0.8 元/千克之间。

第三，农村水资源的利用存在严重问题。农村的水资源问题一直是农业发展中的重要制约因素。在农业灌溉中，虽然滴灌和微喷灌溉已经引入，但推广起来比较困难。这首先是由于资金不足。通常，安装一套灌溉系统需要一笔较大的资金投入，而农民通常缺乏必要的资金。同时，一个灌溉系统一般需要覆盖 500 亩耕地才能发挥规模效益，而目前我国的农村土地制度在经营上把农田分到各家各户，地块碎屑，不成规模，几乎没有连成片达到 500 亩的，无法实现规模经营，使先进的节水设备无法得以使用，虽然目前一些地区开始实行土地的合理流转，但将来是何种格局尚不得确知。结果是，先进的节水设施不能有效使用，节水技术不能得到有效推广，农田的大水漫灌仍然是一种常态。究其原因，主要在于制度设计上存在问题。目前，我国农村用水主要是地下水，不存在资源税问题，价格调节对此不起作用，浪费较大。即使有一些水利设施也交费很低，如牟平的水库用水仅需交费0.07元/立方米，价格几乎没有调节作用。从体制上来说，即使在目前城市水资源管理方面，水务局负责城市供水，城管局负责污水处理，环保局负责监管，在水资源管理中也是严重体制分割，造成资源严重浪费，更遑论广大农村地区。

第四，农村太阳能的使用还有很大空间。由于农村地域广阔，相对于其他能源而言，太阳能的使用在农村有广阔前景。但是目前我国农村太阳能的使用还不充分，在调研的北京昌平和怀柔的一些农村，使用太阳能照明和洗浴比较常见。一些地区通过开发新型热水器，提高太阳能利用效率。在云南曲靖的麒麟区，通过综合应用电子电控技术、机电一体化控制技术、暖通空调技术等，研制开发出空气源泵热水器，在任何气候条件下，均能对空气中的太阳能储热进行收集利用。不仅在城区广泛使用太阳能热水器，在农村也开始推广。在烟台牟平的农业生产中，逐步推广太阳能频振式杀虫灯。据科技局提供的数据，果园安装太阳能频振式杀虫灯试验示范结果表明，在苹果园可诱杀昆虫11目48科34种，1台频振式杀虫灯5~9月份诱杀苹果害虫18363只，其消长动态有明显的规律性；每年可减少使用杀虫剂、农药2~3次；每2~3公顷果园安装1台频振式杀虫灯对苹果害虫具有显著的安全控制效果。

此外，农村的资源和环境问题还表现在交通节能上。农村交通与城市交通相比，具有居住分散和距离远的特点，目前一些地区已经在政策上扶持天然气出租车，但由于天然气企业运营成本太高，无法在更远的地方布置加气站点，造成加气站站点不足，给天然气汽车的推广带来很大障碍，急需政策上能够支持加气站的建设，支持天然气出租车的推广。同时，农村的农机主要燃烧柴油，环境污染严重，需要通过政策、技术的支持以进行改进。

从调研中可以看到，在国家倡导城乡统筹和建设节约型社会的政策背景下，城乡之间还存在着很大的差别。可以肯定地说，这将随着国家的发展和城市化的快速推进而逐渐得到解决。但是，要被动地等待这种城乡均衡发展结果的出现，将是愚蠢的，也会延缓这个过程，对于实现国家的整体现代化和构建和谐社会是非常不利的。为此，在推进城乡统筹的过程中，把农村节能减排也作为城乡统筹的内容，通过政策和技术上对于农村的节能减排予以支持就显得非常重要。

第一，通过政策支持，扶持联户沼气的发展。笔者就此曾与热心在中国地方推进可持续发展的英国环境食品及乡村事务部环境与可持续发展国际工作组、英国可再生能源公司驻华代表处以及诺丁汉大学的科学家、经济学家们进行过交流，他们曾经尝试把以“户”为单元的循环扩大为以“村”为单元的循环，农民表示理解，但因协调成本高和利益关系的制约而不能付诸实施。从目前的情况看，政策上是各级政府对建沼气池和使用沼气的补贴仅限于单户，不包含联户沼气。户用沼气以家庭为单位，有方便、卫生等优点，但都面临产气量受气温影响较大的问题；而且因每家每户都需要挖沼气池，改造厨房、厕所，安装使用设备，投入较高，没有规模效益；另外，部分老人由于年纪大、手脚不灵便，虽然希望使用沼气，但是自己难以操作和管理，而农村地区因年轻人外出打工，致使农村实际人口结构中老龄化问题十分严重。如果发展联户沼气，既可以节约人力、物力，也可以将现在无法享受沼气带来的福利的老年人纳入其中。同时，如果实现联户沼气，生产原料也可以大大扩展，不再局限于农民的生活垃圾，村内和周边的禽畜养殖产生的粪便将成为稳定的、主要的来源，这也有助于解决禽畜粪便产生的污染问题。同时，联户沼气可以实现较大规模的沼气生产，实现目前单户很难实现的沼气供电和取暖。发展联户沼气，可以采取以村为单位，专人管理的模式，形式上类似于村办企业，满足生活生产后多余的沼气可以出售或存储。

第二，城乡垃圾一体化处理，构建农业生产废弃物分类回收的激励机制。目前，农村地区的垃圾处理问题一直没有得到有效解决：没有垃圾处理系统，致使大量的生活垃圾堆放在村口、房后，招致大量蚊虫，极易引发疾病；能对环境造成危害的垃圾如废旧电池等也没有进行分类回收，长此以往将对农民生活造成重大影响；废弃的农药瓶、化肥袋、果树套袋、塑料薄膜等已成为农村不容忽视的污染源。为了有效解决目前农村地区的垃圾问题，需要建立城乡垃圾一体化处理机制，这是实现城乡统筹的重要内容。当然，广大农村地区有自身的特殊性，每年因为农业生产发展的需要，产生大量的废旧农药瓶、化肥袋，这些仅凭农民自己是无法得以处理的。如果让农民自行清洗农药瓶不仅会造成地下水、土壤污染，还可能引起中毒事故，这类情形已屡见不鲜。这类有毒、有害的物品的回收必须由专门的部门管理，通过合理的回收价格和构建畅通的回收渠道以保证此类物品的安全处置。此外，果袋、塑料薄膜等无法自然降解的物品被大量随意丢弃在田边或混杂于其他垃圾中，已经形成了有农村特点的严重的“白色污染”。由于量多、再利用难度大，在现有的废品回收制度下，即使回收价格低，也可以得到广大农民的积极响应，如果再施以政府的补贴和支持，将会得以有效解决。

第三，对于合理处理、利用养殖业禽畜粪便的企业进行技术支持。试验表明，畜禽粪便中含有大量未消化的蛋白质、维生素 B、矿物质、粗脂肪和一定数量的糖类物质，适合做反刍动物的饲料。但是，有些畜禽粪便含有很多细菌和病原体，因此需经除菌处理后才可作为安全饲料使用，否则必将影响食品安全，危害人体健康。如何快速有效的除菌是摆在企业面前的一大难题，需要加强政府与高校科研单位、企业之间的密切合作。对此，可以建立集中高温堆肥处理场，在不影响周边环境的前提下进行集中堆肥发酵，使之成为无害的高效肥。这样做，生产时间短、可操作性强，既能解决禽畜粪便，又可以为农民带来新的收入，同时还可以避免堆肥对环境造成一定的影响，避免污水、气味等成为新污染源的出现。要实现集中堆肥场，除政策指导外，还需要科学技术解决堆肥产生的废水等环境污染问题。根据调研的资料，目前新建的有机肥生产企业面临技术和政策两方面的难题，技术不熟练、经验不足等成为先期发展的重大阻碍。另外，如果要以有机肥取代现在的化肥，主要难度在于有机肥见效慢，农民考虑到短期收益可能不会广泛使用；而且目前大部分都是散户养殖，鸡粪不易收集。如果政府能进一步加强对新企业的技术指导和支持，同时给予相应的税收和政策优惠，可以预见，这些方法将极大地调动民间力量参与到此类生产中，不仅可以解决禽畜粪便造成的环境问题，还能为发展生态农业提供充足的高效有机肥。

城市节能减排存在的问题与思考*

一、引言

伴随着资源和能源的约束以及全球气候变化的压力，也由于社会进步和认识水平的提高，城市的节能减排工作和推进低碳生活，越来越受到各级政府和广大居民的重视。

近来，通过对武汉市、北京市节能减排实际工作的调研，发现地方政府和社区就此已经做了大量的工作，许多有创意的想法具有重要的推广价值。譬如，武汉市江岸区通过雨水收集以用于洗车和城市园林绿化；北京市石景山区八角社区独创了“自助绿化”模式，建成了北京首个“乡土植物园”，安装了人造喷雾和雨水收集装置，既节能减排，又美化了社区环境；为了减少城市交通拥堵，武汉市推出公用自行车并实行有效管理，为近距离的工作和生活提供了极大的方便；为了做到节能减排，政府和社区进行了大量的宣传工作，如武汉市的一些社区开展了“以小带大”（学生带动家长节能减排）活动等。

武汉市和北京市的节能减排工作推进已经如火如荼，对城市的节能减排进行了积极探索并积累了宝贵经验。可以毫不夸张地说，真正具有创新性的工作在最基层。但是，城市节能减排工作的推进也是困难重重，还存在着许多问题影响着节能减排工作的进一步深化。

二、城市节能减排工作推进中存在的问题

第一，城市存量部分和增量部分之间不一致、无法同步推进节能减排工作。

在城市节能减排工作中，首先面临的是城市存量部分（原有的部分）和增量部分（新建部分）之间不一致、无法同步推进的问题。其具体表现：

一是在城区的新建筑物通常都按照节能减排的要求，充分考虑选用节能建筑材料和能源效率的提高，充分利用太阳能，而旧建筑物在设计和建筑之时，没有按照节能减排要求和标准设计，而要进行改造和重新设计则要付出很高的成本，进而形成新的浪费。

---

* 本文原载《经济与管理研究》2010 年第 4 期，与潘晓东合作。

二是城市新城区通常按照新的建设标准，符合节能减排要求，而旧城区则缺乏这种标准。不仅如此，一些旧城区还有许多有历史价值的遗迹，还需要处理好保护与改造的关系。旧城区还有一个显著特点，就是与老建筑相对应的老年人居多。这就使新城区和旧城区在推进节能减排方面存在显著差别。

在我们调研的曾获得过“中国人居环境范例奖”的武汉市江岸区百步亭社区，被称为“绿色社区、安全港湾、温馨家园”。作为武汉市最大的普通居民社区（现已入住近10万人)，百步亭社区居民向全市家庭发出倡议——每个人都从身边做起，做好“家庭节能六件事”：使用节水型洁具、使用节能型电器、使用无磷洗衣粉、购物重拎布袋子、过度包装要拒绝、注意一水要多用，还应积极参与社区垃圾、废弃物的分类和回收。由于社区各个方面都是全新的设施，节能减排工作推进起来比较容易，受到了广大住户的热烈响应。而在杨子社区，由于都是老建筑，虽然也采取了一系列措施，但节能减排工作的推进却举步维艰。由于社区内住户多为老年人，他们“搞不清”（不能理解）许多节能措施，影响了节能减排工作的成效。

同时，江岸区是武汉市历史文化积累最为深厚、近代历史建筑和传统住区风貌保存最为完整集中的老城区，这里集英、法、德、美、日五国“前租界”建筑遗址于一区，拥有丰富的历史住区环境和文化遗产资源。但随着近百年老龄化历程，产生了严重的旧城住区衰退（decline）问题：旧住区传统经济和社会基础损耗严重；旧住房大多严重老化且居住环境劣化；历史建筑及传统住区风貌在旧城改造中拆毁或丧失；地价上涨使旧住区更新改造日益困难；旧城居民收入下降并成为产生“弱势群体”的潜在根源。在这样的背景下，如何提升旧城居民生活质量，如何在保护有浓厚旧城地方特色民俗文化环境的同时，对经营性污水、废气和垃圾排放进行环境达标治理，实现节能减排，都具有很大的挑战性。

同样的例子，在北京笔者曾参与的昌平新城建设规划，从规划设计开始就十分注意节能减排，注重节约土地、节水和节约能源等。新城规划用地面积220平方公里，包括昌平、沙河两个组团。东部新区是昌平组团中的三个片区之一，位于老城区东侧，与老城区一水相隔，规划集中建设用地65平方公里，城镇人口规模控制为60万人。由于东部新区处于规划建设初期，在政府节能减排方针和各项政策的指导下，能够保证自上而下地推进节能减排工作。由于能源科技是昌平区的龙头产业，其发展为实现节能减排提供了先天的技术优势。以昌平区建设能源科技产业基地的构想和实施规划为基础，以东区新城和沙河组团的建设为契机，通过推进产—学—研—用一体化，其目标是使昌平成为：国家能源科技产业发展示范区、辐射全国的能源科技发源地、能源技术交易中心、能源科技产业化基地、能源科技人才培养基地、国家节能减排的示范区。

又如，为了引进国际高端人才，中组部实施了“千人计划”[①]，在昌平区北七家镇与小汤山镇地域范围内规划建设的“未来科技城”，以科技创新为统揽，在京北地区建立科技创新基地，在设计时就规划为“低碳节能之城”，实施绿色交通系统，构建废弃物处理系统、雨水循环系统和节能系统，提出“创新、开放、共生、低碳、人本”的理念，试图引领城市新区建设的潮流，更多体现“人文、科技、绿色”的理念和节能、环保、生态和低碳的技术要求。

相反，在旧城区却无法对这种系统进行彻底改造和按照新理念重塑，使节能减排工作推进迟缓。

第二，政府节能减排的示范工程与国家相关政策不配套、不衔接，使示范工程不能起到示范作用。

为了推进节能减排工作，政府推出了一系列具有实验和示范意义的工程，对于人们了解和学习节能减排和低碳生活起了重要作用。但是，这些示范项目和工程在推广起来却遇到了许多障碍。

按照相关规定，城市公共建设项目需要城建部门、发展和改革部门、财政部门等审批以后才能建设，在既定的制度框架内，通过政府采购而选取造价最低的材料。而问题在于，最节能环保的项目可能在经济上并非最节省的（技术上的可行性与经济上的可行性不一致），这就有可能与政府采购的相关原则相违背，使得许多节能环保的好项目不能得到立项，在实践中不能得到推广应用，也使一些示范工程虽然建起来了，但就只能是停留在“形象工程”的层面上。这里的问题在于城市公共建设项目投资中存在两部分成本，即：

$$\text{总成本(TC)} = \text{建设成本(FC)} + \text{运行成本(VC)}$$

对于建设成本而言，它是一次性投入而可以使用许多年的，随着其寿命的延长，分摊到每个年份的平均成本具有递减的倾向，使用年限越长则平均成本越低；对于运行成本来说，则是与时俱增的，就是说，每一个年份都会有成本的发生，而且随着运行年限的增加，改造、修缮等使运行的边际成本具有递增的倾向。为此，问题的性质就在于把建设成本和运行成本之和（FC + VC）或总的平均成本（AC）降到最低（如图 1 所示），而不仅仅是建设成本的最低。

① 中央人才工作协调小组制定了关于实施海外高层次人才引进计划的意见（简称“千人计划”），主要是围绕国家发展战略目标，在未来 5～10 年内为国家重点创新项目、重点学科和重点实验室、中央企业和国有商业金融机构等，引进 2000 名左右人才并有重点地支持一批能够突破关键技术、发展高新产业、带动新兴学科的战略科学家和领军人才来华创新创业。“千人计划”由中共中央组织部负责实施。

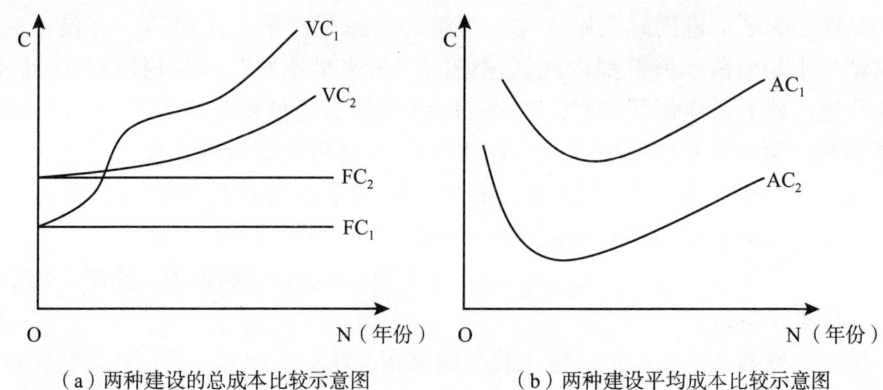

（a）两种建设的总成本比较示意图　（b）两种建设平均成本比较示意图

图1　两种建设成本之比较

图1中分别表现了两种建设投资。对于第一种投资，建设成本低（FC_1），但运行成本高（VC_1）；对于第二种投资，建设成本高（FC_2），而运行成本低（VC_2）。两种投资相比较，总的平均成本 $AC_2 < AC_1$。显然，第二种建设投资方式更适合于节约的原则，但现行的政策和管理体制却往往鼓励第一种建设投资方式。

与此相关的是所谓“节能不节钱”的问题。许多措施的采用，明显可以节约能源，但是要采取这些措施还需要一些相关配套设施和技术，还需要花一笔钱，一些居民感到“节能”了，但没有“节钱”，整体花费增加了。究其原因，主要是由于“节能”和“节钱”不属于一个主体，二者没有统一起来。“节能”是全社会的节约，“节钱”却只是个人和家庭的节约。前者是为社会的贡献，表明了一种社会义务和责任；后者却是实际支出的增加，这对于个人和家庭来说却是实实在在的。正因为二者的不统一，基于利益关系，使节能减排工作推进起来存在困难。

第三，在城市节能减排工作的推进中，还面临着管理体制不顺的问题。

在现行的城市管理和运行体制下，当城市政府和社区推进某种节能减排措施时，往往不能绕开驻区的单位和企业。

首先，由于中国社会主义市场经济体制的特殊性，使国有企业在经济活动中居于重要地位，而这些国有企业都有行政级别，有些企业的行政级别甚至高于地方政府。这种情形在我国俯拾即是。譬如，天津市大港油田公司的行政级别高于所在区政府的级别、大庆油田公司的级别高于大庆市政府的级别、新疆油田公司的行政级别高于克拉玛依市的行政级别、河北兴隆矿务局行政级别高于所在地承德市鹰手营子矿区政府的级别等等。由于国有企业隶属于“条条”（纵向）管理，而地方政府的管理属于“块块”（横向）管理，这就使政府和社区在推进节能减排工作时，必须进行协调，有时协调成本颇高，致使很好的节能减排措施往往因协调不够而搁浅。

其次，驻区单位行政级别高于当地政府。这在北京市最为突出，北京市西城区是当之无愧的“中国第一区”，因为中共中央、国务院、全国人大、全国政协、中央军委的办公地都设在西城，国务院许多重要部门如国家发展和改革委员会、财政部、中国人民银行等也在西城境域内办公，可以说，西城区政府就是西城境域内行政级别最“低”的政府。西城区秉承“大资源观”，把能够推动西城发展的都作为西城的“资源”，有力地推动了区域的可持续发展。西城区作为国家可持续发展实验区（China National Sustainable Communities，CNSCs），在推进区域内社会发展、社区建设、节能减排方面做了大量的工作，成为北京市乃至全国城市社区节能减排和可持续发展的典范。这里，由于中央机关认识到位，对可持续发展有深刻的理解，使节能减排工作事半功倍。假使另一种局面的出现，可以想见就会有很高的协调成本。

管理体制不顺的表现还在于，城市各个管理部门缺乏协调，常常因体制的严重分割而造成许多本可以避免的浪费。本来，城市的节能减排工作具有综合性的特点，节水、节电、节地等与城市节能材料的使用、城市垃圾处理等都密切相关。但我国的城市管理体制中，规划、供电、供水、煤气、垃圾回收等处于完全分割的状态，致使为了协调关系就需要花费很大的精力和成本。譬如，电力部门控制着整个城市电力供应，任何的改造和节能措施都必须得到其认可，这原本也无可厚非，但问题在于这些措施要得到其认可，交易成本往往非常之高。再如，许多城市的道路都有铺了挖、挖了铺的经历，这都是由于各个部门缺乏协调的结果，以至于被人们戏称应该在道路上安置“拉锁”。

正是由于中国经济运行体制和政府运作体制的特殊性，使城市的节能减排工作不能绕开大型国有企业和单位，同时，也由于城市管理体制的分割，制约了节能减排工作的推进。

第四，城市节能减排工作缺乏长期的规划。

在城市发展中，规划依据什么原则非常重要，它决定着城市未来发展的基本走向。

我国城市建设通常要遵循所谓“整合原则”（协调城市局部建设和整体发展的关系）、“经济原则”（适用、经济、量力而行）、“安全原则”（防火、防爆、抗震、防洪、防泥石流等，以及治安、交通管理等）、“美学原则”（传统与现代的协调、自然景观和人文景观的协调，建筑格调与环境风貌的协调）和“社会原则”（人与环境的和谐、无障碍设计等）。但是，面对目前的全球气候变化和化石能源的短缺，在城市建设中把强调节能减排提高到了前所未有的高度，使经济原则不再仅仅局限于建设主体自身的预算安排，而成为整个城市发展都必须遵循的原则，而恰恰是在这方面却缺乏长期的规划和安排，致使暴露出许多非常严重的问题。

在城市的功能分区上，工作地和居住地的严重分离，居住地成为“睡城”，导致通勤成本的增高和上下班交通的拥堵，这在许多城市甚至演化为一种严重的“城市病”。譬如，在北京有所谓“二三六九中，全城来办公”的说法，形容国家机关集中在二里沟、三里河、六铺炕、九号院和中南海5个地方。由于居住地与工作地高度分离，导致人流在上班时，从居住地倾巢出动，流向上班地和工作场所；下班时，又从工作单位流向居住地。导致的结果，一是居住地变成纯粹的“睡城”（如望京小区、天通苑等）；二是交通在固定时段堵塞，尽管相关部门采取了多种措施，效果却不甚理想，从而首都被渲染为“首堵”。由于交通拥堵，通勤成本畸高，许多人每天上班耗费在路上的时间占到上班时间的1/3。“工作好辛苦”是北京上班族生活的真实写照。

由于在城市规划和建设中，一旦形成既有的格局，就会固化，出现“锁定效应”，使城市发展陷于“水多加面，面多加水”的恶性循环中，形成路径依赖，城市只能沿着高消耗、高污染和浪费的路径不断走下去。就像管仲在其名篇《傅马栈最难》中说的那样：马栅栏如先敷设歪的木条，歪的木条需要歪的木条来配，歪的木条用上了，直的木条无法用上（先傅曲木，曲木又求曲木；曲木已傅，直木无所施矣）。

另外，人们对节能减排的直观理解是节约能源和减少污染物的排放，它更多地停留在节约的理念上，倡导人们去厉行节约，而什么情况下才算节约、节约的量是多少、节约的标准是什么、指标控制是多少、不同情况下能源消耗的比较等等都没有科学的标准和计量方式。可以说，城市节能减排能源统计和计量等基础性工作非常薄弱，缺乏相关的标准和计量方式。

由于能源计量、统计等基础工作严重滞后，能耗和污染物减排统计制度不完善，有些统计数据准确性、及时性差，科学统一的节能减排统计指标体系、监测体系和考核体系尚未建立，对于能源消耗和排放胸中无数，致使许多节能减排措施无法推行，即使某种措施推行以后其效果也不能确知。这样，在实际操作中就会存在诸多歧义，造成混乱。

第五，城市节能减排工作还与国家面临的经济形势和相应的宏观经济政策相关联。

节能减排工作虽然是一个微观层面上的问题，甚至在更多情况下是一个技术问题，但它却还受着宏观经济形势变化和经济政策的影响。

自2008年以来，全球性的金融危机和经济危机也对中国的经济发展造成严重冲击。在这种形势下，国家实施积极的财政政策和适度宽松的货币政策，以促进经济增长和平稳发展。为应对国际金融危机，2009年初国家从缓解企业困难和增强发展后劲入手，相继制定出台了汽车、钢铁、电子信息、物流、纺织、装备制造、有色金属、轻工、石化、船舶等十大重点产业调整和振兴规划，分别提出了上百项政策措施和实施细则，对保持国民经济平稳较快发展起到了重要作用。国家的政策取向是“近”保经济增长，“远”调产业结构，把危机造成的冲击当成结构调整的机遇期。

譬如，汽车产业是国家的一个重要支柱产业，作为需要“振兴”的产业之一，它的发展对于为其提供原料和配件产业的发展（所谓“回顾效应”）、后续产业的发展（所谓“前瞻效应”）以及提高区域的就业水平（所谓“旁侧效应”）具有重要意义，符合国家的宏观经济政策，也有助于国家尽快走出国际金融危机的阴影。为了推进汽车产业的发展，必须扩大内需，通过一些政策来促进人们更多地消费这种商品。然而，另一方面，在城市能源使用和排放中，交通中的能源耗费一直居高不下，汽车尾气（NOx）排放成为城市的主要污染物之一。虽然目前各个城市都在大力发展公共交通系统，积极倡导人们更多地使用公共交通，甚至像北京这样的城市还采取了“限号行驶”的办法，但私家汽车却仍然是有增无减，城市交通已经达到饱和的程度。一方面是交通拥堵，另一方面是空车行驶。据有人估算，每天北京汽车空驶所耗费的汽油可以把盛满汽油的油桶一个个排列起来，从三元桥直至首都国际机场。看来，城市交通的节能减排，与经济形势和国家宏观经济政策之间还没有统一起来，致使许多好的节能减排政策措施的在实施过程中受到多方掣肘。

三、推进城市节能减排工作的几点思考

在城市推行节能减排工作，还存在着一些制度性障碍。这些障碍有许多不是在短期内可以消除的，需要长期艰苦的努力。虽然可以采取的措施很多，但有两点是至关重要的。

第一，在城市规划中，要适度反“功能区”的传统。

功能区划分是城市规划中的核心内容，它把城市划分成若干个相对独立的部分，如居住区、工业区、商业区、金融区等，功能区是城市功能的载体，是实现城市功能的空间集聚形式，是现代城市运行的方式。每个功能区，都有自己所承担的主要功能，确保自己所占有的资源禀赋优势充分发挥，也使整个城市在多元功能整合的基础上进入更高的运行层次。然而，这种城市划分功能区的传统却遇到了巨大的挑战。

笔者曾经考察的位于伦敦附近的伯丁顿（Beddington）社区，它由伦敦最大的商住集团皮保德（Peabody）、环境专家及生态区域发展工作组（Bio-Regional Development Group）联合开发，实现了“零能源发展”（BedZED：Beddington Zero energy development），成为引领英国和世界城市可持续发展建设的典范，并具有广泛的借鉴意义。该系统的设计把工作区与居住区结合于一体，一反“功能

区”传统，最大限度地减少了城市人口的流动。

基于此，ZED 设计达到以下目的：减少电力供应负担，从而减少了新建电站的要求；减少水供应的基础设施建设和水污染；减少生活和工作中交通拥堵；居住地和工作地在一起，可以减少交通污染排放；减少公共交通的负载，减少拥有私家汽车的需求；减少对地方供应链的刺激；减少社会疏远，因为 24 小时中，所有的团体都在使用公共设施；减少国家对化石能源的消耗，减少碳释放量；由于污染减少和环保住宅带来健康问题的减少；减少在城市中野生动物栖息地的丧失；减少农业用地的丧失，而且在保证住宅人口高密度的同时又能提供新房屋中玻璃温室和花园带来的适宜。

建设这样一个实验性建筑群的目的，是为城市住宅建筑实现可持续发展提供一个综合性解决方案，它同时解决环境、社会、经济等不同方面的需求，并运用一些可靠的办法降低能耗、水耗和汽车使用量，最大限度地使用太阳能。其建筑设计综合考虑一系列因素如可再生能源、完美的建筑设计、可持续材料和低环境影响等，是比现代西方建筑和整体设计更为可取的方案，而且开始在世界各地推广，展现出顽强的生命力。

当然，伯丁顿“零能源发展”社区的发展才刚刚开始（始于 2000 年），而且规模还不大，在发展中还遇到许多问题，但它却为人们展示了通过节能减排设计和反功能区传统实现可持续发展的美好前景。

第二，要在观念上创新，摒弃现代经济学的一些似是而非的认识。

现代经济学有一个似是而非的认识，就是扩大消费甚至浪费可以刺激需求，如果你节约 100 元，就可能使一个人失业一天；反过来，要是你购买商品，就会增加就业，而且通过乘数的作用使就业和收入成倍提高。针对 20 世纪 30 年代英国大萧条时期的失业，凯恩斯在电台上用抑扬顿挫的语调号召：爱国的主妇们，明天一早上街到各处广告所展示的精彩的销售场所去吧！……你们会感到额外的快慰，因为你们做了有益的事情，增加了就业，增加了国家的财富。为了克服萧条，经济学甚至提出，“挖一个大坑，然后再埋上”，以借此来扩大就业，增加消费，刺激经济增长。

在我国目前的经济境况下，为了促进经济增长，扩大内需，各级政府都致力于扩大社会投资，增加消费。为此，全国各地出现了大搞“形象工程”的热潮，修大广场、盖办公大楼、铺大草坪美化市容等成为流行的风气。许多政府新领导班子上任以后，在错误的政绩观下，以投入求速度、以消耗求发展，普遍大搞“政绩工程”，特别是热衷于投资建设产值高、税收多的大项目；在消费领域，鼓励消费，全社会形成超前消费、过量消费的奢靡之风。

的确，这些措施拉动了内需，刺激了经济增长。然而，增长并不等于发展。作为发展，不仅包括增长，还包括结构升级和制度演进，甚至还包括思想观念的变化。必须摒弃一种认识：更多的消费甚至浪费，可以刺激生产，通过乘数的作用可以引起生产的更快发展，使更多的人就业，可以实现国家宏观经济管理中充分就业的目标。实际上，这是一个谬论。因为它只看到即期效果而没有看到它的长期影响；只看到一个硬币的正面，而没有看到它的反面。刺激消费固然可以扩大生产，增加就业量，但如果把生产要素转移到节能和减排的设施上，同样可以扩大生产和就业，产业结构轻型化也能达到同样的效果，只不过是经济结构发生了变化。

所以，在微观层面上，需要在政策上不断创新，使节能减排政策与城市建设相配套，并通过利益的诱导机制，使节能减排成为城市居民自觉的行动；在宏观层面上，节能减排工作必须与国家的产业结构和经济结构的调整结合起来，两者相互支持，而不是互相抵牾，在保增长和促进节能减排的基础上，实现结构的调整和优化。

节能减排政策与中国低碳发展*

中国在2020年以前实现碳强度（单位GDP排放CO_2量）减少40%的目标，其基本途径有二：其一，调整现有偏重的产业结构，实现产业结构轻型化，大力发展低耗能的产业，同时大力发展可再生能源产业，从长期看要彻底改变以煤炭为主的能源消费结构；其二，要大力推进节能减排、提高能源利用效率的活动，因为效率不高一直是一种顽疾，即使在新产业发展中如风力发电的生产能力等也存在着严重的浪费。由于产业结构调整、开发新的能源产业是一个长期的过程，因此至少在短期内，为了推进低碳发展，节能减排更直接、更有效。

一、中国在节能减排方面存在巨大潜力

（一）生产领域节能减排的空间和潜力

尽管随着节能减排工作的大力推进，中国的单位GDP能耗总体处于下降的态势，万元GDP能耗从2000年的1.306吨标准煤下降到2008年的0.948吨标准煤，但因科学技术与发达国家相比较还很落后，同时因处于世界产业链条的低端，产品附加值和科技含量都比较低，使能源利用效率低下。资料显示，2006年中国能耗是世界平均水平的2.9倍，是美国的4.3倍、日本的8.6倍、印度的1.1倍。图1是用生产可能性边缘来表示的既定生产成本和消耗下的最大产出组合。生产可能性边缘是用来说明和描述在一定的资源与技术条件下可能达到的最大产量组合曲线，它可以用来进行各种生产组合的选择。图中有a、b、c三条生产可能性曲线，依次表示产量组合逐渐扩大。对于既定产出a以内的任何一点如A，说明生产还是潜力，还有资源未得到充分利用，存在资源闲置；而之外的任何一点如B，表明现有资源和技术条件无法达到。当科学技术进步以后，就会外推生产可能性边缘，如从a到b再到c，既定的生产投入，就会有更大的产出，原来B点之于a线不能达到，而对于b线则尚有闲置；依此类推。

---

* 本文原载《中国市场营销》2010年第6期，与王珊珊、梁佩韵合作。本文为中国商业经济学会“第四届中国中部地区商业经济论坛”会议论文，录入中国商业经济学会、河南省商业经济学会、河南商业高等专科学校合编：《中国商业低碳发展趋势与政策研究》（张平安主编），河南人民出版社2011年版，第525～535页。

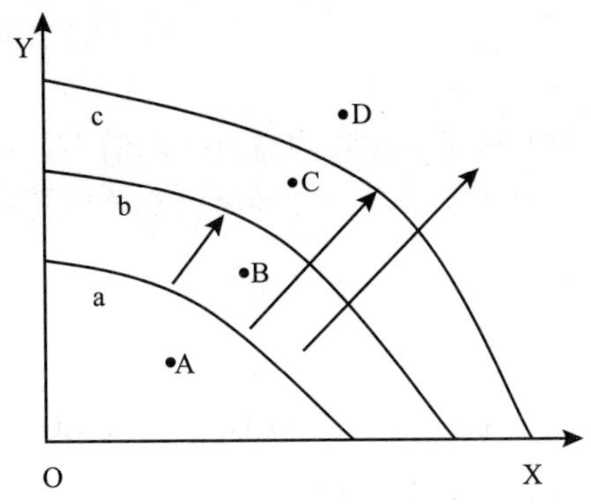

图1　生产可能性边缘外推

可以看出，对于中国来说，如果单位 GDP 能耗能够达到世界平均水平，则在既定的投入下，生产可能性边缘就会外推，产出组合将会成倍增长；同样，如果达到日本的水平，则产出组合还会增加若干倍。反过来说，在既定的排放下，会有更大的产出；或者，在既有的产出下，排放将会大幅减少。这说明，中国生产在节能减排方面有巨大的潜力。

（二）消费领域节能减排的空间和潜力

在消费节能减排方面，中国同样存在着巨大的潜力。据统计，2007 年生活能源消费占到总能源消费的 11% 左右。巨大的人口基数决定了，若每人都为节能减排做贡献，则累计起来将是惊人的。据称，若养成随手关灯的好习惯，每户每年可节约 4.9 度电，相应 CO_2 减排 4.7 千克；若全国 3.9 亿个家庭都能做到，每年可节电约 19.6 亿度，CO_2 减排 188 万吨。因此，低碳发展不能忽视居民日常生活的碳排放量，促进生活方式转变是实现经济低碳化的重要方面。

消费主要体现在衣、食、住、行、用诸方面。经过 30 余年的改革开放和快速发展，中国人在支出结构上已经发生了重大变化，2009 年城乡居民恩格尔系数分别降低到 37% 和 43%，进入总体的小康生活。在食物支出上，比重虽然下降，但支出绝对数额却迅猛增加，食物结构也发生了重大变化，这其中生活条件的改善是最重要的内容。但另一方面奢靡之风却有增无减，这固然与社会收入贫富差距（有形的）密切相关，也与国人攀比和炫耀的消费习俗（无形的）难脱干系。

在此之外，家用电器在消费支出中占有重要位置。中国目前已进入家用电器的高置换期，4.12 亿户家庭将有大量的电视、冰箱、空调等旧家电被淘汰，这其中包括高耗能的空调、洗衣机、冰箱、热水器等。2009 年在国家采取财政补贴方式推广能效等级为 1 级和 2 级的 10 大类高效节能产品的过程中，推出了高效节能空调。2008 年高效节能空调市场占有率是 5%，到 2009 年年底已经达到了50%，销售量500多万台，但可以看到仍有50%的余地，如此每年仅此一项就还有节电15亿千瓦/时的余地。

由此看来，中国的节能减排仍然存在着巨大的潜力，如果提高科技的支撑能力，如果适当地改变生活方式，将会使这种潜力充分发挥出来。

二、中国在节能减排方面的政策缺失

科技要充分发挥作用，要依靠制度建设，此所谓“制度先于技术”，而在制度建设中首先是政策的助推。中国近年来出台了许多节能减排政策，对于推进节能减排工作起了巨大的作用。譬如，中央财政投入资金补贴家电汽车摩托车下乡、汽车家电以旧换新，减半征收小排量汽车购置税等。在家电下乡和家电以旧换新的实施中，国家采取招投标、产品公示和退出机制等方式，严控入选产品的能耗等级，加大推广和补贴节能低耗产品的力度等。但是，在节能减排的制度安排中仍然存在着政策上的缺失，其中，最主要的是宏观经济政策目标优先，使节能减排政策目标服从于前者。

（一）宏观经济政策的缺失

按照现代宏观经济理论，国民经济管理有四个目标：经济增长（GDP的增加）、充分就业、物价稳定、国际收支平衡。这四个目标高度相关，有时为了在各个目标之间进行平衡，需要在各种宏观经济政策之间进行相机抉择。譬如，在失业和经济增长中就存在一种替代关系，失业意味着生产要素的非充分利用，失业率的上升会伴随着实际GDP的下降。由于描述失业率和GDP之间的这一关系由美国经济学家阿瑟·奥肯提出，所以称为奥肯定律（Okun's law）。按照奥肯定律，GDP增长每快2%，失业率便下降1%。①

宏观经济政策手段首先保经济增长。现代宏观经济学也同时提供了政策工具和简便的操作方法。在短期，主要是需求管理，调节总需求。设总供求关系为：

$$Z = D = C + I + G + (X - M)$$

其中，Z为总供给，D为总需求，C为消费需求，I为投资需求，G为政府购买，（X－M）为净出口。按照需求管理，则主要调节需求一方，而C、I、X即为带动经济增长的“三驾马车”。

具体而言，政府宏观调控主要是通过财政政策和货币政策相结合来进行需求管理。假定经济起初处于图2中的E点，收入为y_0，利率为r_0，而充分就业的收入为y^*。为克服萧条，政府可实行扩张性财政政策将IS右移，也可实行扩张性货币政策将LM右移。采用这两种政策虽都可以使收入达到y^*，但会使利率大幅度上升或下降。如果既想使收入增加到y^*，又不使利率变动，则可采用扩张性

① 参见［美］萨缪尔森，诺德豪斯．经济学（第16版）．华夏出版社，1999：456.

财政政策和货币政策混合使用的办法。为了将收入从 y_0 提高到 y^*，可实行扩张性财政政策，使产出增长，但为了使利率不因产出增加而升高，可相机实行扩张性货币政策，增加货币供应量，使利率保持原有水平。可见，如果仅实行扩张性财政政策，将 IS 移到 IS′，则均衡点为 E′，利率上升到 r_0 之上，发生“挤出效应”，产量不可能达到 y^*，如果采用“适应性的”货币政策，增加货币供给，将 LM 移到 LM′，则利率可保持不变，投资不被挤出，产量就可达到 y^*。可以看出，无论是财政政策还是货币政策的使用，都是在不改变经济结构的前提下来影响经济总量（包括就业总量和国民收入总量）的。

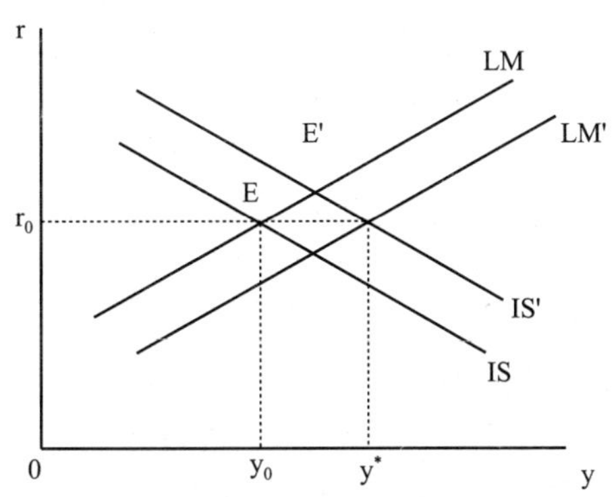

图 2　财政政策和货币政策结合

然而，当我们从一个全新的视角来考察旨在“扩大内需”或需求管理的宏观经济政策时，会发现许多原来看不到的东西：现有的宏观经济政策及其理论基础在深层次上是不支持节能减排政策的。

尽管不愿意承认，但事实上整体的宏观经济政策框架在思路上仍然没有超出凯恩斯主义。凯恩斯主义一反“供给能自行创造需求”的“萨伊定律”，认为“有效需求不足”是现代社会的常态。它认为，就业的多寡取决于有效需求（包括消费需求和投资需求），出现失业和萧条源于有效需求不足。为此，必须依靠政府的力量来提高社会的消费倾向和加强投资引诱，以扩大有效需求。如果你节约 10 元钱，就有可能会使一个人失业一天；反过来，要是你购买商品，就会增加就业。针对 1931 年英国大萧条时期的失业，凯恩斯在电台用抑扬顿挫的语调号召：“爱国的主妇们，明天一早上街到各处广告所展示的精彩的销售场所去吧！……你们会感到额外的快慰，因为你们做了有益的事情，增加了就业，增加了国家的财富。”①

① ［英］伊丽莎白·约翰逊．凯恩斯是科学家还是政治家？．［英］琼·罗宾逊．凯恩斯以后．商务印书馆，1985：19.

为了克服萧条，经济学甚至提出，“挖一个大坑，然后再埋上”，以借此来扩大就业，增加消费，刺激经济增长。在国内，为了促进经济增长，扩大内需，各级政府都致力于扩大社会投资，增加消费。为此，全国各地出现了大搞“形象工程”的热潮，修大广场、盖办公大楼、铺大草坪美化市容等成为流行的风气。各级新领导班子上任以后，在追求 GDP 的政绩观下，以投入求速度、以消耗求发展，普遍大搞“政绩工程”，特别是热衷于投资建设产值高、税收多的大项目；在消费领域，鼓励消费，全社会形成超前消费、过量消费的奢靡之风。

由此可以看出，尽管国家的节能减排政策常常高调出台，但每当遇到宏观经济形势困难之时，就会悄无声息，就像 2008 年的金融危机后造成的不景气，使保就业、促增长成为主旋律时的那样，许多濒临关闭的高耗能企业又得以复活，节能减排的政策标准和门槛便又可以降低。

其实，在西方发达国家也是一样。在 2008 年经济危机之前，几乎各个国家都祭起“低碳”的大旗，到处指手画脚，指责他国尤其是发展中国家。而在危机之后，却又各怀心思，谋求自身经济的发展，这在 2009 年的哥本哈根会议（COP15）上表演得淋漓尽致。

（二）末端治理的节能减排政策

以现代经济学作为理论基础的节能减排政策，通常体现在末端治理上。末端治理主要是在生产链条的终点或是在废弃物排放到自然界之前，对污染物进行处理，以降低污染物对自然和人类的损害。

伴随着工业革命的进程，人类征服自然和改造自然的能力迅速提高，人类改变了自身与自然之间的位置。在人的内心深处掩藏不住“人可以根据自己的意志随意地处置自然”的欲望和冲动。在工业化初期，人类完全把自然看作是自身“发泄”的对象，把自然界看作是人类经济活动的“原料箱”和随意丢弃废弃物的“垃圾箱”，丝毫不考虑其容纳和消解能力。像吕贝尔特在《工业化史》中所描述的那样：那时，人们彼此炫耀着，在企业之间通讯时，许多厂商的印笺上加盖了“蒸汽企业”的字样，甚至还印上烟囱在冒着滚滚浓烟的厂房印记，这是工业化时代开始时一种享有盛誉的标志。①

面对日益污染的环境，各国政府都开始鼓励企业治理污染。按照新古典主义的思路，企业在治理污染时，考虑到自己的边际成本，而在制度硬约束的条件下，当边际治理成本会高得难以忍受时，企业则会停止生产。

环境治理的目标并不是环境质量越高越好，因为随着环境质量的逐步改善，进一步改善环境的成本会越来越高，而相应地环境改善所带来的效益则会越来越小，因此，从经济效率的角度来分析，最优环境质量目标应是在环境治理的边际

① ［德］鲁道夫·吕贝尔特著．工业化史．上海译文出版社，1983：30.

成本与边际收益相等的水平上。如图 3 所示，MR 为企业的收益，具有递减的倾向；MC 是治理污染的边际成本，具有递增的倾向。企业治理污染的最佳状态在于 MR = MC。

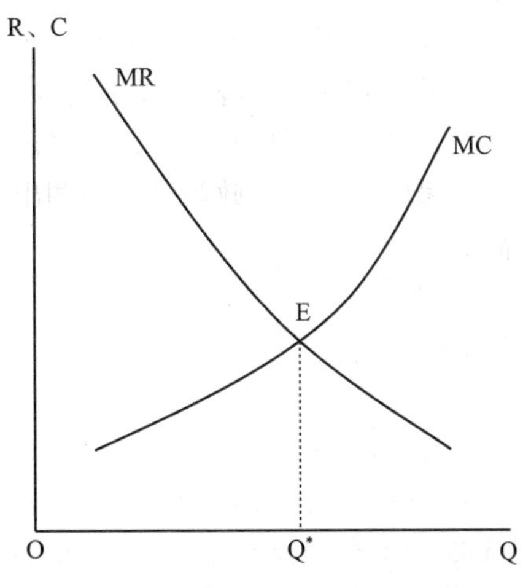

图 3　环境治理的成本收益均衡

这种末端治理方式是工业化过程达到一定高度，人们无法忍受环境恶化的结果，这无疑是一个巨大进步，因为它毕竟认识到了资源有限和环境的重要性，但其局限性也显而易见。“谁污染，谁治理”实际上默认了“先污染，后治理”。一方面是大量污染和资源破坏，另一方面却又要花费巨额资金来修复环境。人们追随污染实行被动治理，“头疼医头，脚疼医脚”。末端治理最大的缺陷就在于，有排放标准却无总量控制，忽视了环境容量，也不涉及污染物排放后污染指标的变化反弹。

“谁污染，谁治理”作为环境保护管理的一条重要政策，在污染防治中发挥了重要的作用。它明确了污染治理的责任者，同时实行了老污染源限期治理，新建项目环境保护配套设施“三同时”（指新建、改建、扩建项目和技术改造项目以及区域性开发建设项目的污染治理设施必须与主体工程同时设计、同时施工、同时投产的制度），超标排污征收排污费，严重者可责令停产等一系列法律手段。但是，它会造成这样一个后果：治理污染的企业往往没有规模经济效益和范围经济效益。

如果存在以下这种情形，对于任何 n 个产出 q_1，…，q_n，则有：

$$\sum_{i=1}^{n} C(q_i) > C(\sum_{i=1}^{n} q_i)$$

这就是规模经济效益；或者，即使规模经济不存在，只要单一企业供应整个市场的成本小于多个企业分别生产的成本之和，这时，存在着范围经济，即：

$$C(q_1, 0)+C(0, q_2)>C(q_1, q_2)$$

显然，这是制度上的浪费。为了化解这个矛盾，就出现了“谁污染，谁付费”的新的治污办法，它最早来自于一些专业化的环保公司，它们凭借自己在环保方面的技术实力，试图经营一些企业的污染治理设施，以此作为他们可靠的经济收入来源，这种经营既有规模经济效益也有范围经济效益，而将原先污染企业作为治理污染的主体转移到专业公司。在这个原则下，污染企业只要付费就可安心生产，不为环境污染发愁，没有后顾之忧，其余的事情全由环保公司解决。

事实上，“谁污染，谁付费”即所谓污染权拍卖制度，仍然走的是末端治理的老路。因为它强调，企业可以将环境污染治理这个负担放置一边，将末端污染治理工作交给别的专业公司去处理，逃避了污染者治理污染的责任和义务。

基于可持续发展，应该说对于地球、对于人类、对于子孙后代谁都没有污染和破坏的权利，政府无权决定谁有权利污染，企业无权用金钱来购买污染的权利。虽然在现实的市场经济活动中，货币选票或金钱是最终的决定因素，就像“一对夫妻只生一个子女”的计划生育国策在货币选票面前也常常留有余地一样。“谁污染，谁付费”也就是变相承认了只要有货币选票、只要付费就能获得污染的权利，严格地说，这不是一种治理污染的举措，而是一种误导和放任。

三、推进节能减排的政策与制度创新

（一）宏观经济政策实现“调结构”和“保增长”的统一

由于既有的宏观经济政策关注的首要目标在于经济增长和充分就业，这就常常会丧失调整经济结构的机会。事实上，保持经济增长、实现充分就业和调整经济结构的目标完全可以并行不悖，可以在调整经济结构的同时实现经济增长和充分就业。

图4显示了需求管理在不改变总需求的条件下，只在总需求内部结构上有所调整，便可以实现“调结构”和“保增长”的统一。设Z为总供给曲线，D为总需求曲线，高耗能、高污染产业为D_1，节能减排型产业为D_2，总需求是二者的水平加总，即：$D=D_1+D_2$。为了扩大总需求，保持经济增长和实现充分就业，则在D_1不变甚至缩小的情况下，通过扩大D_2至D'_2，从而使D移动至D'来实现，社会总需求也就从OQ_0增加至OQ_1，从而实现调整结构和促进经济增长目标的统一。

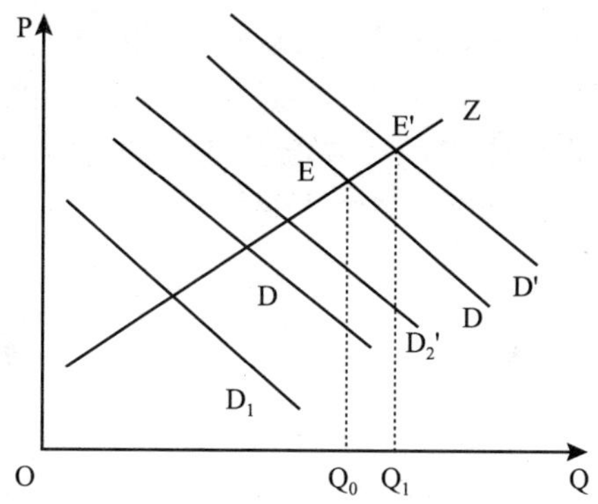

图 4　需求结构变化对总需求的影响

当然，从传统的高污染、高耗能产业为主的经济结构向节能型经济过渡，实现经济结构的轻型化，需要一个过程，其间需要劳动力在不同部门之间的转移，而只有通过相关的人力资本政策，才能提高劳动力在不同产业之间的流动性，这就需要宏观经济政策、产业促进政策、人力资本政策等的协调推进。这是一个系统工程，单一政策是无力实现的，它常常会被别的政策效应所抵消。

（二）变“末端治理”为“管端预防”

破除资源瓶颈的约束，合理利用资源，不断改善环境，走新型工业化道路，建设资源节约型社会，树立科学发展观，是实现中国经济社会全面、协调、可持续发展题中的应有之意，也是全社会的共识。所以，未来的经济发展之路，未来的宏观经济政策选择，必须提高资源利用效率，加大资源的循环利用，强化废旧产品和废弃物的再生利用，做到在不增加甚至减少原始资源消耗、不增加甚至减少污染排放、不破坏甚至不断恢复生态的基础上，实现经济快速增长，这就是走循环经济和低碳发展的道路。

在循环经济下，通过管端预防代替末端治理，在生产的各个环节（输入端、生产过程中、输出端）全方位地节约资源和保护环境，它需要富有远见地制定相应的资源环境政策。在循环经济下，以可循环资源为来源，以环境友好方式利用资源，保护环境和发展经济并举，把人类生产活动纳入到自然循环过程中，达到人与自然的和谐。

毫无疑问，发展循环经济，走低碳发展的道路，这是解决我国经济高速增长与生态环境日益恶化这一矛盾的根本出路。所以，为了实现可持续发展，必须摒弃凯恩斯主义，必须重新审视我们曾经“熟练掌握”的宏观经济政策。在科学发展观下，探索推进低碳发展和支持循环经济的经济政策。

（三）政策和利益机制的有机结合

中国的经济是政府主导型的市场经济，或称社会主义市场经济，政府在经济发展中起着重要作用，推进节能减排和低碳发展不能离开政府的主导，需要政府在政策、税收等多方面的引导。譬如，根据目前节能产品技术含量高、研发成本高、市场售价高和市场占有率低的“三高一低”的特点，国家对于有利于节能减排的一些技术和产业，在价格、税收、财政方面给予大力支持。同时，也需要政府启动一些科技引导资金发挥“四两拨千斤”的杠杆作用，撬动社会资金参与到节能减排和低碳发展上来。但这绝不是说政府就可以大包大揽，不给企业留下足够的行为空间。

事实上，企业是推动节能减排的主体，它在产业转型升级中起着关键作用。企业可以获得国家的政策性投资和补贴，使企业基于成本和收益的考虑，把节能减排和企业品牌建设联系起来，实现企业的社会责任和价值，提升竞争力。

同时，消费者也是推动节能减排的主体。倡导全社会节约、全面促进全民的低碳消费和生活方式，也要与利益机制结合起来，使消费者在利益的诱导下，自觉地形成绿色消费和节能减排的意识，从而使节能减排工作成为一场全民的自觉行动。

参考文献：

[1] 科学技术部社会发展科技司，中国21世纪议程管理中心编著．全民节能减排实用手册［M］．社会科学文献出版社，2007.

[2]［美］萨缪尔森，诺德豪斯．经济学（第16版）．华夏出版社，1999.

[3]［英］伊丽莎白·约翰逊．凯恩斯是科学家还是政治家？［英］琼·罗宾逊．凯恩斯以后．商务印书馆，1985.

[4]［德］鲁道夫·吕贝尔特著．工业化史．上海译文出版社，1983.

积极推进中国的低碳经济和低碳发展*

"低碳经济"是在2003年英国《我们能源的未来——创建低碳经济》的白皮书中首次提出的。其基本含义是，通过更少的自然资源消耗和环境污染，获得更多的经济产出。其实质是，在发展中摒弃高度依赖化石能源的生产消费体系和"碳依赖"发展模式，提高能源利用效率，改变能源结构，逐步实现发展与碳排放的脱钩。目前，低碳发展理念已受到国际社会的广泛关注，各国都在探索"低碳化"的发展道路，而如何推进中国的低碳经济和低碳发展则更是世人关注的焦点。

一、主要国家促进低碳发展的措施和低碳经济趋势

（一）发展新能源和可再生能源成为美国和法国的战略选择

美国是世界第一能源消费大国，能源消费量约占世界总额的1/4。尽管出于保护本国经济发展和产业集团利益等原因而退出《京都议定书》，但近年来美国对低碳发展的认识发生了积极变化。2007年7月，参议院提出《低碳经济法案》，规划了温室气体排放的战略目标，尽管备受争议，但发展低碳技术和低碳经济的思路已渐清晰。2009年2月，正式出台《美国复苏与再投资法案》，投资总额达7870亿美元，主要用于新能源的开发和利用，包括发展高效电池、智能电网、碳捕获和封存、可再生能源等。2009年6月，完成了历史上首个限制温室气体排放的《美国清洁能源与安全法案》，用立法的方式提出了建立美国温室气体排放权限额、交易体系的基本设计，力求通过一系列节能环保措施大力发展低碳经济。

法国本土的自然资源相对匮乏，其石油和天然气储量有限，而煤炭资源已趋于枯竭，发展低碳经济，开发核能、太阳能、水能等是一项战略选择。针对交通、建筑和工业三个高耗能领域，法国从可再生能源、节能增效两方面做了大量的工作。2008年底，法国环境部公布了一揽子旨在发展可再生能源的计划，包括50项措施，涵盖生物能源、风能、地热能、核能、太阳能以及水力发电等多个领域。核能一直是法国能源的支柱，是在低碳发展方面最为引人瞩目的亮点。

（二）日本和德国以节能增效为主推进低碳发展

日本是世界经济强国，也是能源消费大国，但能源资源匮乏。受20世纪70

---

* 本文原载《中国发展》2010年第10卷第2期，与王珊珊、潘晓东合作。

年代两次石油危机的影响，使当时处于高速增长期的经济受到严重打击，但也使其意识到能源的重要性。目前，日本高度重视节能减排，政府主导建设低碳社会。1991 年以来，先后出台了各种有关节能减排的相关法律和政策措施，如《新国家能源战略》、《低碳社会行动计划》、《绿色经济与社会变革》等，日本已成为节能体制最完善的国家，相应的政策措施全面而细致。在政府引导下，企业纷纷将节能视为企业核心竞争力，使能源效率稳步提升。据国际原子能机构 2005 年的统计，若日本生产一个单位产品的能耗为 1.0，则德国为 1.6，法国为 1.8，美国为 2.0，中国是 8.4。2004 年，日本 GDP 占全世界的 11%，而其 CO_2 排放仅为 4.7%，其能源效率不仅使发展中国家难以望其项背，在发达国家中也遥遥领先。

德国能源相对匮乏，几乎 100% 的石油、80% 的天然气依赖进口，节约能源是发展经济的一项基本国策。自 1994 年起，政府把科技政策的支持重点集中在发展环保技术和能源技术上，出台了新的能源和环境政策，成为欧洲国家中节能减排法律框架最完善的国家之一。2009 年 6 月，德国公布的一份旨在推动经济现代化的战略文件，内容包括严格执行环保政策，制定各行业能源有效利用战略，扩大可再生能源使用范围，可持续利用生物质能源，推出刺激汽车业改革创新措施及实行环保教育、资格认证等方面的措施。通过制定法律法规、财政和税收优惠政策、技术研发和低碳发展服务体系等，德国在低碳发展领域成效显著。据统计，在欧盟 3000 多家获得 ISO14000 国际环境管理体系认证的企业中，有 2000 家是德国企业，总数超过 60%，目前德国环保产业的世界市场占有率高达 21%，居世界第一位。

（三）英国多管齐下，促进低碳发展

英国是欧盟中资源最丰富的国家，拥有较多油气资源和丰富的海上风电资源，但却是低碳经济的积极倡导者和践行者，这主要体现在绿色能源、绿色生产和绿色生活三个方面。在绿色能源方面，2009 年 7 月，发布了《英国低碳转换计划》、《英国可再生能源战略》，规划到 2020 年可再生能源在能源供应中要占 15% 的份额，其中 40% 的电力来自绿色能源领域。在绿色生产方面，按照“政府主导、企业负责”的原则，鼓励企业进行多种方式的节能减排。2001 年设立碳基金，2002 年启动了排放贸易机制，成为第一个实施温室气体排放贸易计划的国家。自 2001 年 4 月，开始征收气候变化税，以提高能源效率和促进节能投资，成为应对气候变化总体战略的核心部分。在绿色生活方面，将重点放在建筑和交通两大领域，采取了政策引导、财税政策支持及宣传教育等措施。如在现有住宅节能改造方面，计划投资 32 亿英镑，除实施减免税政策外，还多次拨付财政资金，帮助居民进行家庭节能改造，提高家庭能效，为节能改造提供经济刺激。可以说，英国既大力发展新能源和可再生能源，又在政府的引导下利用技术手段和制度设计来推行节能减排，诸法并用、多管齐下。

（四）巴西和印度积极推进低碳发展

巴西拥有着较为丰富的油气资源储量，但受勘探技术水平所限，历史上曾是“贫油国”和“贫气国”，20世纪70年代的两次石油危机曾给经济带来了巨大打击。对此，政府十分重视并大力发展可再生能源，加之其拥有适宜农作物生长的优越自然条件，生物质能源得到迅速发展。据巴西矿产能源部公布的2008年度报告，能源消费结构中生物质能源占31.5%，远远高出世界平均水平。在把石油文明向生物能源的转变中，巴西成为世界的领头羊。此外，还将重点放在“打击亚马逊雨林地区的毁林行为、退耕还林”等以增强“生物碳汇”能力。因此，发展生物质能源与增加“生物碳汇”相结合，形成自己的低碳发展特色。

同样是发展中国家，印度除了石油之外其他的资源也相对较为丰富，其煤产量占世界第五位。但因工业化程度和经济发展程度比较低，农业经济仍然是经济的主体，人均排放量和人均能源消费量都低。1850～2000年，印度对空气中CO_2的累计贡献率仅为2%，而美国达到了30%。近年来，印度把植树造林，增强“生物碳汇”能力作为节能减排和低碳发展的重要举措，同时推行“清洁发展机制”，成为全世界登记注册项目最多的国家，被评为“清洁发展机制”做得最好的国家。但印度的低碳发展更多地还停留在规划和设计方面，技术措施仍与欧美、日本等国有明显的差距。

二、中国目前低碳发展的现状及制约因素

（一）中国低碳发展面临的总体形势

低碳发展和低碳经济理念已经得到多数国家的认可并付诸行动，但发达国家和发展中国家对此在理解上存在差异。发达国家着眼于低碳化，其发展低碳经济的目标与控制温室气体排放联系在一起，但基于不同的资源禀赋和技术条件，美法等国注重在新能源领域探索和发展；日德等国更多地关注提高能源效率，大力发展节能减排技术。发展中国家受限于工业化程度、科技水平等因素，低碳发展的路径选择单一，仍大多停留在依赖农业发展为基础的节能减排和植树造林上，且在控制温室气体的排放同时更注重实现发展目标，实现减排与发展的双赢。

改革开放以来，中国经济得到迅速发展，已成为世界最大的经济体之一，但与此同时，能源消费量逐年增加，也成为世界最大的能源生产和消费国之一。作为一个“负责任”的大国，探索低碳发展的路径，不仅符合全球“低碳化”的发展趋势，也是化石能源胁迫的结果。根据中国科学院《2009中国可持续发展战略报告》，中国虽然已跨越碳排放强度高峰，但还需跨越人均碳排放量、碳排放总量两个高峰。世界各国的低碳发展道路和所取的经验，为中国的低碳发展提供了参考和选择，但中国必须立足实际，基于自身发展阶段和特点，推进低碳经济和低碳发展。

（二）中国仍然处于工业化中期阶段，城市化进程尚未完成

在一个生产体系中，CO_2 等温室气体主要集中来自于电力、钢铁、石化、建材、机械制造及交通运输等高能耗产业中。中国目前已经进入工业化中期，重工业比例大，机械制造、钢铁、建材、化工等高能耗行业快速发展。这些行业能源消费量逐年增长，从2001年的13.2亿吨标准煤增加到2008年的28.5亿吨标准煤，年均增长11.6%。据统计，2006年六大高能耗产业（石油加工、炼焦及核燃料加工业，化学原料及化学制品制造业，非金属矿物制品业，黑色金属冶炼及压延加工业，有色金属冶炼及压延加工业，电力、热力的生产和供应业）占总能耗的51.1%。同时，随着城市化进程的快速推进，现有城市不断扩张，生活水平逐渐提高，都使得对钢铁、水泥等建筑用料的需求不断加大。以2007年为例，中国GDP占世界总量的6%左右，而钢材消费量大约占世界的30%以上，水泥消耗大约占世界的55%。

由于长期形成的粗放的经济增长方式和人口密集的要素禀赋条件，中国在世界生产体系中处于产业链的低端，被称为"世界工厂"。初级产品的大量出口，存在巨大的"隐含能源"出口净值。据2007年英国廷德尔气候变化研究中心的研究，中国2004年净出口产品排放的 CO_2 约为11亿吨，表明该年一次能源消费及产生的温室气体中，约有1/4是由出口产品造成的。低附加值产品的出口增加了碳排放，廉价的占用了碳排放空间，增加了单位GDP的碳强度。

但问题的另一面是，这些"高碳"产业一直支撑着经济的增长，带动着就业的增加。脱离实际，一味地效法发达国家的做法不仅是不现实的，还会给长期的发展造成损害。事实上，世界上还没有哪一个国家是依赖低碳能源实现工业化的，发达国家工业化就是以高能耗、高碳排放为特征的"高碳发展"。为此，中国所处的发展阶段决定了高碳经济的必然性，未来必须做好跨越工业化阶段、城市化进程加速、产业升级与低碳转型的准备，构建低碳、高效的国民经济体系。

（三）高碳的能源结构，低的能源效率

中国是以煤为主要能源的国家，煤消耗量占能源消费总量的2/3以上。据中国统计年鉴数据，2001～2007年，在能源生产总量构成中，原煤的比重从71.8%升至76.6%，原油从17%降至11.3%，天然气从2.9%上升至3.9%，水电、核电、风电保持在8.2%；在一次能源消费构成中，煤从66.7%上升到69.4%，石油从22.9%下降到19.7%，天然气从2.6%上升到3.5%，水电、核电、风电从7.9%下降到7.3%。以煤为主体的能源生产结构，决定了以煤为主体的消费格局短期内不会改变，但获得单位热量需排出的 CO_2 以煤为最高，这在客观上增加了减排难度。

尽管单位GDP能耗处于下降态势，万元GDP由2001年的1.306吨标准煤降低到2006年的1.168吨标准煤，年均下降5.8%。但与先进国家相比，能源利用效率还比较低。2006 年中国单位 GDP 能耗是世界平均水平的 2.9 倍，分别是美国和日本的 3.7 和 5.4 倍，是印度和巴西的 1.4 倍和 3.3 倍。2005 年钢综合能耗为 0.74 吨标准煤/吨，与国际先进水平 0.65 吨标准煤/吨相比，钢铁行业还有 12% 的节能潜力，同时在水泥、电解铝、火力发电行业，也有 19%、6%、23% 的节能潜力，能源效率的提升空间很大。

可见，依据现有的资源条件、技术能力和发展模式，要求在短期内减少煤炭等化石燃料的使用、摆脱对煤炭的依赖是不现实的，而全力地提高能源利用效率，使单位能源消耗逐步降低则是一种现实的选择。因此，必须在稳步推进能源结构调整的同时，提高能源效率，通过节能减排实现低碳发展。

（四）巨大的人口基数

中国是世界上人口最多的国家，尽管人口增长率已保持在相当低的水平，但因庞大的人口基数，人口数量仍在增长。虽然人均碳排放低于世界平均水平，但在碳排放总量上已位居世界前列。这固然与经济发展阶段、工业化和城市化程度、能源结构等密切相关，但巨大的人口基数所导致的衣食住行等生活能源消费需求和生活排放却不容忽视。据统计，2007 年生活能源消费占到总能源消费的 11% 左右。巨大的人口基数也决定了，若每人都为节能减排做贡献，则累计起来将是惊人的。若养成随手关灯的好习惯，每户每年可节约 4.9 度电，相应 CO_2 减排 4.7 千克；若全国 3.9 亿个家庭都能做到，每年可节电约 19.6 亿度，CO_2 减排 188 万吨。因此，低碳发展不能忽视居民日常生活的碳排放量，促进生活方式的转变是实现经济低碳化的重要方面。

三、中国低碳发展路径选择及实现措施

（一）中国低碳发展的路径选择

基于中国发展的特点和现状，调整产业结构和能源结构将是一项长期艰巨的任务，且因经济增长和就业之间存在密切关系，政府必须把目标锁定在“近”保经济增长“远”调产业结构上，要在保证经济增长的同时逐步调整能源结构和经济结构，要与产业升级和高度化相结合。推行节能增效是世界各国都重视的低碳发展手段，发达国家发展新能源的选择可以借鉴和学习，但必须看到自己的短处和制约因素。中国能源利用效率很低，在提高能源效率方面潜力巨大，是低碳发展的重点，但因技术水平、经济发展的差异，与发达国家节能减排行动的内涵还有很大差异。发达国家拥有先进的节能技术和雄厚的经济实力，实现了能源效率和经济利益的双赢。中国尽管近年来致力于宣传绿色环保与节能减排，但在技术手段上与发达国家仍有很大差距，加之发展的压力和冲动，使节能减排与发展之间仍在进行着艰难博弈。所以，必须注重节能减排技术的研发与创新，降低节能改造成本，实现减排与发展的双赢。至于一些发展中国家的低碳发展基于以

农业资源为依托发展生物质能源和“生物碳汇”，基于中国人口基数、自然条件、保障粮食安全的实际，也可学习和借鉴。结论是，中国要走的低碳发展道路，是在不损害发展的前提下实现低碳化，从近期看以提高能源效率为重点，远期是推进产业结构和能源结构调整，发展新能源和可再生能源。

（二）依托技术支撑，提高能源效率

加快发展低碳技术，建立健全低碳技术体系，提升经济发展的质量和效益，减少温室气体排放。低碳技术发展的重要性在于，它可以降低单位产出的排放成本，提升企业的竞争力。要加强自主创新，集中解决制约推行低碳经济的共性和关键性技术难题，用先进技术改造和优化已有的工业基础设施和设备，尤其是要提高钢铁、水泥、交通等高耗能行业的能源利用效率，实现排放强度的全面降低。要抢占具有低碳经济特征的前沿技术制高点，发展具有低碳经济特征的新兴产业群、高新技术产业群、现代服务产业群。要加强国际技术合作，从国外引进成熟的低碳技术，充分利用《联合国气候变化框架公约》、《京都议定书》下的“清洁发展机制”等，跨越技术壁垒，引进资金和先进的低碳技术促进低碳发展，创新知识产权和技术转移模式。

（三）稳步推进产业发展轻型化、低碳化

首先，积极探索制定财政政策、税收政策和构建法律制度，促进现有产业结构逐渐轻型化、低碳化。可以考虑按照不同行业制定节能控制指标，同时考虑实行能效标识，并通过相应的财税政策，激励企业节能减排。对此，日本“领跑者制度”的可资借鉴。该制度以能耗效率最佳产品的值为基本设定目标标准值，将必须达到同一目标标准值的产品分为同一类，并根据产品技术进步不断修订标准值。其次，提高项目的碳准入门槛，推进新项目低碳化，构建低能耗、低污染、低排放的经济体系。要限制国外高碳行业向国内的转移，鼓励发展具有低碳特征的产业。在国际贸易中，限制高能耗、高污染、高排放的低附加值产品出口，促进产业向尖端发展。最后，要完善低碳产业发展支撑服务体系，促进节能诊断、节能改造设计和施工或施工监理、节能效果检测和验证等。同时，通过制定低碳经济统计和考核指标，逐步将其纳入政绩考核体系，使相关政策落到实处，为低碳发展提供制度保障。

（四）健全低碳发展机制

鉴于低碳发展目标的多元化和模式的多样性，在典型地区、城市和重点行业进行低碳试点，研究制定推进低碳发展的政策规章和制度以及评价指标体系、监测体系和考核体系，完善低碳发展的财政、税收、金融等鼓励政策。总结试点地区的成功经验，探索低碳发展模式，按照“点—线—面”递进的方式推进，最终实现更广阔区域的低碳发展。同时，要全民参与，培育全民的低碳发展意识，营造低碳发展的氛围，提高公众的认知度，使低碳发展不只是停留在政策层面和理论层面，而成为全民的“低碳行动”。要倡导适度消费、绿色消费，鼓励使用节能型、低碳型的产品和服务，引导一种既满足自身需要又不损害自然生态的低碳生活，以便用较少的能源消耗和碳基排放达到较高的生活水准。

参考文献：

[1] UK Energy white paper, Our Energy Future-Creating a low Carbon Economy, Feb. 2003. http://www.berr.gov.uk/files/file10719.pdf.

[2] 刘奥琳，孙森玲．低碳革命：美国经济新引擎．新浪网，http://finance.sina.com.cn/world/gjjj/20091105/21416929692.shtml.

[3] 夏奇峰．法国促进可持续发展开展节能减排的做法［J］．全球科技经济瞭望，2009，24（9）.

[4] 日本新能源及节能政策．厦门节能公共服务网，http://xmecc.semxm.gov.cn/2007-5/2007523153350.htm.

[5] 郑言．日本节能减排多措并举［J］．广西城镇建设，2009（5）.

[6] 张炜，樊瑛．德国节能减排的经验及启示［J］．国际经济合作，2008（3）.

[7] 德国应对气候变化、发展低碳经济的政策措施．中华人民共和国驻德意志联邦共和国大使馆经济商务参赞处，http://de.mofcom.gov.cn/aarticle/ztdy/200806/20080605 635499.html.

[8] 顾永强．德国多举措调动节能减排积极性［J］．中国石化，2009（7）.

[9] 庄贵阳．低碳经济：气候变化背景下中国的发展之路［M］．气象出版社，2007.

[10] 英国该怎样促进建筑节能减排．中国建筑节能网，http://www.c-ibs.cn/new_view.asp?id=12843.

[11] 刘学敏．巴西生物质能源的使用与启示［N］．中国经济时报，2007-8-3.

[12] 巴西政府确定本国减排目标．新华网，http://news.xinhuanet.com/world/2009-11/14/content_12454696.htm.

[13] 马修·瑟夫．印度实施八项措施促进低碳经济发展［N］．经济参考报，2009-11-19.

[14] 中国科学院可持续发展战略研究组．2009中国可持续发展战略报告：探索中国特色的低碳道路［M］．科学出版社，2009：69-74.

[15] 崔荣国，刘树臣，王淑玲等．我国能源消费现状与趋势［J］．国土资源情报，2008（5）.

[16] 常中甫．中国经济增长与能源消耗的现状分析与对策［J］．经济研究导刊，2008（15）.

[17] 张坤民．低碳世界中的中国：地位、挑战与战略［A］．张坤，潘家华，崔大鹏主编．低碳经济论［C］．中国环境科学出版社，2008：25-40.

[18] 国务院发展研究中心应对气候变化课题组．当前发展低碳经济的重点与政策建议［J］，中国发展观察，2009（8）.

[19] 庄贵阳．低碳经济中国之选［J］．中国石油石化，2007（13）：23-34.

[20] 科学技术部社会发展科技司，中国21世纪议程管理中心编著．全民节能减排实用手册［M］．社会科学文献出版社，2007.

“城市病”研究进展和评述*

一、引言

根据目前全球发展的实际，已经有超过50%的人口居住在城市。最新预测显示，世界人口增长在未来30年将发生在城市地区。城市创造了现代文化，也带给人们现代化的生活，城市化推动了社会经济的发展。但不可否认，城市发展也出现了一系列的问题（如人口膨胀、交通拥堵、环境恶劣等），也引发了“城市病”的蔓延。

根据发达国家城市化的历程，英国城市化水平从26%提高到70%用了90年的时间；法国从25.5%提高到71.7%、美国从25.7%提高到75.2%都用了120年。中国从28%提高到45%只用了15年，且以每年提高1%的速度递增，至2010年已经达到47%，在2035年将达到75%左右。可见，中国只用了英国1/2时间、法国和美国差不多1/3时间，就走过了同样的城市化进程，具有“浓缩发展”的特征。中国的快速城市化也使发达国家近百年的“城市病”集中爆发。对此，理论界和政界都予以高度关注。本文拟对“城市病”的相关问题进行梳理，并作出评述。

二、“城市病”及其表现

“城市病”始于工业革命后期。那时，最先开始工业革命和城市化的英国被称为“欧洲的‘脏孩子’”。工业革命后，英国的工业化和与之俱来的城市化快速推进，城市成为人口和经济活动的聚集地，创造了巨额财富，成为国家的“金库”。但是，工业化和城市化，也造成了环境污染、交通拥堵、房价猛涨、贫民窟等问题。就是说，快速的城市化导致了“城市病”。

一般来讲，“城市病”主要表现为：

1. 人口膨胀。专家通过分析大城市形成的历史轨迹发现，无论是国外还是国内，特大型城市的强大的集聚效应势必会导致人口聚集继而人口膨胀。当然，人口的快速集聚反过来也是城市发展的重要推动力。然而，在人口快速集聚的过程中，城市配套设施建设和管理服务水平无法同步快速增长，两者之间的不协调

---

* 本文原载《首都经济贸易大学学报》2012年第1期，与陈哲合作。

引发了"城市病"。按照倪鹏飞的说法，"城市病"发生概率取决于城市人口总量和城市配套建设和管理服务水平两个因素的对比。

2. 交通拥堵。交通一直是各国城市发展的"头号难题"。由于城市交通设施缺乏或规划不合理，拥堵现象严重，城市居民的通勤成本居高不下。交通拥堵不仅增加成本、损失财富，还成为了城市环境恶化的主要污染源。根据伦敦20世纪90年代的检测报告，大气中约有74%的氮氧化物来自汽车尾气排放。由于交通拥挤导致车辆只能在低速状态行驶，频繁停车和启动不仅增加了汽车的能源消耗，也增加了尾气排放量。

3. 城市贫困。城市贫困是指城市经济发展收益无法为所有城市居民分享，部分居民处于贫困或失业状态。联合国人居署将2003年的全球人类居住区报告命名为《贫民窟的挑战》，该报告中指出，世界有将近1/3的城市人口居住在贫民窟里，而且大多数生活在发展中国家。同时，由于城市土地存在供给的绝对刚性，在大量的人口和产业集聚过程中，土地供给紧张，由此引发了房价的飞涨，使贫困阶层不能"居者有其屋"。

在中国，由于在很短的时间内要走完工业化和城市化之路，中国的"城市病"不仅具有发达国家"城市病"的一般特征，还具有特殊性。朱颖慧认为中国城市有六大病：人口无序集聚、能源资源紧张、生态环境恶化、交通拥堵严重、房价居高不下、安全形势严峻。的确，中国城市普遍存在着环境恶化、脱离实际的形象工程、脆弱的公共安全、投资热、重复建议、圈地热、开发区热、占地过大过滥、旧城改造热、大面积拆迁、城镇化的虚高统计等"病症"。

此外，现阶段的城市当中人与人之间的冷漠，也成为一种隐形的"城市病"。曾长秋等认为除了社会普遍认同的人口膨胀、交通拥挤、能源短缺、环境污染等典型城市病，在人文社会系统中还存在着抑郁症问题、青少年问题以及乞丐问题等非典型城市病。黄翠在此基础上深入研究，认为在快节奏的都市生活中，到处都是行色匆匆的人，没人关心别人会是怎样一种情况，"冷漠"、"疏离"逐渐成为城市的代名词，而且越是城市化发达的地方，情况越是如此。

三、"城市病"的病因分析

城市化是指由农村人口转变为城市人口的过程，是人口的迁移和聚集的过程，而"城市病"则是在这一过程中产生并突出表现出来的。

从20世纪60年代开始，学者们开始关心人口城市化引发的社会结构与经济问题，并且提出自己的分析模型，如哥德斯坦等的《迁移对城市和郊区社会经济结构的影响》（1965）、豪泽的《城市化——高密集生活问题》（1968）等。他们更加深入分析人口城市化在社会经济结构方面的问题与后果，不仅涉及因此产生的城市人口过度密集和住宅问题、贫困问题，而且明确提出城乡失衡和"过度城市化”问题。90年代以后，发展中国家受到更多关注。布鲁克尔霍夫考察了发展中国家的城市贫困问题，并且同意世界银行1990年《世界发展报告》的观点：城市贫困将是21世纪最严重、最具有政治爆炸性的问题。

中国学术界对于“城市病”病因的研究，在人口流动、城市基础设施、城市规划、政府职能以及决策者影响等方面都有所涉及，但从整体来看，大致可以分为两个部分：“硬件”的不完善和“软件”的漏洞。“硬件”主要是从城市基础建设和城市规划等方面来探讨的，他们更关注现实中引起“城市病”的直接原因，如交通拥挤说明某路段的交通承载量超出了该路的实际运力，从而显现出道路基础设施设计和建设问题；而“软件”问题更多的偏向于“城市病”的内因，是根本原因，如国家的发展战略以及城市发展政策的偏向，使得资源配置明显地偏重于城市，而乡村的资源显现出严重不足。

1. 城市规模与“城市病”的关系。从现有研究“城市病”的文献看，大部分研究都与大城市相关，或者“大城市病”的研究较多，这是因为不少学者认为城市规模越大，“城市病”发生的概率越大。事实上，“城市病”都是发生在大城市中。因此在20世纪80年代，中国政府实施了“严格控制大城市规模，合理发展中等城市和小城市”的方针。但是，大城市、特大城市依然保持高速增长的势头，并且有学者开始质疑“城市规模过大引发城市病”。石忆邵分析了外来流动人口膨胀、城市失业率的空间分布、城市交通和环境污染程度与城市规模的关系，他指出中国“城市病”的出现，并不在于城市规模过大，而在于体制磨合、结构失调、政策失误、技术失当、管理失控及道德失范等方面。对于这个问题，世界银行在《1984年世界发展报告》中坦陈：“从来还不能清楚地证实城市大到什么程度会出现不经济现象。”

2. 城市结构不合理。部分学者认为城市规划没有起到合理的优化城市空间结构的作用，而城市结构的不合理就使得城市承载量有限，超出了限度便会引发一系列的“城市病”。以北京为例，城区以8.3%的面积，承载了62%的常住人口和70%的经济产出。城市中密集的空间结构不但使得生活成本快速增长，而且使得大量的优质资源集聚在有限的空间里。王桂新认为空间结构规划发展不合理，是造成“大城市病”的直接原因。从城市的内部空间结构来看，合理的空间结构不但可以改善环境，而且可以扩大城市容量，有利于经济增长。从空间结构来看，如果一个地区的城市体系发育比较成熟，各个不同阶层等级以及空间网络分布结构比较合理，各城市相互依存，彼此之间的福利差异比较小，“大城市病”的发病概率就会降低。相反，如果城市体系不成熟，核心城市“一城独大”，优势过于明显，而其他城市条件相对落后，对核心城市无法形成反“磁力中心”，这样就难免加剧核心城市的“大城市病”。

3. 城市建设存在盲目性。一些城市在建设过程中一味追求规模的扩张，采取“摊大饼”的发展模式。其向外延伸的卫星城，往往只具备居住、购物、休闲等功能，而医疗、教育、文化娱乐等公共资源仍集中在城市中心地带，职住分离，“公”“私”分明，每天早晚浩浩荡荡的车流拥塞于周边的“睡城”和中心城区之间，长期陷入“堵局”，成为百姓怨声载道的“堵城”。如北京，城市功能分区把某种业态集中在一个区域，商业集中、金融集中、高校集中、政府各个部委办公集中、居住地集中等。人流高度密集，相关设施却不配套，居住地与工作地高度分离，导致人流在上班时，从居住地倾巢出动，流向上班地和工作场所；下班时，又从工作单位流向居住地。同时，由于车辆多，排放废气多，造成空气污染，加剧了城市环境的恶化。朱铁臻认为，目前北京市周边的卫星城，虽然人口规模较为可观，但是功能过于单一，人们将其称为“卧城”。也就是说只是起到了睡觉的作用。问题虽然表现在交通和配套服务上，但其背后折射出的根本问题还是在于早期的规划上。根据国外成熟的居住郊区化经验，在早期的城市规划上就应该考虑到连接市中心与郊区的主干道交通一定要顺畅，各种生活配套和商业配套设施要齐全，这样才能保障工作和生活两不误。而现在出现了问题，只能说明北京的郊区规划设计是有问题的。

4. 政府行为。现阶段，政府在资源配置中仍然起着主导作用。首先是各级政府握有调节重要经济资源流向的巨大权力；其次是现代市场经济不可或缺的法治基础尚未建立，各级官员对经济活动进行频繁干预。“城市病”的幕后推手是政府行为。一方面，过分注重城市的经济功能。曾广宇等指出，GDP 是政府考核的一项重要指标，“GDP 政府”对经济干预的外在表现就是“政绩工程”。另一方面，政府过多的干预城市规划。潘宝才认为政府决策的多中心化，使得城市发展不是城市规划的结果，而是决策层之间相互妥协的产物，因而常常顾此失彼，影响了城市的综合配套。

5. 资源分配失衡。根据亨德森（Henderson）的研究，中国的城市偏向政策使资源集中到一些主要的大城市，从而吸引大量人口迁移到这些城市，导致过度拥挤的超大城市出现，如上海、北京和广州。这一观点得到中国学者的普遍认同，他们认为资源过度集中在空间上表现为两个层次：第一个层次是社会资源更加向城市特别是大城市集中。房亚明基于中国现状分析了权力与资源分配之间的关系，指出层级越高的地方政府其所驻城市越大，发展越好，所掌握的优质资源也越多。例如，直辖市、省会城市、副省级城市由于掌握的优质资源比如教育文化、社会服务、交通通讯、就业机会、收入水平等较好，吸引了大量的人才，变得越来越大，越来越拥挤，出现“城市病”。第二个层次是在大城市内部，社会资源更加向政府机构所在地区或 CBD 地区集中。竹立家等专家的研究表明，中国的资源配置都是跟着政治权利走的，政治权利集中造成了资源和利益的集中。

6. 农村劳动力转移。中国长期以来的城乡二元经济结构导致了城乡发展的严重不均衡，城市单向的集聚效益更加引起人口的无序流动。部分学者认为农村大量劳动力的转移并且聚集地选择在城市是“城市病”的诱因。刘永亮等用刘易斯模型和托达罗模型分析了人口推拉理论，发现城乡预期收入差异是农民进入城市的驱动力，城市的发达和农村的疲敝是农村人口大量涌向城市的基本背景。池子华通过对以苏南为中心的区域考察认为“城市病”的病源，与农民工的“城市化过度”直接关联，由于无法吸收大量的农民工大军，以致衍生出“城市病”。王桂新对此从经济学角度进行了阐释。如图 1 所示，在市场体制下，当城市人口规模增大到 N_* 时，集聚净效益（或收益）最大，这时的人口规模可称为城市（经济）最优人口规模。此后人口规模仍在增大，由于集聚经济净效益仍大于零，所以城市人口规模仍趋于合理化。但当人口规模增大到 N_{max} 时，集聚经济净效益减小到零，这时的人口规模即为城市（经济）最大人口规模。如果人口继续增长，城市集聚就会出现“不经济”性甚至导致“大城市病”。

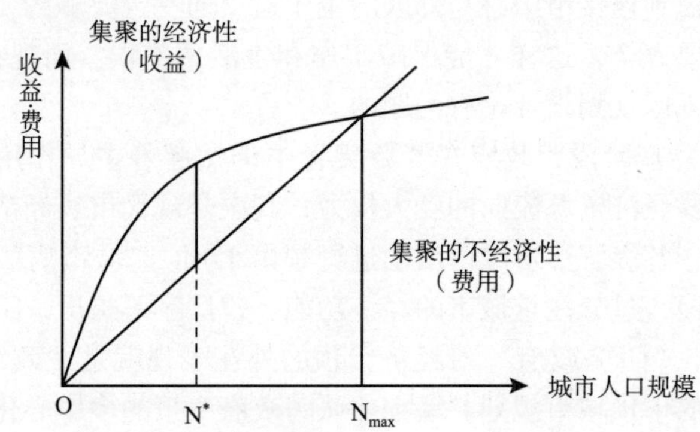

图 1　城市人口集聚增长的经济性与不经济性

四、“城市病”的预防和治理

城市系统的复杂性决定了“城市病”病因的多样化，任何一个子系统或者运行中的环节出了问题，都可能引发“城市病”。复杂的城市系统以及病因的多样化注定了“城市病”的解决仅仅依靠单一学科是不可能完成的，必须从多学科出发来解决，这也就意味着破解“城市病”是一个“系统工程”。

1. 人口空间分布均衡化。其目的在于使人口呈现双向流动，而不是单一向城市尤其是大城市迁移，以不突破资源承载力为限。从“田园城市理论”（1898）①

① 英国城市研究者埃比尼泽·霍华德（Ebenezer Howard）在 1898 年出版的《明日：一条通向真正改革的和平道路》（Tomorrow: A Peaceful Path to Real Reform）一书中提出的田园城市理论最为著名，影响最为深远，被认为是翻开了城市规划的新篇章，开创了近代城市规划学的先河。参见王志章，赵贞，谭霞. 从田园城市到知识城市：国外城市发展理论管窥［J］. 城市发展研究，2010（8）.

的提出到《雅典宪章》(1933)[①]，再到《马丘比丘宪章》(1977)[②]，直至《北京宪章》(1999)[③] 都可以看出，随着"城市病"研究的深入，在空间上关注对人口分布的调整一直没有间断过，为后来卫星城和新城理论的提出奠定了基础。为此，可行的思路在于城市发展的多极化，改进城市郊区生活条件及交通可达性，将视角拓展至区域层面。辜胜阻等认为首先要实施大中小城市均衡发展战略，其次要推进户籍制度改革，再次要实现基本公共服务均等化。要统筹城乡协调发展，就需要转变城市发展模式，优化城市空间结构，调整城市功能布局，实现多中心，力求把特大城市分解成若干个小城市；就需要注重大城市和小城市之间均衡发展，尤其要大力发展县域经济，加快中小城市建设步伐。如杨世松等认为把大部分农民集中在城市是不可能的，更多的应该是实质内容的城市化，可以表现为农村"就地城市化"。

2. 提高城市建设与管理水平。生态系统与社会系统的最大承载力不是固定的，而是与资源的利用效率、管理水平呈正相关，这就相当于在资源约束条件不变时扩大人口承载力。孙久文认为，城市病的解决，可能还需要提高城市治理水平，提高城市管理水平，提高管理智慧，从这样的角度想办法，而不是当城市碰到问题就想到怎么样去限制，比如限购，这样一些办法不是根本性的办法。张晖明等认为"城市病"是市场失灵所造成的，所以需要政府的介入来解决。政府治理"城市病"可以通过城市规划、法律、经济、宣传教育等手段多方位来进行。

3. 城市新模式的设计。人们在反思城市化和城市发展的过程中，把注意力更多地放在了城市化健康发展问题上，一些城市发展的新概念以及治理"城市

---

① 1933 年 8 月，国际建筑协会（CIM）在雅典召开了其第四次会议，会议的主题为"功能城市"。会议结束时发布的《雅典宪章》是现代城市规划的大纲，该大纲首次指出：城市的规划与建设要与周围影响地区作为一个整体来研究，城市规划要解决城市居民的居住、工作、游憩和交通等四大活动问题，提出了城市居住、交通、环境等弊病产生的原因及解决的途径。它强调人类对自然的征服，认为城市的拥挤以及由此产生的问题是因为缺乏分区规划造成的，而通过处理好居住、工作、游憩和交通的功能关系以及利用现有的交通和建筑技术可以解决城市面临的问题，实现城市的有序发展。

② 1977 年 12 月，世界建筑师、规划师会聚秘鲁利马召开了国际学术会议。会议结束时签署的《马丘比丘宪章》指出，近几十年世界工业技术空前进步，极大地影响着城市生活以及城市规划和建筑，无计划的城市化进程和对自然资源的滥加开发，使环境污染到了空前严重的程度；认为根据这些新的情况，应该对《雅典宪章》的某些思想和观点加以修改和发展。《马丘比丘宪章》是对环境污染、资源枯竭的反思，表现出对自然环境的尊重，强调要客观理性地看待人的需要，对自然环境和资源进行有效保护和合理利用。《宪章》认为，城市化"要求更有效地使用现有人力和自然资源"，"要在现有资源限制之内"进行城市规划，必须采取相应措施"防止环境继续恶化"，"恢复环境固有的完整性"。

③ 人类自进入 21 世纪后，城市发展面临着诸如"大自然的报复"、"混乱的城市化"、"技术'双刃剑'"、"建筑魂的失色"等挑战。面对这些问题，1999 年 6 月，来自世界 100 多个国家和地区的建筑师聚首北京，出席国际建筑协会第 20 届世界建筑师大会，签署了由吴良镛先生执笔的《北京宪章》，明确提出"变化的时代，纷繁的世界，共同的议题，协调的行动"的纲领。

病”的新理念由传统城市化的负面效应催生出来。如朱铁臻提出未来城市发展的新模式应该是生态经济城市，世界卫生组织（WHO）提出了“健康城市”概念，董国良创造的“节地畅通城市”（JD 模式）也是一种解决“城市病”的方案。方维慰以“城市病”的病因为线索，以“城市病”的治愈为目标，系统地剖析了信息化对城市资源禀赋、产业更新、用地格局、生态环境等方面的影响，并提出城市利用信息化优势进行“城市病”治理的可行路径。

4. 区域大尺度范围内解决“城市病”。《中国城市发展报告》指出，在区域概念下重新进行城市规划，改善城市发展格局，打破现有政策的约束，才能从根本上解决日益严重的“城市病”问题。“城市病”的根源在于城市的资源环境承受能力超出了极限，不能够继续支撑城市的高速增长。由于每个城市是一个相对独立竞争实体，出于对本身利益的追求，导致各城市之间竞争过度，城市发展资源难以超越行政区达到科学配置和组合，再加上中国人口基数大，使本来就已经短缺的资源和脆弱的环境面临更大的压力。因此研究普遍认为，资源环境承载力是一个区域性问题，需要从区域的范围内来解决。这样，可以提升区域内资源环境承载的能力，不会阻碍资源优化配置；区域内城市的多极发展能够最大限度地抵消集聚效用带来的负外部性，资源配置不会过度地向某一地区倾斜，均衡地配置在区域内；将区域看成一个整体，区域与区域之间互相影响，实现由点到面的区域资源环境承载能力的提高。

5. 乡村生活的城市化。中国现有的城市化模式分为小城镇化模式、中等城镇模式、大城市和超大城市模式、城市群或城市带模式。李强认为还应该有一种模式，即“乡村生活的城市化”模式。传统城市化是指农村人口离开居住地进入城市生活。然而，由于科学技术在传播、通讯、交通领域的迅猛发展，使得人与人之间的距离相对缩短，使这样的“聚集”可以跨区域；同时，高技术产业、信息业在各个产业领域的渗透，生物技术推动下的农业已失去了其传统含义。因此，作为由城市居民所创造的一种现代文明的生活方式，城市化同样在农村也可以享受到。乡村生活的城市化，又可能成为中国农民未来的一种选择。也就是说，乡村仍然保留，但生产生活的各个方面都与城市中的生产生活方式没有本质区别。

6. 城市化质量提高有助于解决“城市病”。学术界对中国城市化的研究最早多集中在对其发展速度的研究，随着城市化进程的推进和对城市化内涵的深刻理解，部分学者开始提出城市化质量研究的重要性。王玉庆认为，城市化不光是要看多少人住在城市，还要看这些人在城市生活得怎么样。他在接受《瞭望》新闻周刊采访时指出，未来中国的城市化将进入速度与质量并重的城市时代。叶裕民提出城市化质量的研究可以从两方面进行：一是城市化核心载体——城市的发展质量，即城市现代化问题；二是城市化域面载体——区域的发展质量，即城乡一体化问题。她认为，如果说城市现代化是城市化质量的核心内容，那么城乡一体化则是提高城市化质量的终极目标。李明秋、郎学彬认为城市化质量应包括城市自身的发展质量、城市化推进的效率、实现城乡一体化的程度三个方面。越来越多的学者开始关注城市发展带来的一系列问题，不只从经济的角度，而是从经济、社会、资源、环境等整个社会系统的视角来考虑城市化的质量问题。如牛文元从"新型城市化"的角度全面阐释了提升中国城市化质量的战略要点。他提出中国的城市化发展应坚持实行可持续发展战略目标，坚持实现人口、资源、环境、发展四位一体的互相协调，坚持实现农村与城市的统筹发展和城乡一体化，坚持实现城乡公共服务的均质化，逐步达到缓解和消解城乡二元结构达到社会和谐的城市化之路。

五、结论与讨论

1. 现有研究之不足。

首先，由于病因很多，而现有的部分研究是基于某一或几个成因来进行的，没有考虑到各因素之间的联系，有"头痛医头，脚痛医脚"之虞。事实上，城市是一个巨系统，它包含若干子系统。这些子系统并不是独立的，而是相互联系的，一个系统出现了问题，必然影响其他系统。如城市的集聚效应带来了资源过度集中，这必然会导致人口大量涌入，使得城市交通负荷过重，出现交通拥堵；当车辆出现拥堵时，就会增加尾气排放从而加大环境污染的程度；大量人口聚集，也会加大城市能源消耗，加剧能源短缺。"城市病"表现形式多样，然而现有的研究仅仅针对于其中一种或者几种表现形式，"有些在缓解某种'城市病'的同时，又使另一种'城市病'恶化。例如，高层建筑技术虽然可以缓解住房紧张，但同时又提高了人口密度，加剧了交通拥挤；汽车的发明和使用，一方面可以缓解交通拥挤状况，另一方面又增加了一个污染源。"因此，如何将城市的各个子系统的影响要素紧密结合进行综合研究，在理论上仍有待于进一步完善与深化。

其次，19 世纪末至 20 世纪初提出的三大"理想城市"（霍华德的"田园城市"、柯布西耶的"阳光城市"和沙里宁的"有机疏散城市"）都是针对"大城市病"提出的解决范式。"田园城市"是通过向大城市外疏解、建设新城来解决问题，这是一种"分散"的方式；"阳光城市"是通过提高建筑高度、提高绿地开敞空间来解决问题，这是一种"集中"的方式；"有机疏散城市"是把城市比拟为一个有机体，通过逐步把城市功能以"细胞单元"的方式"微小而完整"地向外转移，实现生态宜居和有机秩序的统一，这是一种"分散"与"集中"相结合的方式。这些理论为解决"大城市病"提供了非常好的思路。但也要认识到，城市规划是实践性很强的学科，每个城市都是"个案"，不是"放之四海而皆准”的。不同国家、不同的自然环境和社会背景、不同的政治经济制度、不同的发展阶段，遇到的“城市病”症状不同，根源也不同，不可能采用一种解决办法。

再次，现有的卫星城规划，在实际的建设中并没有起到缓解人口压力、分解城市功能、承担产业转移的综合作用，单纯以“住宅城”、“企业城”的面貌示人。以北京为例，在望京、回龙观等周边地区修建的卫星城不是作为城市的副中心出现的，而只具有单一的住宅、工作功能，使得人们上班或者下班的时候，一方面在道路上形成拥堵并破坏城市环境，同时也容易成为“空城”。这种卫星城也成为城市“摊大饼”扩张的一个最好借口。

最后，“城市病”是与城市化过程相伴生的。现有的关于城市化的相关研究很多，但大多是从城市化道路选择、城市化理论研究、城市化水平测度等角度来阐述，而基于“城市病”角度来反思城市化模式的研究却较少。城市化模式的选择虽然不能用以解决“城市病”，但却对于“城市病”的规避有着一定的作用。此外，“城市病”的爆发既有相同的表现形式，也有其特例。依据城市发展的情况，在环境污染、能源短缺等方面有所侧重，城市与城市之间的病症并不是完全相同的。所以，“城市病”的研究中，实证研究更为重要。

2. “城市病”研究的未来走向。

第一，城市发展的边界问题研究。城市化会导致资源的集聚，集聚的结果是资源利用效率的提高。伴随着工业化进程，城市化是一个不可避免的结果。但是，这里存在一个机制：城市化（资源集聚）→效率提高→城市膨胀→“城市病”→效率下降。因“城市病”导致的效率损失，在一定程度上抵消了因城市化、资源聚集所带来的效率。因此，科学研究的任务和未来城市发展，就是要探求城市化与“城市病”的临界点：既能够实现城市化，使资源聚集带来高效率，又不会因出现“城市病”而损失效率。

第二，“宜居城市”的研究。由于各个城市都把经济发展、“城市形象”放在第一位，导致城市扩张，进而引发了“城市病”，这大大增加了城市的生活成本，“城市工作好辛苦”成了上班一族的真实写照。所以，许多城市开始把发展目标定位在“宜居城市”建设上。在人们“理想”的宜居城市中，生活方便、居者有其屋、环境优美、心情舒畅。然而，在一个总体市场经济的环境下，人们的消费支出取决于收入的多寡，而这又与工作密切相关。当一个城市的经济发展有活力，就会有更多的就业机会，这是“宜居城市”建设的前提。因此，对于“宜居城市”的建设、对城市经济发展和社会发展的协调研究有非常重要的意义。

第三，低碳城市的建设。气候变化是21世纪人类面临的最严峻挑战之一，既涉及各国发展空间和经济竞争力，又涉及国际关系格局的演变。无论是中国面临日益强大的国际压力，还是从自身可持续发展的需求出发，走低碳发展的道路都是一种必然选择。城市作为人类社会经济活动的中心，其温室气体排放占全球总量的75%左右。随着城市化水平的提高，温室气体的排放对全球温室气体的贡献越来越大。当前迫切的问题是要反思城市的建设理念和发展模式，探索切合中国国情和低碳建设要求的城市发展道路。发展低碳城市不仅符合国际低碳发展趋势和《京都议定书》的要求，也是中国当前城市发展与建设的迫切需要。因此，把"城市病"的解决与低碳城市建设研究结合起来，成为研究的重要领域。

第四，城市防灾减灾和公共安全的研究。防灾减灾是主动地应对自然灾害和人为灾害，如大规模自然灾害（地震、台风、水灾、地质灾害、雪灾等）和大规模感染等公共卫生灾害、重大事故（火灾、爆炸、剧毒品和放射性物质大量泄漏等）、危害到国家安全的重大恐怖事件。除了应对自然灾害外，因现代城市功能更加多样、设施更加复杂、对水电油气等资源依赖程度提高，使城市更加易损，如大规模停电、煤气管道故障等就会造成很大损失甚至城市瘫痪。公共安全主要包括经济安全、食品安全、健康安全、环境安全、人身安全以及社区和文化安全等。现代城市是国家经济活动的重要领域，国民经济的主要贡献在城市，是国家的"超级金库"，一旦灾害发生，它便成了国家的"销金炉"。同时，城市生命线工程密布，一旦灾害发生便极易产生停电、停水、煤气管破裂和流行病蔓延等各种灾害的连锁反应，而当"城市病"与灾害和公共安全事件结合起来，就会产生放大效应。因此，把"城市病"的研究与防灾减灾、公共安全的研究结合起来，尤为必要。

第五，把城市规划真正当成区域规划。在"城市病"的治理上，人们更多地关注城市规划，缺乏在区域层面上来谋划城市的发展。美国城市规划学家L·芒福德（Lewis Mumford）指出，"真正有效的城市规划是区域规划"。为此，在城市规划时，必须改变就城市论城市、就行政区域而进行规划的观念，充分考虑区域的长远发展，考虑全球化下的竞争力，考虑区域的可持续发展。要从战略高度上，基于可持续发展，以区域的视野来谋划城市和区域的共同发展，而不是以邻为壑。就是说，把"城市病"的解决，与城市乃至区域的规划和可持续发展结合起来。

参考文献：

[1] 亨廷顿. 变革社会中的政治秩序 [M]. 华夏出版社，1988：47.

[2] 倪鹏飞. 中国城市竞争力报告——"城市：让世界倾斜而平坦（NO.9）"[R]. 社会科学文献出版社，2011：318.

[3] 陆锡明. 大都市一体化交通 [M]. 上海科学技术出版社，2003.

[4] 李媛. 基于GPS数据的城市小汽车行驶特性研究 [D]. 北京交通大学，2008：1.

[5] UN-Habitat. "The Challenge of Slums：Global Report on Human Settlements 2003", London and Sterling：Earthscan Publications Ltd. 转引自余高红. 城市贫困空间形成原因解析. 城市

问题，2010（6）.

［6］朱颖慧．城市六大病：中国城市发展新挑战［N］．光明日报，2010－11－7.

［7］曾长秋，赵剑芳．我国城市化进程中的“城市病”及其治理［J］．湖南城市学院学报，2007（5）.

［8］黄翠．浅析我国城市化进程中的城市病——以城市人情冷漠为探索基点［J］．湖南工业职业技术学院学报，2010（6）.

［9］程漱兰．世界银行发展报告20年回顾［M］．中国经济出版社，1999.

［10］石忆邵．城市规模与“城市病”思辨［J］．城市规划汇刊，1998（5）.

［11］谢文蕙，邓卫．城市经济学（第二版）［M］．清华大学出版社，2008：73.

［12］王桂新．“大城市病”的破解良方［J］．人民论坛，2010（11）（中）.

［13］刘学敏．推进首都循环经济发展的政策建议［J］，中国特色社会主义研究，2009（3）.

［14］刘泽强．北京居住郊区化：被“城市病”感染［J］．安家，2005（12）.

［15］曾广宇，王胜泉．论中国的城市化与城市病［J］．经济界，2005（1）.

［16］潘宝才．“城市病”与可持续发展研究初探［J］．世界经济文汇，1999（1）.

［17］Henderson，J. V. “Urbanization in China：Policy Issues and Options.”［R］Reports for the China Economic Research and Advisory Program，2007.

［18］房亚明．“城市病”、贫富分化与集权制的限度：资源分布格局的政治之维［J］．湖北行政学院学报，2011（4）.

［19］张侃丽．探究我国大城市病：资源集中致区域发展不平衡［J］，半月谈，2011（2）.

［20］刘永亮，王梦欣．城乡失衡催生“城市病”［J］．城市，2010（5）.

［21］池子华．农民工与近代中国“城市病”综合症——以苏南为中心的考察［J］．徐州师范大学学报（哲学社会科学版），2011（2）.

［22］王桂新．我国大城市病及大城市人口规模控制的治本之道——兼谈北京市的人口规模控制［J］．探索与争鸣，2011（7）.

［23］辜胜阻，李华．缓解“大城市病”需实施均衡的城镇化战略［J］．中国合作经济，2011（4）.

［24］杨世松，刁谏．“就地城市化”能治好“城市病”吗？［J］．人民论坛，2006，6（A）.

［25］专家称政府需提高城市管理水平，而不能总是限制［DB/OL］．http：//news.cntv.cn/2011－0804/100216.shtml，2011－8－4.

［26］张晖明，温娜．城市系统的复杂性与城市病的综合治理［J］．上海经济研究，2000（5）.

［27］朱铁臻．生态经济市：未来城市的理想模式［J］．生态经济，2000（3）.

［28］陈柳钦．“健康城市”是诊治“城市病”的良方［J］．改革与开放，2011（3）.

［29］JD模式告别城市病的解决方案［J］，新经济导刊，2010（12）.

［30］方维慰．论信息化与“城市病”的治理［J］．科学对社会的影响，2004（1）.

［31］潘家华．中国城市发展报告NO.3（2010版）［M］．社会科学文献出版社，2010

(8).

[32] 李强．当前我国城市化和流动人口的几个理论问题 [J]. 江苏行政学院学报，2002 (1).

[33] 中国"城市病"解决的突破口 [N]. 天津工人报，2010－10－9.

[34] 叶裕民．《中国城市化质量研究》[J]. 中国软科学，2001 (7).

[35] 李明秋，郎学彬．城市化质量的内涵及其评价指标体系的构建 [J]. 中国软科学，2010 (12).

[36] 牛文元．《中国新型城市化战略的设计要点》[J]. 战略与决策研究，2009 (2).

[37] 蔡孝箴．城市经济学（修订本）[M]. 南开大学出版社，1998：46.

[38] Lewis Mumford. The City in History [M]. New York：Harcourt Brace & World，1961 (9).

循环经济“子牙模式”：内涵、问题与发展思路*

天津子牙循环经济产业区是2008年5月胡锦涛主席与福田康夫签署的“中日合作项目”，它是我国北方规模较大的废弃机电产品、废旧汽车、废旧家电集中拆解加工利用的专业化园区，目前共入驻企业150家，其中经国家环保部批准的进口固体废物拆解加工定点单位91家，每年处理进口废弃机电产品100万~150万吨，在国内同行业中起到示范带头作用。园区在建设的过程中，经过多年的探索和实践，逐步形成了具有丰富内涵的循环经济“子牙模式”，产生了巨大的影响；然而，在发展中也存在一些问题和困难，这些问题和困难涉及宏观发展环境，如不能得到解决，将会影响未来的发展，甚至会扼杀这种模式。因此，对于“子牙模式”进行研究，从宏观上对其进行思考具有更加重要的意义。

一、“子牙模式”的基本内涵

模式是对于现实的一种抽象，它把纷繁复杂的现实概括出能够被人们容易理解和把握的东西，使这种现实能够被复制、被学习，从而使这种现实的做法和经验得以推广。天津静海县子牙循环经济产业园区在多年探索和实践的基础上，逐渐形成了循环经济的“子牙模式”，而且这种模式的内涵越来越清晰，显示出生命力和创造性。

首先，经典的循环经济模式（如卡伦堡生态工业园区等）是在园区内有一个主导企业，循环经济链条都是以此为依托而向各方延伸开来，进而形成一个有代谢和共生关系的产业体系。与此不同，“子牙模式”是在园区内产业以静脉产业为主体，各个企业都在独立地从事同类的经营活动，园区内各种配套设施完善，统一建设集污水处理、中水回用、雨水收集、废弃物处理等为一体的综合节能环保系统，实现产业发展中的“自消化”、“零排放”，园区生产节能环保，对环境最小扰动。

其次，园区实现工业循环经济与农业循环经济的耦合。子牙循环经济园区在

---

* 本文原载《再生资源与循环经济》2011年第4卷第10期，与王珊珊合作。本文所采用的数据系多次调研所得，感谢天津市静海县科委、子牙循环经济产业园区管委会的大力协助。

发展静脉产业的同时，也注重发展以林下种植和养殖为内容的农业循环经济，构建林下经济带，形成兼具景观、环保、经济等多方面复合功能的林下经济示范区。工业区的绿地系统以“厂在林下、林在厂中”为核心设计理念，主要道路两侧设立20米以上的绿化隔离带，厂区之间以绿篱相隔，形成绿色生态的工业区景观。在20平方公里的林下经济区重点发展种植、养殖等产业项目，打造农业循环经济示范区。

最后，园区发展建设与城镇化相结合。美国经济学家、诺贝尔经济学奖获得者斯蒂格利茨曾断言，影响21世纪人类社会进程最深刻的两件事情，第一是以美国为首的新技术革命，第二是中国的城市化。子牙循环经济产业园区在建设过程中，由于占地面积大，不能绕开农民的搬迁问题。所以，园区建设的同时，也在同时进行“子牙新城”的建设，很好地解决了因占地导致的农村农业人口安置问题。园区对规划区域内原有村庄进行改造，将24个村庄约3.4万人，统一还迁至居住功能区中约1平方公里的还迁安置区中。居住区根据“节能、环保”的设计理念，在公建和住宅上分别配有地源热泵和太阳能供热系统，形成绿色建筑群，统一建设生活配套完善、自然环境优美的新型社区，在小城镇建设方面进行了积极探索并取得了较好的效果。

二、园区发展面临的问题及原因

尽管子牙循环经济产业园区近年来的发展取得了很大的成绩，也积极探索了被人们广为称道的循环经济“子牙模式”，但其发展并不是一片坦途，也还存在着许多制约发展的因素。这些问题如果不能得到解决，就会影响园区的长远发展，就可能会断送“子牙模式”多年探索的成果。

园区发展面临的首要问题是驻园企业“吃不饱”，生产能力过剩，普遍开工不足。虽然园区内农业循环经济与工业循环经济同时并存，但产业主体属于工业产业，且因驻园企业的性质主要是拆解旧家电、废旧汽车、废旧电子产品等，属于“静脉产业”，这就需要源源不断的原料供给，以维持主体产业的生产。从国内的情况看，自20世纪90年代初在我国家庭中电视机、电冰箱、洗衣机、空调等家电大规模使用以来，由于这些产品大体约10年的使用年限，使每年有大量的家电废弃；同时，21世纪初家用电脑的使用、普及和频繁升级，更新换代速度加快。这样，从存量上看，每年需要更新换代的家电存量非常可观。从宏观经济政策上看，近年来，为了化解国际金融危机造成的影响，也为了促进经济增长和推进低碳发展，国家采取财政补贴政策，全面推广节能汽车和加大新能源汽车示范推广力度，实施老旧汽车报废更新补贴政策，实施家电、汽车、摩托车下乡及家电汽车以旧换新政策、对消费者购买节能汽车给予补贴等一系列财税优惠政策，促进节能减排和资源循环利用，也加速了这些产品更新换代的速度。由此看来，就总量而言，完全可以保障企业原材料的供给，且市场前景广阔。

但是，由于废旧家电和废旧汽车的残值较高，在经营过程中可以获得很多利益，由此形成了一个与城市污水处理和垃圾处理不同的“特殊”产业。这种特殊性在于：

城市的污水处理和垃圾处理由于其社会收益大于个人收益，使其具有公益的性质，个人经营缺乏积极性，导致产品供给不足，使这类活动通常由政府直接经营。即使由私人公司经营，政府也会给予一定的补贴使其能够赚取到正常利润。而且城市污水和垃圾处理具有“自然垄断”的性质，边际成本具有递减的倾向，规模越大其平均成本就会越低。

与此不同，废旧家电和废旧汽车本身是有价值的。在利益的驱动下，该领域就可能成为一个“竞争性市场”。其一，由于市场极不规范，进入门槛很低，许多地方没有环境标准，因而私拆滥解情况非常严重，一些地方形成了大型地下拆解市场，专门从事报废弃家电和汽车的收购、拆解。不仅如此，该领域的混乱有时还涉“黑”，再加之已经形成既定的利益格局，许多管理者“行政不作为”，使这种不规范市场能够长期稳定地存在下来。其二，由于存在着巨大的利益，也解决了相当多的人员就业和生活保障（据说，北京有10万人的拾荒大军），再加之近年来国家推行的“以旧换新”政策都是以省域为单元而进行的，各省市都建立了自己的回收企业，可享受运费补贴，这就强化了市场的行政分割。其三，由于不能形成区域市场，使企业无法按照经济合理的原则和合理的运输半径来经营，画地为牢，重复建设，形成浪费。

由于环境门槛低、市场混乱，非专业的拆解充斥市场，截获了大量的原料，使专业的子牙循环经济产业园区只能被迫参与原料市场的恶性竞争；市场分割、区域统一市场没有形成，使距离园区很近的河北沧州、山东德州的废旧家电和废旧汽车不能进入园区，原料只能来源于天津市，造成企业原料不足，生产能力过剩。

然而，这种不规范的市场造成了许多不良后果。

第一，环境污染。废旧家电和废旧汽车的拆解如果没有严格的标准，就会造成二次污染。汽车中的废油、废气、废塑料、废电池等多种废弃物，如果没有经过正规严格的处置，将对土壤、大气、水源等造成很大的影响。废旧家电拆解中粉碎塑料腾起的烟尘、泄漏的冰箱氟利昂等严重损害环境。此外，还有重金属的污染。从目前我国的情况看，许多地方已经造成了严重的污染，而且具有不可逆性，在相当长的时期内无法恢复到原先的水平。

第二，市场“逆”选择。由于废旧家电和废旧汽车的私拆滥解不需要投入大量的设备和环保投入，违法成本也很低，使得利润空间非常大，这就使这些企业（甚至是作坊）能够在混乱的市场中生存并获取巨额利益；相反，那些技术含量高，有环保设施和装置的企业就会有更高的成本，在混乱的市场竞争中就处于劣势，形成市场的“逆”选择格局，淘汰那些效率高的市场主体。这也就是子牙循环经济产业园区内企业普遍“吃不饱”、开工不足、生产能力过剩的根本原因所在。

三、促进子牙园区健康运行的途径

基于目前子牙循环经济产业园区企业普遍“吃不饱”的问题，许多企业把目光锁定在对废旧汽车压块、废旧电子产品（即所谓“洋垃圾”）的进口上。然而，对于废旧物品的进口国家有严格的规定，同时，我国也是《巴塞尔公约》的缔约国。该公约限制工业发达国家将有害废物倾倒到发展中国家和经济转型中的国家，其根本目的在于控制和减少公约所管制的危险废物和其他废物的越境转移，防止和最大限度减少废物的产生，对废物进行环境无害管理，促进清洁生产技术的转让和使用。为此，要在废旧物品的进口上寻求突破口则存在很多困难和障碍。

为了促进子牙循环经济产业园区的健康运行，有效的方式和途径就是，促成和培育一个依经济合理原则形成的国内区域市场。而要形成这样一个市场机制充分发挥作用的区域市场，就必须充分认识这种市场的特殊性，把市场培育（自觉性）和市场发育（自发性）结合起来。

其实，一方面，对于废旧物品的集中和规模化处理以及静脉产业的发展，与建设城市污水处理厂、垃圾处理和填埋场等相类似，具有很强的正外部性，这种正外部性表现在，通过废旧产品收集处理可以净化城乡环境、资源再生利用可以减少开采矿产资源所引发的环境问题（开发“城市矿产”）等；另一方面，该产业又有特殊性，经营的对象废旧汽车、废旧家电等具有一定的残值，如果经营者获取的收益大于在拆解过程中所造成的二次污染的治理成本，且违法成本很小时，则这种私拆乱解现象就会存在并泛滥。

因此，解决的途径应从两个方面着手：其一，对于规模化和集中处理的企业，政府应该予以补贴，通过税收优惠、价格补贴、信贷支持，以及再生资源产业培育的产业政策，使其经营者私人收益和社会收益相抵。其二，提高环境标准和再生资源产业的市场准入门槛，使在拆解过程中造成二次污染的经营者负担高额的成本、通过严格执法使违法者承担高额费用，使其获取的收益不能抵补支出。只有这样，才能将分散在不同经营者手中的原料集中于园区的企业，真正解决园区企业生产能力过剩和“吃不饱”的问题，也才能真正使市场经济的优胜劣汰机制发挥作用。

同时，就区域市场的形成而言，地方政府往往无能为力，这就需要更高级别的行政部门的介入。子牙循环经济产业园区虽然属于顶层设计的“中日合作项目”，国家发展改革委、财政部、工信部和环保部等部门也有一定的介入，也有“国家循环经济试点园区”、“国家‘城市矿产’示范基地”、“国家级废旧电子信息产品回收拆解处理示范基地”和“国家进口废物‘圈区管理’园区”等称号，但就目前园区的运行情况来看，仍然仅仅局限于天津市的层面上，市场活动半径也只在天津行政区划内，没有突破行政边界。当然，区域市场不会自动形成，它需要通过多方面的努力，甚至经济政治体制的一系列变革。为此，天津市仍然需要与周边相邻省份、与国家相关部门沟通，共同拆除限制园区发展的行政壁垒，通过“条”和“块”的协调，施以经济手段、法律手段和必要的行政手段，以促成一个以企业经济合理的运输半径来确立的、京津冀鲁统一的废旧家电、废旧汽车的区域市场。

此外，虽然静脉产业的发展仅仅是产业体系的一个很小的组成部分，但是，它牵扯到社会生产和社会生活的多个方面，如农村人口进入城市的就业和生活问题、再生资源回收体系的再造问题等，因此，必须施以综合的经济和社会政策，同时也要与体制改革相结合，通过体制改革来促进静脉产业健康发展的经济和社会环境。

电石渣资源化利用：途径、困境与对策*

电石渣是工业生产乙炔、聚氯乙烯（PVC）、聚乙烯醇等过程中电石（CaC_2）水解形成的以氢氧化钙（$Ca(OH)_2$）为主要成分的工业废渣。因不便长途运输和集中处理，致使国内大部分生产厂家将电石渣就地堆放或填埋，因而占用大量土地。不仅如此，长期堆存渗透会造成土地盐碱化，污染水体，碱性渣灰的扬尘也会对周边环境造成污染，危及周边地区居民生活和身体健康。实践证明，可以通过技术革新和工艺改进，在推进电石渣资源化利用中会产生可观的经济效益和显著的生态效益。

一、电石渣资源化利用的途径

（一）作为生产建材的原料

1. 生产水泥。相关研究表明，电石渣再次循环利用生产水泥是最佳的资源化方向和途径，也是在技术上最为成熟的方法和途径，因而也是在实践中最为常用的资源化利用方式，而且也取得了良好的生态和经济效益。目前，传统的湿法生产水泥的工艺逐渐被新型环保节能工艺所取代，并逐渐形成了以“湿磨干烧”法为主、多种方式共存的局面。传统湿法工艺存在工艺流程复杂，操作控制难度大，投资高、热耗高、产量低、环境治理难度大等问题，国家各项政策鼓励采用新型干法“干磨干烧”工艺处理电石渣，从产业政策、循环经济、节能环保和技术发展等诸多方面比较各种利用电石渣生产水泥熟料的工艺，新型干法预分解生产工艺具有很大优势。

2. 生产免烧砖。自2003年起，国家开始全面禁止使用实心粘土砖墙体材料。利用电石渣等固体废渣生产新型建材如制碳化砖，也可以结合粉煤灰等其他工业废渣生产免烧砖、蒸压砖及加气混凝土砌块等，这在缓解废渣堆放等造成污染的同时，实现土地资源的节约、集约利用。相关研究表明，以建筑垃圾粉料、再生细骨料、电石渣和石灰为基本原料，引入改性剂S，采用蒸压护养工艺，可以制备承重墙体砖；通过改变电石渣掺量、激活剂C掺量的比例，利用自制的无机催化激活剂有效激发电石渣和粉煤灰的活性，研制出电石渣掺量高且性能优良的免

---

* 本文原载《中国资源综合利用》2013年第31卷第3期，与邵丹娜、姚娜、王博合作。

烧电石渣—粉煤灰砖，克服了该类建材砖早期强度低等问题，孔隙率降低，密实性提高，完全满足JC239－2001《粉煤灰砖》对MU15砖的要求。

3. 其他普通建筑材料。利用电石渣含有大量氢氧化钙（$Ca(OH)_2$）的特性，通过细致分析电石渣的有害成分，将电石渣转化为氧化钙，同时除去水分及硫化氢（H_2S）、磷化氢（H_3P）、乙炔（C_2H_2）气体，最终除去了电石渣刺鼻气味，并使其颜色由灰暗变白，将其作为内墙涂料填料。此外，目前运用的新型墙体材料"混凝土空心小砌块"，其主要原材料为沙石、水泥及工业废渣（包括煤灰、炉渣、钢渣矸石及电石渣）。

（二）替代石灰石制备化工产品

利用电石渣代替石灰石制备化工产业是实现电石渣资源化的可行途径，相关研究尝试用电石渣和盐湖氯化镁（MgCl）为原料制取氢氧化镁（$Mg(OH)_2$）。另外，通过采用合适的净化工艺生产碳酸钙系列产品已经在技术上实现了很大的突破，特别是在制备纳米碳酸钙粉体方面已经获得了长足的发展。纳米碳酸钙是一种新型固体材料，由于碳酸钙粒子的纳米化、白度高、填充量大和具有补强效果等特点，在橡胶、塑料造纸等领域有着广泛的应用。目前，国内生产纳米碳酸钙的厂家均是通过开采石灰石获得原料，如能利用废弃的电石渣制备纳米碳酸钙，不仅能消除电石渣对环境的危害，还能获得可观的经济效益。

（三）强碱特性实现环境治理

1. 制备脱硫剂或固硫剂。电石渣具有强碱性，自然堆放会造成环境污染。因此，利用电石渣强碱性能有效吸收在工业生产过程中形成的各种有害的酸性气体，不仅可以解决工业废弃物排放堆放的问题，还可以减少煅烧石灰石过程中的二氧化碳（CO_2）排放。目前，电石渣作为循环流化床（CFB）锅炉脱硫剂已经在电力行业广泛应用。当然，电石渣脱硫工艺依然存在一些问题，例如电石渣较石灰石化学成分变化较大，不利于脱硫剂的稳定性；渣浆中含有大颗粒的固体颗粒物，对脱硫系统设备磨损较大，在电石渣—石膏脱硫系统中，由于电石渣中杂质含量较多，造成石膏脱水性能差，影响石膏的综合利用率等。

2. 处理（中和）酸性废水及浆水回用。利用电石渣碱性特点处理（中和）酸性废水，改进生产工艺实现电石渣浆水循环利用。在降低生产成本的同时，可以实现生产全过程的闭路循环和碱性废水的零排放。电石渣可以作为中和剂，代替烧碱中和在生产聚氯乙烯过程中产生的含有氯化氢（HCl）、硫酸（H_2SO_4）等杂质的废水，作为碱性废物中和处理部分高浓度有机废水（如糠醛废水），起到以废治废的目的；采用电石渣作催化剂、次氯酸钠（NaClO）和空气作混合氧化剂，催化氧化废水中的硫化物；以绿矾作还原剂、电石渣作中和剂，用还原—絮凝沉淀法处理含铬、镍等重金属离子的电镀废水；以电石渣、硅酸钠、硫酸铝、浓硫酸为原料制备了一种高效复合混凝剂聚硅酸钙铝（PACSS），并将其应用于造纸中段废水的处理。

（四）其他综合利用的途径

随着基础设施建设的不断推进，科学技术的不断发展，电石渣的资源化显现出更为综合高效的特点。如在三峡库区的建设中，使用少量石灰（电石渣）稳定沿线的土用作道路路面的基层和底基层，可以大大减少外运材料的数量，大幅削减工程造价。充分利用不同工业废渣在提供碱性物质和膨胀性物质、调整胶结性水化物与膨胀性水化物生成速率协调性等方面的技术工艺，有针对性地选择煤矸石、电石渣和磷石膏，利用工业废渣制备的软土固化剂，较普通水泥，可使固化土强度提高数倍。以苯丙乳液为成膜物质，添加以电石渣为原料动态水热合成的硬硅钙石为阻隔型隔热填料，可制备出具有良好隔热性能的外墙乳胶涂料。在利用工业废渣制备充填胶凝材料的过程中，电石渣能在一定程度上激发钢渣、矿渣的水化活性，向充填胶凝材料中单掺15%的电石渣时，充填胶凝材料3d、28d抗压强度分别达到了16.3、38.6 MPa，与未掺电石渣的试样相比，3d、28d抗压强度分别提高了34.7%、26.3%。

二、电石渣资源化利用与产业化发展的条件分析

（一）国家产业政策的有力支持

国家产业政策支持为电石渣资源化创造了良好的外部条件。国家《烯烃工业“十二五”发展规划》和《石化和化学工业“十二五”发展规划》中都提出关于加快产业结构调整升级的相关政策。提出，要实现产业上、下游之间联合，走联合化工生产的道路，把电石生产过程中产出的废弃物综合利用，实现清洁文明生产；同时，调整产品结构，加快淘汰严重污染环境、资源消耗高、安全隐患多的落后生产工艺装备和产品（如淘汰单台炉容量小于12500千伏安的电石炉及开放式电石炉、氯化汞含量6.5%以上的高汞催化剂和使用高汞催化剂的乙炔法聚氯乙烯生产装置），推进石化化工产业结构调整和优化升级；通过优化产业布局，按照炼化一体化、园区化、集约化的发展要求，综合考虑资源和市场条件，优化氯碱、纯碱、轮胎等产业布局，实现电石企业的集中分布，进而实现污染治理的集中处理。

基于有利的政策条件，立足现有的常规资源化途径和成熟技术，目前企业致力于开发更具商业价值、高附加值、市场前景广阔的新型资源化途径，在原有工艺的基础上，将电石渣的综合利用朝着更精细、更适用的方向发展，使技术上突破支撑产业链的延伸。在利用电石渣制备碳酸钙的工艺上，从纯度、白度等各方面提高碳酸钙的品质。从利用电石渣制备碳酸钙，到制得形态可控的纳米碳酸钙粉体，再到石膏晶须的生产，在不断丰富化工产品，开发更具市场应用前景的产品的同时，还能高效地利用废弃的电石渣制备高附加值的产品，消除电石渣对环境的危害，获得可观的经济效益，实现了电石渣资源化高层次发展。

（二）产业发展的巨大空间

伴随着快速城镇化和公共交通基础设施的发展，为电石渣在公路基层建材方面的应用提供了广阔空间。循环利用电石渣及浆液，可以节省煤渣砖的制备成本（相比制水泥的成本），减少制备粘土砖所需原料资源的过度开发，可以从源头上解决土地资源渐趋短缺的问题，实现固体废弃物的循环利用。电石渣综合利用不仅体现在建筑原料的生产中，在环境治理方面如中和酸性废水、脱硫剂等，也逐渐显现出巨大潜力和市场。

综合比较各种资源化的途径，用电石渣制砖替代实心粘土砖虽然可以改善传统建材工业高消耗的状况，但生产成品会受到生产规模和市场半径的限制，与此同时，电石渣无论是用作铺设路基使用的材料、烟气脱硫剂（固硫剂）还是其他个别行业的非常规利用途径等，都存在使用量有限的问题，其利用效果和数量，相比替代石灰石制水泥，相去甚远。鉴于水泥生产能消纳大量电石渣的研究事实，从成本收益以及生态效益的角度综合考虑，在电石渣产生规模相对较大的企业中，特别是电石法 PVC 生产企业中，以利用电石废渣生产水泥作为目前电石渣再利用的最佳途径，在减少石灰质原料使用量的同时，使得电石渣综合利用产业化成为可能。

（三）绿色发展的有益尝试

绿色发展要求循环和低碳，电石渣资源化以废物减量化、能耗最小化为主要目的，以传统产业为基础，通过改进现有技术工艺，发掘新的资源化途径，提高电石行业废渣的利用量和附加值，使资源消耗限制在资源再生的阈值之内，并以市场为导向，最终实现电石渣资源化的产业化发展。

总体来看，从生产建材原料到制备化工产品，再到环境治理，对电石渣的利用已经形成了一整套成熟的资源化途径。但就目前的技术工艺来讲，电石行业的资源化大多着眼于传统的末端治理，有别于循环经济关于减量化、再利用、资源化的要求；要做到“管端预防”，需要从政策层面，对电石行业的产业结构、产业布局做出具有前瞻性的规划和调整，充分发挥炼化一体化的优势，挖掘产业链潜力，实现行业间、企业间、经济主体内部、各工艺之间的物料循环，实现资源节约和资源再生，强化“生产者责任延伸”制度，加大电石行业废弃物回收再利用；从技术层面，鼓励技术合作，围绕产品升级、装备国有化等加大技术改造的力度和投入，评估适用技术的优先级，淘汰落后产能，释放市场空间，提高行业整体技术装备水平，促进电石产业转型升级，其中包括积极推广干法乙炔和大型密闭式电石炉的使用，从源头减少电石渣的产生。

三、电石渣产业化发展的难题

（一）政策应进一步深化

工业与信息化部的《大宗工业固体废物综合利用“十二五”规划》提出，

到2015年我国大宗工业固体废物综合利用量将达16亿吨，综合利用率达到50%，其中工业固体废物综合利用率达到72%，主要再生资源回收利用率提高到70%，年产值达5000亿元，提供就业250万个。这里，大宗工业固体废物是指各工业领域在生产活动中年产生量在1000万吨以上、对环境和安全影响较大的固体废物，主要包括：尾矿、煤矸石、粉煤灰、冶炼渣、工业副产石膏、赤泥和电石渣。由于电石渣综合利用情况较好，利用率接近100%，规划中未对电石渣做出详细的规定。

从推进电石渣资源化的根本目的出发，国家层面推出的各项政策旨在更好地解决大宗工业固体废弃物处置和堆存问题，在缓解相关企业安全和环保压力的同时，为工业又好又快发展提供资源保障。鉴于电石渣再次循环利用生产水泥已经被公认为“最为彻底、技术上也最为成熟的方法”，环境保护节能减排的经济、社会效益显著，电石渣的综合利用的微观政策导向主要还是集中在电石渣替代石灰石原料生产水泥方面。

然而，研究表明，电石渣的其他相关技术的研发和试点应用也已经相当成熟，如利用电石渣制备固硫剂中和SO_2等废气的排放，利用电石渣制备高附加值的化工产品等。除了电石渣生产水泥的鼓励政策以外，再无其他降低行业准入门槛、推进相关技术应用的引导政策，这使得诸多电石渣综合利用相关技术的研发和推广都只能停留在理论层面，鼓励技术产业化规模化发展的政策缺位不利于技术推广和电石渣资源化利用的市场化。

（二）技术市场存在困境

在市场经济的交易活动中，买卖双方对于相关信息的了解和掌握存在差异。掌握信息比较充分的一方，往往处于有利地位，而信息匮乏的一方，则处于不利地位。论及电石渣资源化产业化发展的市场困境，有必要从在资源化技术供需双方的信息不对称问题入手，做更为深入的探讨。

要实现电石渣资源化利用的产业化发展，关键在于技术的创新和选择，特别是技术供需双方在社会、经济利益上的平衡。技术供应方对技术研发和创新具有话语权，并对相关技术可能产生的社会、经济和生态效益掌握更为充分完备的信息，他们对于技术应用方、合作方、需求方的选择具有一定的甄别性，关注的是合作企业，即技术承接方的行业资质、经济规模以及合作双方的利益分配等问题。而技术需求方亦即电石渣固废的生产者，需要相关技术支持和后续服务的保障以实现电石渣的资源化利用，但考虑到相关技术高额的初始投入、后续维护成本的不断追加以及相关技术实际应用效果的不可预见性，使技术需求方处于相对被动的地位。信息不对称导致交易双方的利益失衡，技术的选择和应用不匹配，资源化技术无法得到更好更快的应用和推广，最终导致资源的浪费。

从产业发展的时间跨度上来看，我国固废资源化处理的产业化发展还处于起步阶段，无论是技术研发主体还是技术的承接方，对于资源化技术的应用和推广大多采取观望的态度。

（三）社会认知程度低

长期以来，电石渣非资源化处理方式饱受诟病，由此造成的危害已波及社会各个层面，伴随着“民主环保”理念的日益普及和深化，与电石渣资源化相关的环保、低碳对策也将由技术语言逐渐向政策语言和行动转变。

鉴于电石渣传统处理方式和运输方式中存在的很多弊端，应当从“民主环保”的角度考虑推进电石渣资源化的问题。电石渣的综合利用可以从根本上减少因自然堆放而造成的土地资源的肆意浪费和占用，克服因长期无有效防渗漏措施的自然堆放造成的土地盐碱化，水体污染等；实现电石渣等工业固体废弃物的就地循环利用，将有效减少在运输过程中造成的因渗漏导致的路面污染。因此，电石渣资源化利用所生产的资源节约—环境友好的产品一定会获得更多的社会支持和认可。但是，目前从产品设计的减量化，到产品生产的无害化，再到成品质量的可信度，对这些问题的认定，依然缺乏行之有效的公众参与机制和社会监督机制，这也是众多环境问题无法得到有效根治的弊病所在。

四、产业化发展的对策研究

（一）政策鼓励，机制创新

近年来，伴随着电石行业的快速发展，国家相关部门出台了一系列的产业政策，包括行业准入、鼓励电石渣生产水泥、建立循环经济试点和制定清洁生产标准等措施。行业龙头企业的发展、装备的集聚化和循环经济发展模式的建立和推广，对高污染、高能耗、高排放的传统生产模式的转变起到了良好作用。三废治理并实现资源化利用也逐渐为电石产业自身的发展赢得更大的发展空间。

因此，以减少工业固体废弃物实现资源有效利用为目的，以实现生态安全和环境改善为最终目标，在已有政策的基础上，配套相关的机制创新，将对电石渣资源化的产业化发展产生更为积极的影响。立足现有成熟的技术和市场需求，可以采用固废处置—生态补偿、固废回用—脱硫补助相结合的办法，以强化生态保护为主要手段，辅之以经济激励手段，在有效推进污染减排的同时，加快产业转型升级的步伐，进而改善城乡环境质量，实现经济—环境的双赢。

（二）市场导向，业内联合

市场机制作为市场经济的实现机制，在推进电石渣资源化处理的产业化发展方面，在实现资源的有效配置特别是推进技术供需双方的匹配以及优化存量产业的发展方面，都将起到至关重要的作用。针对资源化技术产业化利用和推广过程中可能产生的信息不对称问题，参考相关行业规划，电石渣的资源化应当从推进产业结构调整、促进企业兼并重组、优化产业布局入手，在提高电石等行业产业集中度的同时，突破现有生产经营格局，鼓励石化化工企业和煤炭、电力等企业联合，形成若干个以大型企业为主体的“煤电化热一体化”产业集群和大型煤化工生产基地。产业联盟的构建，在推进固废的环境负外部性内部化的同时，也将大大提升工业固废的资源化处理效率。

同时，从促进绿色低碳发展的角度来看，电石渣资源化是发展循环经济的具体体现，在鼓励利用焦炉气和电石炉气生产高价值产品的同时，提高资源综合利用水平。利用电石渣在一定条件下能实现良好的脱硫和固硫效果，积极开展硫化物回收利用等工作，改善大气环境；在提高资源综合利用率方面，应当重点抓好磷石膏、碱渣、电石渣、铬渣等固体废物无害化科学治理和综合利用，重点推广磷石膏制建材、碱渣脱硫、电石渣制水泥等多种氯产品联产工艺技术，构建循环经济产业链。

（三）公众参与，社会共建

随着生态和环境问题不断升温，公众的环境意识不断增强，参与环境保护积极性不断高涨，不同层面的环保行动也逐渐增多。2008 年 5 月《环境信息公开办法（试行）》的正式实施，开启了民主环保、信息公开的第一步；而 2011 年一场关于 PM2. 5 监测的大讨论进一步加快了公众的环保意识由“被动防御”向“主动介入”的转变；如果说，良好的空气质量、适宜的人居环境，作为公共产品，是政府必须确保的公共服务，那么，由此引发的针对生态环境问题的群体性事件为环境质量的提高奠定了更为广泛的监督基础。从信息公开、公众参与，到社会组织的不断努力，公民已经成为了参与环境影响评价、践行环境保护决策、最终受益于环保措施的主体力量。

通过公众参与，企业推介，专家指导相结合的方式实现环境污染等社会公共问题的复合型治理模式已渐趋成熟。就电石渣等工业固体废弃物的资源化综合利用而言，以公众听证会的形式明确工业固体废弃物对民众宜居所产生的污染和威胁，以企业展销会（推介会）的形式论证资源化利用技术的可行性和产品的普适性，以专家评审会（鉴定会）的形式认定工业固废资源化利用所产生的经济效益和生态效益，将为工业固废资源化的产业化发展营造了一个良好的社会氛围。

参考文献：

[1] 闫秀华，李世扬．电石渣综合利用生产砌砖［J］．聚氯乙烯，2007（5）：43－44.

[2] 陈文娟，李恩明．利用电石渣内墙涂料的研究［J］．无机盐工业，2011，43（2）：55－56.

[3] 胡国静，张树增，王键红．电石渣的综合利用［J］．聚氯乙烯，2006（8）：39－41，44.

[4] 李阳，姜丽娜，李洪玲，但建明．利用电石渣和氯化镁制氢氧化镁工艺研究［J］.

无机盐工业，2011，43（9）：55－56，59.

［5］胡国静，张树增，王键红．电石渣的综合利用［J］．聚氯乙烯，2006（8）：39－41，44.

［6］马国清，李兆乾，裴重华．电石渣的综合利用进展［J］．西南科技大学学报，2005，20（2）：50－52.

［7］王斌云，常钧，叶正茂．利用工业废渣制备充填胶凝材料的研究［J］．金属矿山，2011（6）：165－167.

我国氟石膏资源化利用的现状及对策研究*

氟石膏作为有毒有害工业固体废弃物的一种，是氢氟酸生产过程中的废渣，主要产自氟化物及氢氟酸生产厂，刚出装置时残余较高含量的氟及硫酸，超过《危险废物鉴别标准》规定的限值，腐蚀性强。由于难以直接开发利用，故一般稍加中和处理后就直接堆存或填埋，不仅浪费土地资源，若存放不当，还将污染地表、地下水，具有极大的副作用，同时也给企业治理和环境维护带来巨大的经济压力。随着我国氟化学工业的发展，氟石膏排量急剧增加，如何有效处理和利用氟石膏对于保护生态环境、提高社会效益和经济效益都具有十分重要的意义。本文梳理了近年来我国氟石膏理论研究、试验成果以及实践过程中的一些进展，旨在为进一步研究适合我国目前发展水平的资源化技术提供参考。

一、氟石膏的定义及分类

将萤石粉（CaF_2）和浓硫酸（H_2SO_4）按一定比例配合（质量比1∶1.3），在回转炉内加热（250℃~280℃），经过化学反应（式1）制得氟化氢（HF）和硫酸钙（$CaSO_4$），氟化氢气体经冷凝收集制得氢氟酸，反应的固体生成物硫酸钙即为石膏，因其中含有少量尚未反应的 CaF_2，所以又称为氟石膏。残渣中往往混合一定量的 H_2SO_4、HF 及 CaF_2，它们仍在缓慢地进行反应，因此氟石膏呈酸性。

$$H_2SO_4 + CaF_2 = 2HF + CaSO_4 \tag{1}$$

新排出的氟石膏为灰白色干燥粉粒状，呈微晶状晶体，微晶体紧密结合，比天然石膏细小，一般为几微米至几十微米，发育不完整，部分呈块状，有时结成小球。刚出装置的氟石膏纯度较高，硫酸钙含量一般可达80%左右（表1）。

表1　　氟石膏的组成

化学成分	$CaSO_4$	CaF_2	CaO	H_2O	其他
组成（%）	82	5	2	2	9

---

* 本文原载《资源开发与市场》2013年第29卷第4期，与朱婧、邵丹娜合作。

根据处理工艺的不同，可将氟石膏分为三类：第一类是干法石膏，即采用石灰粉搅拌中和而成，呈灰白色粉粒状，工艺流程简单；第二类是湿法石膏，一般采用石灰乳或粘土矿浆中和浆化成石膏料浆，工艺过程复杂，设备易腐蚀且产生二次污染，一般不宜采用；第三类是堆场石膏，是使用石膏温法浆化成料浆，泵送至渣场堆放一段时间后经自然水化成二水石膏，呈灰白色或白色块状。

目前，企业对氟石膏一般有两种处理办法：一种是石灰中和法，即将刚出炉的石膏加水打浆，投入石灰中和至 pH 值为 7 左右时排放。加入的石灰中和硫酸，进一步生成硫酸钙，这种处理方法氟石膏的纯度较高，称为石灰氟石膏；另一种是铝土矿中和法，即加入铝土矿中和剩余的硫酸可回收有用的产品硫酸铝，使其略呈酸性，再加石灰中和至 pH 值为 7，然后排出堆放。铝土矿中含一定杂质，使得最后排出的氟石膏纯度为 70% ~80% ，经这种方法处理称为铝土氟石膏。

二、氟石膏资源化的探索

通过开采天然石膏矿来获取建材原料，不但成本高、能耗高，而且破坏生态环境，不值得推广。随着建筑业的高速发展对石膏建材的需求，国家大力提倡对化工生产排出的化学石膏进行资源化综合利用，以拓宽石膏来源，促进石膏建材业的发展。氟石膏中硫酸钙品位较高，适宜作水泥工业和建材工业的原材料，但因其凝结缓慢、强度低、易膨胀，难以直接使用。通过对氟石膏进行资源化的改性处理，采用一定技术手段使其在形成、排放和使用过程中，根据再利用的要求最大限度地化害为利、变废为宝，成为可供使用的资源，以取得最大的经济效益、社会效益和环境效益。

由于氟石膏化学成分复杂，物理性状千差万别，因此资源化过程中面临着一定的技术难题，如对其物化特性认识不清，氟石膏水化后易失去原有价值，生产缺乏规范化和产品意识等因素导致质量波动较大，现代石膏建材仍大量使用天然石膏，氟石膏还未被大规模应用等问题。总的来看，我国工业副产石膏的利用率不高，约有 80% 左右尚未得到利用。近年来，氟石膏的研究开发不断取得进展，为其资源化利用开辟了广阔的前景，并在一定程度上缓解了环境污染问题。

（一）在水泥工业中的应用

1. 缓凝剂。从早期对氟石膏开发利用的情况来看，用量最多的是做普通硅酸盐水泥的缓凝剂。由于生产中需掺加 5% 左右的石膏作缓凝剂以调节水泥凝结时间，而氟石膏与天然石膏化学成分十分接近，因此用氟石膏代替天然石膏作缓凝剂。有水泥厂对氟石膏作缓凝剂的用量进行了全面系统的工业生产实验，证明氟石膏的掺加量在较大范围内变化时，都可以使水泥的缓凝时间正常，故可根据各种特定条件来决定其加入量。据不完全统计，利用氟石膏代替天然石膏做水泥缓凝剂已在湖南、广东、广西和江西等地的多个水泥厂应用，普遍缩短了凝结时间，提高了水泥的抗压强度，并且减少了废渣堆放占用土地问题及对周围环境的污染，给企业减轻了负担，取得良好的经济效益和社会效益。我国是水泥生产大国，此法可以消耗大量氟石膏废渣。

2. 矿化剂。利用氟石膏中残留的一定比例的 F 和 SO_4^{2-}，用作烧制水泥熟料所需的矿化剂，除降低烧成温度外，还可减少物料中碱的挥发，可以改善生料易烧性，提高熟料质量，以免造成生产故障和污染环境，在一些立窑水泥厂得到应用。

3. 高强氟石膏。在氟石膏中掺入不同种类的复合剂，改变其初凝时间。实验表明，高强氟石膏在硬化过程中产生微量体积膨胀，硬化体后期也不会发生干缩裂缝，对于防止水泥硬化体在空气中变形开裂有很好的作用，同时在低温条件下硬化和抗冻性能增强，抗水性和耐热性较好。

（二）在建筑材料中的应用

1. 粉刷石膏。以氟石膏为主要原料，添加激发剂、增塑剂、保水剂等外加剂进行混磨处理后得到抹灰用的粉刷石膏，具有石膏的优良建筑特性，不仅光洁细腻、质轻、保温隔热、防火、吸音、能调节室内湿度，而且与各种墙体都具有较强的粘结力，不易干缩开裂、起鼓，尤其适合于墙体的内墙抹灰，是替代传统水泥混合砂浆的绿色建材。抗压、抗折强度、表观密度值和耐水性等技术性能指标均符合国家行业标准要求。

2. 胶凝材料。氟石膏的重要特点是化学成分稳定，经温度煅烧后，易磨性大为改善，给配料和生产带来相当大的便利条件。使用氟石膏、粉煤灰和水泥制成粉煤灰—氟石膏—水泥复合胶凝材料，形成致密的硬化浆体结构，使胶结材获得优良的力学性能和抗水性。在同等强度下，比普通水泥胶结充填用量降低，可以代替传统的砌筑用硅酸盐水泥。同时又能对粉煤灰起到硫酸盐激发作用，使得粉煤灰的活性得到充分的发挥和利用，极大地利用了这两种工业废料的潜力，完全可应用于新型墙材的砌筑与抹面工程中，并且制备工艺简单，生产成本低廉。

3. 保温砂浆。以氟石膏和玻化微珠为主要材料制备的新型保温砂浆具有质轻、导热系数小、隔热防火，性能稳定等优点，用于外墙内侧和屋面外侧绝热，是一种绿色环保型高性能保温材料。粘结剂的加入明显提高了砂浆的抗折性能和压减粘结强度，随着粘结剂掺量的增多，抗压强度出现峰值，当保温砂浆掺量与氟石膏胶结材料质量比为 1∶1 时制备的保温砂浆各项性能较好。

4. 公路地基。从氟化氢反应转炉新排出的未经长期堆放、未加水处理的氟石膏用于生产建筑石膏，特别是生产浇注地板石膏的优势在于其纯度高、杂质少，不需破碎和煅烧处理，能耗低。上海市在 14 条道路上利用氟石膏改性三渣混合料铺筑道路，施工周期短，早期强度高，耐水性能、抗干湿循环能强。

（三）生产新型墙体材料

1. 石膏砌块。石膏砌块是添加适当的填料、添加剂后制成的轻质石膏制品，主要用于建筑内隔墙。与传统建筑材料相比，具有优良的防火、隔热、隔音等性能，且表面平滑，无须用传统的水泥、石灰砂浆抹面，节省材料，增加了建筑物的使用面积。利用氟石膏等废渣代替天然石膏制造石膏砌块的过程中，引入铝粉作发气剂，制成氟石膏砌块具有体积密度小，导热系数低、保温、隔热、隔音、防火等特点，应用在建筑上可减少结构投资，加快施工进度，大大提高房屋建筑的节能效果，有效地调节室内温度。

2. 石膏板。使用氟石膏掺入盐类激发剂能加快凝结并提高其硬化体的强度，具有水硬和气硬性质，从根本上改善了石膏装饰板的防潮性能，各项性能指标均能达到或超过检测标准规定的要求。掺加硅质材料和有机硅防水剂，可在氟石膏内部生成水硬性矿物，并填充于二水石膏晶体间隙中，提高了氟石膏制品的耐水性，使氟石膏基体较为密实，同时使氟石膏制品力学性能明显提高。可用来做室内吊顶，内墙隔板及内墙装饰板，经发泡等特殊工艺处理，可作为隔音板、保温隔热板。

3. 制砖或做砖的添加剂。基于氟石膏发生水化反应，生成胶凝产物二水石膏制成实心砖替代粘土砖，生产工艺即将氟石膏、粉煤灰、矿渣、生石灰和两种无机盐复合激发剂按比例混合均匀，用半干法振压成型，经砖坯静停、堆垛、养护即可。实验产品体积密度小，导热系数低、有足够的机械强度，表明以氟石膏为原料能明显提高砖坯的强度和耐水性。株洲某厂以电厂煤灰和电石渣为主要原料，掺加少量的氟石膏作为煤灰砖和灰渣砖的添加剂，一般添加量为2%～3%。石渣砖的物理性能如抗压强度、抗折强度、抗冻性能、容重及吸水性等有明显改善。

4. 高强石膏粉。氟石膏中添加数种有机物及无机物，使之与其比例配料，经过烘干、球磨，制得高强石膏粉，调节了氟石膏酸碱度及凝结时间，激发活性增强了溶解度，使得制成品 pH 值适于施工操作，水化凝结硬化加速，增加了产品的强度和耐水性。

（四）其他用途

1. 石膏模具。陶瓷石膏模具要求石膏纯度高，机械强度高，表面光滑，经久耐用。利用氟石膏制作陶瓷石膏模具性能优于天然石膏，主要利用了氟石膏经露天堆放自然水化后完全转化为二水石膏的原理。

2. 制备硫酸钾。将氟石膏和碳铵按一定比例加入转化反应器中，进行过滤后进入复分解反应器，经浓缩结晶进行分离和烘干处理，使硫酸钾优先析出，提高了氟石膏中的 SO_4^{2-} 转化率，分离硫酸钾后的含 K、N 母液既可作液肥，也可进一步加工成氮、磷、钾复合肥。

3. 造纸。氟石膏微纤化学性质稳定，水溶性低，在特定条件下形成的纤维状结晶具有高强度和较大的长径比，采用某些添加剂后，有助于微纤更好的分散，用氟石膏来合成石膏微纤成本较低，很适合造纸。

4. 利用氟石膏中的钙离子取代钠离子，使土壤具有透气性，从而改良了土壤渗水性、缺硫、缺钙以及盐性土壤，成为植物的肥料及生产高磷酸盐复合肥料。此外，氟石膏在化工、医学、工艺美术等方面都有广泛的应用。

三、国家相关产业政策分析

（一）现状与问题

氟石膏的排放量与氟化氢的产量密切相关，氟化氢生产需要萤石资源。因此，氟化氢的生产企业主要集中在萤石资源丰富的省份和地区。经过统计发现，我国浙江省、福建省、江苏省和山东省是氟石膏排放大省。

经过多年发展，我国氟石膏资源化取得了一定的成绩，但仍存在问题，主要表现为：结构性矛盾突出，经营粗放，资源和能源消耗高，环境污染比较严重。此外，由于氟化氢生产利润较高，利用副产氟石膏的效益有限，回收和处理氟石膏技术难度较大，目前氟石膏市场普遍存在着地域资源禀赋、产业结构和行业发展差异，不同地区综合利用水平不同，企业生产装置不同导致石膏品质不稳定，市场接受度和利用度还不是很高，一些经试验成熟的技术尚未得到很好的推广应用。截至2009年底，我国工业副产石膏量约1.18亿吨，累积堆存量已超过3亿吨，综合利用率仅为38%，随着铝工业和有机工业的迅速发展，氢氟酸和氟化盐的需求量增加，副产氟石膏的产量还在迅速增加。

（二）管理机制

为优化氟资源配置，提高氟资源综合利用水平，推进氟石膏结构调整和产业升级，从而引导氢氟酸和石膏产业持续发展，国家专门制定了一系列产业发展政策。“十二五”期间，国家发展改革委组织有关部门，按照《“十二五”资源综合利用指导意见》的要求，根据地区资源禀赋和工业副产石膏排放情况，编制了《大宗固体废物综合利用实施方案》。2011年，工业和信息化部发布《工业副产石膏综合利用指导意见》，指出要以工业副产石膏大规模利用和高附加值利用为方向，以工业副产石膏资源综合利用产业链上下游相关企业为实施主体，健全政策机制，提升技术水平，完善标准体系，提高资源综合利用水平和效率，促进工业副产石膏综合利用产业化发展。

（三）政策建议

1. 加强法制和标准建设。1985年以来，国家陆续颁布了《有色金属工业固体废物污染控制标准》、《中华人民共和国固体废物污染环境防治法》等，同时各省市也应制订相应的地方标准，只有实现工业固体废物管理标准化、规范化、制度化，才能从根本上对工业固体废物进行管理。

2. 完善相关政策和法规，完善政策框架体系。如给予氟石膏处理生产企业明确的税收减免政策，制定相关鼓励工艺设备名录、综合利用技术指导和鼓励政策，扶持废弃物的管理服务系统建设等。

3. 综合利用是实现工业固体废物资源化和减量化，解决环境污染及实现经济效益、环境效益、社会效益统一的重要手段之一。在废物进入环境之前，对其加以回收利用，减轻后续处理处置的负荷，在氟石膏处理处置技术体系的建立过程中，把综合利用技术放在首要位置。

4. 完善管理信息机制，加大公众参与力度，统计更加具体、细致的数据，及时向公众和企业公开信息，让公众参与监督管理，企业更加高效的发挥作用。

参考文献：

[1] 姜小虎．氟石膏的应用现状与分析［J］．山西建筑，2008，34（20）：161－162.

[2] 杨森，郭朝晖，韦小颖．氟石膏的改性及其综合利用［J］．有机氟工业，2010，（1）：9－14，21.

[3] 李敬克，贾国瑞，王军辉等．工业废弃物氟石膏综合利用的研究［J］．甘肃冶金，2010，32（3）：105－109.

[4] 焦宝祥．氟石膏的处理及综合利用［J］．江苏建材，1997（3）：24－26.

[5] 吴承祯，陈步荣，阂盘荣．氟石膏的改性研究［J］．江苏建材，1996（3）：12－15.

[6] 李明卫．氟石膏资源化应用研究［D］．武汉理工大学，2009.

[7] 刘建忠，李天艳．工业废渣建材资源化［J］．福建建设科技，2001（2）：38－39.

[8] 陈文强．氟石膏综合利用新途径的探讨［J］．湖南有色金属，2000，16（1）：36－38.

[9] 旷昌平．氟石膏的应用［J］．轻金属，1983（4）：21－24.

[10] 丁铁福，苏利红，贺爱国．氟石膏的综合利用［J］．有机氟工业，2006（1）：35－39.

[11] 罗军．以氟石膏作缓凝剂磨制白色硅酸盐水泥［J］．水泥，1997（7）：7.

[12] 杨新亚，牟善彬，王锦华．氟石膏改性及作水泥缓凝剂的研究［J］．中国水泥，2006（6）：52－54.

[13] 潘庭有．氟石膏代替石膏作水泥缓凝剂［J］．水泥技术，1997（4）：54.

[14] 朱晓莉，杨晓雯．利用工业废渣——氟石膏代替天然石膏做矿渣水泥缓凝剂试验［J］．山东建材，1999（6）：18－19.

[15] 张纯健，侯仰山，司庆功等．氟石膏在立窑水泥生产中的试验及应用［J］．山东建材，2004，25（5）：26－27.

[16] 周惠南．高强氟石膏的研究和应用［J］．粉煤灰，1995（3）：30－34.

[17] 李汝奕．氟石膏废渣资源化利用探索与实践［J］．安全与环境工程，2006，13（1）：55－58，65.

[18] Manjit Singh. Influence of blended gypsum on the Properties of Portland cement and Portland slag cement［J］. Cement and Concrete Research，2000（30）：1185－1188.

[19] 周万良，龙靖华，詹炳根．粉煤灰—氟石膏—水泥复合胶凝材料性能的深入研究［J］．建筑材料学报，2008，11（2）：179－182.

[20] J. I. Escalante-Garcia, M. Rios-Escobar, A. Gorokhovsky, et, al. Fluorgypsum binders with OPC and PFA additions, strength and reactivity as a function of component proportioning and temperature. Cement and Concrete Composites, 2008 (30): 88 – 96.

[21] 付毅. 氟石膏粉煤灰胶结充填材料试验研究 [J]. 矿冶, 2000, 9 (4): 1 – 5, 24.

[22] 胡忠. 氟石膏开发利用的新进展 [J]. 轻金属, 1999 (7): 17 – 21.

[23] 赵睿, 叶洪东, 程建芳. 废石膏改性全废四渣基层开发与应用初探 [J]. 粉煤灰综合利用, 2011 (1): 54 – 56.

[24] 沈增光, 周承功. 废石膏改性三渣混合料的研制及应用 [J]. 中国市政工程, 2004 (6): 12 – 13.

[25] 胡忠. 我厂氟石膏利用现状与前景 [J]. 轻金属, 1990 (3): 24 – 27, 56.

[26] 刘小波, 刘宇元, 肖秋国等. 废石膏生产加气砌块的工艺研究 [J]. 新型建筑材料, 1996 (4): 31 – 33.

[27] 朱瀛波, 张高科. 石膏工业对发展我国新型建材的作用 [J]. 中国非金属矿工业导刊, 1999 (6): 8 – 10.

[28] 张锦峰, 许红升, 王玉洪. 氟石膏复合保温墙板的开发与应用研究 [J]. 墙材革新与建筑节能, 2005 (9): 25 – 27.

[29] 杨新亚, 牟善彬, 钱进夫. 无水氟石膏砖的研究 [J]. 新型建筑材料, 2000 (2): 44.

[30] 张文恒, 李广平, 王军科. 浅谈无机盐作激发剂对氟石膏砖及氟石膏彩砖技术性能的影响 [J]. 轻金属, 2003 (1): 22 – 24.

[31] 李正荣, 刘世国. 利用氟石膏生产高强石膏粉 [J]. 河北化工, 1996 (1): 31 – 32.

[32] 苏芳, 赵宇龙, 盖国胜等. 石膏资源应用及其研究进展 [J]. 山东建材, 2003, 24 (2): 39 – 41.

[33] 符德学. Zn_Mn 合金电镀工艺及其基础理论研究 [D]. 中南大学, 2001.

[34] 官青, 赖丰英. 氟石膏制硫酸钾的工艺探讨 [J]. 广西化工, 1999, 28 (1): 20 – 22.

[35] 石岩, 谢来苏. 一种新型造纸原料——石膏微纤 [J]. 西南造纸, 2000 (6): 18.

[36] 梁诚. 氟石资源保护及氢氟酸生产与发展 [J]. 有机氟工业, 2005 (2): 22 – 26.

[37] 郭泰民. 中国工业副产石膏排放量及主要应用技术市场调研报告 [R/OL]. [2009]. http: //wenku. baidu. com/view/287cd1215901020207409cc6. html###.

[38] 杨荣华. 石膏资源的综合利用现状及发展方向探讨 [J]. 无机盐工业, 2008, 40 (4): 5 – 7, 34.

附录五：

“循环”与“低碳”是实现可持续发展的两翼*

——访北京师范大学资源学院教授刘学敏

《中国改革报》记者　王　森

王森：刚刚发布的《中国人类发展报告2009/2010》指出，中国在制定未来社会和经济发展政策上，除了走低碳之路，别无选择。当前，发展低碳经济已经成为国内外的一个热门话题。发展低碳经济与“十一五”规划提出的“循环经济”是一种什么关系？或者说，绿色、低碳和循环经济之间的关系是什么？

刘学敏：几年前，当循环经济概念刚提出的时候，许多地区迅速地把它作为推进区域可持续发展的一个新抓手，体现到了地方的“十一五”规划中，一些地区试图建设“循环经济省”、“循环经济市”，甚至一些经济比较落后的地区率先推进循环经济建设，成为这里发展的“亮点”。然而，时过境迁，当低碳经济这个新概念出现并被人们广为接受以后，它又迅速被许多地方政府紧紧抓住，成为时下制定“十二五”规划时的重要依据和目标，原来的循环经济似乎“过时”了，已经被“时髦”的低碳经济替代了。

所以出现这种情况，主要是由于两个原因：

其一，没有理解循环经济和低碳经济的真实内涵。循环经济更多地侧重于解决资源短缺的问题，通过减量化、资源化和再利用，使资源能够可持续利用，能够支撑人类的未来。发展循环经济仍然是实现可持续发展的重要领域，它不仅没有过时，而且应该是经济发展方式转变的重要走向。对于低碳经济来说，则更侧重于解决环境问题。由于资源与环境问题具有不可分割性，使经济发展方式的转变既涉及循环经济，也涉及低碳经济。所以，大力发展低碳经济不是要替代循环经济，而必须是两者并重。

其二，可持续发展是一个有起点而没有终点的事业，它需要许多代人坚持不懈地努力推进才能实现，这就决定了可持续发展工作具有持续性和长期性的特点。然而，政府却是3～5年为一届，这就常常使既定的工作目标因政府换届而

---

* 本文原载《中国改革报》2010年4月28日第3版。

受到影响。新一届的政府都在求"新"，都要以新的概念来吸引人的眼球。尤其是在中国当前的体制下，当上一任领导提出的口号，一般继任者很难延续，因为要出政绩、要有新的思路，至少要有新的口号，以至于新的"思想"、新的"理念"、新的口号层出不穷，萧规曹随或"不折腾"很少见。正是在这样的背景下，低碳经济的"声浪"远远高于循环经济。

王淼：那么，从"循环经济"的视野出发，发展低碳经济应注意避免哪些误区？

刘学敏：我以为，第一，绝对低碳或无碳是一种庸俗的理解。人们对于低碳概念的理解是极不相同的，一些学者对于低碳经济和低碳概念作出了庸俗化的解释。他们提出，要绝对低碳和无碳，甚至把每一个人个体存活排放的碳也作出了"精确"的计量，把人们日常生活的排放罗列出一个"会计报表"和碳排放清单。其实，一个人举手投足之间都会有碳排放，如果真正做到绝对低碳或者无碳，除非没有人类的活动。这是对于低碳经济的误读。发展低碳经济是由于长期以来的高碳排放和历史累计造成或将会造成气候变化，从而影响到人类的可持续发展，为此，要通过发展低碳经济和低碳技术，改造现有的经济发展模式，通过固碳、碳捕获和碳封存，使经济活动造成的碳排放最小化。发展低碳经济，绝不能庸俗化地理解为绝对低碳或无碳。

第二，发展低碳经济不能以降低人的生活水平为代价。与第一点相联系的是，发展低碳经济不应该降低人的生活水准，相反，还要提高人们的生活水平，这是科学发展的前提。因为科学发展的核心的以人为本，社会发展的终极目标是满足社会成员的物质和文化需要，无论是发展何种经济形态，都不应该违背这个宗旨。现在的问题在于，每一个人都有自己的消费方式和生活习惯，都会在提高自身生活水平的前提下去节能减排，所以，从社会进步的意义上讲，发展低碳经济要以提高人的生活水平为前提。

第三，在气候变化和节能减排问题上，必须摒弃气候变暖、减排压力是发达国家给发展中国家设的"阴谋"和"圈套"。所谓"阴谋论"，就是认为，气候变化是发达国家阻遏发展中国家的借口。由于历史认识的惯性，我国在对外交往中往往非常"警惕"，总是用怀疑的目光打量着世界，这主要是因为，一是近代以来，中国积弱积贫，长期忍受西方发达国家的欺侮，在国际舞台上仅仅是规则的执行者，没有任何机会参与国际规则的制定，而当中国能够独立自主地行使国际权利的时候，西方国家又长期抱着敌视的目光，极尽打压，以至于当西方世界抛出一个新玩意儿的时候，我们不能不抱有怀疑的目光。二是我国长期以阶级斗争的思维来考察世界，在"文化大革命"中达到极致。曾几何时，面对 1972 年在斯德哥尔摩召开的联合国环境与发展大会，中国派出代表团去参加"政治斗争"，揭露"阴谋"。在回国后上报的会议总结材料中，历数的全是在会议上的

“政治斗争”，而作为会议主题“环境与发展”却只字不提。

从目前的情况看，尽管从人均上看处在世界平均水平，但中国已经成为世界第一大 CO_2 排放国家，因此在国际事务中常常有来自发达国家的压力。各国在气候变化和 CO_2 减排问题上，都站在自身的立场上谋求国家利益的最大化，即使是在《京都议定书》和哥本哈根的谈判中也是这样，但不能也不应该把全球的减排看作是发达国家设计的“陷阱”和“阴谋”。

从人类文明的角度看，生活在洁净的环境中，呼吸新鲜的空气、喝着洁净的水，爱护地球家园，这是文明的进步，是真正的可持续发展。

王淼：“十一五”规划将建立资源节约型社会、环境友好型和发展循环经济和建设创新型国家作为落实科学发展观的重要支柱。作为循环经济和区域发展方面研究的专家，请您为我们简单分析一下这些年我国在发展循环经济方面取得的成绩和经验，以及存在的主要问题。

刘学敏：这些年来，我国对循环经济的各种形式进行了全面探索，涌现出许多好典型，积累了许多好经验：

首先，积极构建循环经济企业群，实现区域内整体资源的节约利用和环境保护。在一个企业内发展循环经济，通过减量化、再利用、资源化实现资源节约和环境友好的目的，国内已不少见。在一个区域内，许多企业虽各不关联，但都在推进循环经济，形成一个“循环经济企业群”，从而不再使个别企业的循环经济因势单力薄而淹没在传统线形经济中，却是我国发展中的重要探索。事实上，一个地区要发展循环经济，单靠一个企业是不行的，必须要有一个企业群，只有这些企业都以发展循环经济为己任，整个区域的循环经济才能真正建立，才能最终实现区域内资源的节约和环境保护。

其次，以大资本和高科技支撑发展循环经济，把资源节约、环境友好与经济发展、人民生活富裕结合起来。发展循环经济，许多地方推崇家庭型循环经济模式或农业循环经济的“小循环”，最典型的就是农村沼气的广泛使用。它将人与畜禽粪便、农业废弃物通过微生物发酵产生沼气，为农业生产、农民生活提供能源；沼液可以代替农药，沼渣、沼肥可以代替化肥，时空生态位被充分利用，构成和谐的农村生态系统。我国许多地方把发展循环经济与收入增加、人民生活富裕结合起来，使循环经济具有旺盛的生命力。把大资本与高科技结合起来推进循环经济，就可以突破为循环而循环的局限，把经济发展、农民致富、资源节约、环境友好紧密结合起来。

最后，在废物利用和环境整治中发展循环经济，积极探索资源节约、环境友好的长效机制。“垃圾是放错了地方的资源”，这个循环经济的理念已成为共识。在废物利用方面，我国许多地方进行了富有成效的探索与实践，形成了多种模式，如有些地方在垃圾处理方面构建了以“政府引导、部门协调、科技支持、企业运作、公众参与"为内容的模式，探索了民营资本介入社会公益事业的形式、政策和机制。在实施过程中，逐渐明确了政府和民营企业的各自职责、权利和义务，对社会主义市场经济体制下，社会事业发展的新机制进行了尝试。

要谈发展循环经济产生的问题，我想主要有两个：

其一，循环经济是一个实践层面的东西，各地发展循环经济必须从自身的实际情况出发，不能照搬别人的经验。

其二，发展循环经济必须要以市场作为纽带，一些地方在政府的主导下，构建了"精美"的循环经济链条，但因为没有效益而夭折。只有"循环"而没有"经济"必然是短命的。事实上，被奉为圭臬的丹麦卡伦堡生态工业园区的运行也常常受到利益关系的困扰。

王淼：近一个时期以来，很多城市和地区都提出了建设低碳试验区的目标。我们了解到，您认为应该将低碳经济与循环经济结合起来。能否结合您在循环经济园区考察研究中的经验谈谈如何能少走弯路，将"低碳"从理念更好地转化为实践？

刘学敏：低碳经济概念提出并引入我国以后，在国内产生了很大的轰动效应，以至于政府和媒体言必称低碳，"低碳城市"、"低碳校园"、"低碳社区"等如雨后春笋般平地涌出，可以看出，低碳经济和低碳发展已经替代了在前几年热传或热销的循环经济。

在实践上，许多地区开始自觉地进行低碳发展示范和实验。譬如，广东正在推进优化产业结构，加快产业升级，减少能耗，降低 CO_2 排放水平，珠海正在建设"低碳经济示范区"。河北省保定市也在试图推进低碳经济，提出了"既不能为了发展而牺牲环境，也不能为了保护环境而放弃发展"的思路，要建设"中国电谷"。

在国家层面上，我参与了国家科技部正在拟议出台的"低碳发展科技示范区"的前期准备工作。国家科技部将根据中国目前的能源结构、发展阶段、技术水平等现实条件，推进"低碳发展科技示范区"工作，在示范区推行低碳发展理念，选择不同类型的区域、行业、领域等进行试点和示范，按照"点—线—面"模式推进，通过低碳技术集成，开展技术推动和完善推广，通过可复制的模式探索，最终实现更广阔区域的低碳发展，支撑推动整个社会的低碳发展。

低碳发展之路固然应该重视发展低碳经济，构筑轻型的经济体系，但更重要的是还要构筑一个低碳社会，它涉及社会生活的各个方面。

一是发展低碳交通。目前，发展低碳交通已经成为一种世界潮流，而公共交通是实现低碳交通的重要发展方向。据估计，通过汽车的轻型化、节能设计可以节约 1/4 的能源，而通过发展公共交通，则可以节约原来耗费能源的 1/2 以上。为此，应该大力倡导发展公共交通，实现绿色出行。

二是构建低碳政府。中国是一个强势政府主导的国家，政府在社会经济活动中扮演着极其重要的角色。政府不仅作为投资的主体形成国有资本，还作为消费的主体改善着公共服务的能力。作为一个非生产性的机构，政府各个部门的消费在社会消费中占有很大比重，如建筑物和办公场所、车辆和出行消费、公务接待、办公消费等，如果各级政府也本着节约的原则，将为低碳发展做出巨大贡献。事实上，政府机构既是社会经济的决策者，也是推动者、参与者、实践者。在推进低碳发展中，政府机构确实应该起到示范作用，这将影响全国各行各业的消费行为，意义特别重大。

三是发展低碳社区。社区是人们生活、居住的主要场所，其居民有共同的认同感。发展低碳社区，不仅非常必要，也具有可操作性。在这方面国内外已经进行了许多有益的探索。我曾经访问过英国伦敦的伯丁顿社区，在低碳发展方面走在世界前列。它通过“零能源发展”的设计理念，最大限度地利用自然能源、减少环境破坏与污染、实现化石能源“零”使用，能源需求与废物处理基本实现循环利用。

四是发展低碳校园。校园是一个相对独立、封闭的运行系统，学校作为传播人类文明和知识的机构，具有引领人类文明、提升公众意识的职能。学校的主体是学生，他们是一批朝气蓬勃的新生力量，最容易接受新生事物。因此，在学校推进低碳发展具有得天独厚的优势。学校可以实行低碳排放的生活模式，可以在学生社区应用一些成本低的清洁技术，降低生活中的温室气体排放。

五是倡导低碳消费。在市场经济下，消费者怎样消费、消费什么、采取何种方式消费，以及如何满足自身生存、发展和享受需要，是根据其“货币选票”来决定的。但是，推进低碳发展，构建低碳社会，不能回避消费，这是从“公”领域向“私”领域的延伸。为此，要培育全民低碳发展的意识，营造低碳消费氛围，要改变以往那种浪费资源、增加污染的不良嗜好和习气，彻底戒除“面子消费”、“奢侈消费”等陋习，把资源节约和环境友好落实到日常生活的细微之处。要完善激励低碳消费的相关法规政策，鼓励低碳消费。同时，也要使企业开发和生产的低碳产品有利可图，为低碳消费创造条件。

当然，从高碳经济体系过渡到低碳经济体系，构建低碳社会，将是一个比较长的过程，在这个过程中还会受到各种干扰，譬如会因一些迫在眉睫的问题如就业等的“胁迫”而延滞，但只要“从我做起”、“从现在做起”，就能够走向低碳发展。

附录六：

循环经济不能成为“新概念”的垫脚石[*]

《科技日报》记者　韩士德

主持人：韩士德（本报记者）

嘉　宾：刘玉升（山东农业大学植保学院副院长，中国能源学会常务理事）

宋卫平（安徽省阜阳市委书记）

刘学敏（北京师范大学资源学院教授，中国可持续发展研究会理事）

■ 对话背景

如今，“循环经济”正日益成为整个社会的热门词汇和各地竞相实践的发展模式。有统计称，全国已经有近百个城市宣称要发展循环经济。各地在发展循环经济中有哪些问题？循环经济有没有固定的模式？如何评判地方经济是否符合“循环经济”的标准呢？

■ 观点争锋

刘玉升：循环经济特征是自然资源的低投入、高利用和废弃物的低排放，从而根本上消解长期以来环境与发展之间的尖锐冲突。

宋卫平：确立支持循环经济发展的科技原则，研究开发一批经济效益好、资源消耗低、环境污染少的平台性和共性技术，确保最合理的资源、能源利用效率。

刘学敏：循环经济产业链条的各个环节是以利益为导向的，如果各方没有从中获得利益，链条就会中断。

“循环经济没有固定模式，各地都应主动探索”

主持人：全国各地都在积极地发展循环经济，现在发展的现状如何？

刘玉升：从国家立法角度来看，国家层面是非常重视的，出台了《清洁生产促进法》和《循环经济促进法》。从各地方政府来看，地方领导已经接受并试图实践循环经济的理念。但是，真正推行循环经济的实际运作还不是很理想，尤其

---

* 本文原载《科技日报》2010 年 7 月 23 日第 7 版。

是在大农业的现代循环经济实践中大规模、多领域的示范十分欠缺。拥有自主知识产权的关键技术亟待突破。目前也存在虽然接受、认知循环经济理念，但是对于从哪里进入循环经济体系，如何组织高效循环经济生产还存在迷茫。循环经济的一大特点是无始无终，循环使用资源，每个生产环节的副产品即作为下一个生产的原料加以利用，理论上达到直至无限的状态。

刘学敏：近年来我国在积极推进循环经济实践，在政策和法规上也做了大量的工作。从实践上看，辽宁曾试图推进循环经济省、贵阳也曾试图建设循环经济市，此外，在全国范围内探索了许多循环经济模式和经验。应该说，近年来循环经济的探索和实践是富有成效的，对于中国建设资源节约型社会和环境友好型社会具有重要意义。因为循环经济以减量化、再利用、资源化、无害化为原则，使资源利用限制在资源再生的阈值之内，对于环境的最小扰动。

主持人：从您掌握的情况来看，循环经济现在主要有哪几种模式？

刘玉升：循环经济作为一种适应生态文明生产方式的理念，与传统的工业文明生产方式存在区别。特别是现代企业生产的多元化存在，难以将循环经济归纳成几种模式。循环经济的实施，要根据具体情况构建适用的模式，不是可以在几种模式中能够套用的。从大的方面来讲，可以分为工业循环经济、大农业现代循环经济和城市循环经济。大农业现代循环模式可以分为物质流循环模式、空间循环模式。依据物质流关系建立大农业循环经济模式是最基础的，就是我们经常说的食物链，如麦麸混合有机垃圾—黄粉虫饲料—做成蛋白粉进入养殖业—虫粪沙做成有机肥进入种植业。空间循环模式，比如生态养鸡场—鸡粪转移到地下—地下自然生长黑水虻、黑粉虫—虫子出来被鸡吃掉。

刘学敏：从我掌握的情况看，目前国内在探索循环经济中，大体形成了这么几种模式：一是在项目和企业层面的循环经济，在企业内部形成一种循环关系，达到资源节约和环境友好的目的，当然在农村简单的农业循环链条如“猪—沼—果（菜、鱼等）”也属于这类；二是在一个园区内的各个企业形成代谢和共生关系，目前很多地方在建设产业园区时，都按照循环经济理念来推进；三是在更大范围内譬如城市、城市的建制区内推进循环经济，目前也有一些探索和实践，但相对来说成效不是很显著；四是我称之为“混合模式”的一种模式，就是在一个园区内，各个企业可能并不相关，虽然它们之间不存在上家和下家的关系，但每个企业都按照循环经济的原则行事。由于循环经济是发展过程中的一种实践，各地都可以根据自己的实际情况去探索和实践，不存在一个固定的模式。

“政府过度参与，损害市场的机能，这种循环经济可能是短命的”

主持人：目前，很多城市面临资源能源紧缺的问题，因此发展循环经济成为很多地方政府发展经济的一条再生之路。您认为在发展循环经济过程中，应注意哪些问题？

刘玉升：解放思想、更新观念，建立循环经济思想基础，发自内心的接受循环经济观念，而不是赶时髦、赶时尚，提出口号、张贴标语就可以的。首先，要由工业文明时代特征向生态文明时代特征转变。工业文明时代的经济是一种由“资源—产品—污染排放”所构成的物质单向线形流动的经济。与此不同，生态文明时代的循环经济倡导的是一种建立在物质不断循环利用基础上的经济发展模式，它要求把经济活动按照自然生态系统的模式，组织成一个“资源—产品—再生资源”的物质反复循环流动的过程，使得整个经济系统以及生产和消费的过程基本上不产生或者只产生很少的废弃物，只有放错了地方的资源，而没有真正的废弃物，其特征是自然资源的低投入、高利用和废弃物的低排放，从而根本上消解长期以来环境与发展之间的尖锐冲突。

宋卫平：从总体上看，这项工作还处在起步阶段，特别是各地发展不平衡，项目实施水平不高，产业链条不长。我认为，在发展循环经济过程中，应坚持回收体系网络化、产业链条合理化、资源利用规模化、技术装备领先化、基础设施共享化、环保处理集中化、运营管理规范化“七大”原则，同时，应加大创新力度，降低生产和消费过程资源、能源的消耗及污染物的产生和排放。确立支持循环经济发展的科技原则，研究开发一批经济效益好、资源消耗低、环境污染少的平台性和共性技术，确保最合理的资源、能源利用效率。

刘学敏：发展循环经济是资源和环境“胁迫”的结果。就是说，如果按照美国人的生活方式，大量生产、大量消费、大量废弃，那么为了满足地球人的消费，需要六个地球，而地球是迄今我们发现的唯一适合于人类居住的星球。为此，必须节约资源，爱护环境，走可持续发展的道路，必须发展循环经济。但目前发展循环经济还面临着一些问题，主要是：第一，循环经济产业链条的各个环节是以利益为导向的，如果各方没有从中获得利益，链条就会中断。第二，目前许多循环经济链条是政府越俎代庖的结果，由于政府过度参与，损害了市场的机能，没有利益，所以，这种循环经济就可能是短命的。第三，循环经济的发展需要耐心和扎实实践，而目前的情况是，新的词语和口号层出不穷，譬如，当低碳经济出笼后，循环经济就不再吸引人的眼球了，因此在政府文件和目标中就不再关注了，好像循环经济已经“过时”了。

“仅有循环链条是不够的，各方参与者必须能够从中获得收益”

主持人：您觉得我们还应从哪些方面进一步推动循环经济的发展？

刘玉升：最重要的还是要加大宣传力度。可以设立一个循环经济节日，像植树节一样，到那一天就全体参观循环经济基地；像清明节一样，全部去循环经济示范点考察。比如，城市垃圾处理问题，很多居民可能根本就不知道垃圾的处理场所、处理过程、处理周期、处理费用，这就需要大力宣传。其次，投入研发经费，创新适合我国国情的适用技术。同时，推行政府主导与多种经济成分共同加入循环经济的实践。国务院也有文件允许民间资本进入一些政府主导的行业。

宋卫平：结合阜阳循环经济发展的实际，我觉得，一是要把产业结构优化作为发展循环经济的主要途径。不断完善各项规划，坚持用循环经济理念指导编制各类专项规划、区域规划、城市总体规划，合理引导投资方向，尤其是把发展循环经济与建设社会主义新农村、推动新型工业化紧密结合起来，积极推进阜阳经济跨越式发展。二是要把节能减排作为发展循环经济的首要任务。健全机构组织，出台有关政策，分解落实节能和主要污染物总量减排目标，将节能减排指标完成情况纳入各县市区一把手实绩考核和各县市区经济发展综合评价体系。三是要把资源循环利用作为发展循环经济的重要内容。在工业废物利用方面，重点抓好以废铅、废塑料、粉煤灰等废弃物的综合利用。在农业方面，重点抓好农作物秸秆、林业“三剩物”和次小薪材等资源化利用。

刘学敏：目前存在的弊端就是不断追求所谓新的时髦名词，一定要理解循环经济与低碳经济是一致的，低碳经济注重环境问题，而循环经济把资源问题和环境问题一体化解决，意义更大。推进循环经济一定要协调好政府和市场的关系。协调政府与市场的关系，这是中国社会主义市场经济体制大环境所决定的。循环经济是“循环”加“经济”，“循环”是手段，“经济”是目的。仅仅有循环链条是不够的，各方参与者必须能够从中获得收益，否则，循环经济就不能形成，即使形成了也不能长久。

第四部分

可持续发展和减贫背景下中国绿色经济战略研究
以“深绿色”托起生态文明
生态文明：开启人类新时代
中国经济如何“深绿色”发展
金融助推生态建设与产业发展的有机融合
关注绿色贫困：贫困问题研究新视角
绿色发展的资源支撑力
绿色发展与资源支撑

附录七：产业发展要用智力对抗资源约束
——访北京师范大学教授刘学敏
附录八：国际生态修复领域“新”意迭出

可持续发展和减贫背景下中国绿色经济战略研究*

1992 年，联合国召开环境与发展大会，世界各国首脑齐聚巴西里约热内卢，共商世界可持续发展大计，会议通过了《里约宣言》、制定了《21 世纪议程》等重要文件，成为日后指导世界各国经济社会发展的纲领。2012 年，联合国将召开可持续发展大会，即“里约 +20”峰会，总结 20 年来人类在实现可持续发展征程上取得的进展、存在的差距以及应对新的挑战，探索“在可持续发展和扶贫框架下发展绿色经济”，共同讨论粮食安全、能源危机、缺水和公共健康等世界面临的各项问题。关于绿色经济，近年来已经成为政策讨论的焦点问题，尽管发达国家和发展中国家对于其理解和功能尚未达成共识，但绝大多数研究仍认为绿色经济可以成为协调经济、社会发展和环境保护的切入点。尤其在全球经济危机期间，联大及其机构更是认识到绿色经济可以成为政府帮助经济复苏、刺激经济发展的有效手段和方案。

一、绿色经济的内涵

绿色经济的提出源于人们对经济与环境协调发展的思考。1962 年，美国海洋生物学家蕾切尔·卡逊在《寂静的春天》一书中将环境问题诉诸公众，它首次唤起了人们的环境意识和对于环境的关怀。1972 年，联合国人类环境会议召开，会议发表了《人类环境宣言》，以鼓舞和指导世界各国人民保护和改善人类环境。是年，环境规划署（UNEP）成立，这标志着环境保护被提上人类发展的议事日程。1989 年，英国环境经济学家戴维·皮尔斯等在《绿色经济蓝皮书》中首次提到“绿色经济”一词，认为经济发展必须是自然环境和人类自身可以承受的，不会因盲目追求生产增长而造成社会分裂和生态危机，不会因为自然资源耗竭而使经济无法持续发展，主张从社会及其生态条件出发，建立一种“可承受的经济”，并首次主张将有害环境和耗竭资源的活动代价列入国家经济平衡表中。

---

* 本文原载《中国人口·资源与环境》2012 年第 22 卷第 4 期，与朱婧、孙新章、宋敏合作；中国人民大学复印报刊资料《生态环境与保护》2012 年第 9 期转载。

绿色经济概念比较宽泛，内部可衍生出诸多分支，同时涉及经济活动的各个领域和产业链条的各个环节。环境学家强调绿色经济要实现经济发展与环境保护相协调，其实现途径重点在污染的末端治理；资源领域专家强调绿色经济要实现经济增长与资源消耗脱钩，其实现途径重点在于从生产端提高资源生产率；生态学家强调绿色经济不能破坏自然生态系统，要保持生物多样性；能源专家强调绿色经济要降低化石能源的消耗，开发新能源；经济学家强调绿色经济要大力发展绿色产业；社会学家则将社会包容性引入绿色经济的理念中；等等。目前，关于绿色经济的定义主要是围绕着经济增长、资源能源消耗、生态环境保护、社会公平等内容展开。

2011 年，联合国环境署发布了《绿色经济报告》，报告中将绿色经济定义为可促成提高人类福祉和社会公平，同时显著降低环境风险与生态稀缺的经济。换言之，绿色经济可视为是一种低碳、资源高效型和社会包容型经济。在绿色经济中，收入和就业的增长来源于能够降低碳排放及污染、增强能源和资源效率、并防止生物多样性和生态系统服务丧失的公共及私人投资。绿色经济需要政府通过有针对性的公共支出、政策改革和法规变革来促进和支持这些投资。绿色经济强调，发展路径应能保持、增强并在必要时重建作为重要经济资产及公共惠益来源的自然资本。发展绿色经济对于生计和安全都依赖自然的贫困人群而言尤为重要。

我国学者结合中国实际情况，对发展绿色经济提出不同的观点。成思危认为，绿色经济是当前可持续发展的重点。对中国来说，绿色经济意味着将“三低”（低污染、低排放、低能耗）作为当前经济发展的重点。绿色经济的内涵非常广泛，包括低碳经济、循环经济、生态经济等诸多方面。解振华认为，在未来相当一段时间，中国能源需求还会合理地增长，但绝不重复发达国家传统的发展道路，也不会靠无约束地排放温室气体来实现经济发展，中国将把应对气候变化作为国家重大战略纳入国民经济和社会发展的中长期规划，大力发展以低碳排放、循环利用为内涵的绿色经济，逐步建立以低碳排放为特征的工业、建筑、交通体系，加快形成科技含量高，资源消耗少，经济和环境效益好的国民经济结构。孙鸿烈认为，绿色经济是最大的概念，它包含了循环经济、低碳经济和生态经济，其中循环经济主要是解决环境污染问题的，低碳经济主要是针对能源结构和温室气体减排而言的，生态经济主要是指向生态系统（如草原、森林、海洋、湿地等）的恢复、利用和发展的（如发展生态农业等）。胡鞍钢认为，转向绿色经济首先需要转向绿色发展战略，而对于中国来说，转向绿色发展战略则首先需要从过去的“加快发展”理念转向“科学发展”理念。

国际社会对于绿色经济概念有很多解释，尚未有统一而权威的定义，也没有就其实际操作及政策实施等形成统一的看法。且伴随着科技进步，社会经济发展水平的提高，绿色经济的内涵也相应地发生变化。目前，普遍接受的对于绿色经济的描述，认为它是协调资源生态利用与社会经济发展的可持续发展模式，是以保护人类生存环境、有益于人的发展为特征的。绿色经济的发展不应构成增长的负担，而应是增长的引擎。通过新技术提高资源利用效率、开发新能源，形成涵盖生产、流通、消费等整个经济活动全过程和各领域的绿色发展，形成资源节约、环境友好的生产方式和消费模式。绿色经济是在可持续发展框架要求下，将经济效益、生态效益和社会效益最大化统一起来，兼顾当代人和后代人利益的可持续经济发展模式。

二、国际绿色经济发展动向

2008 年，联合国环境规划署启动了全球绿色新政及绿色经济计划，旨在使全球领导者以及相关部门的政策制定者认识到，经济的绿色化不是增长的负担，而是增长的引擎。基本目标是在目前全球多重危机下，通过这个倡议复苏世界经济，创造就业，减少碳排放，缓解生态系统退化和水资源匮乏，最终实现消除世界极端贫困的千年发展目标。在全球能源、粮食和金融等多重危机的背景下，联合国环境规划署首次较为系统地提出了发展绿色经济的倡议，得到了国际社会的积极响应。2009 年，联合国环境规划署在 20 国峰会之前发表了《全球绿色新政政策概要》，呼吁各国领导人实施绿色新政，将全球 GDP 的 1%（大约 7500 亿美元）投入提高新旧建筑的能效、发展风能等可再生能源、发展快速公交系统、投资生态基础设施以及可持续发展等五个关键领域。随后，绿色经济得到了 20 国峰会的支持并写入联合声明，这标志着绿色经济的研究从学术层面走向了国际政策操作层面。

在发达国家工业革命、工业化、城市化进程完成后，人们发现由于生产力的急剧发展和扩张，人类生存的生态环境遭到极大地破坏。不可再生资源的浪费和过度开发利用，造成了严重的生态危机和经济危机。惨痛的教训让国际社会痛定思痛。在欧洲，经过几十年的发展，保护环境、推进绿色经济已经成为普通百姓的自觉意识。欧洲在推进绿色经济方面走在了世界的前列。欧盟实施的是内涵最广的“绿色经济”模式，即将治理污染、发展环保产业、促进新能源开发利用、节能减排等都纳入绿色经济范畴加以扶持。在推进过程中，强调多领域的协调、平衡与整合。2009 年 3 月 9 日，欧盟正式启动了整体的绿色经济发展计划，根据该计划，将在 2013 年之前投资 1050 亿欧元支持欧盟地区的“绿色经济”，促进绿色就业和经济增长，全力打造具有国际水平和全球竞争力的“绿色产业”，并以此作为欧盟产业及刺激经济复苏的重要支撑点，以实现促进就业和经济增长的两大目标，为欧盟在环保经济领域长期保持世界领先地位奠定基础。

德国大力实施“绿色新政”是以绿色能源技术革命为核心的，既以发展绿色经济作为新的增长引擎以摆脱目前的经济衰退，也谋求确立一种长期稳定增长与资源消耗、气候保护“绿色”关系的新经济发展模式。为此，注重加强与欧盟工业政策的协调和国际合作之外，还计划增加国家对环保技术创新的投资，并鼓励私人投资。德国政府希望筹集公共和私人资金，建立环保和创新基金，以解决资金短缺问题。此外，联邦、州和县政府对商品集中采购政策进行调整，注重采购那些能源利用率高的新产品，并推动“绿色经济路线图”的制定。2009 年，德国可再生能源的发电比重为 13%，可再生能源使用占初级能源使用的 4.7%，这两项指标已经超过了 2010 年目标水平。根据环境部长加布里尔估计，德国经济如果能完成生态变革，到 2020 年就可能增加 100 万个就业岗位。

法国的“绿色新政”重点是发展核能和可再生能源。为了促进可持续发展，政府于 2008 年 12 月公布了一揽子旨在发展可再生能源的计划，涵盖了生物能源、太阳能、风能、地热能及水力发电等多个领域。除大力发展可再生能源外，政府还投资 4 亿欧元，用于研发电动汽车等清洁能源汽车。法国政府预计，新的可再生能源计划的实施，能够在 2020 年之前创造 20 万 ~30 万个就业岗位。

美国发展绿色经济有着多重考虑。奥巴马的绿色新政主张对新能源进行长期开发投资，主导新一代全球产业竞争力，并提出了美国的中长期节能减排目标。“绿色新政”可细分为节能增效、开发新能源、应对气候变化等多个方面。此外，美国大力促进绿色建筑等的开发，并正在制定全新的智能电网计划，以减少电力运输过程中的浪费。

英国把发展绿色能源放在“绿色战略”的首位。2009 年 7 月 15 日，英国发布了《低碳转型计划》的国家战略文件。这是迄今为止发达国家中应对气候变化最为系统的政府白皮书。该计划涉及能源、工业、交通和住房等多个方面。与该计划同时公布的还有《低碳工业战略》、《可再生能源战略》及《低碳交通战略》3 个配套方案。此外，从 2009 财年起，设定“碳预算”，并根据“碳预算”排放标准安排相关预算，支持应对气候变化活动，从而成为全球第一个在政府预算框架内特别设立碳排放管理规划的国家。

日本政府及执政党公布了名为“经济危机对策”的新经济刺激计划，重点之一就是主打绿色牌，特别是日本最为擅长的太阳能产业。为此，政府将向住宅和办公场合设置太阳能光板提供补贴，对购置新车时购买环保型汽车提供 10 万日元援助，以及通过购买时返还现金来普及清洁家电的使用。

韩国政府也宣布争取在 2020 年前跻身全球七大“绿色大国”之列。为此，制定了绿色增长国家战略及五年计划，出台了应对气候变化及能源自立、创造新发展动力、改善生活质量及提升国家地位等三大推进战略，以及三大战略下涉及绿色能源、绿色产业、绿色国土、绿色交通、绿色生活等领域的政策方针。

在发展中国家中，墨西哥率先实行了绿色 GDP 核算。1990 年，墨西哥在联合国支持下，将石油、土地、水、空气、土壤和森林列入环境经济核算范围，并且通过估价将各种自然资产的实物数据转化为货币数据从而估算出环境退化成本，实现绿色 GDP 核算值。

三、中国发展绿色经济的战略取向

（一）中国发展绿色经济面临的挑战

中国近三十年经济高速增长是以破坏和污染为代价的，这种增长方式已经难以为继。2005 年，达沃斯发布的评估世界各国（地区）环境质量的“环境可持续指数”显示，在全球 144 个国家和地区中，中国位居第 133 位，全球倒数第 14 位。环境污染和资源开发问题，都超过了环境承载能力。资源环境压力，水、能源等的消耗，耕地占用问题，污染物高量排放，使得中国不得不面对发展背后的代价。2008 年，中国基本能源消费总量占世界总消费量的 10.4%，居世界第 2 位。同期，进口原油比 2007 年增长 62%，进口成品油比 2007 年增长 82.7%。据行业统计，全年石油消费对外依存度达到 49.8%。中国已经成为一个能源消费大国，而且对外依存度不断提高。

同时，能源资源空间布局明显的双重不平衡性，即能源富集区与生态脆弱区的空间重叠性，与经济消费中心的空间错位性。这种双重失衡极大地增加了中国“资源环境—社会经济”系统的复杂性，增大了整体发展成本。煤炭等化石能源消费占一次能源消费的比重在未来相当长的时间内不会改变，以煤炭为主的能源供应格局不会改变，煤炭仍是支撑国民经济快速发展的基础能源，在中国经济和社会发展中占有重要地位。

由于制度等原因，中国城镇化进程仍然滞后。无论是同世界城镇化平均水平相比，还是同一些发展水平相近的发展中国家相比，中国的城镇化水平都相对偏低。2010 年，城镇化水平仅达到 47%，与发展水平相近的其他发展中国家相比，也只高于印度而低于如印度尼西亚、菲律宾和巴西等国家。目前，中国的人均 GDP 只有 3800 美元，在全球排位在 105 位左右。还有 1.5 亿人还达不到联合国一天一美元收入的标准。按照中国人收入 1300 元贫困标准线，还有 4000 多万人没有脱贫。

国际社会对于中国绿色经济发展带来了影响和压力。随着对气候变化科学问题的认识和研究的深入，气候变化的科学事实和产生的影响已经得到了广泛认可，世界各国纷纷发布了国家适应战略和适应行动计划。但因受社会经济发展阶段和资源禀赋的制约、城镇化和工业化发展的需求，使得中国在未来一段时间内能源的消耗必将增加。作为发展中国家，中国需要寻求更好的经济增长模式，同时也不能为发达国家已经完成的工业化排放而承担历史责任，即“共同但有区别的责任”。此外，还必须正视一个事实：某些发达国家出于自身利益的考虑，如为了扩大自己的市场份额，提高自己的竞争优势，不顾各国经济发展水平的差异，以保护资源环境为由，设置了一系列的制度障碍，防止外国产品进入本国，实行贸易歧视，形成所谓绿色贸易壁垒。这无疑增加了中国产品开拓国际市场的难度，削弱了发展中国家的国际竞争力。

（二）走有中国特色的绿色经济发展道路

发达国家和发展中国家所处的发展阶段不同，实现绿色经济的方式、重点也应当有所区别。中国发展绿色经济首先应当立足基本国情，把促进发展、消除贫困、增强国家可持续发展能力作为绿色经济发展的出发点和目标，强调经济和环境之间的关系，也不能忽略公平。从联合国环境规划署倡议的绿色经济来看，提法、内涵与当前中国环境与发展的大方向是相符合的。

“十一五”期间，中国制定了一系列应对气候变化的政策，同时也在尽最大努力向绿色经济转型，绿色经济、绿色产业的投入和投资规模很大，节能6.3亿吨标准煤，减排二氧化碳14.6亿吨，带来了相当于600亿元的税收收入，新增1800万就业人口，以及两万亿元左右的消费。此外，还采取了一系列应对气候变化的行动举措，如节能减排、发展循环经济等。这些在本质上都是开始探索实施绿色新政、发展绿色经济的体现。从2008年底至今，中央政府新增的2300亿元财政投资中有230亿元是用于节能减排、生态建设和环境保护投资的项目，所占比例为10%，实现了“十一五”规划纲要确定的节能减排约束性指标。中国已经有效地降低了能源强度，实现了国家碳减排目标，减轻了污染，改善了人民生活质量。

在中国科学院发布的《2011中国可持续发展战略报告》中，建议中国应从三个层面实现绿色经济转型：一是解决资源节约、污染治理、生态保护等绿色领域本身问题；二是发展新能源、节能环保技术、节能环保改造等绿色产业和绿色经济；三是将绿色发展的理念深入工业化、城市化的全过程中。报告建议，国家从立法的角度明晰环境与发展的关系，形成促进绿色经济转型的长效机制。“十二五”期间，将强化节能减排目标责任、调整优化产业结构、实施节能减排重点工程、加快节能减排技术开发和推广应用、完善节能减排经济政策、推广节能减排市场化标准、开展碳排放交易试点等方面采取具体措施。在倡导绿色经济的过程中，应提倡积极的、具有建设性的观点和政策，处理好资源开发的短期效益与自然保护的长期效益之间的关系，充分调动公共部门、私营部门的角色以及调控机制和市场机制的作用，使社会上的每个人都关心绿色经济的发展，在生活方式方面也要实现绿色发展。

绿色经济的发展战略框架问题，应从不同的层面综合考虑。政府层面要加强对绿色产业发展引导、努力完善激励约束政策，保障绿色经济的稳健发展，重视绿色科技人才队伍建设，增强绿色产业自主创新能力。从目前来看，一是对环境定价，政府可以建立有统一规范和标准的排污权交易市场，排污者确定其污染治理程度，从而买入或卖出排污权。通过排污权交易市场，最终确定环境的价格。二是建立健全与绿色经济核算相关的法规制度，尤其是有关资源环境与统计法规、政策和评价标准、资源环境信息共享等。三是要实施绿色 GDP 的考核制度，从根本上改变经济增长的方式问题。企业层面要重视绿色科技人才队伍建设，增强绿色产业自主创新能力、绿色投资，着眼于绿色产业的发展与调整。行业层面着重节能建筑、可再生能源、可持续交通、可持续农业、淡水和生态基础设施等不同行业，尤其是对当前技术改造和使用最新技术。消费者层面要加强绿色理念宣传，积极倡导绿色消费。从国际贸易的角度，应积极争取发达国家提供技术支持和技术培训，以帮助环保商品和服务行业的发展。

参考文献：

[1] 联合国可持续发展大会明年举行　沙祖康呼吁美国要起带头作用 [N]. 中国青年报，2011 - 7 - 1.

[2] 走绿色经济路　实现共同发展——访联合国副秘书长沙祖康 [EB/OL]. http：//news. xinhuanet. com/world/2011 - 02/25/c_121120434. html，2011 - 2 - 25.

[3] Ocampo J A. The Transition to a Green Economy：Benefits，Challenges and Risks from a Sustainable Development Perspective Summary of Background Papers [A]. United Nations Department of Economic and Social Affairs，2011.

[4] 蕾切尔·卡逊. 寂静的春天 [EB/OL]. http：//www. forestry. gov. cn/portal/main/s/190/content - 450065. html，2010 - 11 - 9. Carson R. Silent Spring [EB/OL].

[5] 联合国环境规划署. 联合国人类环境会议上建议成立联合国环境规划署 [EB/OL]. http：//www. unep. org/Documents. Multilingual/default. asp？ documentid = 97&l = en.

[6] 苏立宁，李放. "全球绿色新政"与我国"绿色经济"政策改革 [J]. 科技进步与对策，2011，28 (8)：95 - 99.

[7] UNEP. Towards a Green Economy：Pathways to Sustainable Development and Poverty Eradication [EB/OL]. www. unep. org/greeneconomy.

[8] 成思危. 可持续发展与绿色经济 [R]. 中国过程系统工程年会发言，2010.

[9] 解振华. 中国为绿色经济付出了巨大努力. 绿色经济与应对气候变化国际合作会议发言，2010.

[10] 什么是绿色经济 [N]. 中国环境报，2010 - 6 - 5.

[11] 胡鞍钢. 中国绿色发展与"十二五"规划 [J]. 农场经济管理，2011 (4)：10 - 21.

[12] 周珂，徐岭. 我国绿色经济面临的挑战与发展契机 [J]. 人民论坛，2011 (8)：110 - 113.

[13] 俞海，周国梅. 绿色经济：环境优化经济增长的新道路 [J]. 环境经济，2010 (1 - 2)：58 - 61.

[14] Barbier E B. A Global Green New Deal：Rethinking the Economic Recovery [M]. Cam-

bridge University Press, 2010.

[15] 潮伦. 各国大力发展绿色经济 [J]. 生态经济, 2011 (1): 12-17.

[16] 张立平. 奥巴马的气候外交 [J]. 世界知识, 2009 (20): 42-43.

[17] 梁慧刚, 汪华方. 全球绿色经济发展现状和启示 [J]. 新材料产业, 2010 (12): 27-31.

[18] 刘助仁. 全球新的经济社会发展模式——"绿色新政" [J]. 国际资料信息, 2010 (10): 13-21.

[19] 尹希果, 霍婷. 国外低碳经济研究综述 [J]. 中国人口·资源与环境, 2010, 20 (9): 18-23.

[20] 金碚. 金碚经济文选 [M]. 中国时代经济出版社, 2011: 136-144.

[21] 中国21世纪议程管理中心可持续发展战略研究组. 繁荣与代价: 对改革开放30年中国发展的解读 [M]. 社会科学文献出版社, 2009: 161-169.

[22] 中华人民共和国国家统计局. 中国统计年鉴2009 [M]. 中国统计出版社, 2010.

[23] 中国21世纪议程管理中心可持续发展战略研究组. 发展的格局: 中国资源、环境与经济社会的时空演变 [M]. 社会科学文献出版社, 2010: 61-66.

[24] 任婷, 马祥林, 金允成. 中国煤炭企业循环经济的发展 [J]. 洁净煤技术, 2011, 17 (1): 126-128, 118.

[25] 商务部谈"中国GDP超日": 人均仅列全球105位 [EB/OL]. http: //www. chinanews. com/cj/2010/08-17/2473366. shtml, 2010-8-17.

[26] 科学技术部社会发展科技司. 适应气候变化国家战略研究 [M]. 科学出版社, 2011: 7-8.

[27] 科学技术部社会发展科技司. 绿色发展与科技创新 [M]. 科学出版社, 2011: 186-187.

[28] 杜瑞霞. 谈绿色贸易壁垒 [J]. 现代商业, 2011 (2): 21-22.

[29] 张建伟, 何娟. 碳关税及其中国的法律应对 [J]. 世界环境, 2011 (1): 51-52.

[30] 肖黎. 新贸易保护主义对我国出口贸易的影响及应对策略探讨 [J]. 特区经济, 2011 (2): 209-211.

[31] 解振华: "十一五"期间节能6.3亿吨标准煤 减排二氧化碳14.6亿吨 [EB/OL]. http: //energy. people. com. cn/dt/GB/15289028. html. 2011-7-30.

[32] 国务院发布"十二五"节能减排综合性工作方案50条政策措施确保实现节能减排约束性目标——国家发展改革委有关负责人就"十二五"节能减排综合性工作方案答记者问 [EB/OL]. http: //www. sdpc. gov. cn/xwfb/t20110914_433962. htm.

以“深绿色”托起生态文明*

自党的十八大提出“把生态文明建设放在突出位置”以来，生态文明研究领域人声鼎沸，再一次成为焦点。然而，何以支撑生态文明建设，人们的理解却极不相同。许多研究和活动以“绿色”为标榜，但这种所谓“绿色”有些是已经过了时的“浅绿色”，有些却是“假绿色”或“伪绿色”。这些研究和活动，混淆视听，误导观念，在生态文明建设中起到了极坏的作用。

“浅绿色”关注工业发展带来的环境污染问题，它以人为尺度，来寻找治理污染的技术，制定和实施限制污染的法律，通过新技术应用和环境管理，来减轻国内和区内的污染，同时也就暗含着把污染产业向落后国家和落后地区转移。在“浅绿色”看来，资源问题可以通过市场和新技术应用加以解决。目前，许多人都是自觉或不自觉地循着这个思路来研究环境污染问题的。“浅绿色”认为，发达国家、发达地区在工业发展到一定程度以后，开始重视环境问题，因为有积累的财富可以推进可持续发展；对于落后国家、落后地区来说，推进可持续发展则是一种“奢侈”，各国所走的实际就是倒U型的环境库兹涅茨曲线所描述的“先污染后治理，先破坏后建设”的道路。“浅绿色”是针对工业文明出现问题以后的一种反思，它的产生有特殊的时代背景，其积极意义就在于促进了人类环境意识的觉醒。但是，“浅绿色”常常把经济和环境置于对立的境地，因而有时开出的“药方”就是要“反发展”、“零增长”。

如果说，“浅绿色”还是一种认识和观念的话，那么，在实际生活中却充满着“假绿色”或“伪绿色”。其表现就是借“绿色”之名，行“反绿色”之实。譬如，一些城市小区建设在“绿色”的幌子下，以欧美风情为诱饵，动辄“普鲁旺斯”、“维也纳”、“美利坚”，宣称把“家建在大自然中”、“沿着树的方向回家”，把“生态足迹”踏遍自然风景区。这表面上是“绿色”的，符合“绿色”的原则。但是，在土地资源稀缺的大背景下，低密度的建设无疑是一种极大浪费。这不仅不符合可持续发展的原则，同时，这类小区还以多数人共享的城市乃至区域的优美环境为代价，蜕变成为少数有钱人、特权阶层拥有的局部“生

---

* 本文原载《中国发展观察》2013 年第 8 期；北京师范大学科学发展观与经济可持续发展研究基地、西南财经大学绿色经济与经济可持续发展研究基地、国家统计局中国经济景气监测中心著《2013 中国绿色发展指数年度报告——区域比较》，北京师范大学出版集团、北京师范大学出版社，2013.

态”、“绿色”，它凸显了社会问题的严重性。再如，在一些城市建设中，房地产开发商以“超大户型”、“二次置业”、“Town house”（一种3层左右、独门独户、前后有私家花园及车库或车位的联排式住宅）等所谓“新生活方式”来引导消费者，从而在消费社会起了推波助澜的作用，大行“反绿色”之实。“假绿色”或“伪绿色”还表现在视觉上的“绿色”，如不考虑区域的气候、资源和地理条件，盲目地大面积种植草坪、追求城市的珍稀树种，让山里大树也“城市化”（大树、古树移植进城），甚至河道硬化（在河岸和河底铺设水泥板）、湖底防渗（湖底铺设塑料膜），其实质都是“反绿色”的。

推进生态文明建设，必须摒弃“浅绿色”，坚决反对“假绿色”或“伪绿色”，要以“深绿色”托起生态文明。要使人们真正认识到，只有“深绿色”才是生态文明的真谛。

“深绿色”认为，作为整体的大自然是一个互相影响、互相依赖的共同体，即使是最不复杂的生命形式也具有稳定整个生物群落的作用，每一个有生命的“螺丝和齿轮”对大地的健康运作都是重要的。人类的生命维持与发展，依赖于整个生态系统的动态平衡。“深绿色”不仅注重环境问题，更重视发展问题，它倡导人、社会和自然的协调和谐发展，并努力探寻环境与发展双赢的道路；它从发展的机制上防止、堵截环境问题的发生，倡导人类文明的创新与变革。从哲学层面上讲，“深绿色”强调，人类是大自然的守护者而非主宰，世界万事万物都是平等的，任何物种都不可能获得超越生态学规律的特权；生态环境问题与社会问题是紧密联系在一起的，环境问题的产生存在社会根源；“深绿色”倡导全球的合作，因为尽管各国都在推进环境保护，推进可持续发展战略，但是由于地球是人类的共同家园——“只有一个地球”，环境问题的共同性，使一个国家不能独善其身，这就需要各国的通力合作。

以“深绿色”托起生态文明建设，至少应包括以下内容：

第一，发展循环经济。循环经济通过减量化、再利用、资源化、无害化，把资源消耗限制在资源再生的阈值之内，把污染排放限制在自然净化的阈值之内，从而实现可持续发展。循环经济是一种与环境和谐的经济发展模式，它要求把经济活动组织成一个“资源—产品—再生资源”的反馈式流程，其特征是低开采、高利用、低排放，所有的物质和能源要能在这个不断进行的经济循环中得到合理的和持久的利用，以把经济活动对自然环境的影响降低到尽可能小的程度，从而让生产和消费过程基本上不产生或者只产生很少的废弃物，从根本上消解环境与发展之间的尖锐冲突。这也就是马克思所主张的，“人与自然之间的物质变换”成为“靠消耗最小的力量，在最无愧于和最适合于他们的人类本性的条件下来进行这种物质变换。”

第二，促进低碳发展。碳的排放虽然不是污染物，但它作为温室气体具有累积效应。虽然目前还有人质疑全球气候谈判是以政治替代科学，但IPCC的报告显示，全球气候变暖已是一个不争的事实，碳排放正在影响着人们的生活。从人类的现实与未来看，全球极端天气和自然灾害的肆虐，对人类的生产、生活和社会活动乃至于政治都带来了严重的影响，使人类的生命财产遭受了重大损失，严重威胁到了人类的生存与安全，这已被各国政府和绝大多数科学家所接受。全球气候变暖是对全人类的重大挑战，如何降低碳排放量已经成为各国学者和政治家共同关注的话题。虽然在国际气候谈判中，各国立场各异，相互龃龉，但低碳发展是各国都应该积极承担的责任。

第三，发展“环境产业”。传统的“环保产业”所产生的是“恶性经济效益”，因为有污染，就必须要采取措施治理，治理污染形成了市场，进而在国民经济账户中成为 GDP 的增加值。据称，经合组织国家（OECD）因治理污染和处理垃圾而形成的市场每年达到约 6000 亿美元。这一市场主要分为：垃圾处理、水净化处理设备，污染物控制装置（过滤设备、静电沉淀处理装置等）；污染治理和危险废料处理的基础设施；经常性的服务与咨询（测量、分析、效果测定、环境状况评估）等。但是，“环境产业”却不同，它虽然包括由于传统发展造成生态环境破坏而产生的以防治环境污染、改善生态环境、保护自然资源为目的而进行的技术产品开发、商业流通、资源利用、信息服务、工程承包等活动，但把生态环境与产业发展融为一体，使环境本身成为一种大的产业，它更注重正面利用生态环境资产的效能和服务功能，更注意开发和利用环境资源。

第四，协调区域发展和缩小贫富差距。由于生态环境问题的产生存在深刻的社会根源，因而“深绿色”下的生态文明，不仅仅关注生态建设、环境污染治理问题，也不仅仅关注相关的技术进步和创新问题，它更关注人的生存状态，对人的尊严和符合人性的各种需要充分肯定，因而在发展中不同地域、不同人群之间，实现公共教育、就业服务、社会保障、医疗卫生、人口计生、住房保障、公共文化、基础设施、环境保护等公共服务的均等化，逐步缩小城乡之间、不同区域之间基本公共服务差距，做到广覆盖和全民享有。“深绿色”下的生态文明给予社会发展以特别关注，力求缩小不断拉大的地区差距和贫富差距，消除社会不公平现象，维护社会稳定和和谐。

第五，倡导“深绿色”文化。“深绿色”文化要求，崇尚自然，所谓“自然界最知道”，既有的自然界是经过亿万年的进化才得到的精美结构，人类进行仿生设计永远也比不上自然界。同时，“深绿色”倡导最佳生产，最适消费，最少废弃，实现对于自然界的最小扰动，遵循宜于生存、宜于尊严、代际公平的原则。“深绿色”文化不仅要求视觉上的“绿色”，天变蓝，地变绿，水变清，景变美，更重要的是体现在价值观上，这就是，人类要珍惜资源与环境，尽量节约使用，延长地球资源对人类的服务年限，要倡导与环境生态友善的生活方式与消费方式，注意节约与环保，杜绝奢靡与浪费，使用绿色产品，反对漫无边际的消费行为与反自然行为，重构人类社会与自然生态相平衡的系统。

生态文明：开启人类新时代*

自工业革命以来，人类的行为严重扰动了自然环境，资源耗竭、环境污染、生态恶化、气候变暖，已成为全球性的重大问题，严重威胁着人类自身的生存与发展。基于此，从1987年《我们共同的未来》提出可持续发展概念和思想，到2012年“里约+20”会议报告《我们期望的未来》正式启动有关可持续发展问题全球对话的二十多年时间内，各国都认为，由于生态环境问题的共同性，使得只有通过共同努力，才能迎来一个可持续的未来。可持续发展是当代人的发展不妨碍后代人发展的能力，它涵盖了经济、社会、人口、资源、环境、文化等各个方面，生态文明建设是实现可持续发展的具体化，所以党的十八大报告提出，把生态文明建设放在突出地位，融入经济建设、政治建设、文化建设、社会建设各方面和全过程，努力建设美丽中国，实现中华民族永续发展。

推进生态文明建设，要调整并控制人类活动对自然生态环境的改造和扰动，变“征服自然、改造自然”为“创造性地适应自然”，使自然生态环境的演化有利于恢复、维持人类社会与自然生态环境的和谐关系，彻底摒弃“先污染，后治理；先破坏，后修复”的老路，走新型工业化的道路，从而更好地促进人类自身的生存和发展。生态文明建设可以从两个方面入手：其一是具体的生态修复与建设，把它当成是国家和区域重要的基础设施，融入国家和区域政治建设、文化建设和社会建设中；其二是把生态建设与产业发展、经济建设融为一体，使生态建设产业化，产业发展生态化。所以从这两个方面入手，是根据生态建设本身内容的不同属性所决定的。

首先，生态环境建设属于基础设施建设。应当承认，生态环境是国家和区域的重要基础设施，它与交通运输、机场、港口、桥梁、通讯、水利及城市供排水供气并无实质区别，常说的生态修复与建设就是保持和增加基础设施。由于具有很强的正外部性（如我国的大江大河治理、荒漠化防治、生态防护林建设等），这种基础设施建设不仅对于区域内部发展意义重大，对于区域外也会产生很大的影响，甚至可以跨越国界。对此，一方面，国家将生态环境质量纳入基本公共产品范畴，从理论上明确生态环境的显性价值，同时，也明确提供生态产品是政府

---

* 本文原载《中国科学报》2013年1月14日第7版。

的职责，是公共财政保障的重点，是中央财政转移支付、资金补助的重要考量因素，为了解决整体的生态环境问题，中央政府必须进行大规模的投资；另一方面，为了支持和配合国家的生态环境建设，生态功能区的人民也要为此而付出代价，在很多情况下，限制了资源开发的力度和大项目的引进，从而牺牲了经济发展的机会，由于市场不可能解决这个外部性问题，这就需要进行区域之间的生态补偿，使区域内生态修复与建设的经济效益、环境效益和社会效益相统一。生态补偿的过程，就是社会建设、政治建设和文化建设的过程，它使生态功能区的人民在为国家做出贡献的同时得到相应的回报，分享发展的成果。

其次，在许多情况下，生态建设、产业发展和经济建设是可以融为一体的，生态建设的过程同时就是产业发展的过程，或者，产业发展的过程同时就是生态建设的过程，走生态建设产业化，产业发展生态化之路。这就是在主体功能区中的限制开发区和禁止开发区内，发挥比较优势，利用其巨大的生态资产优势，通过高科技和实用技术的有力支撑，加大其不可替代的极端条件下生物资源的开发和利用，使之形成特色产业。这既可以保护和恢复当地的生态环境，也可以增加人民的收入，使当地经济获得发展。对于这些生态功能区来说，应该突破生态建设与产业发展相矛盾的传统窠臼，利用自己的优势，通过生态产业的发展来改变传统的产业结构，也通过生态产业的发展来占据国内市场和国际市场，进而实现地区经济的发展。事实上，2012 年 6 月 17 日“世界荒漠化日”，在联合国“里约 +20”会议上，内蒙古自治区鄂尔多斯亿利资源集团董事会主席王文彪荣获联合国“环境与发展奖”，就是为了表彰他经过多年的探索和实践，为人类贡献了一个“社会化、市场化、产业化、企业化”荒漠化防治中生态与产业融为一体的可持续发展模式。

生态文明建设是可持续发展战略的重要内容，它植根于自然界之中，根植于人与自然、人与人之间的和谐相处之中。生态文明建设的前提是尊重自然、顺应自然、保护自然，维护人类自身赖以生存发展的生态平衡。这是一个从自发到自觉的历史过程，马克思曾经指出，文明如果是自发地发展，而不是自觉地发展，则留给自己的是荒漠。为此，必须突破传统生态与产业矛盾的思路，不断地创新发展模式。对于人类来讲，可持续发展是一个有起点而没有终点的事业，而生态文明的建设将开启一个人类文明的新时代。

中国经济如何“深绿色”发展*

自从挪威哲学家纳斯（Arne Naess）提出“深生态学”术语后，“深绿色”便逐渐取代“浅绿色”而引领世界潮流，这是人类对自然生态环境认识的一个重大飞跃。“深绿色”不再是简单强调“以人为中心”而保护自然生态环境，它强调，大自然是一个整体，自然系统中的各元素互相影响、互相依赖，每一个生命的螺丝和齿轮对大自然的健康、发展都是重要的，这是自然进化和选择的结果，人类生命的维持和发展，依赖于整个生态系统的动态平衡。作为一个发展中的大国，中国已经成为世界主要经济体之一。中国强调“绿色”发展，尤其是要以“深绿色”作为指导思想而进行的绿色经济发展，对于全球推进可持续发展至关重要。为此，在未来的发展中，必须做到以下几个方面：

第一，在一定程度上用智力资源替代物质资源，使经济发展与资源消耗、环境污染“脱钩”。

在经济发展的同时，实现资源消耗及对环境影响降低的现象即为“脱钩”。一般情况下，如果资源消耗及 CO_2 排放量的增长相对于经济发展是非常小的正增长，属于相对“脱钩”；如果是零增长或负增长，属于绝对“脱钩”。许多自然资源在人类的时间尺度上是不可再生的，一些可再生的资源超过自身种群繁殖的下限后也会逐渐枯竭。自然资源是稀缺的，在一国的经济发展中，它永远是制约因素。但是，相对于自然资源来说，人的智力可以被看作是取之不尽、用之不竭、具有无限创造力的资源，它具有可以无限开发的潜力。自 20 世纪 90 年代以来，信息技术（IT）革命以及由此带动的、以高新科技产业为龙头的经济伴随着经济全球化而不断向纵深发展，新经济如火如荼，它是信息化带来的经济文化成果，它能使自然资源消耗减少的同时，实现经济持续、健康、快速发展。因此，发展绿色经济，实现“深绿色”，应该而且必须用智力资源在一定程度上替代稀缺的自然资源。

---

* 本文原载《中国科学报》（原《科学时报》）2012 年 5 月 5 日第 A3 版。以《基于“深绿色”推进中国绿色经济发展》为题，载北京师范大学科学发展观与经济可持续发展研究基地、西南财经大学绿色经济与经济可持续发展研究基地、国家统计局中国经济景气监测中心著《2012 中国绿色发展指数年度报告——区域比较》，北京师范大学出版集团、北京师范大学出版社 2012 年版；《经济研究参考》2012 年第 67_{L-4} 期转载。

第二，大力发展循环经济，把资源消耗限制在资源再生的阈值之内，把污染排放限制在自然净化的阈值之内，使地球“方舟”能够永续发展下去。

循环经济在人、自然资源和科学技术的大系统内，在资源投入、企业生产、产品消费及其废弃的全过程中，把传统依赖资源消耗的线形增长的经济，转变为基于代谢和共生关系链接的生态型资源循环来发展的经济，它实现了可持续发展。循环经济本质上是一种生态经济，它基于减量化、再利用、资源化和无害化的原则，要求把经济活动组成一个“资源—产品—再生资源”的反馈式流程，其特征是低开采、高利用、低排放。循环经济要求运用生态学规律来指导人类社会的经济活动。在市场经济下，发展循环经济，经济主体之间的联系是以获取利益为目的的，这就需要把利益作为连接共生和代谢企业群落的纽带。任何企图超越利益关系，把一些可能共生和代谢的经济主体“拼凑”在一起，是不能形成真正的循环经济的；即使取得一时之功效，也是短命的。发展循环经济，市场规律和生态学规律同等重要。

第三，经过工业化阶段的“洗礼”后，中国需要产业和经济结构的转型，走轻型发展的道路。

产业发展的轻型化或称“轻经济”，虽然暂时还不能给出一个严格的定义和标准，但可以肯定地说，这类产业知识含量高、聚集度大、资源消耗少、对于环境的扰动小、对外辐射力强。文化、创意、金融、信息等产业都属于“轻经济”的范畴。创意产业包含着极其宽泛的内容，如广告、建筑设计、艺术创作、时装设计、电影与录像、动漫设计、互动休闲软件、音乐、表演艺术、出版、电视与广播等，它把个人创造力、技能和才华，通过知识产权而发挥出功效，创造出财富和就业岗位。在发达国家，巴黎的时装、化妆品、香包引领世界潮流，行销世界的欧莱雅（L’Oréal）、兰蔻（Lancôme）、雅诗·兰黛（Estée Lauder）和路易·威登（Louis Vuitton）成为巴黎的重要标志，带动巴黎和法国经济的成长；英国的全部创意型总出口更是超过了钢铁产业；东京的创意产业全球首屈一指，一部《哆啦 A 梦》（《机器猫》）动漫片，自 1980 年以来，30 多年经久不衰，单个作品全球发行超过 170 亿张，营业额超过 230 亿美元。发展绿色经济，产业发展轻型化是必由之路。

第四，把经济发展方式由“资源驱动”转变为“创新驱动”。

过去 30 年中国经济的发展主要是依靠“资源驱动”获得的，它使中国从最不发达的国家一跃而成为世界主要经济体。但是，长期依靠物质要素投入推动的经济发展方式，不可避免而且正在遇到资源和环境的极限。仅仅依靠廉价资源支撑的经济发展是不能持久的，也是不可持续的，只有通过“创新驱动”才能实现经济的可持续发展。所谓“创新驱动”就是以创新作为推动经济增长的主动力，它不是不需要各种生产要素和投资，而是生产要素和投资由创新来带动。经济发展方式从“资源驱动”转向“创新驱动”，就是利用知识、技术、现代企业组织制度和商业运作模式等创新要素对资本、劳动和各种物质资源进行新组合，借以提高创新能力和经济持续成长的动力，形成经济的内生性增长。“创新是一个民族的灵魂，是一个国家兴旺发达的不竭动力”。发展绿色经济，应该通过观念创新、技术创新、机制创新和制度创新，来探寻经济长期稳定发展的内在驱动力。

第五，发展绿色经济，向“深绿色”过渡，必须扩大宣传，“唤醒民众”、“唤醒领导（者）”。

发展绿色经济，必须“唤醒民众”，使他们了解什么是绿色经济以及如何才能实现绿色发展，使他们了解我们过去的许多做法和认识是似是而非的，是迫切需要纠正的。“唤醒民众”——这是孙中山先生积四十年革命经验得出的结论。更重要的是，发展绿色经济必须要“唤醒领导（者）”，因为中国所要建立的是社会主义市场经济，它是由政府主导型的，政府官员、领导者的行为在市场经济运行中起着重要的作用。领导者的行为就是“领导”，它是一种特殊的权力关系，是指引和影响个人或组织在一定条件下实现目标的过程。可见，为了推进绿色经济发展，“唤醒领导（者）”是至关重要的。只有“唤醒领导（者）”，使他们充分认识到发展绿色经济必要性和重要性，才能使他们的决策方式发生根本转变，推进绿色经济才能事半功倍。

金融助推生态建设与产业发展的有机融合*

长期以来，生态建设与产业发展一直被认为是“两张皮”，是一对矛盾。似乎，要保护生态环境，就要遏制产业的发展；反之，要促进产业的发展，就必然要破坏生态，等到经济发展到一定程度、人们收入提高后，再来修复和保护生态。经济学家所描述的“先破坏，后修复；先污染，后治理”的所谓“倒U型环境库兹涅茨曲线”似乎准确地描述了这一变化规律。然而，党的十八大报告肯定了把生态建设融入经济发展中的思路，使生态建设和产业发展有机地融合在一起，形成二者的良性互动。

其实，在很多情况下，产业发展与生态建设之间并不构成一对矛盾，二者是完全可以融合在一起的。实践中有许多鲜活的案例，俯拾即是。

譬如，在京津风沙源区的河北省平泉县，通过大力种植具有良好生态效益的刺槐这种分蘖性植物，以其枝条粉碎后作为人工菌类的培养基，培育了一个食用菌大产业，使其成为闻名的“中国菌乡”，继以废弃的菌棒烧制成净化空气的活性炭，进而向下延伸生产家务清洁用具，形成一条产业与生态融为一体的高附加值产业链条。

又如，在内蒙古的鄂尔多斯，用于防风固沙的沙棘延伸出具有保健作用的沙棘可乐和沙棘醋，沙柳成为造纸产业发展的优质原料。2012年6月17日“世界荒漠化日”，在联合国“里约+20”会议上，鄂尔多斯亿利资源集团董事会主席王文彪荣获“环境与发展奖”，就是因为他为人类贡献了一个“社会化、市场化、产业化、企业化”荒漠化防治中生态与产业融为一体的可持续发展模式。西北许多地区用于退耕还林后播种的柠条成为畜牧业发展的重要饲草饲料，支撑了畜牧业从放养到舍饲圈养的转换，改变了牧民的生产生活方式。通过推行禁牧休牧轮牧，发展舍饲养殖和农区畜牧业，大力度地转移了农牧民，也使农牧民收入明显提升，从而这些用于改善生态环境的措施，本身也支撑了地方产业的发展。

再如，在笔者近来多次考察的位于滇川藏交界的怒江、澜沧江、金沙江“三江并流”地区，巨大的生态资产是其最大的发展优势。为了增加生态资产，必须进行生态修复与建设。这既可以防风固沙，增加土壤蓄水能力，控制水土流失，

---

* 本文原载《中国城乡金融报》2012年12月4日B1版。

减轻自然灾害的危害，同时又具有强大的碳汇功能，可产生很大的经济效益，促进当地的经济发展。生态修复与建设是这里实现经济社会发展历史性跨越、全面建设惠及该区域人民的小康社会的根本途径。所以，举生态旗、打生态牌、走生态路，使生态建设与产业发展相融合，成为区域发展的必由之路。

然而，生态建设与产业发展的融合需要有外部环境条件的支持，同时必须要有一定的制度安排。许多地方所以仍然陷于生态与产业矛盾的陷阱之中，在生态与产业之间被迫进行选择，就在于尚未找到二者融合的抓手。除了生态与产业融合的市场条件以及科技支撑外，金融在其中可以扮演非常重要的角色。

第一，需要通过金融创新支持区域生态产业项目，把支持生态与产业相融合的项目放在支持的重要位置。

生态产业项目通常需要多方面的投入，如生态建设的工程性投入、生态效益充分持续发挥的生态维护投入，还涉及主体功能区中限制开发区和禁止开发区内为分享均等化的社会公共服务投入，涉及对于传统产业改造升级并与生态建设相耦合等一系列资金投入。为此，需要创新投资融资体制和机制，通过政府的投入诱导与市场化运作相配合，激发投资者的热情，形成政府、金融机构、社会资本多元化的、规范化的投融资渠道，探索应用银行信贷、贷款担保、财政贴息、投资补贴、税费减免、技改扶持等一系列优惠政策，支持生态经济、生态产业的发展。

第二，需要通过开展绿色金融服务支持生态资产价值的实现，通过多样化的金融工具促进生态产业的发展。

譬如，在CDM（清洁发展机制）下的造林再造林碳汇项目是《京都议定书》框架下发达国家和发展中国家之间在林业领域的唯一合作机制，它通过森林起到固碳作用，从而来充当发达国家减排CO_2的义务，是通过市场机制来实现森林生态服务价值补偿的一种重要途径。发达国家通过资助发展中国家开发具有温室气体减排效果的项目，产生的减排指标可用于发达国家完成国际减排承诺。森林碳汇交易作为森林生态服务价值实现的一种特殊形式，采用市场机制进行运作，将有利于为我国林业建设筹集大量的国内外资金，促进森林生态服务的市场化和货币化进程。为此，金融机构可以在CDM项下的碳减排指标销售收入作为融资的重要考量因素，设计融资方案、提供融资服务。

总的来说，金融是现代经济发展的重要支撑，信贷资金是一个区域经济发展的主要资金来源，在实现生态与产业的融合中更离不开金融的支持。当然，对于生态与产业融合的金融支持，也需要化解金融风险，优化发展环境，把微观上的生态经济、生态产业发展与宏观上的经济发展环境结合起来。只有经济发展环境好，经济运行的市场化程度高，才能形成资金聚集的“洼地效应”，形成对于生态与产业融合的强劲支持，进而提升生态产业的竞争力，使其发展更加生机勃勃，从而真正进入社会主义生态文明的新时代。

关注绿色贫困：贫困问题研究新视角*

贫困是一个世界性的难题，它作为世界著名的“三P”问题（Poverty，Pollution，Population）之一，也是这三个问题的集合体，长期以来备受关注。20世纪80年代中期以来，中国政府开始有组织、有计划、大规模地扶贫开发，将扶贫作为一项关系国计民生的大事来抓。

《中国农村扶贫开发纲要（2011~2020年）》中，把全国11个集中连片特殊困难地区和中央明确实行特殊政策的西藏、甘青滇川四省藏区、新疆南疆3地州确定为未来十年中国农村扶贫的重点。新的扶贫开发战略更加强调了贫困地区的地理区位、自然资源和生态环境特征的相似性和典型性，以便于在资源开发、产业发展、生态建设和环境保护中顾及当地的特殊性。中国拥有326个国家级自然保护区，据不完全统计，有近1/3位于国家扶贫开发重点县。西部内陆山区，贫困与石漠化、沙漠化伴随；即使自然生态环境较好的地区也难逃贫困的厄运。自然地理特点和长期二元经济的影响，使一些地区“贫困”、“生态环境特殊”、“具有重要功能价值”三位一体，绿色与贫困问题长期共存，“绿色贫困”使经济发展道路面临重新探索。

一、绿色贫困概念的厘定

关于绿色贫困，高波（2010）最早对此作了界定。他认为，绿色贫困是因缺乏绿色（森林植被等）而导致的贫困，如沙漠化地区；拥有丰富的绿色资源，因开发不当或缺乏合理的开发利用而导致的贫困。邹波等（2011）认为，绿色贫困是指那些因为缺乏经济发展所需的绿色资源（如沙漠化地区）基本要素而陷入贫困状态，或拥有丰富的绿色资源但因开发条件限制而尚未得到开发利用，使得当地发展受限而陷入经济上的贫困状态。

在研究绿色贫困时，涉及绿色资源。根据绿色资源的范围和特征，它应该是指土地、水、生物（包括野生动植物、森林、渔业、草原等）、气候资源；绿色资源也分为不可再生资源（如土壤、野生动植物）和可再生资源（如作物、林、牧、渔）等两类。中国的国土广袤，不同气候、地理条件下孕育出了丰富的绿色资源，如野生动植物、森林、气候、土地、水能等，因受到地理条件和技术手段

---

* 本文原载《中国发展》2012年第12卷第4期，与邹波、王沁合作。

限制，部分绿色资源尚未进行开发或未得到大规模开发利用，绿色资源的巨大价值和功能还未充分表现出来，尤其是在贫困地区。

现在常说的绿色（green）主要是从无害、健康、节能、环保等出发，包含生态、环保、低碳、可持续发展理念，如绿色食品、绿色产业、绿色出行、绿色科技和绿色城市等，这是一种人们向往的理想生活环境和生活模式。绿色贫困非一般意义上的贫困，也不能理解为因发展绿色而带来的贫困，它是在反贫困过程中为解决不同条件下经济发展与自然资源开发、生态建设和环境保护等问题而出现的新情况。

根据绿色资源的丰歉程度为贫困根源的主导因素，绿色贫困可划分为两种类型：一类是因缺乏绿色植被和生态屏障保护而陷入贫困；另一类是拥有丰富的绿色资源，因交通不便，地理区位差，限制了资源的开发，陷入贫困，即富有中的贫困。此外，还有一类贫困介于这两者之间，可以称为混合型绿色贫困，绿色资源丰歉不是贫困的主要因素，而地理区位等因素是贫困的主要根源。因此，绿色贫困是一个时间和空间范畴，前者是指某一地区在某一阶段陷入的绿色贫困状态，后者是指不同类型的绿色贫困在同一阶段同时存在于不同区域。

绿色贫困有以下几个特征：

一是位于重要的生态功能区。绿色贫困地区大多位于大江大河源头，生态功能及地理区位非常重要。承担着水源涵养、水土保持、生物多样性保护等功能，其生态环境质量的优劣，直接影响区域生态安全和经济社会可持续发展。

二是地形复杂，自然灾害频发，生存条件恶劣。绿色资源富集型贫困地区大多位于山区，山地较多、山大沟深、地形复杂，能有效利用的土地资源缺乏、洪涝灾害频发、生存环境恶劣。而绿色资源缺乏型贫困地区地处石漠化山区或沙漠戈壁边缘，干旱缺水、植被覆盖率低，农业、畜牧业发展制约性较大，二、三产业更是难以发展。

三是人口较多、资源开发方式落后，经济发展缓慢。绿色贫困地区缺乏经济发展的生态基础，采用一般的生产方式根本不能带动区域发展、常规扶贫举措也难以实现脱贫致富。地区生产总值总量小，增长缓慢，地方财政收入较少。加上人口数量多，导致人均生产总值少，贫困人口比重较大，收入渠道单一。因此，反贫困成本高、难度大，返贫几率大。

绿色贫困与生态贫困既有联系又有区别。研究者（如樊怀玉等，2002）认为生态贫困是从经济地理和人口的角度考察贫困，被定义为生存空间不足；或者认为（如麻建学，2008），生态贫困是因低下的原始生态环境或因人们对生态环境内在演化的破坏及对生态资源的不合理利用，使生态环境恶化而导致的生存空间的不足。

二、绿色贫困的研究内容

根据资源、生态环境条件，一个地区经济发展会呈现出几种形态（如图1所示）。第一，生态环境脆弱，绿色资源缺乏，但是拥有丰富的地下资源，可以通过开发地下资源来实现经济发展；第二，缺乏地下资源，但生态状况较好，绿色资源丰富，这类地区或者通过开发绿色资源获得发展，或者绿色资源开发受到条件限制，陷入经济贫困；第三，绿色资源和地下资源都较为丰富，这类地区经济条件较好；第四，绿色资源和地下资源都较为缺乏，这类地区一般是经济发展较为贫困的地区。

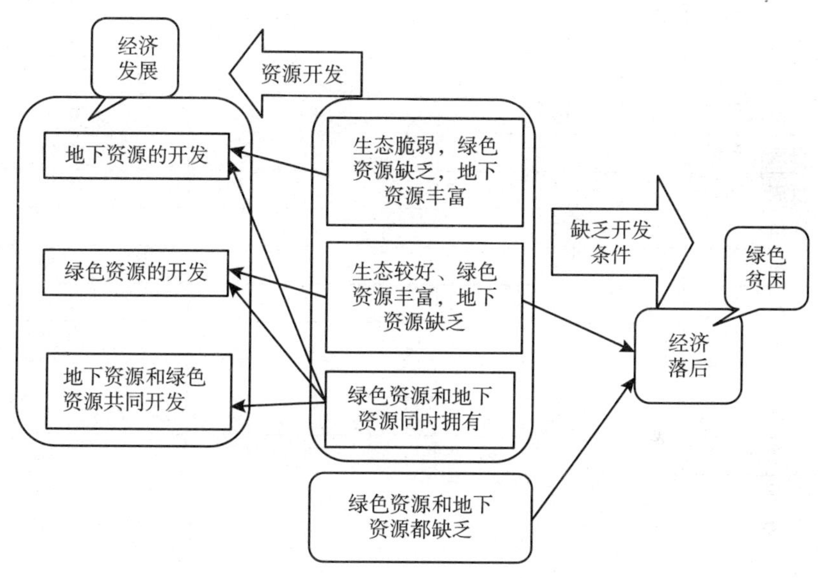

图1　绿色贫困对象的选择

绿色贫困主要研究的是那些生态较好、绿色资源丰富、地下资源缺乏的经济贫困地区，以及地上资源和地下资源都缺乏的经济贫困地区。

一是国家级自然保护区。据不完全统计，全国326个国家级自然保护区，除去北京、天津、江苏、上海、山东、辽宁、福建、浙江、广东等9省（市）61个国家级自然保护区，其余261个保护区有112个（未将跨川渝滇黔四省的长江上游珍稀、特有鱼类国家级自然保护区列入）位于国家扶贫开发重点县，占总数的42.9%。河北、山西、安徽、广西、贵州、云南、陕西、宁夏、西藏等省市位于国家扶贫开发重点县的国家级自然保护区比重都在50%以上（如表1所示）。国家级自然保护区作为禁止开发区和限制开发区，受到政策限制而无法进行资源开发和利用，面临经济的贫困，当地陷入绿色与贫困共存的局面。

表1 国家级自然保护区所在地的国家扶贫开发重点县情况

省（市、区）	国家级自然保护区（个）	位于国家扶贫开发重点县（个）	位于国家扶贫开发重点县的比重（%）
河北	11	7	63.64
山西	5	3	60.00
内蒙古	26	6	23.08
吉林	14	5	35.71
黑龙江	23	5	21.74
安徽	6	3	50.00
江西	8	2	25.00
河南	11	5	45.45
湖北	11	4	36.36
湖南	17	5	29.41
广西	16	8	50.00
海南	9	1	11.11
重庆	3	1	33.33
四川	22	8	36.36
贵州	8	7	87.50
云南	16	13	81.25
陕西	14	11	78.57
甘肃	15	5	33.33
青海	5	1	20.00
宁夏	6	3	50.00
新疆	9	0	0.00
西藏	9	9	100.00
总计	261	112	42.9

注：根据2012年国家扶贫开发重点县名单，北京、天津、山东、江苏、上海、浙江、福建、广东、辽宁等省市无国家扶贫开发重点县。国家对西藏实行特殊政策，将其自然保护区所在地全部纳入国家扶贫开发重点县。其中，长江上游珍稀、特有鱼类国家级自然保护区横跨四川、重庆、贵州、云南等省，未将其纳入计算。

二是西部内陆山区。根据生物丰度指数、植被覆盖指数、水网密度指数、土地退化指数和污染负荷指数五个方面进行综合评价，甘肃将全省86个市县（区）生态环境质量，分为优、良、一般、较差、差五个等级。从表2中看出，甘肃省43个国家扶贫开发重点县中有35个分布在生态环境优秀、良好和一般的地区，7个国家扶贫开发重点县分布在生态环境质量较差和差的地区。其中，生态环境质量优秀的6个县中有4个是贫困县，占同一环境质量等级县区数量的67%；生态环境质量良好等级的19个县中有15个是国家扶贫开发重点县，占同一环境质量等级县区数的75%；而生态环境较差的17个县中，只有7个是国家贫困开发重点县，占同一环境质量等级县区数的41%。这说明，西部内陆地区绿色资源富足型贫困与绿色资源缺乏型贫困同时存在，只是分布上有差异。

表2　　甘肃省2004年各市、县（区）生态环境质量分级

级别	优	良	一般	较差	差
指数	≥75	75~55	55~35	35~20	<20
县区	迭部县、文县、卓尼县、舟曲县、两当县、碌曲县	徽县、夏河县、成县、宕昌县、肃南县、临潭县、康县、秦州区、麦积区、玛曲县、临夏县、永靖县、岷县、天祝县、和政县、漳县、康乐县、礼县、合水县、武都区	民乐县、临夏市、西和县、武山县、东乡族自治县、正宁县、积石山县、广河县、渭源县、城关区、七里河区、安宁区、红古区、张家川县、华亭县、宁县、崆峒区、静宁县、甘州区、山丹县、肃北县、清水县、临洮县、庄浪县、永登县、灵台县、崇信县、甘谷县、阿克塞县、皋兰县、泾川县、瓜州县、榆中县、华池县、金塔县、景泰县、陇西县、西峰区、敦煌市、靖远县、凉州区	肃州区、秦安县、通渭县、永昌县、白银区、平川区、庆城县、嘉峪关市、镇原县、安定区、古浪县、高台县、会宁县、临泽县、金川区、环县、玉门市	民勤县
同等级区县占全省区县总数%	7	23.2	48.8	19.8	1.2
同等级区县中贫困县的比重%	67	75	40	41	—

资料来源：2004年甘肃省环境状况公报。下划线标明的县（区）是国家扶贫开发重点县。

三是集中连片特殊困难地区。《中国农村扶贫开发纲要（2011~2020年）》中确定14个集中连片特困区，其中大部分位于重要生态功能区。大兴安岭南麓山区、大别山区、武陵山区、滇西边境山区都是生态植被保存相对完好的区域，野生动植物、森林、草原、气候、土地和水能等绿色资源丰富。大别山区是鄂豫皖三省国家扶贫开发重点县的集中地，所跨区县大多数都为国家扶贫开发重点县，同时也是绿色资源较为丰富的地区。大别山区的自然植被覆盖良好（安徽省岳西县、霍山县、湖北省大悟县森林覆盖率均在70%以上）、气候温暖湿润，野生动植物、旅游、水源、农特产品等绿色资源丰富。武陵山绵延渝鄂湘黔4省，是中国三大地形阶梯中的第一级阶梯向第二级阶梯的过渡带，是乌江、沅江、澧水的分水岭，自然风光秀丽、水能资源丰富、珍稀动植物种类繁多，茶叶、蚕茧、高山蔬菜、柑橘基地、中药材、干果、优质楠竹等特色农林资源丰富。武陵山集中连片特困区涵盖了71个县（市、区），占全国11个集中连片特困区总

505个县（市、区）的14.6%。其中，湖南省的80%、重庆市50%、湖北省40%的国家扶贫开发重点县和贵州省自然生态最好的国家扶贫开发重点县都被涵盖在内。

三、绿色贫困的形成机理

从正向和逆向发展思维来看，绿色贫困有两类（如图2所示）。正向看，缺乏绿色资源是导致贫困的重要原因；逆向看，丰富的绿色资源并不一定会带来经济发展，关键还需其他辅助条件。“劳动是财富之父，土地是财富之母”是古典经济学家配第的著名论断，它反映了各种要素之间的关系。缺乏绿色植被，失去了创造财富的基本条件，导致贫困发生；反过来，即使拥有丰富的绿色资源，但缺乏开发利用的政策、技术和地理区位等辅助条件，也难以将资源优势转化为经济优势。

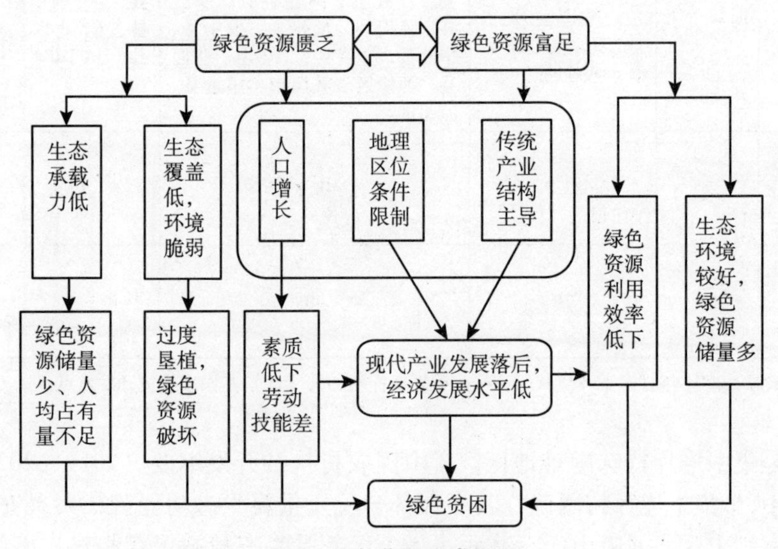

图2　绿色贫困形成机理

一是绿色资源匮乏型贫困。绿色资源匮乏的地区，发展的主要制约在于生态覆盖率低，环境脆弱和人口、经济的生态承载力低。为了寻求发展而过度垦殖，造成绿色资源破坏。同时受到当地区位条件限制和传统产业结构主导，难以发展高附加值的现代产业，因缺乏绿色资源陷入贫困处境。

二是绿色资源富足型贫困。从逆向的发展思路寻找贫困根源，可以发现，国家在各个阶段确定的扶贫开发重点区域中都有生态植被保存较为完好、拥有较为丰富的绿色资源的地区。但这类特殊敏感的地区，因受到开发政策限制、人口不合理增长、地理区位限制和传统产业主导的影响，资源开发利用效率低下，经济发展滞后。

三是混合型绿色贫困。这类贫困介于绿色资源匮乏型贫困和绿色资源富足型贫困之间，这类地区受到的主导影响因素较多，既有生态环境因素，也有地理区位和人为的因素，如乌蒙山区、罗霄山脉、吕梁山区、四省藏区等。这类地区绿色资源不优越，基本维持生态功能，主要以传统农业、畜牧业为主导，而工业和第三产业发展滞后，经济发展接近全国平均水平，介于温饱与小康之间。2011年，中央决定将农民人均纯收入2300元（2010年不变价）作为新的国家扶贫标准，据相关部门估计对应的扶贫对象规模达到1.28亿元，占农村户籍人口比例约为13.4%。混合型绿色贫困地区经济发展的后劲不足，根据新的贫困标准，一些刚刚脱贫的人口又将成为新的贫困群体。

四、绿色贫困的治理途径

近年来，在国家和地方层面开展了一系列反贫困实践，各地已经将生态补偿、生态建设与绿色产业发展实践相结合，初步探索出了一条从传统发展模式向绿色发展模式转变，走出绿色贫困的可持续发展之路（如图3所示）。

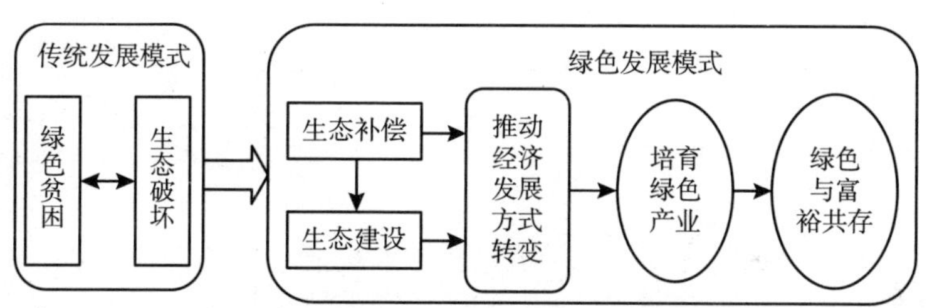

图3　传统发展模式向绿色发展模式的转变

首先是政策与制度完善。一是创新生态资源管理和运营体系，开拓绿色市场。建立一种既能保护生态环境，又能获得相应收入的激励机制，不失为使生态服务外部效应内部化的好思路。建立国家对生态资源投资体系，在绿色贫困较为严重的生态功能区，通过政府来购买生态价值，突出生态资源的经济价值，建立生态与经济的互动发展，激励农民保护生态环境，实现生态环境的良性发展。二是进一步转变生态补偿思路和机制。加快落实《国家重点生态功能区转移支付办法》、《关于建立完善生态补偿机制的若干意见》等政策，开展政策实施效果评价研究。借助生态补偿项目，对当地的生态以全面修复和保护为主，将居民迁出保护区或者直接给予补贴。将补偿资金转化为实物、人力、技术、政策等形式，培育造血机能与自我发展机制，解决绿色贫困地区的生态与经济、社会问题。

其次是推进生态建设产业化，产业发展生态化。通过不断创新，探索形成工业带动农业、公司带动农户、科技带动产业升级换代、贸易促进农业商品化的生态产业化发展共生模式。因地制宜，引导当地居民发展生态林草、林果业、林草畜等多种生态农业，建立循环经济发展模式。促进农业产业结构调整和农民增收，进而改变绿色贫困地区的生活方式，最终实现人与自然和谐相处，生态与经济发展共赢。

参考文献：

[1] 樊怀玉，郭志仪，李具恒．贫困论——贫困与反贫困的理论和实践［M］. 民族出版社，2002.

[2] 高波．贵州生态建设中的绿色贫困探析［J］. 贵州农业科学，2010，38(7)：219－223.

[3] 麻建学．甘肃省生态贫困问题研究［D］. 甘肃农业大学优秀硕士学位论文，2008.

[4] 邹波，徐霖，崔剑．走出绿色贫困［N］. 学习时报，2011－10－31（07）.

绿色发展的资源支撑力*

改革开放三十年，资源对经济增长起到了重要的支撑作用，实现了中国经济高速增长。事实上，中国无论是矿产资源，还是生态资源都相对短缺，再加上环境承载能力低的基本国情，未来迫切需要解决好资源环境对经济持续发展的支撑。本章主要分析中国资源的现状及利用效率，经济可持续发展中的资源瓶颈，以及解决资源持续支撑绿色经济发展的措施。

一、中国资源现状及利用效率

中国的水资源、草地资源、森林资源、自然保护区等生态资源为人的生存和经济发展提供了有力支撑；同时，能源与矿产资源的开发利用也是发展的重要支撑。但是资源的总量和人均占有量都相对贫乏，且区域和时空分布不均，需要加以恢复和保护。

（一）水资源现状与绿色发展

广义地说，水资源是地球表层水圈中处于各种状态中的水，包括海洋水、地下水、江河湖泊、土壤水、大气水和生物水等。但这里要分析的水资源是狭义的水资源，是富集于江河湖泊中的地表淡水和浅层地下水，是在既定技术条件下可以服务于经济发展和人民生活的水资源。

1. 中国水资源总量及其分布。中国水资源总量居世界第六位，但人均、亩均水资源量分别仅为世界的1/4、3/4水平，属于世界公认的水资源最为贫乏的国家之一。同时，独特的地理位置和地形结构，决定了各地的水资源条件千差万别，总体呈现南多、北少、东多、西少的特点，区域和时空分布都很不均衡。

《2008年中国水资源公报》显示，2008年全国水资源一级区的水资源量为27434.3亿立方米，其中北方6区位4600.7亿立方米，南方4区22833.6亿立方米。长江及其以南地区的流域面积占全国的36.5%，却拥有81%的水资源总量，而北方地区人均水资源量约为750立方米，仅为南方地区的20%。北方地区的耕地面积占全国的63.7%，而水资源量仅为16.8%，其中黄河、淮河流域，耕地占39.1%，

---

* 本文原载北京师范大学科学发展观与经济可持续发展研究基地、西南财经大学绿色经济与经济可持续发展研究基地、国家统计局中国经济景气监测中心著《2010中国绿色发展指数年度报告——省际比较》，北京师范大学出版集团、北京师范大学出版社2010年版。与张生玲、范丽娜合作。

人口占34.7%，而水资源量仅占全国的7.7%，是我国水资源最为紧缺的地区。

表1 中国各地水资源分布情况（2008年）

地区	水资源总量（亿立方米）	人均当地水资源量（立方米）	地区	水资源总量（亿立方米）	人均当地水资源量（立方米）
全国	27434.3	2071.1	黑龙江	462.0	1208.0
西藏	4560.2	159726.8	海南	419.1	4933.5
四川	2489.9	3061.7	内蒙古	412.1	1710.3
云南	2314.5	5111.0	江西	378.0	494.1
广西	2282.5	4763.1	河南	371.3	395.2
广东	2206.8	2323.8	吉林	332.0	1215.2
湖南	1600.0	2512.8	山东	328.7	350.0
江苏	1356.2	3093.5	陕西	304.0	809.6
贵州	1140.7	3019.7	辽宁	266.0	617.7
福建	1036.9	2886.3	甘肃	187.5	715.0
湖北	1033.9	1812.3	河北	161.0	231.1
浙江	855.2	1680.2	山西	87.4	256.9
新疆	815.6	3859.9	上海	37.0	197.5
安徽	699.3	1141.4	北京	34.2	205.5
青海	658.1	11900.5	天津	18.3	159.8
重庆	576.9	2040.3	宁夏	9.2	149.8

资料来源：中国环境统计年鉴2009. 中国统计出版社，2009.

在季节分布上，全国年降水70%～90%集中在夏季6～9月间，降雨地区又集中在东南沿海及长江流域，水资源70%以上由洪水组成，难以利用。各地对水资源开发利用程度也有差别，南方多水地区的利用程度低，相对而言，北方干旱地区的地表水、浅层地下水的开发利用程度高。另外，年际变化大，枯水年和丰水年持续出现，导致年径流量变化大。南北方各地年最大降水量和年最小降水量的比值相差较大。

分省来看，水资源总量最多的是西藏，总量为4560.2亿立方米，最少的省份是宁夏，仅为9.2亿立方米，绝对差距非常大。人均水资源量最多和最少的省份依然分别为西藏和宁夏。

2. 水资源对绿色发展的支撑。水资源是基础性的自然资源和战略性经济资源。水资源不仅直接参与农业生产的全过程，还是工业生产重要的能源、物质载体和原料，也是三次产业的基础甚至是主体，从而成为经济发展的重要因素。因此，水资源禀赋好坏对经济发展具有重要作用。如果没有可靠的水资源保障，社会经济将直接受到限制，难以支撑可持续发展。

由于水资源的区域分布不均，使中国的产业发展呈现出区域特色。

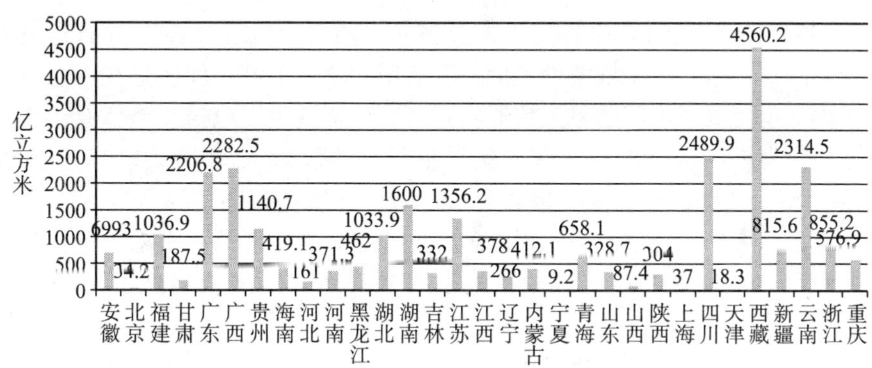

图1　中国各省水资源总量分布图

首先，在水资源丰沛的地区，农业（种植业、林业、渔业）产业比较发达。如东北平原、华北平原、长江中下游平原以及成都平原等，而在干旱半干旱地区（如西北地区），农业发展条件受到水资源的制约，有限的农业发展也与水资源密切相关，如宁夏平原、新疆的绿洲农业等。这种区域分布以“农牧交错带”为过渡地带（从东部农耕区与西部草原牧区过渡），从而中国农业大体以400毫米年降水量等值线（从大兴安岭、通辽、张北、榆林、兰州、玉树至拉萨附近）为界，以东、以南是种植业为主的农区，以西、以北是畜牧业为主的牧区。这两大区之间沿东北西南向展布，空间上农牧并存，时间上农牧交替。农牧交错带北起大兴安岭西麓的呼伦贝尔，向西南延伸，经内蒙古东南、冀北、晋北直到鄂尔多斯和陕北。区域内由于水资源（降水）呈波动性变化，农牧业结构也呈现波动性交替。

其次，第二产业的布局受到水资源的限制。第二产业虽然与水资源无直接关系，但除了与资源禀赋相关联的以矿产资源开发为内容的采掘工业外，一些加工产业的发展也要消耗一定的水资源，在水资源短缺的地区因水的比较成本高，也限制了这些产业的布局。

最后，第三产业发展离不开水资源。虽然现代服务业对水资源的依赖性很小，但是第三产业中旅游业、餐饮服务业的发展也不能离开水资源，各地以水为内容的旅游开发更是不胜枚举。

（二）草地资源现状与绿色发展

草地是生态系统的主要组成部分，是发展农业、畜牧业经济的重要物质基础，也是重要的碳汇储备库。

1. 中国草地资源及分布情况。中国是一个草地资源大国。截至2008年已拥有各类天然草地资源4亿公顷，占国土总面积的41.67%，仅次于澳大利亚，居世界第二位。其中可利用草地3.13亿公顷，占32.64%。由于地域辽阔，各地自然条件的差异，形成的草地类型无论其数量、质量、组合等各方面都有很大差别。由于海拔、坡向、土壤条件不同，都会影响草地类型，即使是在一个小的地域范围内，也反映了不同的草地资源特点。草地资源主要包括北方草原、南方草山草坡、沿海滩涂、湿地和农区天然草地等，共包含 18 个大类、38 个亚类和 1000 多个型，类型之多也位居世界各国之首。丰富的草原资源为农业、畜牧业经济提供了巨大的发展空间和发展潜力，同时也具有重要的生态功能，直接保护着西北和东北草原区的生态环境，也是东南部地区经济发展的重要天然生态屏障。

从表 2 中可以看出，草地资源在全国各省（市、区）均有分布，但主要分布在北方农牧交错带干旱半干旱区和青藏高原地区，其中西藏的草地面积最大，达到 8205. 2 万公顷。西藏、内蒙古、新疆、青海、四川、甘肃、云南七个省区的草地面积均在 1000 万公顷以上，草地面积占全国草地总面积的 78. 6%。

表 2　　中国各地区草地资源分布状况

地区	草地面积（万公顷）	草地可利用面积（万公顷）	人均可利用草地面积（公顷）	地区	草地面积（万公顷）	草地可利用面积（万公顷）	人均可利用草地面积（公顷）
全国	39283	33099. 5	0. 28	河南	443	404. 3	0. 04
西藏	8205	7084. 7	30. 10	江西	444	384. 8	0. 09
内蒙古	7880	6359. 1	2. 84	贵州	429	376. 0	0. 11
新疆	5726	4800. 7	2. 93	辽宁	339	323. 9	0. 08
青海	3637	3153. 1	6. 91	广东	327	267. 7	0. 04
四川	2096	1823. 0	0. 22	宁夏	301	262. 6	0. 51
甘肃	1790	1607. 2	0. 67	浙江	317	207. 5	0. 05
云南	1531	1192. 6	0. 31	福建	205	195. 7	0. 06
广西	870	650. 0	0. 14	安徽	166	148. 5	0. 02
黑龙江	753	608. 2	0. 17	重庆	157	139. 0	0. 05
湖南	637	566. 6	0. 09	山东	164	132. 9	0. 02
湖北	635	507. 2	0. 09	海南	95	84. 3	0. 12
山西	455	455. 2	0. 15	北京	39	33. 6	0. 03
吉林	584	437. 9	0. 17	江苏	41	32. 6	0. 00
陕西	521	434. 9	0. 13	天津	15	13. 5	0. 02
河北	471	408. 5	0. 06	上海	7	3. 7	0. 00

资料来源：孙鸿烈主编．中国资源科学百科全书．中国大百科全书出版社，2000.

2. 草地资源对绿色发展的支撑。草地是中国面积最大的绿色陆地生态系统，在整体生态平衡和碳循环过程中起着重要作用，是草地畜牧业（北方季节性草地畜牧业和南方常绿草地畜牧业）发展的基础和重要支撑。

第一，草地生态系统是重要的碳汇储备库。草地植物和农作物把大量的碳储存在牧草组织、作物营养组织和土壤中，土壤及其有机层大约贮存了陆地碳总量的75%，这有助于减缓大气中 CO_2 的积累和温室效应。地球上草地贮存碳的能力与森林相当，森林尤其是热带森林的碳贮量主要在它的地上部分，而草地的碳贮量主要在地下，因而平均土壤碳密度草地大于森林。

第二，草地具有保护生态环境和保持水土防风固沙的功能。在干旱、风沙、土壤贫瘠地区，树木生长困难，草本植物却因蒸腾少、耗水量低而能存活和生长。当植被盖度为30%～50%时，近地面风速可降低50%，地面输沙量仅相当于流沙地段的1%。据测定，在相同条件下，草地土壤含水量较裸地高出90%以上；种草的坡地与未种草的坡地相比，地表径流量可减少47%，冲刷量减少77%。草地对减少地表水土冲刷和江河泥沙淤积，降低水灾隐患不可或缺。

第三，草地是发展农业、畜牧业经济的重要物质基础。发展草业是促进农业农村经济发展、增加农民收入的重要途径。草及草产品的生产、加工和经营，有利于促进农业结构调整，推进农业产业化发展，延长产业链，拓宽产业幅，提高产品附加值和劳动就业率，拓宽农牧民增收渠道。草地畜牧业的发展，还可以增加肉奶等畜产品的供给，从而增加收入，提高生活水平。

（三）森林资源与绿色发展

森林资源是一个巨大“碳库”，对于增加碳汇举足轻重。森林资源是陆地生态系统的主体，在国民经济和社会可持续发展中占有重要地位，是人类社会生存和发展不可缺少的重要的自然资源。

1. 中国森林资源总体情况。中国地域辽阔，自然条件复杂多变，森林资源种类丰富，森林类型多样。从北到南跨越的五大气候带适生着不同种类的寒温带针叶林、温带针叶林和落叶阔叶混交林、暖温带落叶阔叶林、亚热带常绿阔叶林、热带季雨林和雨林等多种森林类型。

第七次（2004～2008年）全国森林资源清查结果显示：中国森林面积蓄积量持续增长，森林覆盖率稳步提高。森林面积达到1.95亿公顷，森林面积净增2054.30万公顷，森林覆盖率由18.21%提高到20.36%。其中，天然林面积蓄积明显增加，净增393.05万公顷，天然林蓄积净增6.76亿立方米，净增量是第六次清查的2.23倍；天然林保护工程区增幅明显。天然林保护工程区的天然林面积净增量比第六次清查多26.37%；人工林面积蓄积快速增长，后备森林资源呈增加趋势。人工林面积净增843.11万公顷，人工林蓄积净增4.47亿立方米。森林植被总碳储量78.11亿吨，年生态服务功能价值10.01万亿元。

从各省森林分布的情况看，森林面积最大的地区是内蒙古自治区，达到2050.67万公顷。森林覆盖率各省（市、区）差异比较大，福建省最大，达62.96%，新疆最小，仅为2.9%。按人均算，全国每人拥有森林面积0.14公顷，蓄积量不足8立方米，与世界平均水平（人均拥有森林面积0.65公顷，蓄积量平均72立方米）相比有很大的差距，人均森林面积高于世界平均水平的地区只有内蒙古和西藏，差距依然很大。

表3　　中国森林面积及森林覆盖率情况（1999～2003年）

地区	森林面积（万公顷）	人均森林面积（公顷）	森林覆盖率（%）	地区	森林面积（万公顷）	人均森林面积（公顷）	森林覆盖率（%）
全国	17490.92	0.14	18.21	辽宁	480.53	0.11	32.97
内蒙古	2050.67	0.86	17.7	贵州	420.47	0.11	23.83
黑龙江	1797.5	0.47	39.54	安徽	331.99	0.05	24.03
云南	1560.03	0.36	40.77	河北	328.83	0.05	17.69
四川	1464.34	0.17	30.27	青海	317.2	0.59	4.4
西藏	1389.61	5.15	11.31	甘肃	299.63	0.12	6.66
广西	983.83	0.20	41.41	河南	270.3	0.03	16.19
江西	931.39	0.22	55.86	山西	208.19	0.06	13.29
湖南	860.79	0.13	40.63	山东	204.64	0.02	13.44
广东	827	0.10	46.49	重庆	183.18	0.06	22.25
福建	764.94	0.22	62.96	海南	166.66	0.21	48.87
吉林	720.12	0.27	38.13	江苏	77.41	0.01	7.54
陕西	670.39	0.18	32.55	宁夏	40.36	0.07	6.08
浙江	553.92	0.12	54.41	北京	37.88	0.03	21.26
湖北	497.55	0.08	26.77	天津	9.35	0.01	8.14
新疆	484.07	0.25	2.94	上海	1.89	0.00	3.17

注：由于森林资源分省数据尚未公布，本表仍使用第六次（1999～2003年）全国森林资源清查的数据。

资料来源：中国统计年鉴2009. 中国统计出版社，2009.

2. 森林资源对绿色发展的支撑。森林资源是陆地生态系统的主体，它集经济效益、生态效益和社会效益于一身，以其特有的促进经济发展和改善生态环境的功能，在国民经济和社会可持续发展中占有重要地位，是人类社会生存和发展不可缺少的重要的自然资源。森林资源具有生产资源和保护性资源的双重属性。

第一，森林生态系统维持了人类生产和生活的环境。森林不仅具有涵养水源、保持沙土、防风固沙、固碳持氧、净化大气、消除噪声、削减径流洪峰等功能，还对全球气候变化产生着重要的影响。近年来，随着全球气候变化问题日益引起人们的高度重视，森林的碳汇功能也备受关注。森林贮存了全球陆地生态系统地上80%以上的碳储量和陆地地下40%的碳储量。保护现有森林资源，扩大森林面积和蓄积量，可以增强森林对碳的吸收，充分发挥森林的碳汇作用，对改善环境遏制和减缓全球气候变化有重要作用。

第二，森林资源具有重要的经济意义。作为林区经济发展的支柱，森林为人类提供大量木材和其他林副产品，广泛应用于国民经济建设和人民生活的诸方面。木材是国民经济快速发展所需的建设用材，也是某些加工行业不可或缺的原材料，更是人们日常生活中重要生产资料和生活资料。

第二，森林资源具有重要的社会效益。以森林资源的生产、消费为核心而维系的人与人之间的关系，满足了人类生存以外的需求，即文化、教育、精神等方面的需求。森林资源具有丰富的历史、文化、美学、休闲等社会价值。它所提供的自然风光、历史遗迹、自然艺术及文化内涵，满足了人类的生理、心理、精神、休闲、娱乐和保健等多方面的社会需求。

（四）自然保护区与绿色发展

自然资源是人类赖以生存的基础，自然保护是人类对于自然环境、自然资源或其他遗迹免受破坏而采取的行动。自然保护区是为了更好保护自然资源而建立的特定区域，以此来增强保护的效果，是保护生态环境、保护生物多样性最重要、最有效的措施。自然保护区在维持生态过程、物种多样性和基因的演变等方面具有重要的作用，建立自然保护区，是对森林、野生动植物和湿地等自然资源和生态系统实行科学、有效的保护方式，是高效益的就地保护模式，是生态保护的最佳选择。自然保护区的建立就是为了协调人与自然之间的关系，从而达到人类可持续发展的目。

1. 中国自然保护区的发展现状。中国是世界自然资源和生物资源最丰富的国家之一。作为保护自然资源与生物多样性重要手段，中国自然保护区最早开始于20世纪50年代，从无到有，发展迅速。自然保护区的类型从较为单一的野生植物、野生动物和森林生态3种保护类型发展为3大类别9种保护类型（见表4）。

表4　　中国自然保护区类型划分

类别	类型
自然生态系统类	森林生态系统类型
	草原与草甸生态系统类型
	荒漠生态系统类型
	内陆湿地及水域生态系统类型
	海洋和海岸生态系统类型
野生生物类	野生动物类型
	野生植物类型
自然遗迹类	地址遗迹类型
	古生物遗迹类型

近年来，特别是2000年以后，自然保护区工作迅速发展，保护区数量和面积稳步增加（见图2）。到2008年底，已建立了2531个自然保护区，总面积14894.3万公顷，已接近于发达国家水平，初步形成类型比较齐全、布局比较合理、功能比较健全的全国自然保护区网络。已有26处自然保护区加入联合国教科文组织“人与生物圈”保护区网络，有27处列入国际重要湿地名录，有12处成为世界自然遗产地，有相当一部分是全球生物多样性保护的重点地区，在世界生物多样性保护中发挥着十分关键的作用，具有广泛的国际影响。

在2531个自然保护区中，国家级自然保护区303个，面积9120.3万公顷，分别占全国自然保护区总数和总面积的11.9%和61.23%。地方级自然保护区总数达到2235个，总面积达5774万公顷。

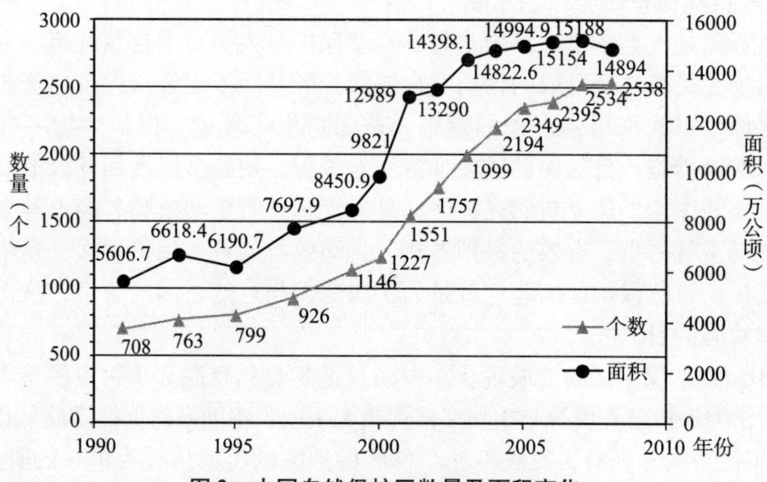

图2　中国自然保护区数量及面积变化

资料来源：根据《中国环境状况公报》和《中国环境统计年鉴2009》整理。

由于保护对象在地域上的非均衡分布，各地存在较大差异。从表5可以看到，自然保护区数量前6位省份依次为广东（371个）、内蒙古（196个）、黑龙江（190个）、江西（174个）、四川（164个）、云南（152个），占全国保护区数量的49%。与2007年底相比，江西、广东两省增加数量较多，分别增多了36个和24个。

表5　中国各省（市、区）自然保护区数量情况（2008年）

地区	自然保护区个数（个）	级别	
		国家级	省级
全国	2538	303	806
广东	371	11	58

续表

地区	自然保护区个数（个）	级别	
		国家级	省级
内蒙古	196	23	60
黑龙江	190	20	67
江西	174	8	22
四川	164	22	65
云南	152	16	45
贵州	129	8	4
安徽	102	6	27
辽宁	95	12	27
湖南	95	14	28
福建	92	12	25
广西	76	15	49
山东	75	7	23
海南	68	9	24
湖北	63	9	15
甘肃	57	13	40
重庆	51	3	19
陕西	50	9	34
山西	46	5	41
西藏	45	9	11
河南	35	11	21
河北	34	11	18
吉林	34	11	14
浙江	31	9	9
江苏	30	3	10
新疆	27	9	18
北京	20	2	12
宁夏	13	6	7
青海	11	5	6
天津	8	3	5
上海	4	2	2

资料来源：中国环境统计年鉴 2009. 中国统计出版社，2009.

在面积分布方面，主要集中分布在西藏（4040.31 万公顷）、青海（2182.22 万公顷）、新疆（2149.44 万公顷）、内蒙古（1383.18 万公顷）、四川（873.86 万公顷），总面积占 71.3%。通过用各省自然保护区占本省国土面积的比例来考察，保护区比例排名前5位的省份是西藏（32.51%）、青海（30.28%）、甘肃（17.90%）、四川（16.54%）和上海（14.79%）。

自然保护区的建设，有效地保护了我国70%以上的自然生态系统类型、80%的野生动物和60%的高等植物种类。

表6　　中国各省（市、区）自然保护区面积情况（2008年）

地区	自然保护区面积（万公顷）	级别		自然保护区占辖区面积比重（%）
		#国家级	省级	
全国	14894.3	9120.3	7.1	15.1
西藏	4140.3	3715.3	63	34.5
青海	2182.2	2025.2	6.8	30.3
新疆	2149.4	1360.6	7.1	13.4
内蒙古	1383.2	384.4	82.6	11.7
四川	873.9	210.5	5.8	17.9
甘肃	754.1	443.8	157	16.5
黑龙江	617.5	205.8	2.8	13.6
广东	355.2	22.6	90.3	4.8
云南	284.1	142.7	424.4	7.2
海南	281.3	10.2	36.9	5.3
辽宁	264.6	93.6	141.3	10.4
吉林	224	78.4	287.2	12.4
广西	142.9	28.6	261.8	5.9
山西	114	8.3	710.8	7.3
湖南	112.1	45.2	56.8	5.3
江西	110.1	14.4	45.5	6.6
山东	109.7	25.7	32.4	6.6
陕西	104.6	32	298.8	5.1
湖北	99.3	21.8	41.2	5.3
贵州	95.3	24.4	84.2	5.4
重庆	90.1	19.6	345.7	11
河南	75.2	42.6	32	4.5
河北	56.7	21.7	105.7	3
江苏	56.5	33.6	12.5	5.5
安徽	52.8	15.6	14	4.1
宁夏	50.7	43.9	788.8	9.8
福建	50.6	20.6	29	3.1
浙江	25.7	9.8	29	2.5
天津	15.4	10.1	33	13.6
北京	13.4	2.6	5.3	8
上海	9.4	6.6	8.5	14.8

资料来源：中国环境统计年鉴2009. 中国统计出版社，2009.

2. 自然保护区对绿色发展的支撑。自然保护区一般都未经人类大规模开发活动的干扰，区内的物种、生态系统、自然景观等都保持着原始状态，能显示和反映自然界的原始面目。建立自然保护区的目的是为了保护自然遗产和生物多样性，满足当代和后代人公平地利用生物资源的需要，以保证经济的可持续发展和社会的繁荣进步，因此建立自然保护区的过程，本身就体现了绿色发展的思路。

从国际自然保护事业发展形势来看，保护自然、保护生物多样性成为国际社会的一致行动，保护区建设规模越来越大。此外，自然保护区还能够通过改善本地和周围地区的自然环境，实现保持水土、涵养水源、净化空气等作用，维持自然生态系统的正常循环，进一步提高当地群众的生存环境质量，促进当地农业生态环境逐步向良性循环转化，并且为提高农作物产量，减免自然灾害起到一定的积极作用。

我国自然保护区建设事业正处于数量型向质量型转变的关键时期。事实上，保护了自然资源和自然环境，才能保证经济的持续稳定发展；经济发展了，也为自然资源和环境保护提供了经济和技术条件，二者相辅相成。因此，必须处理好自然保护区同当地经济的协调发展关系。

（五）能矿资源与绿色发展

矿产资源泛指由地质作用形成于地壳中以固态、液态和气态形式存在，具有重要经济价值的自然资源，包括：石油、天然气、煤炭等化石能源资源；铁、锰、铬等黑色金属矿产；铜、铅、锌、钴、镍等有色金属矿产；金、银、铂、钯等贵金属矿产；铀、镭、钍等放射性金属矿产；铊、铟、镧、铈等稀有金属矿产；菱镁矿、滑石等冶金辅助矿产；钾盐、硫、磷等化工矿产；高岭石、膨润土、蒙脱石等非金属材料矿石；各种石料、石灰岩、石膏、石棉等建筑材料矿产；红宝石、蓝宝石、翡翠、玛瑙等宝玉石矿产和地下水（热）资源等。

能源和矿产资源是人类生存和发展的重要物质基础，没有能源和矿产资源的支撑，就没有现代社会和现代文明。同时，能源与矿产资源也构成社会进一步发展的重要制约因素，不仅如此，能矿资源的开发和利用还与环境问题密切相关。

1. 中国能源资源的现状与绿色发展。

第一，关于化石能源与绿色发展。

化石能源是一种碳氢化合物或其衍生物，它是千百万年前埋在地下的动植物经过漫长的地质年代形成的，它由古代生物的化石沉积而来，是一次能源，包括煤炭、石油和天然气。化石能源是目前全球消耗的最主要能源，全球消耗的能源中化石能源占比高达88%，中国的比例超过93%。

中国化石能源结构中，煤炭比重大，石油、天然气短缺。中国是世界最大的煤炭生产国和消费国，煤炭在一次能源生产和消费的比重为70%左右，比国际水平的27%高40多个百分点。石油比国际水平低16个百分点，天然气低20.5

个百分点。2009年中国的一次能源生产总量：28.0亿吨标准煤，其中煤炭占77.5%、石油9.4%、天然气3.84%，其他（水电、核电、风电）占9.26%（表7）。

表7 中国一次能源生产总量及构成

年份	能源消费总量（万吨标准煤）	占能源生产总量的比重（%）			
		煤炭	石油	天然气	水电、核电、风电
1991	104844	74.10	19.20	2.00	4.70
1992	107256	74.30	18.90	2.00	4.80
1993	111059	74.00	18.70	2.00	5.30
1994	118729	74.60	17.60	1.90	5.90
1995	129034	75.30	16.60	1.90	6.20
1996	132616	75.20	17.00	2.00	5.80
1997	132410	74.10	17.30	2.10	6.50
1998	124250	71.90	18.50	2.50	7.10
1999	125935	72.60	18.15	2.66	6.59
2000	128978	71.95	18.05	2.80	7.19
2001	137445	71.80	17.04	2.93	8.23
2002	143810	72.25	16.59	3.02	8.14
2003	163842	75.07	14.79	2.84	7.30
2004	187341	75.96	13.41	2.94	7.68
2005	205876	76.50	12.62	3.20	7.70
2006	221056	76.68	11.94	3.52	7.86
2007	235415	76.60	11.30	3.90	8.20
2008	260000	76.70	10.44	3.89	8.98

资料来源：中国统计年鉴2010. 中国统计出版社，2010.

2009年中国的一次能源消费总量为30.5亿吨标准煤，居世界第二位，比例分别为：煤炭70.1%、石油18.7%、天然气3.85%、其他（水电、核电、风电）7.35%（表8）。

表8 中国一次能源消费总量及构成

年份	能源消费总量（万吨标准煤）	占能源消费总量的比重（%）			
		煤炭	石油	天然气	水电、核电、风电
1991	103783	76.1	17.1	2	4.8
1992	109170	75.7	17.5	1.9	4.9
1993	115993	74.7	18.2	1.9	5.2
1994	122737	75	17.4	1.9	5.7

续表

年份	能源消费总量（万吨标准煤）	占能源消费总量的比重（%）			
		煤炭	石油	天然气	水电、核电、风电
1995	131176	74.6	17.5	1.8	6.1
1996	138948	74.7	18	1.8	5.5
1997	137798	71.7	20.4	1.7	6.2
1998	132214	69.6	21.5	2.2	6.7
1999	133831	69.09	22.57	2.14	6.2
2000	138553	67.75	23.21	2.35	6.69
2001	143199	66.68	22.87	2.55	7.9
2002	151797	66.32	23.41	2.56	7.71
2003	174990	68.38	22.21	2.58	6.83
2004	203227	67.99	22.33	2.6	7.08
2005	224682	69.1	21	2.8	7.1
2006	246270	69.4	20.4	3.03	7.2
2007	265583	69.5	19.7	3.5	7.3
2008	285000	68.67	18.68	3.77	8.89
2009	305000	70.1	18.7	3.85	7.35

资料来源：中国统计年鉴2010. 中国统计出版社，2010.

中国能源探明储量中，煤炭占94%、石油占5.4%、天然气占0.6%，这种结构决定了能源生产与消费以煤为主的格局将长期难以改变，在未来几十年内，煤炭仍将占有重要地位。中国煤炭产量占世界总产量的36.5%，但煤炭储量只占世界总储量的13%。据分析，煤炭供需的缺口2010年超过1亿吨，2020年将超过6亿吨。煤炭后备储量不足导致供给能力远远不能满足国民经济发展对煤炭的迫切需求，保障煤炭稳定供应面临严峻挑战。石油产量占世界总产量的6.2%，但储量只占世界总储量的2.5%，人均占有量仅为世界平均水平的1/10。自1993年成为原油净进口国以来，对进口石油的依存度也基本呈逐年递增趋势。BP世界能源统计（2008）的数据表明，全球石油探明储量约1.24万亿桶，以目前的开采速度仅够开采40多年。石油资源的日益匮乏和中国对进口石油的过度依赖，使能源安全更成为一个关系到国计民生和影响到中国整体经济可持续增长的关键性问题。

第二，关于可再生能源与绿色发展。

可再生能源主要包括水能、生物质能、核能、潮汐能、风能和太阳能等。根据初步资源评价，资源潜力大、发展前景好的主要是水能、生物质能、风能和太阳能。

经过多年发展，中国可再生能源取得了很大的成绩，水电已成为电力工业的重要组成部分，结合农村能源和生态建设，户用沼气得到了大规模推广应用。近年来，风电、光伏发电、太阳能热利用和生物质能高效利用也取得了明显进展，为调整能源结构、保护环境、促进经济和社会发展做出了重大贡献。

水能资源是重要的可再生能源资源。根据水力资源复查成果，全国水能资源技术可开发装机容量为5.4亿千瓦，年发电量2.47万亿千瓦/时；经济可开发装机容量为4亿千瓦，年发电量1.75万亿千瓦/时。水能资源主要分布在西部地区，约70%在西南地区。长江、金沙江、雅砻江、大渡河、乌江、红水河、澜沧江、黄河和怒江等大江大河的干流水能资源丰富，总装机容量约占全国经济可开发量的60%，具有集中开发和规模外送的良好条件。

生物质能资源主要有农作物秸秆、树木枝丫、畜禽粪便、能源作物（植物）、工业有机废水、城市生活污水和垃圾等。全国农作物秸秆年产生量约6亿吨，除部分作为造纸原料和畜牧饲料外，大约3亿吨可作为燃料使用，折合约1.5亿吨标准煤。林木枝丫和林业废弃物年可获得量约9亿吨，大约3亿吨可作为能源利用，折合约2亿吨标准煤。目前，生物质资源可转换为能源的潜力约5亿吨标准煤，随着造林面积的扩大和经济社会的发展，生物质资源转换为能源的潜力可达10亿吨标准煤。

根据最新风能资源评价，全国陆地可利用风能资源3亿千瓦，加上近岸海域可利用风能资源，共计约10亿千瓦。

太阳能的发展也很有潜力，全国2/3的国土面积年日照小时数在2200小时以上。西藏、青海、新疆、甘肃、内蒙古、山西、陕西、河北、山东、辽宁、吉林、云南、广东、福建、海南等地区的太阳辐射能量较大，尤其是青藏高原地区太阳能资源最为丰富。

地热能主要以中低温为主，适用于工业加热、建筑采暖、保健疗养和种植养殖等，资源遍布全国各地。适用于发电的高温地热资源较少，主要分布在藏南、川西、滇西地区，可装机潜力约为600万千瓦。初步估算，全国可采地热资源量约为33亿吨标准煤。

可再生能源的发展是中国实现可持续发展的需要，因为可再生能源资源丰富，可循环使用，又无污染，必将取代化石能源成为能源供应的主体。同时，中国需要调整能源结构，以煤为主的能源结构会引起严重的环境污染，而可再生能源对当地的、区域的和全球的环境保护都是友好的能源，基本不排放污染物。此外，可再生能源不仅可转换为电力，还可以转换为代油的液体燃料，如乙醇燃料、生物柴油和氢燃料，为各种移动设备提供能源。因此，发展可再生能源，不仅可以提供新的能源，培育可再生能源产业这个新的经济增长点，而且可以提高能源供应安全。

2. 中国其他矿产资源开发与绿色发展。矿产资源是资源的重要组成部分，是人类社会发展的重要物质基础。中国是世界上最早开发利用矿产资源的国家之一。新中国成立以后，矿产资源勘查开发得到了极大的发展，使中国逐步成为世界矿产资源大国和矿业大国。矿产资源勘查开发为经济建设提供了大量的能源和原材料，提供了重要的财政收入来源，推动了区域经济特别是少数民族地区、边远地区经济的发展，促进了以矿产资源开发为支柱工业的矿业城市（镇）的兴起与发展，解决了大量社会劳动力就业，为国民经济和社会发展作出了重要贡献。

中国现已发现171种矿产资源，查明资源储量的有158种，其中石油、天然气、煤、铀、地热等能源矿产10种，铁、锰、铜、铝、铅、锌等金属矿产54种，石墨、磷、硫、钾盐等非金属矿产91种，地下水、矿泉水等水气矿产3种。矿产地近18000处，其中大中型矿产地7000余处。总体来讲，矿产资源总量较大，矿种比较齐全。目前，已探明的矿产资源种类比较齐全，资源总量比较丰硕。煤、铁、铜、铝、铅、锌等支柱性矿产都有较多的查明资源储量。煤、稀土、钨、锡、钼、锑、钛、石膏、膨润土、芒硝、菱镁矿、重晶石、萤石、滑石和石墨等矿产资源在世界上具有显著上风。与其他国家一样，优劣矿并存。既有品质优良的矿石，又有低品位、组分复杂的矿石。钨、锡、稀土、钼、锑、滑石、菱镁矿、石墨等矿产资源品质较高，而铁、锰、铝、铜、磷等矿产资源贫矿多、共生与伴生矿多、难选冶矿多。

二、经济可持续发展中的资源瓶颈

近年来，中国经济持续高速增长，与资源的支撑密切相关。经济发展中的资源瓶颈问题日益突出，成为经济可持续发展的关键因素。

（一）中国水资源存在的问题

随着经济的快速发展，各地加快以建设为中心的步伐，经济用水需求总量供不应求，水资源浪费现象普遍存在，水资源短缺成为中国经济发展面临的首要问题之一。

1. 水源性缺水。由于人口众多，中国人均水资源占有量为2153立方米，个别地区仅有800～1000立方米，人均水资源占有量只有世界的1/3。水资源决定了区域生产、生活质量和社会经济发展的速度、水平，成为这些地区发展的瓶颈。据统计，目前缺水总量约为400亿立方米，每年受旱面积200万～260万平方公里，影响粮食产量150亿～200亿千克，影响工业产值2000多亿元，全国还有7000万人饮水困难。与此同时，在666个建制市中，有330个城市不同程度地缺水，其中严重缺水的108个，32个百万人口以上的大城市中，有30个长期受缺水的困扰。

水源性短缺是相对水资源需求而言，水资源的供给不能满足生产、生活的需求，导致工业用水不足，饮用发生危机，造成了巨大的社会经济损失，以及社会不稳定因素。一些地区通过开采地下水资源来弥补地表水资源的供给不足，却造成地下水漏斗。如华北平原的缺水，使地下水开采越来越深，甚至出现开采深达千米抽取深层基岩水。由于过度开采，整个水资源的生态系统严重失调。

2. 水质性缺水。与水源性缺水同时存在的还有水质性缺水。据统计，中国每年的工业废水和城镇生活污水排放总量已达到631亿吨，这相当于每人每年排放40多吨的废污水，而其中大部分未经处理就直接排入了江河湖海，这是导致河流、湖泊及水库水质恶化的直接原因。

根据环境部门对全国河流、湖泊、水库的水质状况的监测，由于近年来工业废水和城镇生活污水的排放等原因，主要水系的水体都遭到了不同程度的污染。以长江流域为例，在废污水排放中，工业废水和生活污水分别占75%和25%左右，在流域涉及的18个省、市和自治区中，四川、湖北、湖南、江苏、上海和江西6省市的废污水排放量占流域总量的84.6%，是废污水的主要产生地。主要污染物为悬浮物、有机物、石油类、挥发酚氰化物、硫化物、汞、镉、铬、铅、砷等。在21个干流城市中，上海市排放的废污水量约占21个城市排放总量的30.7%，武汉市占18.1%，南京市占15.8%，重庆市占8.8%；四大城市合计占73.4%，是长江最主要的污染源。

3. 水资源浪费。在中国，一方面是水资源相对短缺，另一方面又存在着水资源严重浪费的现象。水资源的利用效率不高，无论是工业还是农业，都存在着很大的浪费。这主要表现在水资源的管理体制上，没有建立起以经济手段为核心的管理体制，没有形成一系列政策措施，存在着“多家管水”的弊端，严重影响了水功能的发挥。

水资源面临的严峻形势，客观上要求实行水资源的统一管理。一方面是城乡水资源一体化管理，另一方面是以流域为单元水资源强化管理。

（二）中国草地资源存在的问题

近年来，中国政府采取了多项措施，草地建设收到一定成效。但是，仍然存在草地退化严重、生态环境不断恶化、草地投入不足和管理体制不健全等问题。

1. 草地退化严重，生态环境不断恶化。随着人口规模的不断扩大，草原压力加大。如家畜超载多、盲目垦殖、超载过牧、樵采和滥搂滥挖等不合理利用的行为，使原有草地生态系统遭到破坏，草原退化严重。据草地资源调查结果显示，在20世纪70年代草地退化面积占10%，80年代初占20%，90年代中期占30%，21世纪初已上升到50%以上，而且仍以每年200万公顷的速度发展。

据统计，全国已有1000多万公顷的优良草场被垦为农田，垦后农田广种薄收，导致水土流失极为严重；全国目前的载畜量合计约5亿~6亿个羊单位，超过理论载畜量的20%以上，北方牧区不少地方甚至超载50%以上，在冷季草场和荒漠化地区超载更严重。由于草地退化，植被盖度减少、土壤结构的破坏等，引起土壤沙化和风蚀，进而极易形成沙尘暴。

全国退化草地主要位于中部和东部地区的上风口，是弥漫的华北地区的沙尘暴的主要的沙尘源地。草地退化后，产草量下降，其质量变差，生态环境恶化，已成为制约草业发展和畜牧业发展的重要因素。

2. 投入不足。目前，绝大多数草原牧区仍然沿袭靠天养畜的传统生产方式，草地畜牧业生产力水平低且不稳定。部分地区仍然粗放经营，落后的经营方式没有得到根本改变，经济增长方式主要还是依赖于天然草原自然生产力和家畜数量的增加。由于牧草产量下降，家畜品种退化，畜产品品质降低，导致草地生产力水平低下，影响了畜牧产业的发展。

作为草地资源大国，中国草地生产力水平却比较低，全国平均每公顷草地仅生产 7 个畜产品单位，相当于世界平均水平的 30% 强；而由草原牧区提供的畜产品仅占全国总量的不足 10%，这说明草地资源远未得到合理、高效的开发与利用，蕴藏着巨大的生产潜势。造成这种后果的原因主要是投入不足。一是资金投入不足，基础建设滞后。由于牧区人口的分散居住特性，各方面的投入非常有限，牧民要自备发电、通信、交通等基础设施，无力对草地进行必要投入。据统计，50 年来，中国草地每年投入不到 0.45 元/公顷，投入和产出比例严重失调。二是科技投入不够。科技服务缺乏与时俱进，科技成果转化慢，但科学技术的推广和成果的转化仍远滞后于科学研究的发展，甚至很多地区仍依据于十几年前的科研数据来制定规划和政策（1985 年的草普资料至今仍在沿用）。从国外草业发展情况看，科技贡献率已达到 70% 以上，而中国科技投入不足，科技贡献率尚不足 30%。

3. 管理体制不健全。长期以来，管理层对草业的定位存在着认识上的误区，将草业作为畜牧业的附属，或称之为“副业”，简单地将草地当作提供饲草饲料的场地，严重忽视其相对独立的生态和社会经济功能。目前迫切需要的是对草场资源调控与监管的有效机制，以及对草场资源开发利用与保护的统一管理体制。否则，草场资源的调配、优化配置和高效利用就会缺乏完善的机制体制做保障，致使现实中有法不依、执法不严，乱占滥用草场资源的现象时有发生。虽然国家实行了以家庭或畜群承包为主要形式的“草畜双承包”责任制，但在强化牧民独立生产经营者的地位，使牧民既有独立自主的生产经营权又有保护草场资源的责任权，贯彻落实《草原法》使天然草原得到有效的保护等方面仍做得不够。约束和监督机制的不完善，是中国草场资源退化的另一重要原因。

（三）中国森林资源存在的问题

尽管中国森林资源保持着面积和蓄积双增长的趋势，但随着人们对生活水平和环境质量要求的提高，现有森林资源还远远不能适应生态建设和国民经济社会可持续发展的要求。

1. 总量和人均量不足。与森林资源丰富国家、甚至是世界平均水平相比，中国在森林资源总量和人均占有量方面都存在着明显的差距，也难以满足当前和未来经济发展对森林资源物质产品和生态服务功能的需求。

中国森林覆盖率只有全球平均水平的2/3，排在世界第139位。考虑人口因素，将这些数据转换成人均拥有资源数，就更加凸显森林资源短缺。中国的人均森林面积0.145公顷，不足世界人均占有量的1/4；人均森林蓄积10.151立方米，只有世界人均占有量的1/7。尽管森林面积和蓄积位居世界前列，但森林资源总量与辽阔的领土面积和众多的人口不成比例。现有的森林资源远远不能满足生产、生活与国家经济建设需要，也不能满足维护土地生态环境的需要。

2. 分布不均衡。中国森林资源的分布很不均衡。由于地域辽阔，地貌类型齐全，气候的地域、地带差异极大，加之受自然条件、人为活动、历史原因以及地区经济社会发展不平衡等因素的影响，森林资源地理分布极不平衡。东南部多，西北部少；东北、西南边远省自治区及东南、华南丘陵山地森林资源分布多，辽阔的西北地区、内蒙古中西部、西南、西藏中西部以及人口稠密、经济发达的华北、中原及长江、黄河下游地区，森林资源分布少。

3. 质量不高且生产力较低。森林资源的质量不高，综合能效低，这是中国林业发展面临的又一个突出问题。乔木林单位蓄积量85.88立方米/公顷，只有世界平均水平的78%，平均胸径仅13.3厘米，人工乔木林单位蓄积量仅49.01立方米/公顷，龄组结构不尽合理，中幼龄林比例依然较大，森林可采资源少。林木种苗培育、森林经营的科技含量不高，森林质量在较低水平徘徊，木材供需矛盾加剧，森林资源难以满足经济社会发展的多种需求。

4. 破坏严重。破坏森林资源，如乱砍滥伐、超限额采伐、乱占林地、毁林开垦等行为屡禁不止。林地非法流失严重，1999～2003年的五年间，全国有1010.68万公顷林地被改变用途或占为非林地，年均超限额采伐林木的数量达7554.21万公顷。随着中国人口增长和经济发展，对森林资源的需求的各个方面都大于供给，供求矛盾日趋尖锐，森林资源的保护和发展问题不容忽视。

（四）中国自然保护区存在的问题

自然保护区是为了更好保护自然资源而建立的特定区域。由于没有有效的管理，许多地区在自然资源开发利用中，过度追求经济效益，使自然保护区生态环境受到破坏，保护与开发的矛盾加剧。

1. 生态环境遭到破坏。许多地区在自然资源开发利用中，森林超量采伐、草原过度放牧、沼泽围垦造田、过度利用土地和水资源，导致生物生存环境破坏，影响物种正常生存。许多开发过度的保护区为了追求经济效益，为了吸引游客，在保护区内修建道路，索道和景区，甚至在保护区的核心区域也修建了旅游设施，破坏了保护区内野生动物的原始生态环境。据统计，全国有23%的保护区在核心区开展旅游活动，野生动物的生活环境和生活习惯被改变，造成野生动物的自然增长率下降。

随着自然保护区的开发建设和旅游等项目的开展，资源破坏和环境污染等问题也日益突出。空气、水体、垃圾污染严重影响了保护区的功能。在保护区附近的加工工厂，排放的工业废气、废液等对保护区的生态环境带来严重影响。虽然国家明确规定了保护区周边工业建设的环保要求，但很多地方政府在保护区生态与经济建设的矛盾中，更关注后者。保护区的管理机构作为地方政府的下属机构，往往不能有效的保障保护区的利益，损害保护区环境的现象还广泛存在。

2. 保护区居民贫困程度深。中国目前592个贫困县（不包括西藏）中，有350个贫困县拥有保护区，占59.12%，西部地区的数量要高于东中部地区，达到62.67%。不同省份的差异也比较大，重庆所有的贫困县都有保护区，四川比例达到88.89%。1994年颁布实施的《中华人民共和国自然保护区条例》规定，在自然保护区内的单位、居民，禁止在自然保护区内进行砍伐、放牧、狩猎、捕捞、采药、开垦、烧荒、开矿、采石、捞沙等活动（第二十六条）。但是，很多自然保护区经济发展落后，当地居民生活贫困，自然资源的利用是低水平、粗放的原始利用方式，尤其是作为农村主要能源的薪材利用导致对大量森林资源的消耗。随着人口增加和经济发展，对保护区内自然资源索取和需求的加大，出现一系列问题。自然保护区的保护与开发不可避免地存在矛盾冲突。

3. 管理体制存在问题。中国自然保护区在数量、分布、类型、结构上已基本满足了维护国家生态安全的需要。但是，在设立自然保护区上采取“早划、多划，先划后建，抢救为主、逐步完善”的政策，管理工作明显滞后于划建。保护区存在管理主体缺位、资源本底不清、投资不足、科研技术薄弱、专业管理人才缺乏、资源开发与保护相矛盾等问题。因此，建立保护区仅仅是自然保护的第一步，保护区采取何种管理模式，如何有效地管理好保护区，就成为目前自然保护事业的关键问题之一。

（五）水土流失对绿色发展的影响

中国是世界上水土流失最为严重的国家之一。水土流失造成土地退化严重、耕地减少、洪涝灾害频发、生态恶化等问题，加剧了贫困程度，严重影响绿色发展。

1. 水土流失面积的变化情况。21世纪初，中国水土流失总面积为356.92万平方公里，占国土总面积的37.18%。其中水蚀面积为161.22万平方公里，风蚀面积为195.70平方公里。各省（自治区、直辖市）水土流失分布广泛，除上海市、香港和澳门特别行政区外，其余31个省（自治区、直辖市）都存在不同程度的水土流失。总体上看，水土流失总的格局仍然是西部地区的水土流失最为严重，其次为中部地区，东部地区最轻微。黄河中游地区的山西、陕西、甘肃、内蒙古、宁夏和长江上游的四川、重庆、贵州、云南等省区仍然是全国水土流失严重的地区。新疆和内蒙古的水土流失面积远远大于其他省份，主要是因为这两个地区的风蚀面积很大。

水蚀面积较大的省份依次为：内蒙古、四川、云南、新疆、甘肃、陕西、山西等，集中在黄河中游地区和长江上游地区。水蚀严重地区主要分布于长江上游的云、贵、渝、鄂及黄河中游地区的晋、陕、甘、蒙、宁，也就是西部地区。在东部和中部一些省区例如黑龙江、辽宁、山东、河北等省的山区，水蚀亦比较严重。风蚀主要集中在西部地区的新疆、内蒙古、青海、甘肃和西藏5省区，其中新疆和内蒙古两省区的风蚀面积合计为153.66万平方公里，就占到了全国风蚀总面积的78.5%（表9）。

表9　中国各地区水土流失情况（万平方公里）

地区	水蚀面积	风蚀面积	地区	水蚀面积	风蚀面积
北京	0.41		湖北	6.01	
天津	0.04		湖南	4.05	
河北	5.18	0.9	广东	1.45	
山西	9.29	0.02	广西	1.04	
内蒙古	14.69	62.25	海南	0.02	0.02
辽宁	4.25	0.33	重庆	4.59	
吉林	1.76	1.39	四川	14.18	0.61
黑龙江	8.88	1.06	贵州	7.29	
上海			云南	13.85	
江苏	0.43		西藏	6.97	7.36
浙江	1.66		陕西	11.57	1.08
安徽	1.7		甘肃	11.68	14.23
福建	1.31		青海	5.28	15.09
江西	3.32	0.02	宁夏	2.18	1.53
山东	2.64	0.33	新疆	11.73	91.41
河南	2.98		台湾	0.78	

资料来源：根据《中国水土流失防治与生态安全·水土流失数据卷》计算整理。

2. 水土流失严重影响了绿色发展。首先是土地退化严重，耕地减少，污染严重。水土流失造成土地严重退化，既有数量的减少，又有质量的下降。土地肥力损失巨大，仅黄土高原每年因水土流失带走的氮、磷、钾养分就达3800万吨，就相当于全国每年生产的化肥总量。辽西低山丘陵区每年冲走的氮、磷、钾，折合化肥26.8万吨，冲走有机质85万吨。在南方山地丘陵区，由于水土流失，使不少地方的土壤有机质含量降至0.3%～0.5%。此外，农田的水土流失还将化肥和农药带到江河和水库湖泊中，最终流入海洋。这也造成水质恶化，特别是许多湖泊和海域富营养化的重要原因。

其次是泥沙淤积，加剧了洪涝灾害。水土流失造成了江河、湖泊和水库的淤积，降低了水利设施调蓄功能和天然河道泄洪能力，降低了水库发电、灌溉和防洪效益，增加了江河洪水威胁，降低了江河通航能力。近年来，长江流域屡受洪涝威胁，与沿江湖泊萎缩有很大关系。黄河年均约4×108吨泥沙淤积在下游河床，使河床每年抬高8～10厘米，形成著名的“地上悬河”，洪涝灾害的增加，给国家和当地的生产生活都带来了非常巨大的损失。近年来洪涝灾害不断，也与水土流失有很密切的关系。

再次是影响水资源的有效利用，加剧了干旱的发展。黄河流域3/5～3/4的雨水资源消耗于水土流失和无效蒸发。为了减轻泥沙淤积造成的库容损失，部分黄河干支流水库不得不采用蓄清排洪的方式运行，使大量宝贵的水资源随着泥沙下泄，黄河下游每年需用2.00×1010立方米左右的河流淡水将沉积于河道的泥沙冲刷入海洋，来降低河床。

最后是生态恶化，加剧贫困程度。植被破坏，造成水源涵养能力减弱，土壤大量“石化”、“沙化”，沙尘暴加剧。同时，由于水土流失，土层变薄，地力下降，已严重地影响到一些地区经济的发展。调查表明，凡是水土流失严重的地区，也都是人民生活贫困、经济发展落后的地区。由于地力下降，耕地萎缩，生产结构单一，木料、燃料、饲料、肥料“四料”俱缺，农民陷入一种“越穷越垦，越垦越穷”的恶性循环之中。水土流失使我国生态环境严重恶化，已成为社会经济持续发展的主要障碍之一。

（六）能源与矿产资源开发中存在的问题

1. 以煤为主的能源结构严重影响生态环境。据估算，2000～2008年，中国一次性能源总消费量累计183.3亿吨标准煤，其中煤炭累计消费量为175.6亿吨；总排放CO_2累计450.4亿吨碳当量，其中燃煤排放CO_2累计308.2亿吨碳当量。2001～2008年，中国经济年均增长率为10.2%，但根据世界银行数据库估计，2000～2008年中国的CO_2排放量年均增长率为12.28%，总量从27亿吨提高到70亿吨，其累计排放量为415亿吨。

根据国家发展和改革委员会经济运行调节司的测算，2008年中国煤炭消费量在27.4亿吨左右，增长4.5%。如果按照每亿吨燃煤排放SO_2量115万吨的强度来计算，2008年排放SO_2为3151万吨，远远超过了环境自身净化能力。煤炭的大量消费，对大气、水体、生态环境的污染破坏十分严重。中国温室气体中85%的CO_2和大气污染中80%的SO_2、67%的NO_x来自煤炭的燃烧。CO_2造成地球温室效应，SO_2导致酸雨，NO_x严重危害人类健康。

因此，加快能源结构调整，减少化石能源消耗，增加可再生清洁能源比重，实现能源结构多元化，发电方式多样化，减少 CO_2、SO_2、NO_x 及烟尘颗粒物的排放，对于中国发展低碳经济至关重要。

2. 存在资源过度开发的现象。储产比是资源保障程度的一种表达方法，它表达了储量可供开采的年限。中国主要矿产资源的静态储产比大多低于世界平均水平，就连储量丰富的煤炭，静态保障程度也不及世界平均水平的一半。石油、铁、锰、铬、铜、铝、钾盐等矿产的消费依赖于大量的进口，现有储量对消费的保障程度（储消比）更低。

根据联合国等机构关于中国矿产资源可开采年限的统计，在所列举的 12 种矿产品当中，只有 3 种产品的开采可以维持 100 年以上，其他矿产品，包括储量最大的煤炭在内，可续采年限都仅有 50 年左右。可以说，对自然资源的过度开发问题在很大程度上是总体性的。

表 10 显示了中国储采比和储消比与世界平均水平的比较。

表 10　　中国及世界主要矿产资源的静态保障程度

矿产			石油	煤炭	天然气	铁矿石	锰矿石	铬矿	铜矿	锌矿	铝土矿	钨矿	稀土矿	钾盐矿
静态保障年限	储产比	世界	43	228	64	141	100	257	27	24	189	87	1012	327
		中国	15. 3	113	44. 2	48. 3	23. 3	18	32. 1	14. 3	32. 1	31. 9	324	242
	储消比	中国	11. 6	113	44. 2	39. 2	21. 6	4. 1	12. 5	19. 1	30. 5	62. 2	1135	14. 5

注：世界储产比约等于储消比。

相对于庞大的人口规模，中国矿产资源本来就十分贫乏。即使不考虑这一因素，各种矿产的绝对储量也不富集，多种矿产品长期维持高产，从矿产资源的国际统计数据来看，绝大多数种类矿产品产量份额都大大超过储量份额。如煤炭产量占世界总产量的 36. 5%，但煤炭储量只占世界总储量的 13%；石油产量占世界总产量的 6. 2%，但储量只占世界总储量的 2. 5%；铁矿石产量占世界总产量的 22. 3%，但储量只占 13. 3%。虽然有些矿产资源储量较大，但人均可采储量只及世界水平的 58%。45 种主要矿产资源只有 11 种能依靠国内保障供应；到 2020 年，这一数字将减少到 9 种；到 2030 年，则可能只有 2 ~ 3 种。矿产资源不可再生，过度开采，将使绝大多数矿产资源面临在近期枯竭的局面。

从绝对量考察，据预测，到 2020 年，中国煤炭消费量将超过 35 亿吨，2008 ~ 2020 年累计需求超过 430 亿吨；石油 5 亿吨，累计需求超过 60 亿吨；铁矿石 13 亿吨，累计需求超过 160 亿吨；精炼铜 730 万 ~ 760 万吨，累计需求将近 1 亿吨；铝 1300 万 ~ 1400 万吨，累计需求超过 1. 6 亿吨。如不加强勘查和转变经济发展方式，届时在45种主要矿产中，有19种矿产将出现不同程度的短缺，其中11种为国民经济支柱性矿产，石油的对外依存度将上升到60%，铁矿石的对外依存度在40%左右，铜和钾的对外依存度仍将保持在70%左右。

3. 可再生能源产业发展不充分。从目前的能源结构看，清洁能源、可再生能源开发利用还不充分，风能、太阳能、生物质能发展尚处于起步阶段，2008年在能源结构中水电、核电、风电仅占7.35%，可见，调整和改善能源结构的任务十分艰巨。

这种发展不充分的原因，一方面是部门分散管理，各自为战，缺乏统一协调机制，市场保障机制还不够健全，制约了可再生能源产业的发展。长期以来，中国可再生能源发展缺乏明确的发展目标，缺乏连续稳定的市场需求。虽然国家支持可再生能源发展的力度逐步加大，但由于缺乏强制性的可再生能源市场保障政策，没有形成稳定的市场需求，可再生能源发展缺少持续的市场拉动。同时，在条块分割的管理体制下，可再生能源产业的各个环节分散在不同的部门管理。如生物质能的开发利用分散在各个部门，沼气的开发利用归农业部管，生物燃料归发改委工业司管，秸秆发电归发改委能源局管，每一个部门都在全国3亿吨秸秆的基础上规划项目，导致资源短缺，协调成本上升。

另一方面，研究开发投入不足，缺少核心技术，资源利用效率不高。虽然可再生能源的R&D支出逐年增加，但投入量与实际需要相差甚远。国家的科技“十五”攻关计划和“十一五”支撑计划、“863计划”、“973计划”和产业化计划等国家科技计划，虽然投入大量经费支持光伏发电、并网风电、氢能和燃料电池等领域先进技术的研发和产业化，总体来看，新能源的研发投入与发达国家有较大的差距。目前，技术开发能力和产业体系薄弱，除水电、太阳能热利用、沼气外，其他可再生能源的技术水平较低，缺乏自主技术研发能力，设备制造能力弱，技术和设备生产主要依赖进口，技术水平和生产能力与国外先进水平差距较大。同时，可再生能源资源评价、技术标准、产品检测和认证等体系不完善，人才培养不能满足市场快速发展的需要，没有形成支撑可再生能源产业发展的技术服务体系。

三、解决资源持续支撑经济发展的措施

经济可持续发展，或者说绿色发展，离不开水资源、土地资源、森林资源和草地资源等生态资源的支撑。中国在解决资源持续支撑经济发展方面所采取的行动措施已经收到了较好的效果，一些地区的做法已经产生了很好的示范作用。

（一）水土保持支撑绿色发展

搞好水土保持，防治水土流失，有效保护和合理利用水土资源，是实现经济社会可持续发展的基本前提和保障，也是落实科学发展观的重要内容，不仅可以产生经济效益，也可以产生社会效益。

1. 水土保持，综合治理。水土保持综合治理是一个综合性很强的系统工程，其对区域绿色发展的支持充分表现在生态、经济和社会各个方面。水土保持不仅是生态环境建设主体，也是生态环境建设的基础，处在生态环境建设的前沿。水土保持的经济效益包括直接经济效益、间接经济效益。直接经济效益是指通过小流域综合治理而增加的农、林、牧、副等各业的直接经济收入；间接经济效益是由于水土保持的促进作用，使其他各业的经济发展（包括商品转化）而带来的间接经济收入。社会效益是指水土保持措施实施后，促进了社会的发展。水土资源是人类赖以生存发展的基础条件和重要前提。加强水土保持，有助于涵养水源和培养地力，促进水土资源高效集约利用，是保护水土资源最直接最有效的措施，也是维持国家的长治久安、社会稳定发展的基础。

针对水土流失严重的状况，国家很早就开始投入大量的人力物力，划拨大量的专项资金用于水土流失治理工作。截止到2008年，水土流失治理面积达到10158.7万公顷。内蒙古、陕西、甘肃等省区水土流失治理成效显著。水土流失治理与经济发展互相影响，中国幅员辽阔，区域经济发展不平衡，水土流失治理的成绩也就相应存在区域差异。

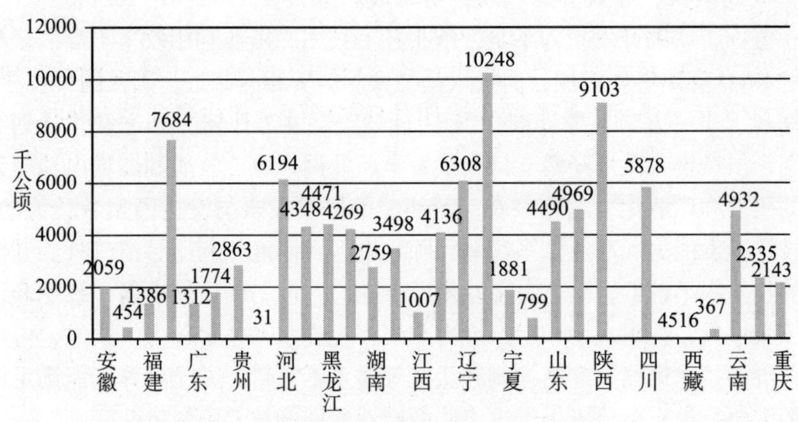

图3 中国水土流失治理面积情况（2008年）

资料来源：中国环境统计年鉴2009. 中国统计出版社，2009.

2. 京津风沙源治理。为了遏制造成京津地区严重空气污染的沙尘天气，2002年3月，中国政府启动了“京津风沙源治理工程”。这里的“京津风沙源”主要包括北京、天津、河北、山西、内蒙古五个行政单元的75个县（旗、市、区），面积达45.8万平方公里的环京津地区。

京津风沙源治理主要采取的对策包括：封山育林，杜绝一切经营性采伐活动，最大限度地保护现有植被；对流域内的陡坡耕地和库区周围坡耕地，实行退耕还林；开展飞播造林；在山前险地区实施爆破造林；营造农田防护林，改造残网破带；开展小流域综合治理，减少入库泥沙量；结合产业结构调整，人工种植牧草，增加地面覆盖，变放牧为圈养；开展生态移民，巩固生态建设成果，防止边治理边破坏现象发生。

3. 矿区的生态修复。开采矿产资源造成的生态破坏，也是水土流失的一个重要方面。如大面积的塌陷、“马赛克”斑痕、空气污染、水体酸化、土地大量占用、土壤质量下降、生物多样性丧失、自然景观破坏、农作物减产等现象，威胁到人体健康，同时也制约了经济的进一步发展。

矿区的生态恢复措施主要包括：一是尾矿的综合利用。即从废弃物中进一步回收有价元素、作为二次资源制取新形态物质、填充井下采空区；二是土壤治理。即挖出污染土置换客土，或者进行适宜的化学改良；三是植被恢复。即利用人工植被的方法改善和恢复生态系统；四是微生物恢复。即抗污染细菌、高效生物和营养生物的接种。

目前全国矿区植被保护与生态恢复主要围绕几个方面开展工作：一是开展摸底调查，摸清全国矿区开发对植被的破坏程度、需要治理的规模和分布情况；二是总结现有矿区生态环境治理的成功经验和有效模式，为编制规划提供依据，提高规划的科学性；三是提出矿区生态恢复与治理的有效途径，明确建设内容和重点任务；四是研究制定矿区生态治理的投资标准，分析、测算各类矿区治理的成本费用，提出治理投资指标体系和生态补偿方式，明确矿山环境治理投资渠道；五是建立矿区生态治理的长效机制，明确各级政府、矿山企业等在矿区生态保护与治理方面的责任和义务。

专栏一：资源型城市转型的“白银模式”

甘肃省白银市是随着矿产资源开发而建设起来的资源型城市。铜产量曾连续 18 年居全国同行业第一，为我国重要的有色金属工业基地，是一座因矿得名，因企建市，因铜而辉煌的城市。但经过近 50 多年的开采，优势资源日渐枯竭，白银市不得不面对传统产业衰退，生态环境恶化，财政困难等一系列棘手问题，一度陷入矿竭城衰的窘境。对此，白银市坚持走新型工业化道路，加强科技创新，提升传统产业，培育接续产业，矿产业与非矿产业并重，矿种转型、产品转型、产业转型多层次同步推进，着力推动循环经济发展，逐步由单一主导产业向多元主导产业转变，探索资源枯竭型城市的经济转型之路，创造出了不同凡响的“白银模式”。

首先，多元化产业结构。白银市原有产业结构单一，资源依赖度高，主要依靠资源开采和初级产品加工，结构性矛盾突出。对此，白银市确定了八大支柱产业：有色金属及稀土新材料产业、精细化工一体化产业、矿产业和资源再生利用产业、能源和新能源产业、机械和专用设备制造业、非金属矿物制品产业、特色农畜产品深加工产业、黄河文化旅游产业，向高新技术产业、资源原材料精深加工转变，延伸产业链条，提高产品附加值。其次，推进传统产业技术升级，提高企业竞争力。白银市先后投入技术改造资金35.6亿元，实施技术改造项目57项，对有色金属、煤炭、电力等传统资源型产业进行技术改造，不断提高技术装备水平和资源利用综合率。靖远煤业公司通过实施矿井技术改造项目，资源开采率提高了近25%，还利用生产余热项目将瓦斯变成了供热资源。此外，为了提升本地产业的技术升级，发展高新技术产业，白银市在2002年7月成立了中国科学院白银高技术产业园。第三，机制保障。白银市地处西北，市场经济不够发达，传统产业主要依赖国有投资，市场融资相对困难。为此白银市明确提出政府推动和市场拉动相结合、自力更生和借助外力相结合，打造"服务型政府"、"跑腿型政府"，依托政府直接推动城市转型。第四，建设宜居城。为了解决城市规模小、基础设施陈旧、功能欠缺、宜居环境差等问题，白银市坚持产业转型和城市建设转型相结合，把完善城市综合服务功能和塑造城市特色结合起来，优化生态环境，推进城市从传统工矿区向科技城、生态城转变，提升城市形象，留住投资者和居民，谋求更多的发展机会和空间。

总体来说，"白银模式"是发展由资源开采和原材料生产向加工制造业和高新技术产业转变；开发方式由自我开发向全方位开放开发转变；资金投入由依靠国家投资向大范围招商引资和多渠道筹措资金转变；企业发展由传统经营向创新体制提高核心竞争力转变。

资料来源：根据新浪财经和新浪城市在线资料由王珊珊整理。http：//finance. sina. com. cn/roll/20060804/0926838887. shtml；http：//city. finance. sina. com. cn/city/2008 - 05 - 16/100001. html.

（二）森林草地资源的保护与恢复

在森林草地资源的保护与恢复行动中，退耕还林还草、"三北防护林"工程以及"天保工程"发挥了重要作用。

1. 退耕还林还草。根据《国务院关于进一步做好退耕还林还草试点工作的若干意见》、《国务院关于进一步完善退耕还林政策措施的若干意见》和《退耕还林条例》的规定，国务院西部地区开发领导小组第二次全体会议确定的2001～2010年退耕还林1467万公顷的规模。根据因害设防的原则，按水土流失和风蚀沙化危害程度、水热条件和地形地貌特征，将工程区划分为10个类型区，即西南高山峡谷区、川渝鄂湘山地丘陵区、长江中下游低山丘陵区、云贵高原区、琼桂丘陵山地区、长江黄河源头高寒草原草甸区、新疆干旱荒漠区、黄土丘陵沟壑区、华北干旱半干旱区、东北山地及沙地区。

主要政策措施：一是国家无偿向退耕农户提供粮食、生活费补助，向退耕农户提供种苗造林补助费，退耕还林必须坚持生态优先。二是国家保护退耕还林者享有退耕地上的林木（草）所有权，退耕地还林后的承包经营权期限可以延长到70年。资金和粮食补助期满后，在不破坏整体生态功能的前提下，经有关主管部门批准，退耕还林者可以依法对其所有的林木进行采伐。三是退耕还林所需前期工作和科技支撑等费用，国家按照退耕还林基本建设投资的一定比例给予补助，由国务院发展计划部门根据工程情况在年度计划中安排。四是退耕还林地方所需检查验收、兑付等费用，由地方财政承担。五是中央有关部门所需核查等费用，由中央财政承担。六是国家对退耕还林实行省、自治区、直辖市人民政府负责制。

退耕还林工程的实施，实现了由毁林开垦向退耕还林的历史性转变，有效地改善了生态状况，水土流失和土地沙化治理步伐加快，生态状况得到明显改善。促进了中西部地区“三农”问题的解决，较大幅度增加了农民收入，保障和提高了粮食综合生产能力，大大加快了农村产业结构调整的步伐，在一些地方把生态建设、植树造林与产业发展相融合，创新了农业和经济发展模式。

专栏二：生态建设的“恭城模式”

广西壮族自治区恭城瑶族自治县地处广西壮族自治区东北部，是山地和丘陵占70%以上的典型山区县。为了改善生态环境，发展经济，恭城县始终坚持走生态农业之路，依托循环经济大力发展生态工业、生态旅游业，创造性地探索出富有自身特色的可持续发展模式。经过20年来的努力，恭城由一个少数民族山区贫困县，发展成为全国生态农业示范县，“恭城模式”享誉全国。

自1983年起，恭城县就提出在全县推广沼气池，经过多年的政策引导、典型示范、资金扶持，生态链条逐步完善，创造了以养殖为重点，以沼气为纽带，以种植为龙头的“猪—沼—果”三位一体的生态农业，是“中国椪桔之乡”和“中国月柿之乡”，2006年被评为“全区特色农业十强县”。2003年，恭城县从促进生猪发展，提高沼气沼肥利用率，在一些村镇成功试行了“人畜分离、规模养殖、统一建池，集中供气”的发展模式。到2009年，恭城全县沼气池总数5.74万座，沼气入户率88.1%。沼气池建设有效地解决了封山育林与农户生活用柴砍伐森林的突出矛盾，同时种植桃树有效治理了石漠化，森林覆盖率达77.09%，成为广西石山地区成功治理的典范，促进生态环境的良性循环，进而实现了“生态农业—生态保护”的良性循环。

在“猪—沼—果”的生态农业稳步发展基础上，恭城县大力推进生态农业与生态工业的对接。恭城县现在有近10万亩月柿，并且以每年5%～7%的速度递增。对此，恭城县积极引进汇源果汁等知名企业，以柿子深加工为基础，使生态产业链进一步延伸。2005年，恭城食品饮料行业产值突破亿元大关，实现农产品从“田间地头”到“超市”甚至“漂洋过海”的跨越。由于良好的生态环境，恭城县集农业观光、生态旅游、风情表演、休闲度假于一体的生态旅游业也得到发展，已建成大岭山、横山、红岩等生态旅游线路，实现由农业向旅游产业的转移，带动了运输、商贸、餐饮、住宿等服务业的发展，生态旅游已经成为新的增长点。2010年旅游收入达2.33亿元，同比增长84.2%。

目前，恭城县正逐步转向“养殖+沼气+种植+加工+旅游”五位一体的生态农业发展模式，并提出了“富裕生态家园”的建设思路。在全县800多个自然村中，已有600多个村规划了“富裕生态家园”，现已建成20多个“富裕生态家园”新村，是新农村建设的示范点和典型样本。

资料来源：广西壮族自治区恭城瑶族自治县国家可持续发展实验区办公室提供，王珊珊整理。

2. “天保工程”。1998年洪涝灾害后，针对长期以来天然林资源过度消耗而引起的生态环境恶化的现实，国家做出了实施天然林资源保护工程的重大决策。该工程旨在通过天然林禁伐和大幅减少商品木材产量，有计划分流安置林区职工等措施，主要解决天然林的休养生息和恢复发展问题。

工程实施范围包括长江上游、黄河上中游地区和东北、内蒙古等重点国有林区的17个省（区、市）的734个县和163个森工局。长江流域以三峡库区为界的上游6个省市，包括云南、四川、贵州、重庆、湖北、西藏。黄河流域以小浪底为界的7个省市区，包括陕西、甘肃、青海、宁夏、内蒙古、山西、河南。东北重点国有林区5个省区，包括内蒙古、吉林、黑龙江（含大兴安岭）、海南、新疆。天保工程区有林地面积10.23亿亩，其中天然林面积8.46亿亩，占全国天然林面积的53%。

2000~2010年间，工程实施的目标：一是切实保护好长江上游、黄河上中游地区9.18亿亩现有森林，减少森林资源消耗量6108万立方米，调减商品材产量1239万立方米。到2010年，新增林草面积2.2亿亩，其中新增森林面积1.3亿亩，工程区内森林覆盖率增加3.72个百分点。二是东北、内蒙古等重点国有林区的木材产量调减751.5万立方米，使4.95亿亩森林得到有效管护，48.4万富余职工得到妥善分流和安置，实现森工企业的战略性转移和产业结构的合理调整，步入可持续经营的轨道。

主要政策措施：一是森林资源管护，按每人管护5700亩，每年补助1万元。二是生态公益林建设，飞播造林每亩补助50元，封山育林每亩每年14元，连续补助5年，人工造林长江流域每亩补助200元，黄河流域每亩补助300元。三是森工企业职工养老保险社会统筹，按在职职工缴纳基本养老金的标准予以补助，因各省情况不同补助比例有所差异。四是森工企业社会性支出，教育经费每人每年补助1.2万元，公检法司经费每人每年补助1.5万元，医疗卫生经费长江黄河流域每人每年补助6000元、东北内蒙古等重点国有林区每人每年补助2500元。五是森工企业下岗职工基本生活保障费补助，按各省（区、市）规定的标准执行。六是森工企业下岗职工一次性安置，原则上按不超过职工上一年度平均工资的三倍，发放一次性补助，并通过法律解除职工与企业的劳动关系，不再享受失业保险。七是因木材产量调减造成的地方财政减收，中央通过财政转移支付方式予以适当补助。

天保工程实施进展顺利。一是长江上游、黄河上中游13个省（区、市）已在2000年全面停止了天然林的商品性采伐。二是东北内蒙古等重点国有林区木材产量由1997年的1854万立方米按计划调减到1213万立方米。三是工程区内14.13亿亩森林得到了有效管护，累计完成公益林建设任务1.75亿亩，其中人工造林和飞播造林6600万亩，封山育林1.09亿亩。四是分流安置富余职工67.5万人（不含试点期间）。工程建设已取得了明显的阶段性成效，工程区发生了一系列深刻变化。

3. 植树造林与“三北防护林”工程。植树造林，绿化祖国，一直是国家的一项基本国策。植树造林能够美化环境，清除空气污染；能使水土得到保持；能防风固沙，根除风沙灾害。

在植树造林、根治风沙灾害中，最具代表性的是三北防护林工程。这是在三北地区（西北、华北和东北）建设的大型人工林业生态工程。为改善生态环境，于1978年把这项工程列为国家经济建设的重要项目。1979年，国家决定在西北、华北北部、东北西部风沙危害、水土流失严重的地区，建设大型防护林工程，即带、片、网相结合的“绿色万里长城”。规划范围包括新疆、青海、宁夏、内蒙古、甘肃中北部、陕西、晋北、坝上地区和东北三省的西部共324个县（旗），农村人口4400万，总面积39亿亩。以求能锁住风沙，减轻自然灾害。建设范围东起黑龙江省的宾县，西至新疆乌孜别里山口，东西长4480公里，南北宽560～1460公里，总面积406.9万平方公里，占国土面积的42.4%。

按照工程建设总体规划，从1978年开始到2050年结束，分三个阶段，八期工程，建设期限73年，共需造林5.34亿亩。在保护现有森林植被的基础上，采取人工造林、封山封沙育林和飞机播种造林等措施，实行乔、灌、草结合，带、片网结合，多树种、多林种结合，建设一个功能完备、结构合理、系统稳定的大型防护林体系，使三北地区的森林覆盖率由5.05%提高到14.95%，沙漠化土地得到有效治理，水土流失得到基本控制，生态环境和人民群众的生产生活条件从根本上得到改善。

三北防护林体系建设，从三北地区地域辽阔、差异性大的实际出发，实行因地制宜、因害设防，择优扶持、分类指导，重点突破、规模推进，把工程建设的总体目标同当地经济发展和脱贫致富奔小康相结合，使环境治理与经济建设统一，建设生态经济型防护林体系，取得了巨大的经济效益和生态效益。三北防护林体系建设工程是一项利在当代、功在千秋的宏伟工程，不仅是中国生态环境建设的重大工程，也是全球生态环境建设的重要组成部分。

专栏三：植树造林的“右玉精神”

山西省右玉县地处晋北黄土高原地区，自古为中原农业文明和北方游牧文明的融汇之地，但自然条件恶劣，生态环境脆弱，风大沙多，素有“一年一场风，从春刮到冬，白天点油灯，黑夜土堵门”的说法。面对这样恶劣的自然环境，“绿化右玉、决战贫困”成为全县干部群众矢志不移的信念。

新中国成立以来，右玉县 18 任县委书记带领全县人民坚持不懈地植树造林，使不毛之地变成了“塞上绿洲”，全线林木面积由建国初期的 8000 亩发展到 150 万亩，森林覆盖率达到 51%，高出全国平均值 30 个百分点。右玉县的生态环境大大改善，全县沙尘暴天数比解放初减少了近 50%，在林地影响的有效范围内平均风速降低了 29. 2%，地表的径流量和水流含沙量比造林前均减少 60%，形成了良好的小气候。右玉县先后获得“全国绿化模范县”、“国家级生态示范区”等荣誉称号。

如今，右玉县按照“项目造林抓精品、道路绿化抓特色、景区景点抓提升、裸露山区抓覆盖、苗圃建设抓后劲、小流域治理树典型、综合治理抓管护”的总体思路，以增加植被、提高林草覆盖率为切入点，加快生态环境建设，全力打造特色鲜明的生态建设示范基地。首先，项目造林。右玉县依托退耕还林和首都水土保持等重点生态建设项目的实施，以每年 5 万亩的速度实行退耕还林种草，每年营造针叶林、灌木林 2 万亩左右。其次，道路绿化。右玉县始终坚持“绿化跟着修路走”的原则，抓好市县等级公路和通村水泥路绿化建设工程。第三，坚持生态与旅游并重，做到“宜林则林、宜草则草、宜花则花”，合理规划乔、灌、花、草、亭等的建设布局。第四，裸露山区绿化。右玉县紧抓“雁门关生态畜牧经济区”建设的发展机遇，大力实施荒山造林，让“裸露山区绿起来，农民腰包鼓起来”。此外，右玉县也在逐步推进苗圃建设、小流域治理等绿化工程，全面巩固来之不易的植树造林成果。经过几代人的努力，右玉县形成了乔、灌、草立体种植，针、阔叶科学布局，立体化、多功能、复合型的生态植被体系，呈现出“春有花、夏有阴、秋有果、冬有青”的美景。

生态环境的改善给右玉县发展带来了新的契机，更带动了经济的全方位发展。右玉县实现了“生态促畜牧、畜牧促经济、经济养生态、生态宜人居”的良性循环，建立了“生态·畜牧·旅游”三大独特品牌，为右玉人民脱贫致富提供了可靠的保障。右玉成功地实现了四个“一半”：全县林地面积占到全县国土面积的一半；种草面积占到全县耕地面积的一半；畜牧业收入占到全县农民人均收入的一半；生态经济占到全县国民生产总值的一半。与此时同，还开发了具有浓厚边塞风情的生态旅游，建起了一批绿色食品生产基地和畜产品加工基地，右玉的土豆、莜麦等小杂粮已远销日本、韩国、东南亚等地，右玉已经成为闻名中国的“塞上绿洲”。同时，“右玉精神”也声播海内外，中央电视台新闻联播在 2010 年 8 月 7、8 日连续两天在头条播出。

资料来源：山西省右玉县国家可持续发展实验区办公室提供，王珊珊整理。

（三）水资源保护和利用

针对水资源贫乏和分布不均的问题，主要实施了三江源保护和南水北调工程，对水资源进行保护和利用。

1. 三江源保护。青海三江源行政区域涉及包括玉树、果洛、海南、黄南四个藏族自治州的 16 个县和格尔木市的唐古拉乡，总面积为 30.25 万平方公里，地处青藏高原腹地，是长江、黄河、澜沧江的发源地。

三江源区曾是水草丰美、湖泊星罗棋布、野生动物种群繁多的高寒草原草甸区，作为全球大江大河、冰川、雪山及高原生物多样性最集中的地区，是影响范围最大的生态功能区，对世界气候有着重要的影响。近年来，随着全球气候变暖，冰川和雪山逐年萎缩，直接影响了高原湖泊和湿地的水源补给，众多的湖泊、湿地面积缩小甚至干涸，沼泽地消失，泥炭地干燥并裸露，沼泽低湿草甸植被向中旱生高寒植被演变，生态环境十分脆弱。严峻的生态环境状况，不仅直接导致了长江、黄河、澜沧江中下游广大地区频繁的旱涝灾害，严重影响了经济社会的发展，而且已经威胁到了长江、黄河、澜沧江全流域的生态安全。

2003 年 1 月，经国务院批准，三江源自然保护区晋升为国家自然保护区，2005 年，国务院批准了《青海三江源自然保护区生态保护和建设总体规划》，并要求通过《规划》的实施，尽快实现恢复三江源生态功能、促进人与自然和谐和可持续发展、农牧民生活达到小康水平三大目标。《规划》从生态环境保护建设、保证群众生产生活和促进地区经济发展三个方面统筹考虑，实施以退牧还草、退耕还林、恶化退化草场治理、森林草原防火、草地鼠害治理、水土保持等为主要内容的生态环境保护与建设项目，以禁牧搬迁、小城镇建设、草地保护配套工程和人畜饮水等为主要内容的农牧民生产生活基础设施建设项目，以人工增雨、生态监测、科技支撑为主要内容的生态保护支撑项目，项目总投资达 76 亿元。

作为国家西部大开发的骨干工程，三江源地区的生态保护和建设工程是一项投资大、周期长，具有艰巨性和复杂性的系统工程，也是一项惠及三江流域乃至全国人民的宏大工程，不仅关系到源区人民的利益，更关系到国家经济、社会的可持续发展和在 21 世纪头二十年全面实现小康社会宏伟目标的大局。

2. 南水北调。基于水资源分布南方水多、北方水少，空间分布很不平衡，黄、淮、海流域是中国当前最缺水地区，南水北调就是借助于先进的工程技术手段优化配置中国水资源的一项宏伟工程。

黄河是中国西北、华北地区的重要水源，全流域多年平均降水量为 452 毫米，多年平均河川径流量 580 亿立方米，可开采的地下水资源量 110 亿立方米，水资源总量占全国的 2.5%，2000 年人均水资源占有量为 633 立方米。淮河流域

（包括胶东地区）多年平均降水量854毫米，水资源总量为961亿立方米，占全国水资源总量的3.4%，2000年人均水资源占有量为478立方米。其中胶东地区2000年人均水资源占有量仅为330立方米，水资源开发程度已高达86%，遇大旱年份，水资源供需矛盾十分突出。海河流域多年平均降水量539毫米，多年平均水资源总量372亿立方米，占全国的1.3%。2000年人均水资源占有量仅为292立方米，不足全国人均水资源占有量的1/7，比全国人均年用水量还低138立方米，缺水十分严重。

另一方面，长江流域的存在水资源优势。长江是中国最大的河流，干流全长6300公里，流域面积180万平方公里，多年平均径流量约9600亿立方米，特枯年有7600亿立方米。尽管流域内工业及生活用水量较大且增长较快，但从全国社会经济发展需要考虑，长江流域能够调出部分水资源，支撑北方干旱缺水地区社会经济发展。此外，从地势上看，长江正好自西向东流经大半中国，上游靠近西北干旱地区，中下游与最缺水的华北平原相邻。地理条件也非常有利于兴建从长江引水到北方的跨流域调水工程。

南水北调是缓解中国北方水资源严重短缺局面的重大战略性工程。通过跨流域的水资源合理配置，可以大大缓解北方水资源严重短缺问题，促进南北方经济、社会与人口、资源、环境的协调发展。南水北调分东线、中线、西线三条调水线。西线工程在最高一级的青藏高原上，地形上可以控制整个西北和华北，因长江上游水量有限，只能为黄河上中游的西北地区和华北部分地区补水；中线工程从第三阶梯西侧通过，从长江中游及其支流汉江引水，可自流供水给黄淮海平原大部分地区；东线工程位于第三阶梯东部，因地势低需抽水北送。南水北调的总体布局为：分别从长江上、中、下游调水，以适应西北、华北各地的发展需要，即南水北调西线工程、南水北调中线工程和南水北调东线工程。建成后与长江、淮河、黄河、海河相互联接，构成水资源“四横三纵、南北调配、东西互济”的总体格局。

保护生态环境是实施南水北调工程的基本前提和重要目标。为确保东线工程全线输水水质达到国家地表水环境质量Ⅲ类标准，使长江水保质、安全地输送至天津，南水北调实施节水为本，治污为先，配套截污导流、污水资源化和流域综合整治工程，形成“治理、截污、导流、回用、整治”一体化的治污工程体系。为避免中线工程对汉江中下游可能造成的影响，南水北调兴建兴隆水利枢纽、引江济汉、改建部分闸站、整治局部航道等四项汉江中下游治理工程。此外，通过丹江口水库的运行调度，控制下泄流量将沿江两岸的供水保证率将较调水前有所提高。从生态环境的角度来看，西线工程不仅仅是一项跨流域调水工程，而且还是一项规模宏大的生态环境工程。调水对生态环境产生的不利影响主要集中在调水区，有利影响集中在干旱缺水的受水区。

（四）能源与矿产资源开发中的保护和利用

1. 矿产资源“开发中保护”和“保护中开发”。以矿产资源合理利用与保护为主线，充分发挥市场配置资源的基础性作用，加强矿产资源勘查开发宏观调控，构建保障和促进科学发展新机制，正确处理当前与长远、局部与整体、资源开发与环境保护的关系，统筹安排矿产资源勘查、开发、利用与保护的任务。

首先要充分利用资源，节约使用资源。在开发的同时，要用各种办法节约使用资源，尤其是矿产资源这样的不可再生资源，实行矿产资源“开发中保护”和“保护中开发”。资源开发要注重整合、节约使用，在节约中降低成本，减少能耗，减少污染排放，促进企业整体发展水平的提高。

其次要结合地方实际，充分利用当地资源发展工业，提高自身的矿产资源集中度，实现矿产资源的真正价值。对于资源丰富但是工业落后的区域，要尽快建立资源开发补偿机制，保证矿产资源的保护与开发并行。如规范矿产矿业权管理、规范资源出让制度，严格矿石开发准入，加强对小矿山的整顿；完善矿产资源储备制度，加强勘查和宏观调控力度；推进矿产资源税费制度改革，完善利益分配机制；建立矿山生态恢复保障机制；修改完善矿产资源法等。

2. 可再生能源的发展。根据中国的能源结构和发展实际，国家在“十一五”和以后的一段时期，大力发展水电，加快发展生物质能、风电和太阳能，加强农村可再生能源开发利用，逐步提高可再生能源在能源供应中的比重，为更大规模开发利用可再生能源创造条件。为此，“十一五”时期可再生能源发展的总目标是，加快可再生能源开发利用，提高可再生能源在能源结构中的比重；解决农村无电人口用电问题和农村生活燃料短缺问题；促进可再生能源技术和产业发展，提高可再生能源技术研发能力和产业化水平。

具体目标是：到“十一五”末，可再生能源在能源消费中的比重达到10%，全国可再生能源年利用量达到3亿吨标准煤。其中，水电总装机容量达到1.9亿千瓦，风电总装机容量达到1000万千瓦，生物质发电总装机容量达到550万千瓦，太阳能发电总容量达到30万千瓦。沼气年利用量达到190亿立方米，太阳能热水器总集热面积达到1.5亿平方米（专栏4），增加非粮原料燃料乙醇年利用量200万吨，生物柴油年利用量达到20万吨。

初步建立可再生能源技术创新体系，具备较强的研发能力和技术集成能力，形成自主创新、引进技术消化吸收再创新和参与国际联合技术攻关等多元化的技术创新方式。到“十一五”末，大多数可再生能源基本实现以国内制造为主的装备能力，水电设备、太阳能热水器达到较强的国际竞争力，国内风电设备制造企业实现1.5兆瓦级以上机组的批量化生产，农林生物质发电设备实现国产化制造，基本具备太阳能光伏发电多晶硅材料的生产能力。

专栏四：麒麟区太阳能

云南省曲靖市麒麟区属北亚热带和温带混合型高原季风气候，夏无酷暑，冬无严寒，干湿季节分明。年平均气温 14.5℃，年平均日照时数 5.3 小时。丰富的太阳辐射为太阳能产业发展提供了空间和潜力。据此，麒麟区立足实际，以太阳能热泵、太阳能集中供热、太阳能与建筑一体化、太阳能路灯、太阳能与沼气建设一体化为突破口，大力发展太阳能产业。目前，全区太阳能普及率达 90% 以上，农村达 5%。

1. 依托科技进步，研发新项目。2003 年，麒麟区与云南师范大学太阳能研究所合作，研制了与建筑结构相适应的太阳能集热器模块；与上海大学、曲靖中建工程技术有限公司联手，研制了“中建牌”空气源热泵热水器、一机三用热泵机组，实现了太阳能产品从平板式到真空管式热水器、再到热泵热水器跨越。在太阳能光伏照明系统项目研究中，云南曲靖天威有限公司成功研发了“光伏智能照明控制器”，充电效率提高了 30% 左右，2007 年已经安装的 500 多盏路灯，每年节电 9 万度，减少电费支出近 7 万元。在烟叶初烤上，开发了烟叶初烤智能化控制技术，建立了全国技术领先、西南唯一的智能化控制烤烟试验平台，且在云南省、河南省和贵州省等得到推广和应用。

2. 以项目为依托，点面结合，提高太阳能普及率。为使太阳能在农村广泛推广和运用，麒麟区积极与企业合作，共同实施了农村适用型太阳能热水器示范项目，针对农村房屋结构特点及村民消费能力，试制研发了三种经济适用的农村瓦屋面结构房、土木结构房、砼结构房太阳能利用技术设备，并在四个村庄开展示范，进行推广。从 2009 年起，麒麟区还重点组织实施了“绿色光亮示范工程”，即太阳能路灯项目及农村适用型太阳能热水器项目，以绿色能源太阳能为基础，依托成熟的光伏科学技术，利用硅太阳能电池发电、蓄电池蓄电及 LED 路灯照明，形成一套完整的太阳能照明系统。2009 ~2013 年，全区下辖的 100 个村委会、社区作为试点，将安装 1500 套太阳能路灯照明系统，每个示范点安装 15 套太阳能路灯。与此相匹配的，将加大太阳能热水器的推广力度，到 2013 年争取太阳能热水器普及率城镇达 98%、农村达 30%。与传统路灯比较，这些太阳能路灯每盏每年可节约标准煤 0.5 吨，减排二氧化碳（CO_2）1.2 吨、二氧化硫（SO_2）0.012 吨。整个项目实施后，每年可节约标准煤 5 万吨，减排 CO_2 12 万吨、SO_2 1000 吨。此外，可广泛带动市政工程、住宅园区及新农村道路的太阳能路灯、庭院灯和草坪灯等的推广利用。

资料来源：云南曲靖市麒麟国家可持续发展实验区提供，王珊珊整理。

3. 资源枯竭城市的转型。在矿产资源开发中，形成了一批资源型城市。在这些资源型城市中，已经有许多城市资源枯竭，面临着城市的转型。2007 年，国务院出台了《国务院关于促进资源型城市可持续发展的若干意见》，针对资源型城市在发展过程中积累的经济结构失衡、失业和贫困人口较多、接续替代产业发展乏力、生态环境破坏严重、维护社会稳定压力等矛盾和问题，提出：通过深化改革，扩大开放，建立健全资源开发补偿机制和衰退产业援助机制，积极引进外部资金、技术和人才，拓展资源型城市发展空间；坚持以人为本，统筹规划，努力解决关系人民群众切身利益的实际问题，实现资源产业与非资源产业、城区与矿（林）区、农村与城市、经济与社会、人与自然的协调发展；坚持远近结合，标本兼治，着眼于解决资源型城市存在的共性问题和深层次矛盾，抓紧构建长效发展机制，同时加快资源枯竭城市经济转型，解决好民生问题；坚持政府调控，市场导向，充分发挥市场配置资源的基础性作用，激发各类市场主体的内在活力，政府要制定并完善政策，积极进行引导和支持。

《国务院关于促进资源型城市可持续发展的若干意见》提出，“2007～2010 年，设立针对资源枯竭城市的财力性转移支付，增强其基本公共服务保障能力，重点用于完善社会保障、教育卫生、环境保护、公共基础设施建设和专项贷款贴息等方面”，据此，国家发展改革委、国土资源部、原国务院振兴东北办会同财政部以东北办，于 2008 年 3 月，提出了首批 12 家资源枯竭城市名单，已经国务院批准。

首批资源枯竭城市包括资源型城市经济转型试点城市 5 个：阜新、伊春、辽源、白山、盘锦；西部地区典型资源枯竭城市 3 个：石嘴山、白银、个旧（县级市）；中部地区典型资源枯竭城市 3 个：焦作、萍乡、大冶（县级市）；典型资源枯竭地区 1 个：大兴安岭。

2009 年 3 月，国务院确定了第二批 32 个资源枯竭城市。其中，地级市 9 个：山东省枣庄市、湖北省黄石市、安徽省淮北市、安徽省铜陵市、黑龙江省七台河市、重庆市万盛区（当作地级市对待）、辽宁省抚顺市、陕西省铜川市、江西省景德镇市；县级市 17 个：贵州省铜仁地区万山特区、甘肃省玉门市、湖北省潜江市、河南省灵宝市、广西壮族自治区合山市、湖南省耒阳市、湖南省冷水江市、辽宁省北票市、吉林省舒兰市、四川省华蓥市、吉林省九台市、湖南省资兴市、湖北省钟祥市、山西省孝义市、黑龙江省五大连池市（森工）、内蒙古自治区阿尔山市（森工）、吉林省敦化市（森工）；市辖区 6 个：辽宁省葫芦岛市杨家杖子开发区、河北省承德市鹰手营子矿区、辽宁省葫芦岛市南票区、云南省昆明市东川区、辽宁省辽阳市弓长岭区、河北省张家口市下花园区。

按照国务院要求，资源型城市的可持续发展工作由省级人民政府负总责，并强调省级人民政府要切实加强对资源型城市可持续发展工作的领导和支持。同时要求资源枯竭城市要抓紧制定、完善转型规划，提出转型和可持续发展工作的具体方案，进一步明确转型思路和发展重点，切实做好相关工作，用好中央财力性转移支付资金，为保增长、促协调，为全国资源型城市的经济转型和可持续发展探出一条新路。

参考文献：

[1] 中国工程院．中国可持续发展水资源战略研究 [M]．中国水利出版社，2001.

[2] 中华人民共和国水利部．2008 年中国水资源公报 [R]．中国水利水电出版社，2010.

[3] 刘昌明，陈志恺．中国水资源现状评价和供需发展趋势预测 [M]．中国水利水电出版社，2001.

[4] 黄海滨．中国水资源利用与经济社会可持续发展研究 [D]．西北农林科技大学，2007.

[5] 刘继艳，陈长富，户朝旺．浅析我国水资源现状及节水的必要性和途径 [J]．农村经济与科技，2009 (4).

[6] 王堃，韩建国，周禾．中国草业现状及发展战略 [J]．草地学报，2002 (4).

[7] 刘燕华等．中国资源环境形势与可持续发展 [M]．经济科学出版社，2001.

[8] 范英英．中国草场资源使用与管理探讨 [J]．中国科技信息，2010 (7).

[9] 袁春梅．我国草地畜牧业发展问题研究 [D]，西南农业大学，2002.

[10] 李海兵，徐斌．草业发展的重要意义 [J]．草业科学，2002 (9).

[11] 刘生胜．榆林市草业发展战略与对策研究 [D]，西北农林科技大学，2008.

[12] 郝诚之．钱学森知识密集型草产业理论对西部开发的重大贡献 [J]．科学管理研究，2007 (1).

[13] 杨汝荣．我国西部草地退化原因及可持续发展分析 [J]．草业科学，2002 (1).

[14] 桂金玉．我国森林资源保护与区域经济协调发展研究 [D]．湘潭大学，2009.

[15] 国家林业局森林资源管理司．中国森林资源第七次清查结果及其分析 [J]．林业经济，2020 (2).

[16] 张丽霞，中国森林资源未来发展趋势及可持续发展综合评价研究 [D]，北京林业大学，2005.

[17] 沈国舫．中国森林资源与可持续发展 [M]．中国科学技术出版社，2000.

[18] 韦惠兰，张可荣主编．自然保护区综合效益评估理论与方法 [M]．科学出版社，2006.

[19] 周生贤．中国自然保护区发展五十周年纪念大会讲话．中国网，2006 - 10 - 27.

[20] 吴坚．水土保持对区域农村发展的影响评价——以黄土高源沟壑区西峰为例 [D]．北京林业大学，2009.

[21] 环境保护部自然生态保护司．全国自然保护区名录 2008 [M]．中国环境科学出版社，2009.

[22] 高红梅．基于价值分析的我国自然保护区公共管理研究 [D]，东北林业大学，2007.

[23] 卢江勇．水土保持、经济增长与减贫 [D]，中国农业科学院，2008.

[24] 万晔，杨秀萍，秦百顺．我国水土流失区域分异宏观特征、规律和水土保持生态建设方略探讨 [J]．资源环境与发展，2007 (2).

[25] 李鹤．水土保持问题与中国的持续发展 [J]，科技创新导报，2008 (17).

绿色发展与资源支撑*

一、"十一五"中国绿色经济发展中的资源支撑

绿色发展不能离开资源支撑，在"十一五"期间，中国绿色经济的发展迈出了坚实的一步。

（一）能源资源使用情况

能源资源是人类生存和发展的重要物质基础，没有能源资源的支撑就没有经济的发展和社会的进步。"十一五"期间，中国经济快速发展，能源资源起到了重要的支撑作用。以石油、天然气、煤炭、生物质能源等多种类型为基础的能源构成，为经济发展提供了重要的支撑。在这一时期，中国能源行业的生产能力大幅度提高，天然气和新能源等优质能源开发利用规模不断增大，节能降耗成果显著。

1. 油气资源的开发和利用。

（1）石油资源。"十一五"期间，中国石油的产量维持稳产不动摇，一批千万吨级炼油、百万吨乙烯基地迅速崛起，原油加工能力已跃居世界第二位；管道建设以规模大、速度快、亮点多创造了世界油气管道建设史上的奇迹；2009 年中国石油产量达到 1.89 多亿吨，成为世界第四大产油国（见表 1）。

表 1　　中国石油的生产总量及进出口情况

年份	生产量（亿吨）	同比增速（%）	消费量（亿吨）	出口量（万吨）	进口量（万吨）
2005	1.81	3.1	3.25	806.7	12681.7
2006	1.84	1.7	3.49	633.7	14517.0
2007	1.87	1.6	3.67	389.0	16317.0
2008	1.90	2.3	3.73	423.8	17888.5
2009	1.89	-0.4	3.84	507.3	20365.3

资料来源：中国统计年鉴（2010）. 中国统计出版社，2010；中国能源发展报告（2010）. 经济科学出版社，2010.

---

* 本文原载北京师范大学科学发展观与经济可持续发展研究基地、西南财经大学绿色经济与经济可持续发展研究基地、国家统计局中国经济景气监测中心著《2011 中国绿色发展指数年度报告——区域比较》，北京师范大学出版集团、北京师范大学出版社 2011 年版。与张生玲、范丽娜合作。

从表1中可以看出，中国石油消费量不断增加，而同期石油的生产量并未呈现相同的增加，消耗量与产量之间存在巨大缺口。随着国内需求的不断增加，石油的进口量也在不断攀升。

2005～2009年，中国原油产量基本维持在1.8亿～1.9亿吨的水平，已基本达到了顶峰。而原油的进口量呈跳跃式发展，从2005年开始，年均以近2000万吨的量增长。到2009年，石油进口量已接近2亿吨的，这也意味着石油对外高依赖格局已经显现，随之而来的风险也不断加大，资源短缺的矛盾充分显露。

（2）天然气资源。作为世界第二大能源消费国，随着经济的发展，中国能源消费呈现高速增长的趋势。大力发展天然气已经成为改善环境和促进经济可持续发展的选择之一。天然气燃烧后产生温室气体只有煤炭的1/2、石油的2/3，对环境的污染小。

2009年，中国天然气的产量达到853亿立方米，比2008年增加了50亿立方米，增长了6.22%。2009年天然气消费量895亿立方米，比2008年增长了10.01%，消费量和消费增速都高于生产量和生产增速。但与世界水平相比，人均水平只是世界人均水平的1/16，人均天然气消费量很低，天然气消费量约占一次能源的3.6%，远低于世界平均水平。中国天然气产量还比较低，天然气利用主要是临近天然气产地的城镇和工业区受益，处于“以产定用”阶段。据业内人士分析，未来几年内，天然气需求增长将快于煤炭和石油，天然气市场在全国范围内将得到发展。在国家天然气利用政策的引导下，天然气消费强劲增长，消费结构优化，消费领域趋于集中。

表2　　天然气生产和消费情况（亿立方米）

年份	2005	2006	2007	2008	2009
生产量	493	586	692	803	853
消费量	468	561	705	813	895

资料来源：中国能源统计年鉴（2010）. 经济科学出版社，2010.

2. 煤炭资源的开发和利用情况。《煤炭工业发展“十一五”规划》明确指出，“十一五”时期要大力发展循环经济，加快煤层气开发和利用，有序推进煤炭转化示范工程建设。“十一五”期间，中国煤炭行业发展理念发生了较大变化，煤炭市场化改革进一步完善。煤炭资源的开发利用呈现以下特点：

（1）煤炭产量持续增加。“十一五”时期，在市场的强劲拉动和国家政策的支持下，煤炭开发建设的步伐加快，产业结构不断优化，全国煤炭产量稳步增长。2009年，中国原煤产量完成29.7亿吨（见表3），同比增长12.7%。产煤比重较大的省份是山西省、内蒙古自治区，紧随其后的是陕西省、河南省、山东省。

表3　　中国煤炭生产情况（亿吨）

年份	2005	2006	2007	2008	2009
生产量	23.5	25.3	26.9	28.0	29.7
消费量	23.2	25.5	27.3	28.1	29.6

资料来源：中国能源统计年鉴（2010）. 经济科学出版社，2010.

（2）煤炭的消费情况。2005 年以来，中国宏观经济步入快速发展的通道，经济增长带动煤炭行业逐渐过渡至平稳发展阶段。从煤炭消费增长率来看，经过 2003 年的高速增长之后，随着国家宏观调控政策的实施，主要耗煤行业耗煤指标逐渐下降，煤炭消费量开始回落。由于中国正处在重工业发展阶段，煤炭消费与经济发展增速的相关性加大。随着国家宏观调控力度的增加，实施更为稳健的货币政策，预计未来几年内，经济和煤炭消费增速都将逐渐趋于平缓，经济增长对煤炭消费的依赖程度将有所缓和。

（3）煤炭进出口量双双下降。2003 年以后，煤炭出口量开始不断下降，进口量则迅速增加，净出口量也开始呈现出明显的下降趋势。为了缓解供应紧张的状况，国家从 2004 年开始先后多次调整煤炭进出口税收政策，旨在控制煤炭出口，鼓励煤炭进口。在国家宏观调控下，煤炭出口量迅速增长的势头得到了有效的遏制，煤炭进口量大幅度增长。到 2009 年，进口量已经远远高于出口量，实现了 10344 万吨的煤炭净进口量，创下了近年来的最高纪录。

表4　　煤炭进出口情况

年份	2005	2006	2007	2008	2009
进口量	2617.1	3810.5	5101.6	4034.1	12584.0
出口量	7172.4	6327.3	5318.7	4543.4	2239.6
净出口量	4555.3	2516.8	217.1	509.3	-10344.4

资料来源：中国能源统计年鉴（2010）.

（4）煤炭市场化改革取得突破。“十一五”时期，在加强发展战略研究、形成了比较清晰的发展思路的同时，更加注重煤炭市场化改革，推进煤炭成本的完整化，基本建立了市场化的价格形成机制，煤炭价格形成和供需双方自主订货机制逐步建立。五年间，煤炭市场化改革取得实质性进展；区域性煤炭交易中心和国家煤炭储备体系开始建立；煤炭投融资体制改革，企业主体地位提升；行业自主创新能力增强。

2005年，延续了几十年的全国煤炭订货会改为煤炭产运需衔接会；2006年，取消延续了由政府主导的煤炭订货制度；2007年，全国煤炭产运需衔接会改为电视电话会；2009年，国家明确宣布不再组织召开任何形式的年度煤炭产运需衔接会；2010年，国家决定继续推进煤炭订货市场化改革。“十一五”期间全行业煤炭固定资产投资总额完成11578.4亿元；有31家企业上市，融资1800多亿元。

3. 生物质能源的开发和利用。生物质能源是排在化石能源煤、油、气之后的第四位能源，生物质能源的消费在全球能源消费中约占到14%，可以在很大程度上满足人类对能源的需求，因此对生物质能源的开发意义十分重大。

中国生物质能源十分丰富，每年可作为能源使用的农作物秸秆资源量约为1.5亿吨标准煤，林业剩余物资源量约为2亿吨标准煤，加之其他资源，现在每年可作为能源利用的生物质资源量相当于约5亿吨标准煤，但实际利用量只有约2.5亿吨，而且利用效率较低。生物质能源是中国仅次于煤与石油的第三大能源，在全部能源消耗中约占15%，是唯一可运输和储存的可再生能源，既可作为燃料，又可发电。中国是传统的农业大国，因此生物质能资源量十分丰富。目前农作物秸秆年产量为7亿吨，可用作能源的粘50%，薪材合理开采量为2.2亿吨/年，各种工农业有机废弃物通过技术转换成沼气的资源潜力有320亿立方米。到2008年底，户用沼气池已经达到了3000万口，年产沼气月120亿立方米。

在能源供需相对紧张的现状下，开发生物质资源，形成新的能源产业，是解决能源问题的重要途径。“十一五”期间，国家支撑计划、高技术发展计划和高技术产业发展计划等各种项目都纷纷加大对生物能源的研发投入。政府也对此高度重视，2006年出台的《国家中长期科学和技术发展规划纲要》和2007年出台的《生物产业发展规划纲要》都将生物能源的研究开发列为重点。2007年9月中国政府专门发布了《可再生能源中长期发展规划》，将生物能源确立为可再生能源的重要组成部分，制定了到2020年我国生物能源的具体发展目标。近年来我国有关部门和地方各级政府制定和实施了一系列法规政策，大力促进生物质能源的发展。国家发展和改革委员会提出“生物燃料产业发展三步走”计划：“十一五”实现技术产业化；“十二五”实现产业规模化；2015年以后实现大发展，2020年替代石油1000万吨。

4. 新能源开发和利用情况（风能、核能、太阳能等）。在传统能源储量有限、污染大、价格波动剧烈等现实情况下，新能源成为一种充足且安全的能源替代形式。对于降低温室气体排放和生产成本等方面都有不可低估的作用，将成为我国未来可持续能源体系中的重要支柱。新能源范围包括风能、核能、太阳能等新能源与可再生能源领域。

（1）风能。风能作为一种清洁可再生的能源，能够有效减少化石能源发电所产生的污染，大规模的推广风能可以有效地节能减排。中国风能资源十分丰富。据初步估算，陆地上离地面10米高度处计算风能资源理论储量约为43亿千瓦。风能资源主要分布在西北、华北、东北地区以及沿海及其附近岛屿，技术可开发量约为3.8亿千瓦，技术可开发面积约20万平方公里。

随着技术的不断进步，风电开发规模迅速扩大，据初步统计，到2009年底，风电累积装机容量达到2580万千瓦。近年来风电装机规模连续增长，风电发展达到了新的水平（见表5）。“十一五”时期，全国风电吊装容量累计达到3100万千瓦，连续5年翻番增长。从2005年开始，中国风电总装机连续5年实现翻番。2010年，中国风电总装机比上年增长约62%，位列世界第一。24个省市建设了风电场，河北、内蒙古、甘肃等地的国家级风电基地进入快速成长期。2010年有4家中国企业进入了世界风电装备制造业10强。

表5　　2005～2009年中国风电发展规模

年份	2005	2006	2007	2008	2009
累积装机容量（MW）	1267.1	2554.7	5865.9	12020	25805
年增长率（%）	66	106	126	106	115

资料来源：中国节能减排产业发展报告（2010）.

（2）太阳能。太阳能是各种可再生能源中最重要的基本能源，生物质能、风能海洋能、水能等都来自太阳能。广义地说，太阳能包含以上各种可再生能源。太阳能作为可再生能源的一种，则指太阳能的直接转化和利用。太阳能不同于石油、煤炭等燃料，不会导致“温室效应”，也不会造成环境污染，它是未来最清洁、安全和可靠的能源，是节能减排、开发新能源的理想能源之选。中国的太阳能资源十分丰富，全国2/3以上的地区年辐射量大于502万千焦/平方米，年日照时数超过2000小时，中国陆地表面每年接受的太阳能相当于1700亿吨标准煤。

目前，太阳能应用主要集中于太阳能热利用和太阳能光伏发电两大产业。目前，中国已成为世界光伏第一产能大国，产品占据世界主要市场的主要份额。2010年，全国光伏发电装机规模达到60万千瓦，主要企业已形成完整产业链，年产量达到800万千瓦。行业内建立起两个国家重点实验室，逐步迈向高端研发。国内光伏发电市场有序启动，2009年敦煌1万千瓦光伏电站项目实施招标，现已建成，全部并网发电。2010年，又在西部六省区组织了28万千瓦光伏发电项目招标，带动了一批光伏电站项目建设。

中国拥有世界上最大的太阳能光热市场，2005年总保有量为7500万平方米，2006年中保有量增加值9000万～9500万平方米。《可再生能源发展“十一五”

规划》制定的发展目标是，到2010年，太阳能热水器累积安装量达到1.5亿平方米。

（3）核能。中国是世界上第七个能自主设计和建造核电站的国家，但核电的发展状况与核大国的地位不相称。2007年，中国核电发电量和装机容量的比重分别达到1.92%和1.24%，在拥有核电的国家中是最低的，2008年我国核电总装机容量和发电量分别是885万千瓦和684亿千瓦时，仅仅占全国总装机容量的1.1%和总发电量的2%，与世界核电水平17%相比，国内核电仍有很大的发展空间。中国核电利用达到世界先进水平，连续两年成为全球核电在建规模最大的国家。2005年以来，国家先后核准了辽宁红沿河、福建宁德、福建福清等13个核电项目，共34台机组、3702万千瓦，核电在建规模已占世界半壁江山。目前，在建机组28台、3097万千瓦，在建规模占全球的40%以上。设备技术与运行稳定性均处世界领先水平。

表6 正在运行的核电机组

机组名称	额度功率（万千瓦）	开网时间	机组名称	额度功率（万千瓦）	开网时间
秦山核电站	30	1991.2.5	岭澳核电站2号机组	98.4	2002.12.15
大亚湾核电站1号机组	90	1993.8.31	秦山三期1号机组	72.8	2002.11.10
大亚湾核电站2号机组	90	1994.2.7	秦山三期2号机组	72.8	2003.6.12
秦山二期1号机组	60	2002.2.1	秦山二期2号机组	60	2004.3.11
岭澳核电站1号机组	98.4	2002.4.5	田湾核电站1号机组	100	2006.5.12

资料来源：中国节能减排发展报告（2010）.

5. 节能情况。为贯彻落实科学发展观，加快建设资源节约型、环境友好型社会，“十一五”规划《纲要》把单位GDP能耗降低20%左右、主要污染物排放总量减少10%，作为“十一五”重要的约束性指标。五年来，各方力量共同努力，把节能减排作为调整经济结构、转变发展方式、推动科学发展的有利推动方式，并采取一系列强有力的政策措施，使节能减排取得显著成效，“十一五”节能减排的目标如期实现。

（1）单位GDP能耗。单位GDP能耗呈现长期下降、局部反弹的趋势。2005年，单位GDP能耗为每万元1.25吨标准煤，2009年降为每万元1.08吨标准煤。单位GDP能耗是世界平均水平的3.68倍，是日本的6倍，印度的1.5倍。从较长的时间范围上看，单位GDP能耗是逐步下降的，但存在波动现象。2006年是推进节能减排工作的起始年，由于长期以来粗放式经济发展所形成的偏重高耗能投资的惯性，导致了产业结构调整进展缓慢。随后，中央进一步强化了节能减排法律和政策支撑，2008年由于金融危机的影响，经济刺激计划中的4万亿元投资也主要用于基础建设，这使得单位 GDP 能耗的下降幅度有所下降。表 7 的数据也表明，万元 GDP 的石油消费量和原油消费量都呈下降趋势。

表 7　　万元 GDP 石油和原油消费量

年份	石油消费量（吨/万元）	原油消费量（吨/万元）
2005	0.18	0.16
2006	0.17	0.15
2007	0.15	0.14
2008	0.14	0.14
2009	0.13	0.13

资料来源：中国统计年鉴（2010）. 中国统计出版社，2010.

（2）主要污染物排放情况。“十一五”期间的主要污染物排放目标是：到 2010 年，污染物总量减少 10%，SO_2 排放量由 2005 年的 2549 万吨减少到 2295 万吨，化学需氧量（COD）由 1414 万吨减少到 1273 万吨；全国设市城市污水处理率不低于 70%，工业固体废物综合利用率达到 60% 以上。

COD 排放量。2005～2009 年，COD 排放量在波动中下降，从 2005 年的 1414.2 万吨下降到 2009 年的 1277.5 万吨。2009 年，COD 排放量较 2005 年累计下降 9.66%。

SO_2 排放量。2005～2009 年，SO_2 排放量也呈先上升后下降的趋势。2006 年 SO_2 排放量达到峰值 2588.8 万吨，2009 年 SO_2 排放量与 2005 年相比下降了 13.14%。2009 年 SO_2 排放量与 2005 年相比下降了 13.14%，提前一年实现“十一五”减排目标。

表 8　　“十一五”时期节能减排相关指标目标完成情况

年份	2005	2006	2007	2008	2009
COD 排放量（万吨）	1414.2	1428.2	1381.8	1320.7	1277.5
SO_2 排放量（万吨）	2549.4	2588.8	2468.1	2321.2	2214.4
废水排放总量（亿吨）	524.5	536.8	556.8	571.7	589.7
氨氮排放总量（万吨）	149.8	141.3	132.3	127.0	122.6

资料来源：中国能源统计年鉴（2010）.

“十一五”时期的节能减排，为保持经济平稳较快发展提供了有力支撑。“十一五”前四年，以能源消费年均 6.8% 的增速支撑了国民经济年均 11.4% 的增速，能源消费弹性系数由“十五”时期的 1.04 下降到 0.6。中国工业化、城镇化能源消耗强度和污染物排放大幅上升的势头得到了扭转。促进了结构优化升级和技术进步，使环境质量有所改善。

（二）水资源利用

党的十六大确立的“坚持以人为本，树立全面、协调、可持续的发展观，促进经济社会和人的全面发展”的科学发展观，指明了21世纪中国经济社会的发展思路和发展模式。国家主席胡锦涛在中央人口、资源、环境工作座谈会上强调指出，“节水”要作为一项战略方针长期坚持，把节水工作贯穿于国民经济发展和群众生活的全过程，积极发展节水型产业、建设节水型社会和节水型城市。国务院总理温家宝也指出，加强水资源管理，提高水的利用效率，建设节水型社会，应该作为水利部门的一项基本任务。

“十一五”以来，中国节水型社会建设全面铺开：以总量控制与定额管理为核心的水资源管理体系基本建立，水资源管理水平得到较大提升；与水资源承载力相适应的经济结构体系建设力度加大，各地产业发展加速趋向节水减排，为节水型社会建设的深入发展起到了强有力的促进作用。“十一五”时期，节水型社会建设有力促进了水资源可持续利用，在经济总量持续快速增长的同时，用水总量保持小幅度的微增长，水资源利用效率和效益进一步提高。

1. 综合用水效率。“十一五”的前4年，全国人口从131448亿增加到了133474亿，增长了1.54%，GDP从216314万元增加到了340507万元，用水量从5633亿立方米增加到了5965亿立方米，用水总量增长明显放缓。综合用水效率不断提高，2009年全国万元GDP用水量比2005年下降31.2%。

表9　水资源利用效率

年份	GDP（万元）	用水总量（亿立方米）	万元GDP用水量（立方米）	工业增加值（万元）	工业用水量（立方米）	万元工业增加值用水量（立方米）
2005	184937.4	5633	304.6	77230.78	1285.2	166.4
2006	216314.4	5795	267.9	91310.94	1343.8	147.2
2007	265810.3	5818.7	218.9	110534.9	1403.0	126.9
2008	314045.4	5910	188.2	130260.2	1397.1	107.3
2009	340506.9	5965.2	175.2	135239.9	1390.9	102.8

资料来源：根据《中国统计年鉴》（2010）计算整理。

2. 农业节水。长期以来，农业用水不仅占用水总量的比重大，而且管理粗放，用水效率低下，所以中国的节水首先是从灌溉节水开始的。这一时期，农业用水增长缓慢（表10），农业灌溉水有效利用系数提高到0.49，预计超额完成“十一五”规划目标。

表 10　　我国水资源供给和利用情况

年份	供水总量（亿立方米）	用水总量（亿立方米）					人均用水量（立方米/人）
			农业	工业	生活	生态	
2005	5633.0	5633.0	3580.0	1285.2	675.1	92.7	432.1
2006	5795.0	5795.0	3664.4	1343.8	693.8	93.0	442.0
2007	5818.7	5818.7	3599.5	1403.0	710.4	105.7	441.5
2008	5910.0	5910.0	3663.5	1397.1	729.3	120.2	446.2
2009	5965.2	5965.2	3723.1	1390.9	748.2	103.0	448.0

资料来源：中国统计年鉴（2010）. 中国统计出版社，2010.

3. 工业和城市生活节水情况。通过计算历年的单位用水量可以看出（表10），全国万元工业增加值用水量比2005年下降31.3%，提前完成“十一五”规划确定的目标。

生活用水变化趋势表现为：生活用水总量随人口的增值持续增长，提高水平缓慢增长趋势，城镇化水平提高使得城镇生活用水比重逐步提高，2005年为56.5%，2008年为58.8%。农村人均生活用水量低于城镇，但农村生活耗水率高于城镇耗水率2005年为87%和29%，2008年为85%和30%。这主要是农村缺乏集中排水设施所致，公共用水和服务业用水呈不断增长的趋势。

“十二五”时期，将依然是我国水资源供需矛盾最突出、用水方式转型最紧迫、水资源利用管理要求最严格的关键时期，节水型社会建设将面临前所未有的挑战。

（三）森林和耕地资源的变化情况

1. 森林资源变化情况。森林是陆地生态系统的主体，是国民经济和社会发展的物质基础，是维持生态平衡和改善生态环境的重要保障，在应对全球气候变化中发挥不可替代的作用。

中国第七次全国森林资源清查（2004~2008年）结果显示：全国森林面积1.95亿公顷，森林覆盖率20.36%，森林蓄积量137.21亿立方米；人工林保存面积0.62亿公顷，蓄积19.61亿立方米；森林植被总碳储量78.11亿吨，年生态服务功能价值10.01万亿元。

中国森林面积居俄罗斯、巴西、加拿大、美国之后，列第五位；森林蓄积居巴西、俄罗斯、加拿大、美国、刚果（民）之后，列第六位。

与第六次清查结果相比，中国森林资源三个最显著的变化：

一是森林面积蓄积持续增长，全国森林覆盖率稳步提高。森林面积净增2054.30万公顷，全国森林覆盖率由18.21%提高到20.36%，上升了2.15个百分点。活立木总蓄积净增11.28亿立方米，森林蓄积净增11.23亿立方米。

二是天然林面积蓄积明显增加，天然林保护工程区增幅明显。天然林面积净增393.05万公顷，天然林蓄积净增6.76亿立方米。天然林保护工程区的天然林面积净增量比第六次清查多26.37%，天然林蓄积净增量是第六次清查的2.23倍。

三是人工林面积蓄积快速增长，后备森林资源呈增加趋势。人工林面积净增843.11万公顷，人工林蓄积净增4.47亿立方米。未成林造林地面积1046.18万公顷，其中乔木树种面积637.01万公顷，比第六次清查增加30.17%。

但即便如此，与世界水平相比，中国的森林资源总量仍然不足，森林覆盖率只有全球平均水平的2/3，排在世界第139位。人均森林面积0.145公顷，不足世界人均占有量的1/4。

2. 耕地资源变化情况。“十一五”期间，中国实行了最为严格的耕地保护制度，坚守18亿亩耕地的“红线”不动摇，为保障国家粮食安全、经济发展和社会稳定发挥了重要作用。

几年时间里，通过采取多种措施，强化地方政府和主要领导耕地保护责任，运用经济手段，调动农民保护耕地积极性，全国耕地减少过快势头得到有效遏制，基本农田保护面积稳定在15.6亿亩以上。2006~2009年间，全国共补充耕地面积1600多万亩，多于同期建设占用的1250多万亩耕地，做到了占补有余。除少数国家重大工程外，97%以上的建设项目做到了“先补后占”，逐步形成了对耕地占用的倒逼机制，农田产出率普遍提高10%~20%，生产成本普遍降低5%~15%。

二、“十一五”中国绿色经济发展中资源支撑的区域比较

（一）发展的不平衡导致能源的跨区域流动

1. 西气东输。西气东输工程是中国在“十一五”期间由国家安排建设的特大型基础设施，其主要任务是将新疆塔里木盆地的天然气送往长江三角洲等中东部地区，沿线经过新疆、甘肃、宁夏、陕西、山西、河南、安徽、江苏、上海、浙江十个省市区。这项巨大的工程包括塔里木盆地天然气资源勘探开发、塔里木至上海天然气长输管道建设以及下游天然气利用配套设施建设。作为中国进入新世纪后的第一个重大建设项目和西部大开发的标志性工程，西气东输工程将载入史册。西气东输工程是把西部资源优势转化为经济优势的伟大创举，在世界经济对能源需求日益增加、我国加快建设小康社会的今天，它对于促进我国能源结构调整，把西部的清洁能源输送到能源紧缺的东、中部具有重要意义。

这一宏大工程经过了较长时间的准备，2000年8月国务院批准西气东输工程立项。2002年7月4日全线开工建设的西气东输工程，是我国迄今为止建设的距离最长、管径最大、压力最高、输气量最大、技术含量最高的输气管道工程。

截至2010年，塔里木油田油气产量当量累计超过9000万吨，成为我国第四

大油气田和重要的天然气生产基地，累计向东部地区输送天然气超过760亿立方米。其中，2010年塔里木油田向西气东输供气158亿立方米，已连续3年保持生产、输送天然气100亿立方米以上，国内80多个大中型城市3亿多人口从中受益，成功担当起为长江三角洲经济圈和中原地区主供气、为环渤海经济圈和华中地区补充供气的重任。

2004年9月1日，塔里木牙哈气田率先向西气东输管道供气。当年12月1日，主力气源克拉2气田开始供气，成为中国天然气开发的里程碑。2005年1月1日，西气东输工程全线进入商业运营。

“十二五”期间，三条西气东输管线将与陕京一、二线以及川气东送管道共同组成国内横贯东西、纵穿南北的综合天然气管网。新的西气东输管道在拉动西部经济发展的同时，将为东中部地区提供更加丰富的资源基础，并将进一步保障我国能源安全、优化能源消费结构。西气东输的建成投产，标志着我国能源建设翻开了新的一页，有利于改善我国能源结构，保障能源安全，促进东中西部互动，对于推动西部地区可持续发展具有十分重大的战略意义。

2. 西煤东运。煤炭资源的生产和消费相辅相成、互相制约，中国煤炭资源的赋存和交通地理状况以及宏观经济格局和区域经济发展水平状况决定了西煤东运的基本格局。“西煤东运”主要是指西部地区煤炭向东部沿海地区运送。2009年各省份煤炭资源平衡表见表11。

表11　　各省份原煤平衡表（2009年）（万吨）

省份	生产量	消费量	调入量	调出量（-）
北京	641.25	2452.61	2350	-132.24
天津	—	3633.1	3510	—
河北	8494.6	24050.59	18161.49	-2183.23
山西	61535	32207.71	4612.77	-37845.83
内蒙古	60058.45	24528.82	1400.49	-37900.49
辽宁	6624.17	14468.42	7486.85	-373.28
吉林	4494.76	8896.59	5078.07	-548.51
黑龙江	9735.83	12926.13	1800	-614.19
上海	—	4185.85	5608.53	-1433.13
江苏	2215.42	19465.22	16898.41	-318.85
浙江	13.2	13076.91	12529.47	—
安徽	12894.25	13029.1	3365	-3642
福建	2466.13	6898.14	4194.18	-264.79
江西	3414	4820.83	1680.97	-415.1
山东	14377.72	36740.8	22543.26	-26.5

续表

省份	生产量	消费量	调入量	调出量（-）
河南	23037.9	29411.42	6128.05	-6532.51
湖北	1083	9818.56	8535.56	—
湖南	6879.98	9602.8	3488.79	-1002
广东	—	12508.9	9551.62	—
广西	519.72	4667.54	3636.36	-710
海南	—	531.59	348.28	—
重庆	4279.24	6294.44	2997.14	-1002.54
四川	9505.33	12128.69	2909.53	-372.17
贵州	13691	12295.38	118.82	-1664.02
云南	8921.02	8522	85.38	-638.11
西藏				
陕西	29611.13	9799.9	—	-18000
甘肃	3975.96	4077.63	1720.19	-1721.67
青海	1577.1	1468.16	300	-407.7
宁夏	5669.24	6358.59	3122.69	-1817.91
新疆	8812.55	7306.55	—	-1370

资料来源：根据《中国能源统计年鉴》(2010) 整理。

从各省份煤炭资源平衡表（表11）可以看出，2009年煤炭资源调入量前五位的省份分别是：山东、河北、江苏、浙江、广东，这五个省份煤炭资源调入总量为7.97亿吨，占总调入量的51.7%；2008年煤炭资源主要调出省份有三个，分别是内蒙古、山西、陕西，这三个省份占总调出量的77.5%。

同时可以看出，煤炭调入区主要包括华北的京津冀地区，华东的上海、江苏、浙江、江西、福建，华中的湖南、湖北，华东的广东、广西。这部分地区大部分位于我国的东部地区，这些地区经济发展水平较高，但同时煤炭资源储量少，不能满足消费需求，有相当部分的煤炭需外部调入。

煤炭供应区主要包括华北的山西、内蒙古，西北的陕西，西南的贵州。这些省区大部分位于中部地区，其中山西、内蒙古、陕西三省煤炭资源保有储量约为6300亿吨，占全国煤炭资源保有储量的64%左右，该地区煤炭资源不仅储量丰富，煤种齐全，煤质优良，而且从地理位置上看，距离煤炭调入区相对较近，已经成为我国最重要的煤炭工业基地。

煤炭后备供应区主要包括西北的新疆、宁夏、甘肃和西南的云南、贵州等省区，特别是桂西、川南和云东地区是我国南方煤炭资源最丰富的地区。西南由于其地理位置临近煤炭调入区，而西北的新疆、甘肃、宁夏、青海地区煤炭资源保有储量约为1400亿吨，占全国煤炭资源保有储量的14%左右，预测煤炭资源总量约为21600亿吨，占全国预测煤炭资源总量的47%左右，所以这两个地区成为未来我国煤炭的主要供应区域。

3. 西电东送。2010年正值实施“西部大开发”战略实施10周年。作为西部大开发重要组成部分的“西电东送”战略，不仅推动了中国电力行业的跨越式发展，也深刻影响到东西部经济社会发展的格局。

“西电东送”是指开发贵州、云南、广西、四川、内蒙古、山西等西部省区的电力资源，将其输送到电力紧缺的广东、上海、江苏、浙江和北京、天津、唐山等地区。在南方区域内，将贵州乌江和桂、滇、黔三省交界处的南盘江、北盘江、红水河的水电资源，以及黔、滇两省坑口火电厂的电能开发出来送往广东。

西电东送是西部大开发的标志性工程之一，在西部开发三大标志工程中，西电东送投资最大，工程量最大。从2001年到2010年，西电东送项目总投资5265亿元以上。西电东送从南到北，从西到东，将形成北、中、南三路送电格局。北线由内蒙古、陕西等省（区）向华北电网输电；中线由四川等省向华中、华东电网输电；南线由云南、贵州、广西等省区向华南输电。西电东送这一伟大工程，为西部省区把资源优势转化为经济优势提供了新的历史机遇，将改变东西部能源与经济不平衡的状况，对于加快能源结构调整和东部地区经济发展，将发挥重要的作用。西电东送工程体现了党中央提出的“东西部协调发展，共同富裕”的战略构想。

随着西电东送规模的快速发展，西电东送的作用已经不只是局限于最初的省间余缺电量调剂，而成为关系到东西部电力行业发展、电网安全稳定运行乃至经济社会发展的重要因素。

（二）水资源禀赋差异形成的跨区域流动——南水北调

建设“南水北调”工程是缓解中国北方水资源严重短缺局面的重大战略性工程，是党中央、国务院根据经济社会发展需要做出的一项重大决策。中国南涝北旱，南水北调工程通过跨流域的水资源合理配置，大大缓解北方水资源严重短缺问题，促进南北方经济、社会与人口、资源、环境的协调发展。“南水北调”工程是人类历史上最大的水利工程，其工程量和投入资金量要超过此前举世闻名的三峡大坝几倍。

南水北调分东线、中线、西线三条调水线，西线工程在最高一级的青藏高原上，地形上可以控制整个西北和华北，因长江上游水量有限，只能为黄河上中游的西北地区和华北部分地区补水；中线工程从第三阶梯西侧通过，从长江中游及其支流汉江引水，可自流供水给黄淮海平原大部分地区；东线工程位于第三阶梯东部，因地势低需抽水北送。“十一五”时期，南水北调东、中线一期工程建设全面展开并取得积极成果。

“十一五”时期，南水北调东、中线一期工程批复设计单元工程84项，概算核定总投资约1405亿元，占已批复可研报告动态总投资2289亿元（不包括东线治污和中线水源地保护投资）的62%；截至2010年7月底，下达投资865.5亿元，完成投资574.7亿元，分别占总投资2289亿元的38%和25%。同时，一大批工程项目在“十一五”时期陆续开工建设，如东线穿越黄河、南四湖至东平湖段工程，中线膨胀土试验段、黄河以北至漳河段、黄河以南段、天津干线段、引江济汉部分工程项目，以及世界最大规模的渡槽工程——沙河渡槽段等。

目前，部分项目已完成建设任务并发挥效益。其中，中线京石段（石家庄至北京）应急供水工程从2008年9月18日开始放水，直到2009年8月19日，河北三座水库累计放水4.35亿立方米，北京收水3.34亿立方米。2009年6月份用水高峰期，北京日供水278万立方米中，有170万立方米是通过工程从河北调来的，占总供水量的61%，北京成为首个南水北调工程受益城市。目前，北京正第二次从河北调水，调水规模为2亿立方米。东线江苏三阳河潼河宝应站工程和山东济平干渠工程已完工并发挥效益。三阳河潼河宝应站工程在2006年、2007年连续两年投入里下河排涝运行，累计抽排涝水2.02亿立方米。济平干渠工程先期引调东平湖水向济南市区及沿途县、区补充城镇生活和工业用水，继而向胶东地区输送长江水，输水线路全长90公里。济平干渠工程已累计泄排涝水近1.5亿立方米，减少农田涝灾面积近20万亩次，极大地改善了地方生态环境。

（三）造林和增加碳汇

中国大力推进植树造林、保护森林和改善生态环境，增加碳汇能力。2009年6月，中国政府召开全国林业工作会议，这是60年来首次以中央政府名义召开的林业工作会议，明确指出：林业在应对气候变化中具有特殊地位，应对气候变化必须把发展林业作为战略选择。2009年11月，国家林业局发布了《应对气候变化林业行动计划》，确定了林业发展规划的3阶段目标和22项主要行动。

1. 继续实施国家重点造林工程。中国继续实施三北防护林与长江中下游地区等重点防护林工程、退耕还林工程、天然林保护工程、京津风沙源治理工程以及速生林基地建设工程等生态建设项目。

2009年8月，国务院办公厅印发了《关于进一步推进三北防护林体系建设的意见》，要求进一步优化工程建设布局，要以建设百万亩以上人工林为基础，规划一批各具特色、功能多样的重点建设项目，在三北地区建设一批规模宏大、集中连片的人工林基地，构建点线面结合的绿色生态屏障。

2009年、2010年，退耕还林工程的重点转向完善后续工程规划、巩固建设成果阶段。在重点生态脆弱区和重要生态区位，结合扶贫开发和库区移民，适当增加安排退耕还林，稳步推进封山育林。为巩固退耕还林成果，建立长效机制，政府还加强投入和政策引导，激励和推动农民转变生产和生活方式，着力解决贫困问题，具体包括基本口粮田建设、农村能源建设、生态移民、后续产业发展和补植补造等项目。1999～2009 年，中国累计实施退耕还林 4.03 亿亩，工程范围涉及全国 3200 多万农户。

京津风沙源治理工程稳步推进，2009 年全年完成沙化土地治理面积近 1500 万亩。2010 年全国年度造林计划也有望提前实现。从 2010 年起，财政部和国家林业局开始在 20 个省区开展造林补贴试点工作。此外，颁布施行了《省级政府防沙治沙目标责任考核办法》，进一步加大防沙治沙力度。

2. 积极实施碳汇造林项目。碳汇造林是中国林业应对气候变化的重要举措之一。2010 年，国家林业局进一步加强碳汇造林管理工作，对现有碳汇造林项目实施备案管理制度；对新开展的项目实施注册登记制度；进一步规范碳汇造林项目管理工作，促进碳汇林业健康有序发展。

国家林业局开展碳汇造林试点，引导企业自愿捐资造林增汇。制定了《碳汇造林技术规定（试行)》与《碳汇造林检查验收办法（试行)》，在土地合格性、造林地选择、基线调查、作业设计、树种选择、造林方式、整地栽植、未成林抚育、检查验收、档案管理等方面做出规定，以指导各地规范开展碳汇造林试点。

2010 年 8 月，成立了中国绿色碳汇基金会，目前已获得社会各界捐资近 3 亿元，并相继设立了大连、北京、山西、浙江等专项。企业捐资在全国十多个省（区、市）完成造林 100 多万亩。积极推进实施清洁发展机制下造林再造林碳汇项目。国家林业局组织有关专家完成了清洁发展机制下造林再造林碳汇项目优先发展区域选择与评价专项研究。与世界银行合作在广西壮族自治区成功开发实施了全球首个清洁发展机制碳汇造林项目“广西珠江流域治理再造林项目”。该项目方法学是全球第一个获得联合国 CDM 执行理事会批准的林业碳汇项目方法学。目前，广西西北部地区清洁发展机制再造林项目已进入二期实施阶段。

3. 深入开展城市绿化造林。中国城市绿化造林工作重点关注人居生态建设，通过全民义务植树运动和“创绿色家园、建富裕新村”活动，动员全社会力量植树造林，抓好铁路、公路等通道绿化，努力建设森林城市、森林乡镇、森林村庄、森林校园。加强城市中心区公园、广场、绿地建设，不断提高绿化覆盖率和人均公共绿地面积，在城乡结合部大力营造环城林带和隔离片林，建立森林公园，加快建设城市森林生态屏障。截至 2009 年末，全国城市建成区绿化覆盖率达 38.22%，建成区绿地率达到 34.13%，人均公园及公共绿地面积已有 10.66 平方米，对增加碳汇也起到了一定作用。

4. 加强林业经营及可持续管理。目前，中国大多数森林属于生物量密度较低的人工林和次生林，森林蓄积很低，增加森林碳汇潜力巨大。中国注重加强林业经营管理，提高森林蓄积量，增加森林碳汇。

实行征占用林地定额管理制度。2009 年是中国实行征占用林地定额管理制度的第一年，国家林业局加强林业用地规范，完善征占用林地审核审批制度，进一步完善征占用林地审核审批管理方式、提高审批效率，做到科学发展和合理利用林地。2010 年 7 月，国务院颁布了《全国林地保护利用规划纲要（2010～2020 年）》，提出今后十年要保证全国森林保有量的稳步增长，实行林地分级管理，建立林地保护管理新机制。

出台森林经营和可持续管理政策。有关部门先后出台了《全国林木种苗发展规划（2011～2020 年）》、《松材线虫病防治（预防）目标责任考核办法》，修订了《国家级公益林管理暂行办法》，并印发了《国家级公益林区划界定办法》。根据《森林经营方案编制与实施纲要（试行）》的要求，各试点单位编制了森林经营方案。从 2010 年起提高了中央财政对属集体林的国家级公益林森林生态效益补偿标准。启动森林经营工程，加强全国林木种苗工作和林业有害生物监测预报，有序开展林业有害生物防控工作。

目前，国家林业局正抓紧组织编制《全国森林经营规划纲要》。加强中幼林抚育经营和低产林改造。中幼林抚育是森林经营的重要内容，是提高森林质量、增加森林蓄积、增强森林碳汇功能的重要途径。2009 年以来，继续实施中幼林抚育试点工作，印发了《森林抚育补贴试点管理办法》、《中幼龄林抚育补贴试点作业设计规定》和《森林抚育补贴试点省级实施方案编制框架意见》，拨付试点补贴资金 5 亿元，安排试点任务 500 万亩；2010 年，中央财政安排森林抚育补贴试点资金 20 亿元，全国计划完成森林抚育 7875 万亩，为全面推进森林经营奠定了基础。中国还积极开展低产低效林改造，努力提高单位面积林木蓄积量。

三、"十二五"中国绿色经济发展中资源支撑的展望

（一）能源资源

现阶段中国经济的主要特征是速度高、经济结构粗放，在此情况下，经济快速增长要求能源成本不能大幅度增加，因此从目前来看，能源战略的路径主要应当是节能为主。新制定的国家能源战略规划，主要内容包括：调整能源结构，鼓励能源多元化发展，提高可再生能源所占比重；推动节能以提高能源利用效率；更好地整合国内资源开发利用；倡导环境保护和鼓励能源领域的国际合作等。

由于处于相同的经济发展阶段，"十一五"时期和"十二五"时期的经济增长和能源格局不会有太多的变化，但一个比较明显的区别就是经济低碳转型问题。然而，目前政府提出的，到 2020 年单位 GDP 碳排放（碳强度）要在 2005 年的基础上下降 40%～45%，这其中包括两层含义：一是我国的碳减排目标是与 GDP 相联系，是以保证经济增长为前提的；二是低碳转型是一个比较缓慢的过程，预计到 2020 年我国将基本完成城市化工业化进程，到时经济增长速度和能源需求都将下降，能源相关的一些问题也可以比较容易得到解决。

1. 开源：继续勘探、深海开采、发展新能源。"十二五"时期的能源工作，

转变能源发展方式将始终贯穿于能源工作的各个方面，能源结构的大力调整将作为转变能源发展方式的主攻方向，主要从以下几个方面进行：

一是推动传统能源清洁高效利用。建设大型煤炭基地、大型油气基地，合理布局火电，通过“上大压小”、热电联产等，实现火电优化发展。

二是加快开发新能源和可再生能源。在保护生态的前提下积极发展水电，在确保安全的基础上高效发展核电，积极发展风电，稳步发展太阳能，促进生物质能和地热能开发利用。

三是优化能源发展区域布局。统筹东中西部能源开发，建设现代能源储运体系，加强农村和民族地区能源建设，改善人民群众生产生活用能条件。

四是积极开展能源国际合作。加强同有关国家及国际组织的对话交流和务实合作，进一步推进能源国际大通道建设。扩大利用境外能源资源，推进能源工程服务和装备出口。加强“走出去”的宏观指导和服务，鼓励能源企业参与当地的民生工程建设。

五是提高科技创新能力。组织重大能源科技攻关，依托国家重大工程，推进能源重大装备自主化。

2. 节能减排的国家目标。2009 年的国务院会议决定，把到 2020 年我国单位国内生产总值二氧化碳排放比 2005 年下降 40% ~45%，作为约束性指标纳入国民经济和社会发展中长期规划，同时，“绿色经济、低碳经济”的理念和相关发展目标也已纳入“十二五”规划和相关产业发展规划中。节能减排方面，国家正在抓紧研究制定《节能环保产业发展规划》、《新兴能源产业发展规划》、《发展低碳经济指导意见》、《加快推行合同能源管理促进节能服务业发展的意见》等指导性文件，将更好地推动“十二五”时期节能工作的开展。

全面落实节能减排综合性工作方案，强化目标责任评价考核，加快节能减排重点工程建设，抓紧出台《固定资产投资项目节能评估和审查管理办法》；大力发展生物质能、太阳能、地热能、风能等可再生能源，有序发展水电，积极发展核电，到 2020 年非化石能源占一次能源消费的比重达到 15% 左右；力争到 2020 年森林面积比 2005 年增加 4000 万公顷，森林蓄积量比 2005 年增加 13 亿立方米。另外，中国将逐步建立和完善有关温室气体排放的统计监测和分解考核体系，切实保障实现控制温室气体排放行动目标。

“十二五”规划应对气候变化工作思路的研究报告提出了“十二五”应对气候变化战略和发展低碳经济思路是：积极推进在“十二五”规划中加强和完善应对气候变化内容，将单位国内生产总值二氧化碳排放作为约束性指标纳入规划。“十二五”规划中，约束性指标从“十一五”期间的 8 个增加到 12 个。新增的约束性指标包括：非化石能源占一次能源消费比重从 8.3% 提高到 11.4%，原有的约束性指标也在不断细化，更趋严格。

（二）水资源

“十二五”时期，水资源保护的总体思路重点包括三个方面：控制污染物排放总量、改善环境质量、防范风险。这实际上是从以污染治理为主，向污染治理与预防结合的过渡；从削减污染物向质量改善的过渡。“十五”期间（2000～2005年）总量控制只是作为一个指导，国家并没有考核，效果不是很理想；“十一五”期间（2005～2010年）总量控制是约束性的，国家需要进行考核，在这种形势下，总量控制得到了很好的贯彻落实。“十二五”期间（2010～2015年），总量控制可能是一个总量约束和质量引导并重的阶段，国家开始关注质量改善，而且削减污染物开始可以跟质量改善有初步的对应关系。到2015年至2020年，总量控制和质量改善同时约束。2025年至2030年则开始重点控制质量改善。

“十二五”水环境保护的思路分为三个体系：

一是流域统筹的分区防控体系。现在我国正在全国建立流域、控制区、控制单元三级水环境管理体系，目的是为了实现从污染源到入河排污口到水利水质之间的响应。现在我国列入的重点流域，包括“三河三湖”、黄河、松花江、三峡库区流域在“十二五”期间仍是以水污染防治为主，西南、西北、东南三个地区的水质相对比较好，作为水生态安全，提升的重点地区，突出水生态保护和水污染防治并重。

二是全面控源的总量减排体系。计划在全国初步划分为400多个控制单元，以控制单元为单位，实现污染源到水体水质之间的相应分析。对于水质超标严重的控制单元，要求其排污总量大幅度削减；水质基本可以达标的控制单元，是为了保证水质稳定达标，排污总量是维持性的削减；水质已经达标的单元，为了提升水生态安全，排污总量可以基本维持现状；一小部分水质连续稳定达标的单元，而且排污强度相对较低，在符合国家产业政策要求基础上，可以适当增加一部分排污量。

三是点面结合的风险防范体系。作为点来讲，一是饮用水源地的环境安全，二是跨省水体的水体改善。我国目前对饮用水源地的安全是高度重视的，如保护区的划分，封闭式的管理。但一些开放式的水源地如江河，很多污染物质不是保护区内的污染源产生的。现有的管理体系可能无法解决这个问题。这个是“十二五”规划必须要重视的。从面上来讲，要防止突发性的群体性污染事故。重金属等历史遗留问题和新的环境问题要突出防控。

“十二五”水资源保护的主要任务包括：

一是排放控制。对于点源来讲，要达到工业企业稳定达标排放的深度治理。现在的工业企业处于基本达标状态，深度和稳定性都不够，“十二五”期间要使其达到在达标的基础上，进一步按照区域总量控制的要求深化治理。“十二五”期间还要继续建设污水处理厂，规模为3000万～5000万吨。已建成的污水处理厂要加强运营的监管，包括污水处理厂负荷率的提升，污水收集管网的完善，污泥处理处置设施的建设运行，再生水的利用。对于非点源来讲，重点是畜禽养殖企业的废物综合利用。因为仅仅治理不是一个方向，对这种企业来讲，综合利用才有可能推广。另外一个是农村环境综合整治，现在国家有一项社会主义新农村建设规划，每年会有一笔资金，这笔资金可用于解决农村综合环境治理。农业面源污染我国施行以政策引导为主，结合一定的工程示范，如何真正解决这个问题还处于探索阶段。

二是新增污染物的预防。第一是与工业结构调整相结合的产业政策。确定哪些产业需要鼓励，哪些需要限制，哪些需要淘汰，以此来解决污染新增量的问题和产业结构优化问题；第二是与排放标准相结合的环境准入制度。现在很多行业的排放标准都在修订，修订以后能对水环境质量的改善起到一个更大的支持作用。第三是强制性与鼓励性相结合的清洁生产审计。我国出台的《清洁生产促进法》是鼓励性质的，但是对一些重点流域的某些特殊行业可以做强制性的清洁生产审计，这也是为了提高企业的生产水平，降低源头的污染负荷。

三是区域综合治理。包括人工湿地、生态修复、区域截污等，这是为了在排放达标和总量控制的基础上，使水质进一步得到改善所做的综合性措施。

四是水环境监管体系建设。现在水质监控和污染源监控都有基础，如何把两者结合起来，也就说从污染源监控到水质监控能够更快，这是“十二五”规划的一个关键。

（三）耕地资源

耕地资源关系到粮食安全保障、社会保障和生态环境保护等方面的问题，因此耕地保护关系到整个社会的稳定和国家安全。然而，近年来，随着城市化进程的不断加快，大量的城郊农地转为城市建设用地，因为要保证城市建设用地的供应，势必要大量占用农地，尤其是占用耕地。

表 12　　历年耕地面积（万公顷）

年份	2005	2006	2007	2008
耕地面积	13004	13004	12174	12172

资料来源：相关年份《中国统计年鉴》。

随着全球化的发展，耕地保护已超越其传统意义上粮食安全的范畴，越来越成为制约各国经济社会发展，以及国际安全稳定的全球性、综合性战略问题。中国正处在加快推进工业化、城镇化和农业现代化的进程中，有其他国家无法比拟的巨大资源需求，同时资源供给的刚性制约也在不断加剧。特殊的国情，对中国珍惜地球资源、转变经济发展方式提出了更为迫切的要求。随着工业化和城镇化推进，大量占用土地资源，使土地资源越来越紧张，2008 年与 2005 年相比，耕地面积减少了近 0.9 亿亩（见表 12），这使得我国的耕地和粮食供给状况更为严峻。从供给方面看，生产粮食的基础越来越脆弱；从需求方面看，越来越多的农民，转移成为粮食的消费者。经济社会快速发展，特别是工业化和城镇化的不断推进，人地矛盾十分突出，耕地保护的压力很大。

温家宝总理在十一届全国人民代表大会第四次会议上作政府工作报告时提出，“十二五”时期我国城镇化率将从 47.5% 提高到 51.5%。与此同时，要把加大耕地保护力度，纳入“十二五”时期我国重点工作和任务。一是严格执行基本农田保护制度，切实做到基本农田面积不减少、用途不改变、质量不降低。二是坚持土地用途管制制度，严格建设用地审批管理。三是严格执行耕地占补平衡制度，落实补充耕地责任。四是坚持执行法定的征地补偿安置制度，确保农民合法权益。五是加大土地开发整理力度，积极补充耕地，确保实现耕地保护目标。

全国土地整治“十二五”规划目标建议已初步确定，预计到 2015 年基本农田整治面积将达 3 亿亩。据全国土地整治规划修编组的介绍，“十二五”期间，我国将坚持以农用地整理为重点，加强农田基础设施建设，着力提高耕地质量等级，促进农业现代化和城乡统筹发展。重点支持 800 个粮食主产县基本农田整治。全面推进示范省建设和 116 个基本农田保护示范区建设。

参考文献：

［1］林伯强．2010 中国能源发展报告．清华大学出版社，2010.

［2］中国节能环保集团公司，中国工业节能与清洁生产协会．2010 中国节能减排产业发展报告——探索低碳经济之路．中国水利水电出版社，2010.

［3］崔民选．中国能源发展报告（2010）．社会科学文献出版社，2010.

［4］张国宝．中国能源发展报告（2010）．经济科学出版社，2010.

［5］王浩．中国水资源问题可持续发展战略研究．中国电力出版社，2010.

［6］司晶星．生物质能源的开发利用．科技信息，2009（11）.

［7］赵家荣．“十一五”节能减排成效及“十二五”节能思路的初步考虑．有色冶金节能，2011（1）.

［8］陈兆栋．“十一五”期间　南水北调建设有力有序快速推进．中国水利报，2010－10－1.

［9］宏观经济研究院国地所课题组．“十一五”我国节能减排工作回顾及“十二五”政策建议．宏观经济管理，2011（1）.

［10］何晓亮．“十一五”我国能源发展实现巨大飞跃——传统能源继续发力　新兴能源起步迅猛．科技日报，2011－1－25.

［11］鲍丹．“十一五”期间，我国能源发展成就举世瞩目——绿色能源，在转型中跨越．人民日报，2011－1－24.

［12］张有生．能源规划：“十一五”回顾与“十二五”展望．国际石油经济，2010（12）.

[13] 回眸十一五 展望十二五：西气东输工程惠及西东. http：//www. gov. cn/jrzg/2011 -02/19/content_1806323. htm.

[14] 西气东输对东西部社会经济发展将产生深远影响. http：//news. xinhuanet. com/fortune/2004 - 12/26/content_2381822_1. htm.

[15] 中国“十二五”能源应思变. 中国国土资源报，2010 - 3 - 19.

[16] 国家林业局森林资源管理司. 第七次全国森林资源清查及森林资源状况. 林业资源管理，2010 (2).

[17] 柴杨. 基于多条件约束的煤炭资源有效供给能力研究. 中国矿业大学，2010.

[18] 我国的土地资源. 国土资源部网站，http：//www. mlr. gov. cn/tdzt/zdxc/dqr/42earthday/rsdq/wszt/201104/t20110418_843223. htm，2011 - 04 - 18.

[19] 李玉梅. 改革创新善治善为管好用好国土资源，学习时报，2011 - 04 - 18.

[20] 我们踏上新征程——国土资源“十二五”规划前瞻. http：//www. gov. cn/gzdt/2010 -11/03/content_1737101. htm，2010 - 11 - 3.

[21] 吕苑鹃. 全国土地整治“十二五”规划目标建议初步确定. 中国国土资源报，2010 - 12 - 20.

[22] 周怀龙，刘维. 城镇化浪潮下，如何坚守耕地红线. 中国国土资源报，2011 - 3 - 11.

[23] 能源局副局长解读“十二五”规划能源领域关键词. http：//www. gov. cn/jrzg/2010 -10/30/content_1734205. htm，2010 - 10 - 30.

[24]“十二五”资源约束性指标更严. 中国国土资源报，2011 - 3 - 22.

附录七：

产业发展要用智力对抗资源约束*

——访北京师范大学教授刘学敏

《光明日报》记者　张　翼

“现在常有人说，改革开放后的中国像一艘豪华游轮，长三角、珠三角、京津是亮丽的甲板，提供动力的是晋陕蒙。能源资源的约束，制约着中国未来的发展。”在日前北京市社会科学院主办、北京市社会科学院城市所承办的“创新驱动与北京城市发展论坛”上，北京师范大学教授刘学敏提出，要用智力资源对抗资源约束。

刘学敏认为，面对能源资源约束，北京的产业应该轻型化，这种轻型化应该是轻物质的，包括教育产业、信息产业、金融产业、创意文化产业的发展。北京面临各种资源约束，唯独没有约束的是智力资源，智力资源是无穷无尽的，知识含量高，减少物质流动的低碳、文化产业的发展，是未来北京发展的走向。

---

* 本文原载《光明日报》2011 年 11 月 1 日第 7 版。

附录八：

国际生态修复领域“新”意迭出[*]

《中国花卉报》记者　骆会欣　张衍春

随着人类对城市生态系统研究的深入，以观念更新（Rethinking）、体制革新（Reform）和技术创新（Renovation）思想为指导的生态修复理论得到了长足发展，世界各地也都开展了大量生态修复工作。这在前不久召开的2008年北京国际生态修复研讨会各国专家的发言中有着充分体现。本版特别摘选部分专家的精彩发言，以飨读者。

理念更新

生态文明建设需要财富基础

刘学敏，北京师范大学

“生态”不一定“文明”，生态文明的建设不是海市蜃楼，原始的生态和谐不是生态文明。生态文明的基础是产业获得发展，生态文明的目的是人民福祉的增进，实现生态文明的可行路径是推进生态经济，实现传统经济向生态经济的转换。我们要在产业发展的同时恢复生态，把生态建设产业化，产业发展生态化，把生态建设作为一种产业来发展，在增加财富的同时实现生态文明。一定要把人类经济活动纳入整个生态系统，要把GDP“绿化”，扣除发展中造成的环境伤害，实现经济的真实增长。

可持续性是设计理念的驱动力

罗伯特·E. 斯温（Robert E. Swain），美国斯慧明规划设计事务所

可持续性就是在满足人们对高质量生活日益高涨的期望的同时，保护珍贵的资源，并着眼于未来。

在安徽琅琊组团规划方案中，我们通过对自然环境的整体考虑来实现设计理念。首先，突出对珍贵自然区域的定位和相互联结，增加景观的整体性。其次，为了保护该区域的旅游资源、自然资源、自然景观、农业用地和农业景观，考虑

---

* 本文原载《中国花卉报》2008年12月5日第3版。

到整个区域的发展，进一步确定了城市最大程度的扩展边界。再次，为了凸显和保持琅琊台这一典型景观和历史标记的主导地位及中心景观地位，对建筑物的高度和建设区域进行了限制。除历史遗址、娱乐服务或特定旅游设施外，海拔30米以上的地区不宜设建筑，并且所有建筑本身高度不应超过100米。

体制革新

生物技术转型需政策支持

甘霖，挪威奥斯陆大学国际气候与环境研究中心

在中国生物能源发展的过程中，生物能源与农村可持续发展的关系尤为重要。目前政府的策略、投资政策过分强调了能源利用中生物发电的部分，这可能无法实现最有效的投资、资源利用和社会发展的目标。相对于生物能发电厂，在农村地区中，以家庭为基础的生物技术利用具有更大的发展潜力，尤其是节能炉灶对生物能的利用，这可以产生更多的经济、社会和环境效益。

使用可再生能源可以实现多种目标，这将在全球产生一个双赢的局面，如区域和地方环境保护，可持续资源管理和相关的社会福利，特别是对贫困偏远的社区，而关键的激励政策是政府的支持。因此我们提出六条建议：发展财政计划，优化税收，改革监管制度，取得服务行业的支持，研究市场、培训和协调建设节能炉灶关键利益者，制定标准的发展机制。

在面对潜在的共同利益，生物技术转型的提出将为实现联合国千年发展目标和减少二氧化碳排放提供新的视野，同时也为其他发展中国家树立了一个榜样。

以流域为单元综合管理水资源

伍业钢，美国生态工程公司

以流域为单元对水资源实行综合管理，顺应了水资源的自然运移规律和经济社会特性，可以使流域水资源的整体功能得以充分发挥。对流域生态系统的修复并不是也不可能全部修复，因此需要从流域的整体考虑制定具体的目标和目的，确定优先实施的项目，为此必须要在体制上进行革新。在美国，流域管理和生态修复是由相应的高一级或中央政府或权威机构来领导，根据流域管理和生态系统服务的结构和功能，确定每一个区域和生态系统的土地利用类型，并给予法律保护。在流域中央管理机构的统一领导、统一部署、统一策划、统一拨款和财务支配下，按照总体规划确定每一个区域和生态系统的管理和修复目标、实施进度、检验标准、经费预算，同时为发挥地方在具体实施中的积极性，在项目和资金上给予支持，鼓励企业和公众积极参与。

区域矿产资源开发生态补偿机制

陈冰波，中科院可持续发展研究中心

区域矿产资源开发通常会导致生态系统的破坏，资源的耗竭也给区域可持续

发展带来新的难题。为保持矿区资本处于一种相对稳定的水平，促进矿区经济向生态经济转型，应尽快完善区域生态补偿机制，具体可从以下三方面着手：一是建立生态修复权证制度，在颁发新矿许可证的同时，要求开采者以即将开采的面积为基准，购买对旧矿实施修复的权证，并允许这些权证在一定范围内流通交易。二是完善生态修复保证金制度。结合发放开采许可证，要求缴纳保证金，数额要不低于生态修复的完全成本，同时政府要保持政策的动态一致性，制定企业生态修复的验收标准。三是完善生态补偿税收制度。在现有的矿产资源税和补偿费的基础上，增加生态补偿税，既需要对当地居民和企业造成的污染损害实施补偿，也要对闭矿后的生态修复进行投资。

技术创新

北京生态修复须重视菊花

黄丛林，北京市农林科学院

菊花是北京地区的乡土花卉，耐旱、耐寒、耐瘠薄、抗病虫性强、适应性强，能够很好适应修复地的生态气候和土壤状况。同时菊花还是北京的市花，自辽代始，北京地区的艺菊赏菊之风就已形成，观赏菊花、食用菊花、茶用菊花和药用菊花都得到了很好的开发，已成为北京的特色文化之一。在北京的生态修复中应用乡土花卉菊花，可兼顾生态效益、经济效益和社会效益，从而实现生态修复的可持续发展。

喷砼陡坡复绿技术

徐礼根，浙江大学生命科学院

与岩石边坡相比，水泥锚喷面绿化难度更大，除了水泥表面光滑，绿化基质、土壤难以附着外，锚喷面面层封闭，与山体无裂隙，植物难扎根，难以进行水和气体交换，水泥的碱性也不利于根系生长，因而喷砼边坡绿化成了难题。

浙江大学在总结国内外先进边坡绿化技术的基础上，经过消化吸收、改良提高，在浙江及周边的高速公路、居住区和水电站等喷砼边坡上建立了多个复绿试验和示范工程，成功完成了高陡大型水泥锚喷面的复绿。该项技术主要采用现代厚层基材喷播技术，在技术环节上结合工程实际，进行了很多有针对性的改良，如改良基材，通过提高基材的保水能力和养分供应，保证人工新建植被在没有养护条件下能安全度夏。再如对一些绿化难度特别大的高陡边坡锚喷面设计了植物根系生长孔，有时还另外采取加固措施，提高基材在锚喷面的附着程度。最主要的是，浙江大学技术团队有扎实的植物生理学和逆境生物学专业知识基础，使之在进行植物设计时，能结合场地实际，选择适合坡面生存的物种组合，同时还能兼顾景观效果。

图书在版编目（CIP）数据

转型·绿色·低碳：可持续发展论集/刘学敏著.
—北京：经济科学出版社，2013.11
ISBN 978-7-5141-3933-4

Ⅰ.①转… Ⅱ.①刘… Ⅲ.①可持续性发展-
文集 Ⅳ.①X22-53

中国版本图书馆CIP数据核字（2013）第257505号

责任编辑：周秀霞
责任校对：苏小昭
版式设计：齐 杰
责任印制：李 鹏

转型·绿色·低碳
——可持续发展论集
刘学敏 著
经济科学出版社出版、发行 新华书店经销
社址：北京市海淀区阜成路甲28号 邮编：100142
总编部电话：010-88191217 发行部电话：010-88191522
网址：www.esp.com.cn
电子邮件：esp@esp.com.cn
天猫网店：经济科学出版社旗舰店
网址：http://jjkxcbs.tmall.com
北京季蜂印刷有限公司印装
710×1000 16开 24.75印张 500000字
2013年12月第1版 2013年12月第1次印刷
ISBN 978-7-5141-3933-4 定价：92.00元
（图书出现印装问题，本社负责调换。电话：010-88191502）